U0276079

翁国文　编著　第二版

实用橡胶
配方技术

SHIYONG XIANGJIAO
PEIFANG JISHU

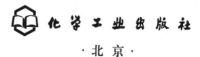
化学工业出版社
·北京·

本书对橡胶配方设计基础、常用橡胶的配方设计要点、胶鞋的配方设计、胶管的配方设计、胶带的配方设计、不同力学性能要求胶料的配方设计、不同工作环境胶料的配方设计、特殊性能（专用性能）胶料的配方设计和不同工艺性能胶料的配方设计等进行了介绍。主要包括生胶、硫化体系、填料体系、软化增塑体系、防护体系等的选择。

本书可作为橡胶专业大中专学生、橡胶行业科技人员学习或进行配方设计的参考资料。

图书在版编目（CIP）数据

实用橡胶配方技术/翁国文编著. —2版.—北京：化学工业出版社，2014.6（2023.2重印）

ISBN 978-7-122-20458-5

Ⅰ.①实… Ⅱ.①翁… Ⅲ.①橡胶制品-配方 Ⅳ.①TQ330.6

中国版本图书馆 CIP 数据核字（2014）第 078773 号

责任编辑：赵卫娟　　　　　　　装帧设计：韩　飞
责任校对：吴　静

出版发行：化学工业出版社（北京市东城区青年湖南街 13 号　邮政编码 100011）
印　　装：北京虎彩文化传播有限公司
850mm×1168mm　1/32　印张 15　字数 430 千字
2023 年 2 月北京第 2 版第 6 次印刷

购书咨询：010-64518888　　　售后服务：010-64518899
网　　址：http://www.cip.com.cn

凡购买本书，如有缺损质量问题，本社销售中心负责调换。

第二版前言

天然橡胶或合成橡胶，如不添加适当的配合剂，很难用来加工制造某种橡胶制品。绝大多数橡胶制品需经硫化工艺，除采用辐射硫化外胶料中必须加入硫化配合体系；对像丁苯橡胶（SBR）、乙丙橡胶（EPR）等非结晶型橡胶，如不配合补强性填料（补强剂），硫化胶的强度很低，使用价值很低，另外添加补强性填料（补强剂）还能降低胶料成本；橡胶为高分子有机聚合物，多数橡胶的抗老化性能较低，需配以适当量的防老剂，以迟缓老化过程，从而延长橡胶的使用寿命等。因此橡胶中或多或少要配合一定量的配合剂，来提高橡胶使用性能、改善加工工艺性能或降低胶料成本等。这就存在一个向橡胶中加何种配合剂及加入多少量的问题，即橡胶的配方设计。

这里应该强调指出，配方设计过程并不仅仅是各种原材料简单的经验搭配，还需要在充分掌握各种配合原理的基础上，充分发挥整个配方体系的系统效果，从而确定各种原材料品种、规格和最佳的用量、配比关系。配方设计过程应该是高分子材料各种基本理论的综合应用过程，是高分子材料结构与性能关系在实际应用中的体现。因此配方设计人员应该具有一定的基础理论和专业基础，特别是在高新技术不断涌现的今天，更应注意运用各相关学科的先进技术和理论，只有把它们和配方设计有机地结合起来，才能设计出技术含量较高的新产品。此外，配方设计人员在工作中应注意积累、收集、汇总有关的基础数据，并注意拟合一切可能的经验方程，从大量的统计数据中，找出某些内在的规律性。这对今后的配方设计和研究工作都会有借鉴和指导意义。

橡胶配方设计人员须作一些必要的准备，主要包括：橡胶基本理论知识，如高分子结构、结晶、性能、硫化、老化、补强等；橡胶原材料基本知识，如品种、性能、应用，特别是各厂家原材料品种差别和新品种；橡胶基本工艺知识，如混炼、塑炼、压延、压出、硫化、成型及有关生产设备等；橡胶性能测定方面知识和操作（如强伸性能、弹性、老化性能测定等）。

《实用橡胶配方技术》自 2008 年出版以来，受到业界的欢迎，是橡胶行业的热销书之一。随着新技术、新材料、新配合剂的涌现，已有内容已不能更好地满足广大配方设计人员的需求，故对该书内容进行了更新，并对结构进行了调整。

本次修订得到了许多橡胶界前辈、专家、老师、同行的鼓励和帮助，特别是杨清芝和张殿荣教授的指导，在此表示衷心的感谢！

由于本人水平有限，书中如有不当之处，敬请读者批评、指正，不胜感谢！

翁国文

2014 年 3 月

第一版前言

橡胶同塑料、纤维被称为三大合成高分子材料，它具有高弹性，较好的透气性、耐各种化学介质性以及电绝缘性能等。橡胶的这些基本特性使它成为较好的减震、密封、屈挠、耐磨、防腐、绝缘以及粘接材料。由此而扩展的各类橡胶复合制品迄今已达 8 万～10 万种之多。橡胶的耗用量每年达到 2000 万吨以上，其中有 80％是橡胶工业使用，其余 20％用于非橡胶工业。

无论是天然橡胶还是合成橡胶，如不添加适当的配合剂，很难用来加工制造橡胶制品。因此橡胶中或多或少要配合一定量的配合剂，来提高橡胶使用性能、改善加工工艺性能或降低胶料成本等。这就存在一个向橡胶中加入何种配合剂及加入多少量的问题，即橡胶的配方设计。

所谓配方设计，就是根据产品的性能要求和工艺条件，通过试验、优化、鉴定，合理地选用原材料品种和规格，并确定各种原材料的用量配比关系的过程。配方设计不仅直接影响产品的质量和材料成本，而且也影响产品的生产工艺。

配方设计过程应该是高分子材料各种基本理论的综合应用过程，是高分子材料结构与性能关系在实际应用中的体现。因此配方设计人员应该具有一定的基础理论和专业基础，特别是在高新技术不断涌现的今天，更应注意运用各相关学科的先进技术和理论，只有把它们和配方设计有机地结合起来，才能设计出技术含量较高的新产品。此外，配方设计人员在工作中应注意积累、收集、汇总有关的基础数据，并注意拟合一切可能的经验方程，从大量的统计数据中，找出某些内在的规律性。这对今后的配方设计和研究工作都会有借鉴和指导意义。

橡胶配方设计过程中主要面临几个方面的问题：一是材料的变化，因为新材料不断涌现出来（包括进口材料、复合材料）；各厂家同种材料差别、同一厂家不同批次差别；二是价格与性能之间的关系（即性价比），配方需在保证使用可行的前提下，尽可能降低材料成本；三是新工艺、新设备，还有操作人员变化。配方设计主要目标是不但要达到所需性能，而且工艺性要好。但在实际中一味追求某项要求，过分强调某一方面，如物理机械性能高、工艺性好，很难设计出合理配方，这要求配方设计人员进行平衡，掌握一个度的问题。

本书主要介绍了橡胶配方设计基础、常用橡胶的配方设计要点和橡胶配方设计实例。在橡胶配方设计实例中对典型胶鞋、胶管及胶带配方设计、不同力学性能要求胶料配方设计、不同工作环境胶料配方设计、特殊性能（专用性能）胶料配方设计、不同工艺性能胶料配方设计等进行了较为详细的介绍。

在本书编写过程中得到了许多橡胶界前辈、专家、老师、同行的鼓励和帮助，特别是杨清芝和张殿荣教授的指导，在此表示衷心的感谢！

由于本人水平有限，书中如有不当之处，敬请读者批评、指正，不胜感谢！

编著者

2008 年 1 月

目　录

第1章　橡胶配方设计基础

1.1　配方表示形式

橡胶配方是表示胶料中各种原材料名称、规格型号和用量的配比表。生产中有时配方还包含更详细的其它内容：胶料的名称及代号、胶料的用途、含胶率、密度、成本、胶料的加工工艺、工艺性能和硫化胶的物理机械性能等。

同一个橡胶配方，根据不同的需要可以用基本配方、生产配方、体积（百）分数配方和质量（百）分数配方 4 种不同的形式来表示，见表 1-1。

表 1-1　橡胶配方的表示形式

原材料名称	基本配方/质量份	质量（百）分数配方/%	体积（百）分数配方/%	生产配方/kg
天然橡胶(NR)	100	62.20	76.70	50.0
硫黄(S)	3	1.86	1.03	1.5
促进剂 M	1	0.60	0.50	0.5
氧化锌(ZnO)	5	23.10	0.63	2.5
硬脂酸(SA)	2	1.24	1.54	1.0
高耐磨炭黑(HAF)N330	50	31.00	19.60	25.0
合计	161	100.00	100.00	80.50

（1）基本配方　以质量份（简称"份"）来表示的配方，规定生胶的总质量为 100 份，其它配合剂用量都以生胶为 100 份的相应份数表示。当橡塑并用时，基本配方有时将树脂作为生胶，即生胶和树脂总用量为 100 份，有时不将树脂作为生胶，保持生胶的用量仍为 100 份。对使用再生胶时，多数情况下基本配方将再生胶作为填充料使用，生胶总用量为 100 份，当全为再生胶时，基本配方将

再生胶用量定为 100 份，但应注意不论基本配方表示上如何处理，配合剂用量设计时应将再生胶中橡胶成分进行折算处理，同时还应考虑再生胶中一些配合剂的存在。理论、试验研究和配方书写多为这一形式。

（2）质量（百）分数配方　以胶料中原材料所占的质量百分比数来表示的配方。

（3）体积（百）分数配方　以胶料中原材料所占的体积百分比数来表示的配方。

（4）生产配方　以生产中原材料的实际混炼配合用量所表示的配方。生产配方的总量等于炼胶机的混炼容量，当然炼胶机的容量多数时是一个范围，因而同一炼胶机用于不同胶料混炼往往容量是不同的，同一胶料不同炼胶机混炼时其生产配方是不同的，但它们的相对比是相同的，如表 1-2 所示。

表 1-2　橡胶配方的表示形式

原材料名称	基本配方 /质量份	生产配方一 /kg	生产配方二 /kg	相对比（生产配方二 /生产配方一）
天然橡胶(NR)	100	10.00	169.57	169.57/10.00＝16.96
硫黄(S)	3	0.30	5.09	5.09/0.30＝16.96
促进剂 M	1	0.10	1.70	1.70/0.10＝17.00
氧化锌(ZnO)	5	0.50	8.48	8.48/0.50＝16.96
硬脂酸(SA)	2	0.20	3.39	3.39/0.20＝16.95
N330	50	5.00	84.78	84.78/5.00＝16.96
合计	161	16.10	273.00	273.00/16.10＝16.96

1.2　配方换算

1.2.1　基本配方转化为生产配方

将基本配方转化为生产配方是配方设计者的一项基本工作，由于用于炼胶的设备种类、规格较多，在不同企业中不同设备的炼胶容量较多，因而一个基本配方可转化多个生产配方。转化生产配方首先要确定炼胶机容量是多少，确定炼胶机容量有多种方法，可查阅设备的基本参数、用有关经验公式计算，往往炼胶机的容量是一个范围，还需依据橡胶种类、胶料的特性等来确定，如生热大的丁腈橡胶（NBR）、氟橡胶（FPM）宜取低容量。

基本配方转化为生产配方，实际也就是确定已知炼胶容量胶料中各种原材料的含量，而各种原材料组合配比是由基本配方确定的。如炼胶容量为 120kg，基本配方转化生产配方，就是问这 120kg 胶料中橡胶、配合剂有多少？

转化公式为：

$$M_{i1} = Q \times \frac{m_i}{\sum m_i} = m_i \times \frac{Q}{\sum m_i} = m_i \times K_1 \qquad (1-1)$$

$$K_1 = \frac{Q}{\sum m_i} \qquad (1-2)$$

式中，M_{i1} 为生产配方中橡胶、配合剂的用量，kg，g…；m_i 为基本配方中橡胶、配合剂的用量，质量份；$\sum m_i$ 为基本配方的总量；Q 为炼胶机的炼胶容量，kg，g…；K_1 为基本配方转化生产配方的换算系数。

例如下列基本配方（基本配方的总量为 156 质量份）转化为炼胶容量为 78kg 为生产配方，见表 1-3。

则换算系数为：

$$K_1 = 78/156 = 0.5$$

表 1-3　基本配方转化生产配方计算表

原材料名称	基本配方（m_i）/质量份	换算系数（K_1）	生产配方（M_{i1}）/kg
天然橡胶(NR)	100	0.5	50
硫黄(S)	3	0.5	1.5
促进剂 M	1	0.5	0.5
氧化锌(ZnO)	5	0.5	2.5
硬脂酸(SA)	1	0.5	0.5
防老剂 A	1	0.5	0.5
N330	45	0.5	22.5
合计	156		78

在实际生产中，有些配合剂往往以母炼胶或膏剂的形式进行混炼，因此使用母炼胶或膏剂的配方应进行换算。例如上述基本配方中促进剂 M 以母炼胶的形式加入。M 母炼胶的配方见表 1-4。

表 1-4　M 母炼胶的配方

原材料名称	用量/质量份
天然橡胶(NR)	100.00
促进剂 M	20.00
氧化锌(ZnO)	5.00
合计	125.00

上述 M 母炼胶配方中 M 的含量为母炼胶总量的 20/125，而原基本配方中 M 用量为 1 质量份，所需 M 母炼胶为 x 质量份：

$$\frac{1}{x} = \frac{20}{125}$$

$x = 6.25$，即 6.25 质量份 M 母炼胶中含有促进剂 M 为 1 质量份，其余 5.25 质量份为天然橡胶和氧化锌，含量分别为：天然橡胶 $6.25 \times 100/125 = 5$ 份；氧化锌 $6.25 \times 5/125 = 0.25$ 份。

则基本配方中的天然橡胶用量为 $100 - 5 = 95$ 份；氧化锌用量为 $5 - 0.25 = 4.75$ 份。因此，基本配方和生产配方的修改见表 1-5。

表 1-5　基本配方转化生产配方计算表（母炼胶形式）

原材料名称	基本配方(m_i)/质量份	换算系数(K_1)	生产配方(M_{i1})/kg
天然橡胶(NR)	95	0.5	47.5
硫黄(S)	3	0.5	1.5
促进剂 M 母炼胶	6.25	0.5	3.125
氧化锌(ZnO)	4.75	0.5	2.375
硬脂酸(SA)	1	0.5	0.5
防老剂 A	1	0.5	0.5
N330	45	0.5	22.5
合计	156		78

生产配方中促进剂 M 的用量为 0.5kg，则所需 M 母炼胶为 x：

$$\frac{0.5}{x} = \frac{20}{125}$$

$x = 3.125$kg，即 3.125kg M 母炼胶中含有促进剂 M 为

0.5kg，其余 2.625kg 为天然橡胶和氧化锌，含量分别为：天然橡胶 $3.125 \times 100/125 = 2.5$ kg；氧化锌 $3.125 \times 5/125 = 0.125$ kg。

则生产配方中的天然橡胶用量为 $50 - 2.5 = 47.5$ kg；氧化锌用量为 $2.5 - 0.125 = 2.375$ kg。结果与上述相同。

如果配方有两个或两个以上配合剂以母炼胶形式出现则可以按上述类推。

通过上面的计算也提醒我们在设计母炼胶配方时，注意母炼胶配方中材料必须是基本配方中所有的；母炼胶配方中材料的用量有一限度，即折算后的量不能超过基本配方中的用量。

1.2.2 基本配方转化为质量分数配方

基本配方转化质量分数配方就是计算基本配方中各种原材料的质量百分比含量，基本配方转化为质量分数配方也可以认为是将基本配方转化为炼胶容量为 100 的生产配方，计算公式为：

$$M_{i2} = \frac{m_i}{\sum m_i} \times 100 = m_i \times \frac{100}{\sum m_i} = m_i \times K_2 \qquad (1-3)$$

$$M_{i2} = m_i \times K_2 \qquad (1-4)$$

$$K_2 = \frac{100}{\sum m_i} \qquad (1-5)$$

式中，M_{i2} 为质量分数配方中橡胶、配合剂的量；K_2 为基本配方转化质量分数配方的转换系数。

其实，式(1-1)、式(1-3) 的本质是一样的。

上述基本配方转化为质量分数配方如表 1-6 所示。其中 $K_2 = 100/156 = 0.6410256$。

表 1-6　基本配方转化质量分数配方计算表

原材料名称	基本配方(m_i)/质量份	换算系数(K_2)	质量分数配方(M_{i2})/%
天然橡胶(NR)	100	0.6410256	64.10
硫黄(S)	3	0.6410256	1.92
促进剂 M 母炼胶	1	0.6410256	0.64
氧化锌(ZnO)	5	0.6410256	3.21
硬脂酸(SA)	1	0.6410256	0.64
防老剂 A	1	0.6410256	0.64
N330	45	0.6410256	28.85
合计	156		100.00

1.2.3 基本配方转化为体积分数配方

由于基本配方是质量份而体积分数配方是体积比，因此要将基本配方转化为体积分数配方，首先是将质量份转化为体积份，这就要求知道各种橡胶和配合剂的密度，转化公式如下：

$$M_{i3} = \frac{v_i}{\sum v_i} \times 100 = \frac{\dfrac{m_i}{\rho_i}}{\sum\left(\dfrac{m_i}{\rho_i}\right)} \times 100 = \frac{m_i}{\rho_i} \times \frac{100}{\sum\left(\dfrac{m_i}{\rho_i}\right)} = \frac{m_i}{\rho_i} \times K_3 \quad (1-6)$$

$$K_3 = \frac{100}{\sum\left(\dfrac{m_i}{\rho_i}\right)} \quad (1-7)$$

式中，M_{i3} 为体积分数配方中橡胶、配合剂的量；v_i 为配方中橡胶、配合剂的体积份 $\left(v_i = \dfrac{m_i}{\rho_i}\right)$；$\sum v_i$ 为配方中橡胶、配合剂的总体积份 $\left[\sum v_i = \sum\left(\dfrac{m_i}{\rho_i}\right)\right]$；$\rho_i$ 为橡胶、配合剂的密度；K_3 为基本配方转化为体积分数配方的转换系数。

上述基本配方转化为体积分数配方过程如表 1-7 所示。其中 $K_3 = 100/138.78 = 0.720565$。

表 1-7　基本配方转化体积分数配方计算表

原材料名称	基本配方（m_i）/质量份	密度（ρ_i）/(g/cm³)	体积份 $\left(\dfrac{m_i}{\rho_i}\right)$	换算系数（K_3）	体积分数配方（M_{i3}）/%
天然橡胶（NR）	100	0.92	108.70	0.720565	78.32
硫黄（S）	3	2	1.50	0.720565	1.08
促进剂 M 母炼胶	1	1.52	0.66	0.720565	0.47
氧化锌（ZnO）	5	5.57	0.90	0.720565	0.65
硬脂酸（SA）	1	0.85	1.18	0.720565	0.85
防老剂 A	1	1.17	0.85	0.720565	0.62
N330	45	1.8	25.00	0.720565	18.01
合计	156		138.78		100.00

1.2.4 生产配方转化为基本配方

生产配方转化为基本配方时，先要将生产配方中各材料用量统一为一个质量单位（如 kg、g 等），再进行转化。依据基本配方中生胶的总用量一定是 100 质量份的特点，可以理解为此配方的转化即是将生产配方中的生胶总量放大或缩小为 100，同样其它配合剂也要相应地放大或缩小同样比例。计算公式为：

$$m_i = M_{i1} \times K_4 \tag{1-8}$$

$$K_4 = \frac{100}{\sum M_{胶}} \tag{1-9}$$

式中，K_4 为生产配方转化基本配方的转换系数；$\sum M_{胶}$ 为生产配方中生胶的总用量。

如将下列生产配方转化基本配方，先将生产配方的单位统一为质量 g，也可以是 kg，则有两个转换系数：

$K_{4-1} = 100/8000 = 0.0125$；$K_{4-2} = 100/8 = 12.5$。

而转化后的结果是一样的，见表 1-8。

表 1-8 生产配方转化基本配方计算表

原材料名称	生产配方	方法一			方法二		
		统一后生产配方一/g	转换系数	基本配方/质量份	统一后生产配方二/kg	转换系数	基本配方/质量份
天然橡胶（NR）	5kg	5000	0.0125	62.5	5	12.5	62.5
丁苯橡胶（SBR）	3kg	3000	0.0125	37.5	3	12.5	37.5
硫黄（S）	200g	200	0.0125	2.5	0.2	12.5	2.5
促进剂 M 母炼胶	150g	150	0.0125	1.875	0.15	12.5	1.875
氧化锌（ZnO）	400g	400	0.0125	5	0.4	12.5	5
硬脂酸（SA）	160g	160	0.0125	2	0.16	12.5	2
防老剂 A	150g	150	0.0125	1.875	0.15	12.5	1.875
N330	6kg	6000	0.0125	75	6	12.5	75
合计		15060		188.25	15.06		188.25

1.3 配方设计的种类、原则

橡胶配方设计是橡胶制品生产过程中的关键环节，它对产品的质量、加工性能和成本均有决定性的影响。

配方设计人员应用各种橡胶和配合剂，通过试验设计优化组合，便可制出工艺性能不同的胶料和技术性能各异的硫化胶。也可以采用不同的橡胶和配合剂组合，得到相同或相近性能要求的胶料。即不同配方胶料具有不同的性能，相同性能要求可采用不同的配方。橡胶配方设计的内容主要包括：

a. 确定适于生产设备、人员和制造工艺所必需的胶料的工艺性能以及这些性能指标值的范围；

b. 确定符合制品使用性能要求的硫化胶的主要物理机械性能以及这些性能指标值的范围；

c. 选择能达到指定性能要求的主体材料和配合剂，并确定其用量比。

1.3.1　配方设计的种类

按配方设计的主要目的，配方可分为基础配方、性能配方和实用配方。

1.3.1.1　基础配方

基础配方又称标准配方，一般是以生胶和配合剂的鉴定等为目的而设计的配方。当出现某种新型橡胶和配合剂，以此检验其基本的加工性能和物理机械性能。其设计的原则是采用传统经典的配合量，以便对比；配方应尽可能的简化，重现性较好。基础配方仅包括最基本的组分，由这些基本的组分组成的胶料，既可反映胶料的基本工艺性能，又可反映硫化胶的基本物理机械性能。可以说，这些基本组分是缺一不可的。在基础配方的基础上，再逐步完善、优化、调整，以获得具有某些性能要求的配方。不同部门的基础配方往往不同，但同一胶种的基础配方基本上大同小异。

天然橡胶（NR）、异戊橡胶（IR）和氯丁橡胶（CR）等自补强橡胶的基础配方可用不加补强性填料（补强剂）的纯胶配合，而对非自补强合成橡胶（如丁苯橡胶、乙丙橡胶等）的纯胶配合，其物理机械性能较低而无实用性，所以要添加补强性填料（补强剂）。目前较有代表性的基础配方实例是以 ASTM（美国材料试验协会）作为标准提出的各类橡胶的基础配方。

ASTM规定的标准配方和合成橡胶厂提出的基础配方是很有参考价值的。基础配方最好是根据本单位的具体情况进行拟定，以本单位积累的经验数据为基础。还应该注意分析同类产品和类似产品现行生产中所用配方的优缺点，同时也要考虑到新产品生产过程中和配方改进中新技术的应用。

1.3.1.2　性能配方

性能配方又称技术配方。为达到某种性能要求而设计的配方，其目的是为了满足产品的性能要求和工艺要求，提高某种特性等。性能配方可在基础配方的基础上全面考虑各种性能的搭配，以满足制品使用条件的要求为准。通常研制产品时所作的试验配方就是性能配方，是配方设计者用得最多的一种配方。

1.3.1.3　实用配方

实用配方又称生产配方，是为某一具体产品而设计的配方。实用配方要全面考虑使用性能、工艺性能、成本、设备条件等因素，最后选出的实用配方应能够满足工业化生产条件，使产品的性能、成本、生产工艺达到最佳的平衡。

在实验室条件下研制的配方，其试验结果并不一定是最终的结果，往往在投入生产时可能会产生一些工艺上的困难，如焦烧时间短、压出性能不好、压延粘辊等，这就需要在不改变基本性能的条件下，进一步调整配方。有时不得不采取稍稍降低物理机械性能和使用性能的方法来调整工艺性能，也就是说在物理机械性能、使用性能、工艺性能和经济性之间进行折中，但底限是符合最低要求。胶料的工艺性能，虽然是个重要的因素，但并不是绝对的惟一的因素，往往由技术发展条件所决定。生产工艺和生产装备技术的不断完善，会扩大胶料的适应性，例如准确的温度控制以及自动化连续生产过程的建立，就使我们有可能对以前认为工艺性能不理想的胶料进行加工了。但是无论如何，在研究和应用某一配方时，必须要考虑到具体的生产条件和现行的工艺要求。换言之，配方设计者不仅要负责成品的质量，同时也要充分考虑到现有条件下，配方在各个生产工序中的适用性。

1.3.2　配方设计的原则

橡胶配方设计的原则可以概括为3P＋1C，即（价格＋性能＋

工艺）和环境，具体概括如下。

① 保证硫化胶具有指定的技术性能，使产品符合使用性能；也就是根据产品实际使用要求、使用条件及用户对产品性能的要求，应保证产品的质量和使用寿命。

同时配方设计既要考虑到产品的整体性能，又要考虑到各个不同部件在性能方面的差异、共性和配合，并符合标准规定的物理机械性能指标。

进行产品的胶料配方设计时，应首先了解产品的性能要求、使用条件等情况；然后进行有针对性的试验，做到有的放矢。

② 在胶料和产品制造过程中加工工艺性能良好，尽可能使产品易于加工制造，从而保证有较高生产效率及合格率；要考虑产品制造全过程中的各个工序生产工艺及设备对胶料配方的要求，在不影响产品质量的前提下，应该满足工艺与设备对产品制造的要求。

同时配方要尽可能精简，尽量减少配合剂的组分。这样既可减少配料的工作量及错配的可能性，又便于管理。

③ 在保证质量和工艺前提下，胶料材料成本尽可能低；既不盲目追求高指标而增加不必要的成本，也不降低要求以致影响产品的质量。

④ 所用各种原材料容易得到。

⑤ 在加工制造过程中能耗少；要考虑降低动力消耗和设备消耗，降低生产成本，提高劳动生产率，提高经济效益。

⑥ 符合环境保护及卫生要求。要考虑职工的劳动保护及操作人员的身体健康，不应选用有公害或有毒的原材料和配合剂。要尽可能减少对环境的污染，保护职工的身体健康。

任何一个橡胶配方都不可能在所有性能指标上达到全优。在许多情况下，配方设计应确定哪些是主要、哪些是次要，以满足主要要求为主。

要使橡胶制品的性能、成本和工艺可行性三方面取得最佳的综合平衡，这就要求用最少物质消耗、最短时间、最小工作量，通过科学的配方设计方法，掌握原材料配合的内在规律，设计出实用配方。

1.4 配方设计的程序

从事橡胶配方设计的工程技术人员，除了应具有比较丰富的知识和实践经验外，还应遵循橡胶配方设计的基本程序，通过生产实践，并经过多次反复实践，才能全面掌握有关的原始资料并制定出符合产品标准要求的配方。使试验有的放矢、减少不必要的试验，从而能迅速达到预定的目标。

实用配方拟定程序如图 1-1 所示。

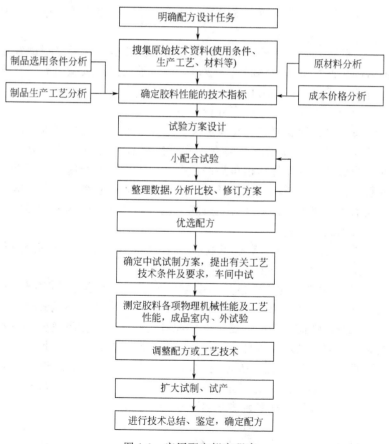

图 1-1 实用配方拟定程序

综上所述，可以看出配方设计过程并不仅局限于试验室的试验研究，而是包括如下几个研究阶段：

a. 研究、分析产品使用条件、生产工艺、原材料及同类产品和近似产品生产中所使用的配方；

b. 制定基本配方，并在这个基础上制定连续改进配方；

c. 根据确定的计划，在试验室条件下制定出改进配方的胶料，并进行试验，选出其中最优的配方，作为下一步试制配方；

d. 在生产或中间生产的条件下进行中试，制备胶料进行工艺（混炼、压出、压延等）和物理机械性能试验；

e. 进行试生产，做出试制品，并按照标准和技术条件进行产品测试；

f. 根据上述各个试验阶段所得到的试验数据，就可以帮助选定最后的生产配方。如不能满足要求，则应继续进行试验研究，直到取得合乎要求的指标为止。

橡胶配方设计工作程序分析如下：

（1）进行调查研究、搜集有关原始技术资料　　在接到橡胶配方设计任务后，应首先进行调查工作，搜集有关材料，进行分析研究，为橡胶配方设计提供可靠的依据。由于产品的选用条件可能十分复杂，如主机结构、选用条件、选用要求等因素都会对胶料提出不同的性能要求。因而在确定胶料性能指标之前，应尽可能详细了解有关的技术资料。

①了解主机的主要技术特征　　包括型号、用途、负荷分布、设计速度等的技术特征。对制品有无特殊要求等。

②了解制品的使用条件　　要掌握所设计的橡胶制品主要在什么条件下选用及主要损坏形式，速度、温度、介质、环境气候的不同，对制品性能有不同的要求，例如对轮胎而言，在高速公路行驶的轮胎，要求胶料升温低、防湿滑性好，林区或矿山、工地用轮胎则要求胎面胶耐刺扎、抗崩花掉块性能良好，寒冷地区选用的轮胎，其胶料具有良好的耐寒性等。只有充分掌握制品的选用条件，才能有针对性进行橡胶配方设计试验的工作。

③掌握原材料的情况　　进行橡胶配方设计，就是要达到正确和合理选用原材料，改善加工性能，提高产品质量，降低生产成

本，因此必须熟悉和掌握各有关原材料的主要性能及优缺点，并注意新型原材料的发展与应用情况，以便为生产提供充足而可靠的原材料，保证产品的质量。

④ 搜集国内外同规格、同类型或类似规格型号产品的橡胶配方情况，了解用户的要求，在进行橡胶配方设计试验之前，充分了解国内外有关该产品胶料的特点，胶料控制的主要性能指标，控制产品质量的测试方法等资料和数据，并征求用户的意见，取人之长、补己之短，避免重复别人已做过的工作，经综合分析研究后，提出橡胶配方设计的试验方案。这样可少走弯路，提高工作效率。

⑤ 查阅产品的国际标准及国家标准，掌握标准对产品质量、尺寸方面的要求。

（2）制品使用条件和性能的分析　硫化橡胶的一般物理机械性能包括拉伸强度、定伸应力、伸长率、硬度、撕裂强度、耐磨耗性、耐屈挠龟裂性、耐压缩永久变形性、回弹性、耐热性、耐寒性、耐候性、耐臭氧性、耐油性、耐化学药品性、绝缘性能和粘接性能等。要获得这些性能都优良的橡胶制品是不可能的，因此必须根据制品的使用环境、使用条件以及使用寿命，以某些必要的性能作为橡胶配方设计的依据，然后再以此为基础选用胶种和配合剂。

（3）制造工艺和加工性能的分析　要知道胶料的加工性能，必须对制造工艺加以分析。制造工艺的分析必须包括各道工序，为此还要了解各道工序选用的设备、工艺方法、工艺条件、操作人员等。在橡胶配方设计时，一般可从如下各方面来分析制造工艺。

① 塑炼、混炼的加工性、炼胶时间，分散程度和色泽。

② 胶料的品质是否由于操作人员的关系而发生变动。

③ 焦烧性、贮存稳定性和周期性。

④ 生胶并用的状态。

⑤ 成型性、压出性、压延性、溶解性、涂胶性、粘接性、外观、喷霜等。

⑥ 硫化特性、胶料试验与制品的相关性、工厂的硫化周期。

⑦ 是否需要特殊的加工机械，用现有的设备是否能加工。

⑧ 实验的材料用于工厂生产时，是否也能得到品质均一的制品。

⑨ 材料的安全性。

在加工性能方面，必须注意确定能够获得优异加工性能的条件。在试验中获得优良性能的胶料，在实际生产中往往会出毛病，这就是对生产现场加工性能考虑欠周到所造成的。

（4）胶料成本的探讨　在确定了制品的价格之后，应当如何来考虑与此价格相适应的胶料材料成本，这是一个极其重要的问题。胶料对制品成本的影响不仅取决于原材料成本，而且还与原材料的管理、加工性能、加工条件以及损耗等多种因素有关，不能简单地认为，只要制品性能符合要求，胶料成本便越低越好。

（5）确定胶料的技术要求　在进行调查研究，掌握充分的资料后，查阅类似或接近的技术资料（例如吸取本单位及有关厂类似产品的经验配方作参考），经分析比较，根据产品的具体情况，确定胶料的主要物理机械性能指标。这样做一则可使设计工作有具体目标，二则可以衡量胶料是否满足预定要求。胶料技术要求应由双方提出，订货方应提出基本要求，包括产品工作条件、有关的技术资料（如图纸，工艺规程等）以及实物样品。配方人员经过样品分析和技术文件审查后提出必要而又可能的性能指标，经双方研究后用书面形式确定下来，作为配方设计的依据。

胶料技术要求的内容概括如下。

① 产品用途、作用。

② 产品具体使用条件（工作条件），包括工作温度范围、工作环境、工作压力、工作周期，频率及选用寿命等。

③ 胶料的工艺性能。

④ 各项性能指标应经承制和订货双方同意确定，其主要指标项目为物理机械性能，耐介质性能及耐环境（臭氧、热……）性能。如有国家标准尽可能直接选用。

胶料的性能有些是相一致的，而有些则互相矛盾。因此在确定指标时，既不能片面追求某一指标的最优水平而忽略综合性能，又不能面面俱到，取中间值。应该考虑各物性之间互相制约的因素，即在照顾综合性能的基础上，根据胶料所起的作用，确定控制主要的物理机械性能项目及指标。至于其它项目的指标，亦应达到国家规定的标准。

（6）编制配方设计方案 技术要求确定之后，就要制订配方设计的试验方案。一般先订出一系列平行方案，再根据各方案制订出基本试验和变量试验范围。制定基本的配方，并在这个基础上制定连续改进配方；并确定配方设计的方法。规定具体方案之前，应先考虑以下工作。

① 原材料选用 原材料选用是否恰当是配方设计的关键之一。设计人员应掌握各种原材料的理化性能、资源供应及价格成本情况。

② 性能试验项目确定 一般要通过强度和伸长性能、永久变形、抗撕裂等试验来观察胶料质量；通过硫化仪测定硫化特性，确定正硫化条件；通过热老化或天候老化试验，预测产品的选用寿命和贮存期。还应根据使用条件，有选择地做一些耐环境条件（耐介质，耐热）试验。最后，为了保证对加工的适应，尚需做焦烧、压出和压延等工艺试验。

用量的确定也是配方设计的关键之一，有时比材料的品种更重要。确定胶料组分与用量，可按表1-9所示的步骤。

表1-9 确定配方组分与用量的程序

步骤	确定项目	考虑事项	步骤	确定项目	考虑事项
1	确定生胶类别、型号	依制品使用条件(介质、温度、湿度等)、使用要求、主要性能指标确定主体材料(单用或并用)及含胶量	4	确定增塑剂品种与用量	胶种及加工条件
2	确定硫化体系	生胶的类型和品种型号、加工要求(加热硫化或冷硫化)及制品特殊性能要求	5	确定防老剂品种与用量	产品选用环境的条件
3	选定补强填料、增容剂品种和用量	胶料的相对密度要求、胶料性能(如色质、强度、生热)、成本要求及制品特殊性能要求	6	确定其它专用配合剂(着色、发泡)品种与用量	制品特殊性能要求

（7）进行试验与整理数据 配方设计试验方案一旦制订好后，就可按照它进行试验。小配合试验通常在试验室用小开炼机或微型密炼机混炼，为了使试验结果有较高的精度，减少随机因素引起的试验误差，应保证试验用材料质量稳定，严格掌握混炼工艺的操作

规程，如辊温、辊距、加药顺序、操作时间等条件都应一致。防止因操作条件或原材料变化影响胶料的性能，使胶料试验结果失去可比性。混炼胶停放后出片，在规定的硫化温度下硫化试片，并按国家有关标准规定和制品要求测定相关物理机械性能。由于试验项目繁多，数据庞杂，若不很好整理分析，就不易及时发现问题。为了便于对比，可将详细试验数据填入预先设计好的表格（可参考样表见表1-10）。此表为汇总形式，每个配合试验应该有更详细的、单独的原始记录，即所谓试验记录表，其内容包括：①胶料编号；②试验日期；③胶料用途；④胶料主体（原材料名称、规格及用量）；⑤炼胶记录和加料顺序，前者包括炼胶时间、辊温、胶料表面状况及混炼难易程度；⑥各种试验结果，包括试验条件、试片外观、硫化条件与过程、工艺试验、自然老化情况等；⑦设计依据，设计方案号码；⑧技术要求指标；⑨对该胶料是否满足要求，可否投产等作出结论。

表 1-10　配方汇总表

胶料名称		配方编号		胶料用途	
配方			加工工艺		
原材料名称规格	基本配合	生产配方/kg	加料顺序		
			混炼工艺条件		
			门尼黏度或可塑度		
			硫化特性		
			硫化条件		
			……		
			物理机械性能		
			拉伸强度		
			伸长率		
			……		
			密度、成本		
			密度		
合计			单位质量材料成本		

制表　　　　　　　　　　校对　　　　　　　　　　审核

胶料物理机械性能测试的结果经分析综合，如果达不到产品的要求，需继续做第二次以至多次的试验，直至取得比较满意的结果，并经复试，数据有重复性。

（8）最佳配方的选择　通过上一步在实验室进行试验的各方案的小样配方，对试验方案进行筛选分析，选出综合性能最佳的配方（不一定是一个）。

（9）复试和扩大中试　选择的试验配方应再复试 3～5 次，如其性能稳定则合格，可以用车间中试规模制备胶料，结合工厂的工艺设备条件，提出该胶料加工时可能给各工序操作上带来的影响及采取的必要技术措施，以保证工艺加工性能适合于生产的有关工艺技术条件。并试制具体产品，检验胶料的工艺性能、硫化胶的物理机械性能和成品的性能，初步确定最佳工艺条件。

为了充分了解所试胶料的工艺性能和物理机械性能是否达到预定的指标，试制过程中设计人员应到现场了解情况，测定有关的数据。应进行影响产品性能的各项试验，以及成品各部件胶料物理机械性能的测试。最后还需进行产品的实际性能和寿命试验。对于新产品试制，初步选用方案时可选定几个方案作对比，把结果进行全面比较才确定投产方案。

通过初步试制工作，对所试的配方有了比较全面的认识。根据试制中出现的问题，结合工厂中具体的设备条件和工艺水平，对配方中不合理的部分可作适当修改，经试验得到改进后调整配方，或者完善、改进工艺设备条件，以适合于配方的要求，保证生产过程顺利进行。在这基础上，可扩大试制量，积累数据，同时制订胶料的各项检验指标，为正式投产做好准备。

（10）确定制品配方　根据在生产车间大样试验确定的最适宜生产工艺条件，进一步扩大试生产，鉴定产品的综合平衡性能是否稳定和达到要求，结合试验和车间中试对选定配方逐步修正到适合车间生产条件为止，最后确定生产配方的组分，胶料质量指标、工艺条件及检验方法等。

（11）总结，鉴定及投产　新配方的投产涉及整个生产工艺过程，需要有一适应的阶段。特别是新原材料的应用，需在实践中逐渐熟悉它的特点，掌握选用特性。至于老产品的质量改进工作，也应在实际选用中进行对比鉴别。因此，对于新设计的配方，应通过试制、扩大试制和试产阶段，及时进行技术总结，并组织鉴定。

1.5　单因素配方设计方法

　　配方设计是确定胶料中各种原材料的品种、规格和用量的过程，也就是确定组成配方各因素（品种、规格）及水平（用量）的过程。

　　单因素配方试验设计主要研究某单一试验因素，如硫化剂、促进剂、活性剂、填料、防老剂、软化增塑剂或某一新型原材料等，在某一变量区间内，确定哪一个值的性能最优。可以直接从中取几个点进行对比试验，作图找出最佳点。也可以用优选法找最佳点，即在该范围内以最少的试验次数迅速找出最佳用量值，常用的优选方法有黄金分割法、平分法（对分法）等。

1.5.1　黄金分割法

　　线段的黄金分割点在线段的 0.618 处，用此点优选最佳值的方法称为黄金分割法，又称 0.618 法。

$$ax/ab = 0.618；bx/ab = 0.382$$

用此进行优选时步骤如下。

　　① 确定试验因素的配方试验范围 $[a，b]$。

　　② 第一次试验，在配方试验范围 $[a，b]$ 的 0.618 点 x_1 作第一试验点，再在其对称点 x_2（试验范围的 0.382 处）作第二试验点，同时将两端点 a、b 作为端试验点。

$$x_1 = a + 0.618 \times (b - a)$$
$$x_2 = a + (b - x_1) = a + 0.382 \times (b - a)$$

比较第一和第二两点试验的结果，去掉"坏点"以外的部分。用 $f(x_1)$ 和 $f(x_2)$ 分别表示在 x_1 和 x_2 两个试验点上的试验结果。

　　如果 $f(x_1)$ 比 $f(x_2)$ 好，则 x_1 是好点，于是把试验范围的 $[a，x_2]$ 消去，剩下 $[x_2，b]$。

a └─────────────────────┴──────────────┴─────────────────────┘ b
(小点) x_2 x_1 (大点)

如果 $f(x_1)$ 比 $f(x_2)$ 差，则 x_2 是好点，就应消去 $[x_1, b]$，而保留 $[a, x_1]$。

a └─────────────────────┴──────────────┴─────────────────────┘ b
(小点) x_2 x_1 (大点)

如果 $f(x_1)$ 和 $f(x_2)$ 一样，可同时划掉 $[a, x_2]$ 和 $[x_1, b]$，仅留下中间的 $[x_2, x_1]$。

③ 第二次试验，在剩下的部分继续按第一次试验思路取试验点的对称点进行试验、比较和取舍，逐步缩小试验范围。

在前一种情况中 $[f(x_1)$ 比 $f(x_2)$ 好]，第三个试验点 x_3 应是好点 x_1 的对称点：$x_3 = x_2 + (b - x_1)$。

     x_2 ──────────── x_1 ──── x_3 ──────────── b

$$x_3 = x_2 + (b - x_1)$$

在后一种情形中 $[f(x_1)$ 比 $f(x_2)$ 差]，第三个试验点 x_3 应是好点 x_2 的对称点：$x_3 = a + (x_1 - x_2)$。

     a ──── x_3 ──── x_2 ──────────── x_1

$$x_3 = a + (x_1 - x_2)$$

比较第三个试验点 x_3 与对称点试验的结果（x_3 与 x_1 或 x_3 与 x_2），去掉"坏点"以外的部分。依次进行，每次可以去掉试验范围的 0.382，找出最佳变量范围。

此法的每一步试验配方都要根据上次配方试验的结果决定，各次试验的原料及工艺条件都要严格控制，否则无法决定取舍方向，使试验陷入混乱。此法另一不足之处是虽试验点不多，但必须分步试验，增加了试验周期。

应用实例：胶料中低聚酯用量确定。

胶料性能要求为：硬度（邵尔 A）达到 85，拉伸强度不少于 20MPa，拉断伸长率不小于 200%。要求低聚酯尽量少用，并在不影响其它性能的前提下提高胶料的硬度。

低聚酯变量范围在 0～15 份。

第一次实验：在变量范围内，找出 0.618 点和 0.382 点，连同端点共作 4 个配方试验。

（低聚酯用量/质量份）

$$x_1 = a + 0.618 \times (b - a) = 0 + 0.618 \times (15 - 0) = 9.3$$
$$x_2 = a + b - x_1 = a + 0.382 \times (b - a) = 0 + 15 - 9.3$$
$$= 0 + 0.382 \times (15 - 0) = 5.7$$

第一次实验结果如下。

0 点：无低聚酯存在时，胶料硬度为 79，拉断伸长率为 250%，拉伸强度为 21.8MPa。

15 份点：加入低聚酯 15 份，胶料硬度为 89，拉断伸长率为 150%，拉伸强度为 35.1MPa。

0.618 点：加入低聚酯 9.3 份，胶料硬度为 88，拉断伸长率为 180%，拉伸强度为 31.2MPa。

0.382 点：加入低聚酯 5.7 份，胶料硬度为 86，拉断伸长率为 200%，拉伸强度为 22.8MPa。

比较上述 4 个试验点，显然 0.382 点较合理，故舍去 9.3～15 份部分，继续进行第二次试验。

第二次实验：在留下的 [0, 9.3] 范围内，追加一个新试验段的点 x_3（好点 x_2 的对称点）继续试验。

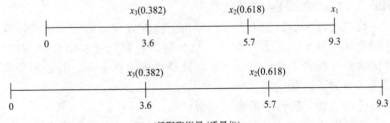

（低聚酯用量/质量份）

$$x_3 = a + (x_1 - x_2) = 0 + (9.3 - 5.7) = 3.6$$

新的试验点 (x_3)，加入低聚酯 3.6 份，胶料硬度为 85，拉断伸长率为 230%，拉伸强度为 22.1MPa。

比较上述试验结果，新的 0.382 点 (x_3) 更为合理，故舍去 5.7～9.3 份分段，继续进行第三次试验。

第三次试验：在剩下的〔0，5.7〕范围内进行第三次试验。

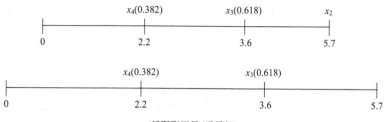

（低聚酯用量/质量份）

$$x_4 = a + (x_2 - x_3) = 0 + (5.7 - 3.6) = 2.1$$

新的 0.382 点（x_4），加入低聚酯 2.1 份，胶料硬度为 85，拉断伸长率为 235%，拉伸强度为 22.3MPa。

由上述结果可见，加入少量低聚酯即可显著提高胶料硬度，对其它性能影响不大，故可舍去（0，2.1）质量份段。

试验结果：低聚酯用量的合理范围为 2.1～5.7 质量份。

1.5.2 平分法（对分法）

如果在试验范围内，试验结果是单调的，要找出满足一定条件的最优点，可以用平分法。平分法的具体做法是总在试验范围的中点安排试验，平分法和黄金分割相似，但平分法逼近最佳范围的速度更快，在试验范围内每次都可以去掉试验范围的一半，而且取点方便。这个方法的要点是，每次试验点都取在范围的中点上，将试验范围对分为两半，所以这种方法又称为对分法。

平分法试验步骤如下。

① 根据经验确定单因素的试验范围 $a \sim b$。

② 第一次试验在的〔a，b〕的中点 x_1 处做，同时也对两端点进行试验。

a（小点） ———————— x_1 ———————— b（大点）

$$x_1 = \frac{1}{2}(a + b)$$

依据试验结果进行取舍，如果第一次试验结果表明 x_1 取大了，则舍去大于 x_1 的一半 $x_1 \sim b$，余下范围为〔a，x_1〕；如果第一次试验结果表明 x_1 取小了，便舍去 x_1 以下的一半 $a \sim x_1$，余下范围

为 $[x_1，b]$。

③ 第二次试验在余下范围 $[a，x_1]$ 或 $[x_1，b]$ 内的中点 x_2 处做。

$$x_2 = \frac{1}{2}(a + x_1) \text{ 或 } x_2 = \frac{1}{2}(x_1 + b)$$

如此继续下去，直到找到所要求的点。

总之，做了第一个试验，就可将范围缩小一半；然后在保留范围的中点做第二次试验，再根据第二次试验的结果，又将范围缩小一半。

平分法的应用条件如下。

① 要求胶料物理性能要有一个标准或具体指标，否则无法鉴别试验结果好坏。

② 要知道原材料的化学性能及其对胶料物理性能的影响规律。能够从试验结果中直接分析该原材料的量是取大了或是取小了，并作为试验范围缩小的判别原则。

应用实例：选择硬度（邵尔 A）为 70 的配方中炭黑的用量。由于硬度是炭黑用量的单调增函数，在其它配方组分不变的条件下，可用平分法进行单因素试验设计。

根据以往的经验，将优选范围定在 40～80 份。

第一次试验加炭黑量：

$$x_1 = \frac{1}{2}(40 + 80) = 60$$

结果硬度为 65 小于 70，于是舍去 60 份以下的范围 40～60，余下为 60～80。

第二次试验加炭黑量：

$$x_2 = \frac{1}{2}(60 + 80) = 70$$

结果硬度为 75 小于 70，于是舍去 70 份以上的范围 70～80，余下为 60～70。

继续试验，直至达到试验指标为止。

1.5.3　分批试验法

（1）均分分批试验法　这种方法是每批试验配方均匀地安排

在试验范围内。例如：每批做四个试验，可以先将试验范围（a，b）均分为 5 份，在其四个分点 x_1，x_2，x_3，x_4 处做 4 个试验。

将四个试验结果比较。

如果 x_1 好，则去掉大于 x_2 的部分，留下（a，x_2）的范围。

如果 x_2 好，则去掉小于 x_1 和大于 x_3 的部分，留下（x_1，x_3）的范围。

如果 x_3 好，则去掉小于 x_2 和大于 x_4 的部分，留下（x_2，x_4）的范围。

如果 x_4 好，则去掉小于 x_3，留下（x_3，b）的范围。

然后将留下的部分再均分为 6 份，在未做过试验的四个点上再做四个试验。如留下（x_2，x_4），试验安排为：

并依据试验结果按上述方法进行处理。

这样不断地做下去，就能找到最佳的配方变量范围。在这个窄小的范围内等分的点，其结果较好而又互相接近时，则可中止试验。

均分分批试验法实例：全钢丝载重子午胎钢丝帘布胶中用 Co-MBT（促进剂 M 的钴盐）的试验。

试验目的：找出钢丝帘线与胶料的黏合力高、对胶料早期硫化影响较少的 Co-MBT 用量。

第一次试验：根据资料介绍 Co-MBT 的用量范围为 0～5 份，在此范围内均分为 6 份。

(Co-MBT的用量/质量份)

均分分批实验法第一次试验结果如表 1-11 所示。

表 1-11　均分分批试验法第一次试验结果

试验号	a	x_1	x_2	x_3	x_4	b
Co-MBT 用量/质量份	0	1	2	3	4	5
门尼焦烧(M_s,120℃)/min	24	20.5	12	9.5	7.5	3.1
黏合力/N	89	111	124	118	95	90

试验结果以 x_2 最好，则去掉小于 x_1 和大于 x_3 试验段部分，留下 $(x_1, x_3) = (1, 3)$ 的范围作第二次试验。

第二次试验：在 x_1 和 x_3 的变量范围内再均分为 6 等份，其中 x_1 和 x_3 是已做过的试验，所以只补做 x_5，x_6，x_7，x_8 四个试验配方：

```
1.0          1.4          1.8          2.2          2.6          3.0
x₁           x₅           x₆           x₇           x₈           x₃
```

(Co-MBT的用量/质量份)

第二次试验结果如表 1-12 所示。

表 1-12　均分分批试验法第二次试验结果

试验号	x_1	x_5	x_6	x_7	x_8	x_3
Co-MBT 用量/质量份	1.0	1.4	1.8	2.2	2.6	3.0
门尼焦烧(M_s,120℃)/min	20.5	17.0	15.0	11.0	10.5	9.5
黏合力/N	111	122	124	125	119	118

由上述结果可见，x_5，x_6，x_7 三个点的变量范围中的胶料与钢丝帘线黏合力最高，其中 x_5，x_6 的胶料焦烧性能可满足工艺要求。

试验结果：Co-MBT 的最佳用量范围为 $1.4 \sim 1.8$ 质量份。

（2）**比例分割分批试验法**　这种方法是将第一批试验点按比例地安排在试验范围内。

以每批做四个试验为例：

第一批试验在 $\dfrac{5}{17}$、$\dfrac{6}{17}$、$\dfrac{11}{17}$、$\dfrac{12}{17}$ 四个点上进行：

```
              5/17 6/17              11/17 12/17
a             x₁  x₂               x₃  x₄              b
```

如试验结果 $\left(a, \dfrac{5}{17}\right)$ 范围较好，则去掉其它的部分，留下 $\left(a, \dfrac{5}{17}\right)$ 的范围。

如试验结果 $\left(\dfrac{5}{17}, \dfrac{6}{17}\right)$ 范围较好，则去掉其它的部分，留下

$\left(\dfrac{5}{17}, \dfrac{6}{17} \right)$ 的范围。

如试验结果 $\left(\dfrac{6}{17}, \dfrac{11}{17} \right)$ 范围较好，则去掉其它的部分，留下 $\left(\dfrac{6}{17}, \dfrac{11}{17} \right)$ 的范围。

如试验结果 $\left(\dfrac{11}{17}, \dfrac{12}{17} \right)$ 范围较好，则去掉其它的部分，留下 $\left(\dfrac{11}{17}, \dfrac{12}{17} \right)$ 的范围。

如试验结果 $\left(\dfrac{12}{17}, b \right)$ 范围较好，则去掉其它的部分，则留下 $\left(\dfrac{12}{17}, b \right)$ 的范围。

第二批试验同样将留下的好点所在线段 $\dfrac{5}{17}$、$\dfrac{6}{17}$、$\dfrac{11}{17}$、$\dfrac{12}{17}$ 四个点上进行；并依据试验结果按上述方法进行处理。

以下每批四个试验点也总是在上次留下的好范围内，按比例安排试验，如此继续下去。

从效果上看，比例分割法比均分法好（留下的范围小），但是由于比例分割法的试验点挨得太近，如果试验效果差别不显著的话，就不好鉴别。因此这种方法比较适用于因素变动较小而胶料质量却有显著变化的情况，例如新型硫化剂、促进剂的变量试验。

比例分割分批试验法实例：铜合金板和天然橡胶黏合配方中使用增黏试验。

试验目的：保持胶料焦烧性能的前提下，找出与铜合金板的黏合性能较好的松香酸钴用量。

根据经验，松香酸钴用量在 $1 \sim 17$ 质量份。

第一次试验：

（松香酸钴用量/质量份）

第一次试验数据如表 1-13 所示。

表 1-13　比例分割分批试验法第一次试验结果

试验号	a	x_1	x_2	x_3	x_4	b
松香酸钴用量/质量份	1	$5\left(\dfrac{5}{17}\right)$	$6\left(\dfrac{6}{17}\right)$	$11\left(\dfrac{11}{17}\right)$	$12\left(\dfrac{12}{17}\right)$	17
门尼焦烧(M_s,120℃)/min	17	25	26	24	24	23
剥离力/N	36.1	50.9	49.2	45.0	43.4	47.1

$x_2 \sim x_3$ 试验段结果较好。

第二次试验：按比例在 $x_1 \sim x_2$ 试验段安排试验点 x_5，x_6，x_7，x_8。

```
5                  5.3 5.4            5.6 5.7                      6
├──────────────────┼─┼────────────────┼─┼──────────────────────┤
x₂                 x₅ x₆             x₇ x₈                      x₃
```

第二次试验数据如表 1-14 所示。

表 1-14　比例分割分批试验法第二次试验结果

试验号	x_2	x_5	x_6	x_7	x_8	x_3
松香酸钴用量/质量份	5.0	$5.3\left(\dfrac{5}{17}\right)$	$5.4\left(\dfrac{6}{17}\right)$	$5.6\left(\dfrac{11}{17}\right)$	$5.7\left(\dfrac{12}{17}\right)$	6
门尼焦烧(M_s,120℃)/min	25	26	27	23	23	23
剥离力/N	50.9	50.8	51.1	46.6	46.8	47.1

x_2，x_5，x_6 三个试验点，黏合性能较好，且焦烧时间较长。

试验结果：松香酸钴最佳用量范围是 5～5.4 质量份。

黄金分割法、平分法和分批法有个共同的特点，就是要根据前面的试验结果，安排后面的试验，这样安排试验的方法叫做序贯试验法。它的优点是总的试验数目很少，缺点是试验周期长，要用很多时间。另外分批进行，不同批次试验存在误差，同时会影响结果分析。

与序贯试验法相反，把所有可能的试验同时都安排下去，根据试验结果，找出最好点，这种方法叫做同时法。如果把试验范围等分若干份，在每个分点上做试验，就叫均分法。同时法的优点是试验总时间短，缺点是总的试验数比较多。

1.6 正交试验法

在大多数的橡胶配方设计中，通常需要同时考虑确定两个或两个以上的变量因素（较多时可达 15～20 个）对橡胶性能的影响规律，这即是多因素橡胶配方试验设计的问题。如每点都试验到则试验安排次数太多，如四种配合剂每种配合剂有三个变量点按组合需试验次数是 $C_4^3 = \dfrac{P_4}{P_{(4-3)}} = 81$ 次，借助于多因素优选法（如正交试验法），可以改变传统试验设计法中试验点分布不合理、试验次数多、不能反映因素间交互作用等诸多缺点。

在众多的橡胶配方试验设计法中，运用较多的是正交试验设计法。借助于计算机技术的应用，可使这种方法大大简化，更有利于科学试验设计方法的推广应用。

试验中几个名词的意义：

因素——需要考察的影响试验性能指标（试验结果）的因素，如配方组分中的硫化剂、补强性填料（补强剂）、防老剂等；

水平——每个试验因素可能取值的状态；

交互作用——各试验因素间的相互综合影响的作用。

正交试验设计法是利用正交表进行多因素整体设计、综合比较和统计分析的一种重要的数学方法，目前已广泛应用在橡胶配方设计中。其特点是将试验点在试验范围内安排得"均匀分散、整齐可比"。"均匀分散"性使得试验点均衡地分布在试验范围内，每个试验点都有充分的代表性；"整齐可比"性使得试验结果的分析十分方便，易于估计各因素的主效应和交互作用。故该方法有效地解决了如下几个比较典型的问题。

① 对性能指标的影响，哪个因素重要，哪个因素不重要？

② 每个因素中哪个水平为好？

③ 各因素以什么水平搭配对性能指标较好？

1.6.1 正交表的概念

1.6.1.1 正交表的表示

正交表是试验设计法中合理安排试验并对数据进行统计分析的

主要工具。常用的正交表有：$L_4(2^3)$，$L_8(2^7)$，$L_{12}(2^{11})$，L_{16} (2^{15})，$L_{20}(2^{19})$，$L_{32}(2^{31})$，$L_8(4\times2^3)$，$L_{16}(4^2\times2^9)$，$L_{16}(4^3\times 2^6)$，$L_{16}(4^4\times2^3)$，$L_{16}(2^{15})$，$L_{16}(2^{15})$，$L_{16}(2^{15})$，$L_9(3^4)$，L_{27} (3^{13})，$L_{16}(4^5)$，$L_{25}(5^6)$ 等。

正交表的符号以 $L_4(2^3)$ 为例，说明如下：L 表示正交试验表；4 代表试验次数；2 代表标准正交表上可安排的因素水平数；3 代表列数（试验的因素数）。

例如：$L_4(2^3)$ 正交表（表1-15）。

表 1-15 $L_4(2^3)$ 正交表

实验号	列　号		
	1	2	3
1	1	1	1
2	1	2	2
3	2	1	2
4	2	2	1

$L_4(2^3)$ 正交表表示需做四次试验；因素可安排的水平数为 2；表中有三列可供安排因素和误差。

用于橡胶配方设计的正交表，一般不宜过大，每批安排的试验配方数量不能过多，以免产生分批试验误差。在合理安排试验又能满足要求的前提下，尽可能使用较小的正交表。

1.6.1.2　正交表的性质

在每一列中，代表不同水平的数字出现次数相等。即在正交表的每一列，若安排某种配方因素，该因素的不同水平试验概率相同。如表1-16中，每一列的 1 水平均出现 4 次，2 水平均出现 4 次，各因素 1 水平和 2 水平的试验概率是一样的。任意两列中将同一横行的数字看成有序数对时，每种数对出现的次数相等。如 L_8 (2^7) 正交表中，任意两列中 1-1、1-2、2-1、2-2 数对各出现两次，说明任意两列之间两个因素水平数搭配均匀相等，正交表可以以计算机数据库的形式被保存，提取和打印所需的正交表。

表 1-16 $L_8(2^7)$ 正交表

实验号 \\ 序号	1	2	3	4	5	6	7
1	1	1	1	1	1	1	1
2	1	1	1	2	2	2	2
3	1	2	2	1	1	2	2
4	1	2	2	2	2	1	1
5	2	1	2	1	2	1	2
6	2	1	2	2	1	2	1
7	2	2	1	1	2	2	1
8	2	2	1	2	1	1	2

1.6.2 正交表的使用

1.6.2.1 确定因素、水平、交互作用

在设计一项较大型的橡胶试验配方之前，先做一些小型的、探索性的配方试验，以决定这项大型试验的价值和可行性是很必要的。特别是对某些从未进行过试验的新型原材料，这种小型的探索性试验就更为重要。

一般情况下，凭配方设计人员的专业理论和经验，结合实际情况即可确定配方的因素、水平及需要考察的交互作用。在确定因素、水平及需要考察的交互作用时，应注意以下几个问题。

① 根据试验的目的去选取配方因素是极为重要的一步，要特别注意那些起主要作用的因素。如果把与试验无关的配方因素选入，而忽略了起主要作用的因素，整个试验将归于失败。例如耐热胶料的配方设计主要因素是生胶、硫化体系和防护体系，当生胶确定后则主要的因素为硫化体系和防护体系。

② 恰当地选取水平。水平的间距要适当拉开，因为配方变量的最优常常不是一个点，而是一个较窄的变量范围。如配方设计中确定氧化锌为一个试验因素，其用量范围为 1～5 份，如确定为二水平，则可选为 2.3、3.6，三水平为 2、3、4，四水平为 1.8、2.6、3.4、4.2。

③ 确定要考虑的因素之间的交互作用。橡胶配方中配合剂之间的交互作用较多，某些交互作用对胶料性能有影响。

两个因素间的交互作用称为一级交互作用。三个或三个以上因素间的交互作用称为高级交互作用。在配方设计中一般只考虑一级交互作用，而将高级交互作用忽略掉。针对配方因素之间存在交互作用较多的事实，对于存在的交互作用和不知道能否忽略的交互作用都应当考虑。同时要尽量剔除那些不存在或可忽略的交互作用。

1.6.2.2　选择合适的正交表

根据配方因素的个数和水平选择合适的正交表。

（1）标准正交表上可安排的因素水平数应等于确定的因素的水平数，正交表的列数应大于或等于试验所确定的因素数量。

① 对 m 个配方因素的二水平试验设计，即 2^n 因素的试验设计，$n \geqslant m$，一般选用 $L_4(2^3)$，$L_8(2^7)$，$L_{12}(2^{11})$，$L_{16}(2^{15})$，$L_{20}(2^{19})$，$L_{32}(2^{31})$ 正交表。

② 对 m 个配方因素的三水平试验设计，即 3^n 因素的试验设计，$n \geqslant m$，一般选用 $L_9(3^4)$，$L_{27}(3^{13})$ 正交表。

③ 对 m 个配方因素的四水平试验设计，即 4^n 因素的试验设计，$n \geqslant m$，一般选用 $L_{16}(4^5)$ 正交表。

④ 对 m 个配方因素的五水平试验设计，即 5^n 因素的试验设计，$n \geqslant m$，一般选用 $L_{25}(5^6)$ 正交表。

根据不同的水平数试验设计，可按上述类似规则来选择正交表，如 3 个因素有 4 个水平和 2 个因素有 2 个水平的试验可选用正交表 $L_{16}(4^3 \times 2^6)$，$L_{16}(4^4 \times 2^3)$。

（2）选用较小的正交表来制定试验计划。减小试验次数，是选择正交表的一个重要原则。对同一正交表最好能安排同一批试验配方，以减少误差，提高可比性，显然选择过大的正交表是不恰当的。另外每次试验设计，选用的配方因素应是重要的因素，数量不能多，凡是能够忽略的交互作用都要尽量剔除。一般来说，大部分的一级交互作用和绝大部分的高级交互作用都是可以忽略的，这样才可在配方设计中选用较小的正交表，减少试验次数。

例如 10 个因素的二水平试验中，如要考虑所有的因素和交互作用，总共有 1023 个，势必要选用 $L_{1024}(2^{1023})$ 正交表进行设计，这样就得做 1024 次试验，实际这是无法做到的。假如我们按上述原则，只选取几个影响最大的因素和其中一部分交互作用，采用 $L_{16}(2^{15})$，$L_8(2^7)$ 正交表，则试验次数可由 1024 次减少到 8 或 16 次。至于哪些因素和交互作用是重要的，哪些不必考虑，应由配方设计者根据其专业知识和实际经验去决定。

1.6.2.3 表头设计

正交表的表头设计实际上就是安排试验计划。表头设计的原则是，表头上每列至多只能安排一个配方因素或一个交互作用，在同一列里不允许出现包含两个或两个以上内容的混杂现象——即不可混杂的原则。一般表头设计可按以下步骤进行。

① 首先考虑有交互作用和可能有交互作用的因素，按不可混杂的原则和正交法安排规则，将这些因素和交互作用分别安排在表头上。

② 余下那些估计可以忽略交互作用的因素，任意安排在剩下的各列上。

例如：有配方因素 A、B、C、D，因素各有两个水平；需考察的交互作用有 A×B、A×C、B×C 时，按上述原则和自由度计算可采用 $L_8(2^7)$ 正交表。表头设计如下：首先把最重要的配方因素 A 和 B 放入第 1、2 列；由 $L_8(2^7)$ 的交互作用表查得 A×B 占第 3 列；接着把有交互作用的因素 C 放在第 4 列；而 A×C 由 $L_8(2^7)$ 交互作用表（表 1-17）查得应占第 5 列。

表 1-17 $L_8(2^7)$ 交互作用表

列号 \ 列号	1	2	3	4	5	6	7
	(1)	3	2	5	4	7	6
		(2)	1	6	7	4	5
			(3)	7	6	5	4
				(4)	1	2	3
					(5)	3	2
						(6)	1
							(7)

B×C 占第 6 列，仍有第 7 列放因素 D。于是可得到表 1-18 所示的表头设计。

表 1-18　$L_8(2^7)$ 正交表表头设计

表头设计	A	B	A×B	C	A×C	B×C	D
列　号	1	2	3	4	5	6	7

上述表头设计亦可变成另一种形式，见表 1-19。

表 1-19　$L_8(2^7)$ 正交表表头设计另一种形式

表头设计	A	C	A×C	B	A×B	B×C	D
列　号	1	2	3	4	5	6	7

只要交互作用不混杂，将不会影响试验的最终结果分析。

倘若交互作用 A×B、A×C、A×D、B×C、B×D、C×D 都是必须考察的因素，如果仍采用正交表，可能出现这样的表头设计，见表 1-20。

表 1-20　$L_8(2^7)$ 正交表表头

表头设计	A	B	C×D A×B	C	B×D A×C	A×D B×C	D
列　号	1	2	3	4	5	6	7

这种表头设计使交互作用产生混杂，即有三列（3、5、6）中排有两个内容，这显然是不合理的。只有选择更大的正交表，如 $L_{16}(2^{15})$ 才能安排得上，不致产生混杂现象。用 $L_{16}(2^{15})$ 所做的表头设计见表 1-21。

表 1-21　$L_{16}(2^{15})$ 的表头设计

表头设计	A	B	A×B	C	A×C	B×C		D	A×D	B×D		C×D		
列　号	1	2	3	4	5	6	7	8	9	10	11	12	13	14	15

正交表选择得合适，表头设计合理，则配方因素、水平、交互作用在正交表的配置组合构成了最佳配方试验计划。可见，一个多因素正交配方设计方案的确定，最终都归结为选表和表头设计。把这关键的一步搞好，就可以运用正交试验设计省时、省力地完成试验任务，得到满意的结果。

1.6.2.4　结果分析

正交试验设计的配方结果分析可采用两种方法进行：一种是直观分析法，另一种是方差分析。

直观分析法简便易懂，只需对试验结果作少量计算，再通过综合比较，便可得出最优的配方。但这种方法不能区分某因素各水平的试验结果差异，究竟是因素水平不同引起的？还是试验误差引起的？因此，亦不能估算试验的精度。

方差分析，是通过偏差平方和自由度等一系列的计算，估计试验结果的可信赖度。各配方因素的水平变化所引起的数据改变，落在误差范围内，则这个配方因素作用不显著；相反，如果因素水平的改变引起数据的变动，超出误差范围，则这个配方因素就是对该性能起作用的显著因素。方差分析，正是将因素水平变化所引起的试验结果间的差异与误差波动所引起的试验结果间的差异区分开来的一种数学方法。

下面主要说明直观分析法。直观分析法是按所用正交表计算出各个因素不同水平时数据的平均值，并计算出各因素不同水平中最大平均值与最小平均值的差值（称为极差），比较不同因素、水平数据平均值的大小，选出影响较大的因素和对性能指标最有利的水平。另外可作因素和指标（平均值）的关系图（直观分析图），根据每个因素在坐标图上水平高低相差的程度（极差的大小）来区分对物理机械性能指标影响的大小。各点高低相差大（极差大），表明此因素的水平对指标影响的差异大，说明此因素重要；各点高低相差小（极差小），表明此因素的三个水平对指标影响的差异小，即此因素是次要的。由此直观地分析出重要的因素和最好的水平，组合成较好的橡胶配方。

1.6.2.5　实例

下面举例说明正交的实验设计和直观分析法。

氯醚橡胶（CO、ECO）再生胶基础配方设计，主要是硫化体系的配合（NA-22、Pb_3O_4、共交联剂），其主要考察的性能为硬度、拉伸强度和拉断伸长率。

经综合分析选定 3 个主要影响因素（即 3 个因素），每个因素选了 3 个水平，各因素及水平如表 1-22 所示。

表 1-22 因素及水平设计表

因 素		水 平		
		1	2	3
A	NA-22 的用量/份	0.4	0.8	1.2
B	Pb_3O_4 的用量/份	2	4	6
C	共交联剂/份	0	S 0.2	TT 0.2

(1) 选择正交表并安排表头　如不考虑交互作用，3 个因素全考虑 3 个水平，选用 $L_9(4^3)$，3 个因素放在表的任 3 列，表头设计见表 1-23。表中第 1 列至第 3 列是按顺序安排 A、B、C 三个因素，第 4 列空下不用，原则上如不考虑交互作用，A、B、C 三个因素可任意安排在 4 列中任 3 列上，1 列只能安排 1 个因素。

表 1-23　$L_9(4^3)$ 表头设计

列　号	1	2	3	4
因素	A(NA-22)	B(Pb_3O_4)	C(共交联剂)	

(2) 试验　正交表选定后，按表内规定分组进行试验，有时由于希望出现某特定的水平组合，可将因素的水平进行变动（如 A 因素由小到大，B 因素由大到小），理论上水平可以不按大小顺序排列。试验安排及试验结果如表 1-24 所示。

表 1-24　试验安排及试验结果表

试验号	列　号				性能指标结果		
	1	2	3	4	邵氏 A 硬度	拉伸强度 /MPa	拉断伸长率/%
	A(NA-22)	B(Pb_3O_4)	C(共交联剂)				
1	1(0.4 份)	1(2 份)	1(0 份)	1	63	15.62	248
2	1(0.4 份)	2(4 份)	2(S 0.2 份)	2	59	15.66	352
3	1(0.4 份)	3(6 份)	3(TT 0.2 份)	3	62	14.85	249
4	2(0.8 份)	1(2 份)	2(S 0.2 份)	3	69	14.38	172
5	2(0.8 份)	2(4 份)	3(TT 0.2 份)	1	69	14.97	160
6	2(0.8 份)	3(6 份)	1(0 份)	2	68	13.66	158
7	3(1.2 份)	1(2 份)	3(TT 0.2 份)	2	71	14.15	152
8	3(1.2 份)	2(4 份)	1(0 份)	3	73	14.79	124
9	3(1.2 份)	3(6 份)	2(S 0.2 份)	1	73	14.36	145

（3）正交表的直观分析 试验后的结果存很多种分析方法，直观分析是其中一个比较简单的方法。直观分析结果如表 1-25 所示。

表 1-25 直观分析表

性能		邵尔 A 硬度			拉伸强度/MPa			拉断伸长率/%		
		A (NA-22)	B (Pb_3O_4)	C(共交联剂)	A (NA-22)	B (Pb_3O_4)	C(共交联剂)	A (NA-22)	B (Pb_3O_4)	C(共交联剂)
总和	K_1	184	203	204	46.13	44.15	44.07	849	572	530
	K_2	206	201	201	43.01	45.42	44.4	490	636	669
	K_3	217	203	202	43.3	42.87	43.97	421	552	561
平均值	k_1	61.33	67.67	68.00	15.38	14.72	14.69	283.00	190.67	176.67
	k_2	68.67	67.00	67.00	14.34	15.14	14.80	163.33	212.00	223.00
	k_3	72.33	67.67	67.33	14.43	14.29	14.66	140.33	184.00	187.00
极差	R	11.00	0.67	1.00	1.04	0.85	0.14	142.67	28.00	46.33

根据试验结果计算同一水平的试验结果总和 K、试验结果平均值 k 及极差 R，其具体计算方法如下。

表 1-25 中硬度指标中 A 因素水平“1”的 K_1（184）是试验结果表（表 1-24）第 1 列（A 列）中凡对应“1”的拉断伸长率结果的数据相加而得：$K_1 = 63 + 59 + 62 = 184$。

表 1-25 中硬度指标中 A 因素水平“2”的 K_2（206）是试验结果表（表 1-24）第 2 列（A 列）中凡对应“2”的拉断伸长率结果的数据相加而得：$K_2 = 69 + 69 + 68 = 206$。

依此类推，第 1 列中的 K_3：$K_3 = 71 + 73 + 73 = 217$。

k 的计算为对应 K 值除以试验的重复次数，即：

$k_1 = K_1/3 = 184/3 = 61.33$；$k_2 = K_2/3 = 206/3 = 68.67$；$k_3 = K_3/3 = 217/3 = 72.33$。

极差 R 为 k_1、k_2、k_3 中极大值（72.33）与极小值（61.33）之差：$R = 72.33 - 61.33 = 11$。

依此类推，计算出第 2、3 列中的 K_1、K_2、K_3 和 k_1、k_2、k_3 及 R。

用 k_1、k_2、k_3 值对各指标作直观分析图。3 个因素与三个指标的关系图如图 1-2 所示。

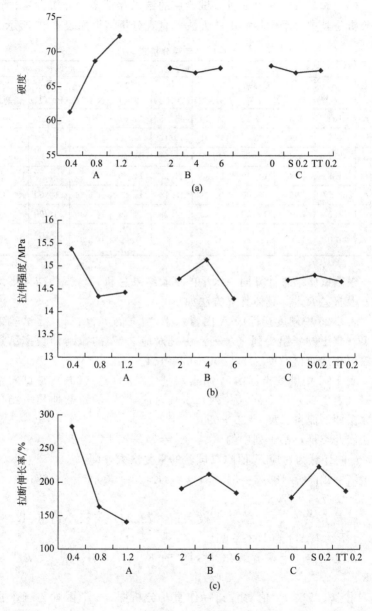

图 1-2 直观分析图

从上表和图可以得出如下结论。

① 各因素对指标影响顺序〔按其波动（即极差）的大小顺序分出主次〕如表 1-26 所示。

表 1-26 各因素对指标影响顺序

性能指标	影响主次顺序 主→次	备 注
硬度	A→C→B	说明影响硬度的主要因素为 A 因素（硫化剂 NA-22），B 因素（硫化助剂 Pb_3O_4）对硬度影响最小
拉伸强度	A→B→C	说明影响拉伸强度的主要因素为 A 因素（硫化剂 NA-22），C 因素（共交联剂）对拉伸强度影响最小
拉断伸长率	A→C→B	说明影响拉断伸长率的主要因素为 A 因素（硫化剂 NA-22），B 因素（硫化助剂 Pb_3O_4）对伸长率影响最小

从表 1-26 的直观分析可知，对氯醚橡胶再生胶硬度影响最主要的因素为 A 因素（硫化剂 NA-22），而 B 因素（硫化助剂 Pb_3O_4）和 C 因素（共交联剂）的影响较小；各因素对胶料拉伸强度影响的顺序为：A 因素（硫化剂 NA-22）＞B 因素（硫化助剂 Pb_3O_4）＞C 因素（共交联剂）；对拉断伸长率影响主要因素仍为 A 因素（硫化剂 NA-22），其次为 C 因素（共交联剂），而 B 因素（硫化助剂 Pb_3O_4）的影响最小。因而 A 因素（硫化剂 NA-22）是影响氯醚橡胶再生胶性能最主要的因素，配合时应注意。

② 各因素各水平对性能指标的影响 从直观分析图可以看出，各水平对性能的影响，如随着 A 因素（硫化剂 NA-22）用量的增加，氯醚橡胶再生胶硬度增大，拉伸强度和拉断伸长率下降；B 因素（硫化助剂 Pb_3O_4）存在一极值。

③ 每个因素选最佳水平 单项性能进行分析相对来说比较容易，如拉伸强度来衡量，从上面分析中可知，对拉伸强度影响的主要因素为 A 因素，在 A 因素的各水平中以 A1 为最好（越小越好）；其次是 C 因素，以 C2 为好；影响最小为是 B 因素，以 B2 为好。因而最佳拉伸强度的为 A1B2C2（简称 122）即 NA-22：0.4 份；Pb_3O_4：4 份；共交联剂硫黄：0.2 份；拉断伸长率大最佳组合与拉伸强度相同硬度最高组合为 A3B1C1（311）或 A3B3C1（331），硬度最低组合为 A1B2C2（122）。

多项性能综合分析时先从处于主要矛盾地位的指标进行。本试验中因素 A，对硬度、拉伸强度和拉断伸长率处于主要矛盾地位。从拉伸强度来看 A1 最好（越小越好），从拉断伸长率来看 A1 最好（越小越好），从硬度来看 A1 最小，A3 最大，综合三个指标 A 取 A1；B 在拉伸强度中处于第 2 位，由此看 B2 好。在拉断伸长率指标中处于第 3 位，以 B2 最好，但 B 在硬度指标中处于第 3 位，故应以前一者为准，B 取 B2。这里要注意的一点，如果指标间不是平等的，要优先重视主要指标，上述情况因素 A，如硬度指标要优先保证，要求硬度小时可考虑取 A1，要求硬度大时可考虑取 A3。

C 因素在硬度和拉断伸长率指标中居第 2 位，在拉伸强度指标中居最后。故 C 可由拉断伸长率指标来定，C 取 C2 好。

综上所述，最佳配方组合为 A1B2C2。再通过试验进行验证。

多指标的综合平衡是复杂的，数学的分析仅仅是给实际工作者提供了一个依据，但最终还需要由专业知识来定。

1.7 橡胶配方与胶料成本关系

橡胶配方的"3P"是价格（price）、加工（processing）和性能（properties）。在商业竞争的环境下，材料的价格是非常重要的。某些胶料可能能赋予硫化胶和制品优良的性能，但可能因为成本过高而没有竞争力。

如何降低橡胶产品的成本，是工厂普遍关心的实际问题。但影响产品成本的因素很多，因此在进行橡胶配方设计时，应充分应用价值工程加以分析，在保证物理机械性能和加工性能的基础上，再进一步考虑拟定低成本配方。

配方胶料成本不仅是单位质量原料价格的简单计算，还必须考虑其以质量为基准还是以体积为基准，橡胶制品绝大多数是以件数（个数）出售，即按体积计价。单纯从经济上应尽可能降低单位体积的价格，还应充分地考虑到与配方相关的工艺成本。

使用最低成本的配方总是诱人的，但必须经常警惕不要因减少较贵的配合剂用量而损害产品的质量。同样，过高成本的配方，不仅造成费用的浪费，而且也会使产品失去竞争力。设计时通常可以使用替代材料，但必须进行谨慎的评估，包括合理的成本计算。

配方成本核算需要三个参数：每种组分的量；每种组分的价格；每种组分的密度。

1.7.1 含胶率的计算

在橡胶制品所用的原材料中，生胶的价格一般较高，含胶率的高低不仅决定了制品的主要性能和制品质量，还对制品的成本影响很大。

根据基本配方，计算含胶率。

含胶率和胶料总质量份的关系是：

$$含胶率 = \frac{100(生胶质量份)}{胶料总质量份} \times 100\% \qquad (1-10)$$

1.7.2 密度的计算

胶料的密度对单位体积成本影响很大。有时单位质量成本虽然很低，但由于密度大，使得单个或单位长度制品的质量增大，结果单位制品成本不但不降低，有时甚至增高。

胶料密度最好的确定方法是用仪器进行测定，常用的测定方法是称量法，可用密度瓶（密度瓶）法或悬挂法，现在也可用密度电子天平进行测定，但是这些方法的前提必须已有胶料。

胶料的密度除受原材料用量和密度影响外，混炼程度、硫化压力、硫化温度、硫化时间、硫化剂用量及硫化程度、配合剂的挥发性等都对胶料密度有一定的影响，在进行密度计算时一般认为配合剂的混合是简单的混合，体积具有加和性，略去硫化等对胶料密度的影响。因而可用下列计算公式来确定：

$$\rho = \frac{\sum m_i}{\sum v_i} = \frac{\sum m_i}{\sum \left(\dfrac{m_i}{\rho_i}\right)} \qquad (1-11)$$

式中，ρ 为胶料密度，kg/dm^3（或 g/cm^3）；m_i 为配方中原材料配合用量，质量份、kg、g；v_i 为配方中原材料体积，m^3、dm^3、$v_i = \dfrac{m_i}{\rho_i}$；$\sum m_i$ 为配方中原材料总质量，质量份、kg、g；$\sum v_i$ 为配方中原材料总体积，m^3、dm^3，$\sum v_i = \sum \left(\dfrac{m_i}{\rho_i}\right)$；$\rho_i$ 为配方中原

材料密度，kg/m^3，常见生胶和配合剂的密度见表1-27。

表 1-27　常见生胶和配合剂的密度　　单位：g/cm³

名　　称	密　　度	名　　称	密　　度
天然橡胶（NR）	0.91～0.93	硫黄（S）	1.96
丁苯橡胶（SBR）	0.915～0.96	促进剂 ZDC	1.45～1.51
丁二烯橡胶（BR）	0.90～0.93	促进剂 TMTD（TT）	1.29
氯丁橡胶（CR）	1.15～1.25	促进剂 M	1.42
丁腈橡胶（NBR）	0.94～1.03	促进剂 DM	1.50
氯磺化聚乙烯橡胶（CSM）	1.05～1.27	促进剂 CBS	1.31～1.34
聚氨酯橡胶（PUR）	1.00～1.30	促进剂 MBS	1.34～1.40
硅橡胶（Q）	0.95～0.98	氧化锌（ZnO）	5.60
丁基橡胶（IIR）	0.91～096	碳酸锌（ZnCO₃）	4.42
丙烯酸酯橡胶（ACM）	1.07～1.13	氧化镁（MgO）	3.20～3.23
三元乙丙橡胶（EPDM）	0.85～0.88	邻苯二甲酸二辛酯（DOP）	0.985
乙烯-醋酸乙烯酯共聚物（EVA）	0.92～0.995	邻苯二甲酸二丁酯（DBP）	1.0465
聚硫橡胶（T）	1.25～1.41	碳酸镁（MgCO₃）	2.19
氟橡胶（FPM）	1.80～1.84	一缩二乙二醇（DEG）	1.117～1.120
均聚氯醚橡胶（CO）	1.36～1.38	甘油	1.121～1.135
共聚氯醚橡胶（ECO）	1.26～1.36	硬脂酸（SA）	0.90
AEM	1.03～1.12	防老剂 BLE	1.09
氯化聚乙烯橡胶（CM）	1.08～1.25	促进剂 D	1.13～1.19
热塑性丁苯橡胶（SBS）	0.94～0.95	防老剂 A	1.16～1.17
轮胎再生胶	1.11	防老剂 RD	1.18
高密度聚乙烯（HDPE）	0.945～0.955	防老剂 4010NA	1.29
低密度聚乙烯（LDPE）	0.923～0.924	防老剂 264	1.048
聚丙烯（PP）	0.90～0.91	防老剂 SP	1.07～1.10
聚氯乙烯（PVC）	1.40	防老剂 MB	1.40～1.44
芳烃油	0.95～1.05	石蜡	0.90
环烃油	0.92～0.95	白炭黑	1.93～2.15
石蜡油	0.85～0.88	陶土	2.5～2.6
机油	0.91～0.93	滑石粉	2.7～2.8
锭子油	0.89～0.90	轻钙	2.4～2.7
重油	0.90～0.96	硫酸钡（BaSO₄）	4.5
凡士林	0.88～0.89	立德粉	4.1～4.3
煤焦油	1.12～1.22	铁红（Fe₂O₃）	5～5.5
古马隆	1.05～1.10	炭黑	1.80
松焦油	1.01～1.06	钛白粉（TiO₂）	3.84～4.25
松香	1.3～1.5		
油膏	1.08～1.20		

橡胶密度计算举例见表1-28。

表 1-28　橡胶密度计算举例

序号	原材料名称	基本配方(m_i)/g	密度(ρ_i)/(g/cm³)	$v_i\left(\dfrac{m_i}{\rho_i}\right)$/cm³
1	SCR5	100	0.92	108.70
2	N770	50	1.80	27.78
3	芳烃油	5	1.00	5.00
4	氧化锌(ZnO)	5	5.57	0.90
5	硬脂酸(SA)	2	0.85	2.35
6	硫黄(S)	2	2.00	1.00
7	促进剂 MBT	1	1.52	0.66
8	防老剂 DPPD	1	1.28	0.78
9	合计(Σ)	166		147.16

上面的密度确定方法主要适用于实心橡胶。对于海绵橡胶，视密度（假密度）由于受发泡程度影响很大，对闭孔结构的海绵橡胶也用称量法（沉锤附加法）来测量其假密度。

例如：海绵橡胶在空气中的质量为 $G_1=2.8$g；沉锤（铅质）的质量为 $G_2=16.8$g；（海绵橡胶＋沉锤）在水中的质量为 $F=5.6$g。

沉锤以铅质计算，因铅的密度为 $\rho_2=11.34$g/cm³；

则沉锤的体积 $V_2=G_2/\rho_2=16.8/11.34=1.48$(cm³)；

沉锤在水中的浮力为 $F_2=V_2\times\rho_水=1.48\times1=1.48$(g)（水的相对密度为1）；

沉锤在水中的质量＝$16.8-1.48=15.32$(g)；

胶料在水中的浮力 $F_1=15.32+2.8-5.6=12.52$(g)；

海绵橡胶的体积 $V_1=F_1/\rho_水=12.52/1=12.52$(cm³)；

海绵胶料的密度＝$G_1/V_1=2.8/12.52=0.224$(g/cm³)。

但对混合孔和开孔结构海绵橡胶来说，不能用上述方法来确定假密度，最好方法是制出标准长方体试样，测定其三边的长度并称量其质量，计算体积从而直接计算其假密度。

1.7.3　单位胶料材料成本计算

1.7.3.1　单位质量胶料材料成本

单位质量胶料材料成本可按下式计算：

$$P_m = \frac{\sum(m_i \times p_i)}{\sum m_i} \qquad (1\text{-}12)$$

式中，P_m 为单位质量胶料材料成本，元/kg；p_i 为原材料单价，元/kg；m_i 为配方中原材料配合用量，kg；$\sum m_i$ 为配方中原材料总质量，kg；$\sum(m_i \times p_i)$ 为配方中原材料总价值，元。

1.7.3.2 单位体积胶料材料成本

单位体积胶料材料成本可按下式计算：

$$P_v = \frac{\sum(m_i \times p_i)}{\sum v_i} = \frac{\sum(m_i \times p_i)}{\dfrac{\sum m_i}{\rho}} = \frac{\sum(m_i \times p_i)}{\sum(\dfrac{m_i}{\rho_i})} \qquad (1\text{-}13)$$

式中，P_v 为单位体积胶料材料成本，元/m³。

单位体积材料成本与单位质量材料成本的关系如下：

$$P_v = P_m \times \rho \qquad (1\text{-}14)$$

或者

$$P_m = \frac{P_v}{\rho} \qquad (1\text{-}15)$$

1.7.3.3 单位产品胶料材料成本

单位产品胶料材料成本可按下式计算：

$$P = V \times P_v = m \times P_m = V \times \rho \times P_m \qquad (1\text{-}16)$$

式中，V 为单位制品所消耗胶料体积，m³；m 为单位制品所消耗胶料质量，kg。

举例：如下列配方中为了降低成本采用两种方法：一是添加重钙，另一是添加重晶石粉（用量为 50 份），密度、单位成本计算结果如表 1-29～1-31 所示。

表 1-29　原配方的成本计算表

原材料名称	配比(m_i)/kg	单价(p_i)/(元/kg)	$m_i \times p_i$/元	密度(ρ_i)/(kg/dm³)	$v_i\left(\dfrac{m_i}{\rho_i}\right)$/dm³
丁苯橡胶1500	100	18	1800	0.94	106.38
N770	50	8	400	1.8	27.78
芳烃油	5	6.5	32.5	1	5.00
氧化锌(ZnO)	5	14	70	5.57	0.90
硬脂酸(SA)	1	6	6	0.85	1.18

原材料名称	配比（m_i）/kg	单价（p_i）/(元/kg)	$m_i \times p_i$/元	密度（ρ_i）/(kg/dm³)	$v_i\left(\dfrac{m_i}{\rho_i}\right)$/dm³
硫黄（S）	1.5	1.8	2.7	2	0.75
促进剂 MBT	1	16	16	1.52	0.66
防老剂 DPPD	1	32	32	1.28	0.78
合计（Σ）	164.5		2359.2		143.42

表1-30　调整后配方1（加重钙）的成本计算表

原材料名称	配比（m_i）/kg	单价（p_i）/(元/kg)	$m_i \times p_i$/元	密度（ρ_i）/(kg/dm³)	$v_i\left(\dfrac{m_i}{\rho_i}\right)$/dm³
丁苯橡胶1500	100	18	1800	0.94	106.38
N770	50	8	400	1.8	27.78
芳烃油	5	6.5	32.5	1	5.00
氧化锌（ZnO）	5	14	70	5.57	0.90
硬脂酸（SA）	1	6	6	0.85	1.18
硫黄（S）	1.5	1.8	2.7	2	0.75
促进剂 MBT	1	16	16	1.52	0.66
防老剂 DPPD	1	32	32	1.28	0.78
重钙	50	0.35	17.5	2.8	17.86
合计（Σ）	214.5		2376.7		161.28

胶料密度为：$\rho = 164.5/143.42 = 1.147(\text{kg/dm}^3)$。

单位质量胶料材料成本为：$P_m = 2359.2/164.5 = 14.342(\text{元/kg})$。

单位体积胶料材料成本为：$P_v = P_m \times \rho = 14.342 \times 1.147 = 16.450(\text{元/dm}^3)$。

胶料密度为：$\rho = 214.5/161.28 = 1.330(\text{kg/dm}^3)$。

单位质量胶料材料成本为：$P_m = 2376.7/214.5 = 11.080(\text{元/kg})$。

单位体积胶料材料成本为：$P_v = P_m \times \rho = 11.080 \times 1.330 = 14.736(\text{元/dm}^3)$。

胶料密度为：$\rho = 214.5/156.31 = 1.372(\text{kg/dm}^3)$。

单位质量胶料材料成本为：$P_m = 2375.2/214.5 = 11.073(\text{元/kg})$。

单位体积胶料材料成本为：$P_v = P_m \times \rho = 11.073 \times 1.372 = 15.192(\text{元/dm}^3)$。

表 1-31　调整后配方 2（加重晶石粉）的成本计算表

原材料名称	配比（m_i）/kg	单价（p_i）/（元/kg）	$m_i \times p_i$ /元	密度（ρ_i）/（kg/dm³）	$v_i\left(\dfrac{m_i}{\rho_i}\right)$/dm³
丁苯橡胶 1500	100	18	1800	0.94	106.38
N770	50	8	400	1.8	27.78
芳烃油	5	6.5	32.5	1	5.00
氧化锌（ZnO）	5	14	70	5.57	0.90
硬脂酸（SA）	1	6	6	0.85	1.18
硫黄（S）	1.5	1.8	2.7	2	0.75
促进剂 MBT	1	16	16	1.52	0.66
防老剂 DPPD	1	32	32	1.28	0.78
重晶石粉	50	0.32	16	3.88	12.89
合计（Σ）	214.5		2375.2		156.31

如果用原配方制作的某一橡胶制品消耗的胶料质量为 1.200kg，则消耗胶料的体积为：$V = m/\rho = 1.200/1.147 = 1.042$（dm³）

三种配方的经济分析对比见表 1-32（由于制品尺寸是固定的，所消耗胶料体积是相等）。

表 1-32　不同配方的经济分析（一）

项　目	原配方	配方一	配方二
消耗胶料体积/dm³	1.0462	1.0462	1.0462
密度/（g/cm³）	1.147	1.330	1.372
质量/kg	1.19999	1.39145	1.43539
单位质量成本/（元/kg）	14.342	11.080	11.073
单位体积成本/（元/dm³）	16.45	14.736	15.192
制品胶料成本/元	17.21	15.42	15.89

从表 1-32 所示原配方中加入任一种填料后，单位质量材料成本和单位体积材料成本都下降，制品胶料成本也都下降。对比发现，由于加入填料密度都较大，因而胶料密度和质量都有增加，配方二中填料密度大于配方一中填料密度（单价相近），配方二的胶料密度、质量、单位体积成本、制品胶料成本都大于配方一。说明了要降低制品成本在价格相近时应尽可能填充密度小的填料。

如果制品是按质量计价（假定单位质量价格为 18 元/kg），则经济效益分析见表 1-33。

表 1-33 不同配方的经济分析（二）

项　目	原配方	配方一	配方二
消耗胶料体积/dm^3	1.0462	1.0462	1.0462
密度/(g/cm^3)	1.147	1.330	1.372
质量/kg	1.19999	1.39145	1.43539
单位质量成本/(元/kg)	14.342	11.080	11.073
单位体积成本/(元/dm^3)	16.45	14.736	15.192
制品胶料成本/元	17.21	15.42	15.89
制品价格/元	21.60	25.05	25.84
差额/元	4.39	9.63	9.94

因而，配方二的效益比配方一高。

如果制品是按体积计价（即按件计价，假定价格为 21.6 元）则经济效益分析见表 1-34。

表 1-34 不同配方的经济分析（三）

项　目	原配方	配方一	配方二
制品体积/cm^3	1046.2	1046.2	1046.2
密度/(g/cm^3)	1.147	1.33	1.372
质量/g	1199.99	1391.45	1435.39
单位质量成本/(元/kg)	14.342	11.080	11.073
单位体积成本/(元/dm^3)	16.45	14.736	15.192
制品胶料成本/元	17.21	15.42	15.89
制品价格/元	21.60	21.60	21.60
差额/元	4.39	6.18	5.71

因而，配方一的效益比配方二高。

总之如果成品计价是以质量为基础，提高效益可采用加入密度较大（提高胶料密度）且单价较低的配合剂。如果成品计价是以体积为基础，提高效益可采用加入密度较小（降低胶料密度）且单价较低的配合剂。

以上讨论都没有考虑工艺性，配方的变动会影响胶料的工艺，主要有炼胶、流动性、黏性、硫化性、合格率等。上面配方调整时增加填料后，制品的质量增加，因而单位制品炼胶工艺成本增加，胶料流动性、黏性下降可能会使制品合格率下降，增加制品成本；填料增加（硫化剂和促进剂及活性剂的浓度下降）特别是酸性填料使用，会使硫化时间增加，硫化效率下降，硫化工艺的成本也会增加，这些都会抵消部分甚至全部胶料成本下降带来的效益，严重时反而降低经济效益。

上述配方和制品中假定炼胶工艺成本为 1.2 元/kg，制品是按体积计价，则引入炼胶成本后经济效益分析见表 1-35。

表 1-35　不同配方的经济分析（四）

项　　目	原配方	配方一	配方二
质量/kg	1.19999	1.39145	1.43539
单位质量成本/(元/kg)	14.342	11.08	11.073
制品胶料成本/元	17.21	15.42	15.89
制品炼胶成本/元	1.44	1.67	1.72
两项成本之和/元	18.65	17.09	17.61
制品价格/元	21.6	21.6	21.6
差额/元	2.95	4.51	3.99

从上面可知，配方一炼胶成本比原配方增加 0.23 元，而配方二增加 0.28 元。三个配方之间经济效益差距在缩小。

如果再加上合格率的因素，这个差距会进一步的缩小。假定原配方制品制造的合格率为 98%，调整配方后因胶料流动性不好，合格率为 95%，则经济效益分析如表 1-36 所示。

表 1-36　不同配方的经济分析（五）

项　　目	原配方	配方一	配方二
制品胶料成本/元	17.21	15.42	15.89
制品炼胶成本/元	1.44	1.67	1.72
两项成本之和/元	18.65	17.09	17.61
合格率/%	98.00	95.00	95.00
引入合格率后成本之和/元	19.03	17.99	18.54
制品价格/元	21.6	21.6	21.6
差额/元	2.57	3.61	3.06

对于硫化工艺成本，增加硫化时间会增加硫化工艺成本，而缩短硫化时间则会降低硫化工艺成本。同样上述配方中，设定原配方

制品硫化周期为 4min，配方一和配方二因硫化体系的浓度下降制品硫化周期增加了 1min，即 5min，假定每小时硫化工艺成本为 10元，则新分析见表 1-37。

表 1-37 不同配方的经济分析（六）

项 目	原配方	配方一	配方二
制品胶料成本/元	17.21	15.42	15.89
制品炼胶成本/元	1.44	1.67	1.72
硫化时间/min	4.00	5.00	5.00
硫化成本/元	0.67	0.83	0.83
三项成本之和/元	19.32	17.92	18.45
合格率/%	98.00	95.00	95.00
引入合格率后成本之和/元	19.71	18.87	19.42
制品价格/元	21.6	21.6	21.6
差额/元	1.89	2.73	2.18

可以看出，配方二的价值已不是很高的了。同时不要忘记使用价格低填料，会降低胶料物理机械性能，损伤制品的使用价值和寿命。

有时为了提高硫化效率，会使用较多价格较高的促进剂，虽然提高胶料成本，但降低了硫化工艺成本，有时是合算的，如在原配方中增添 0.3 份促进剂 D（配方三），使硫化周期缩为 3min，则经济分析见表 1-38。

表 1-38 调整后配方三的成本计算表

原材料名称	配比（m_i）/kg	单价（p_i）/(元/kg)	$m_i \times p_i$ /元	密度（ρ_i）/(kg/dm³)	$v_i\left(\dfrac{m_i}{\rho_i}\right)$/dm³
丁苯橡胶 1500	100	18	1800	0.94	106.38
N770	50	8	400	1.8	27.78
芳烃油	5	6.5	32.5	1	5
氧化锌(ZnO)	5	14	70	5.57	0.9
硬脂酸(SA)	1	6	6	0.85	1.18
硫黄(S)	1.5	1.8	2.7	2	0.75
促进剂 MBT	1	16	16	1.52	0.66
防老剂 DPPD	1	32	32	1.28	0.78
促进剂 D	0.3	24	7.2	1.2	0.25
合计(Σ)	164.8		2366.4		143.68

胶料密度为：$\rho = 164.8/143.68 = 1.147(\text{kg/dm}^3)$。

单位质量胶料材料成本为：$P_m = 2366.4/164.8 = 14.359(元/\text{kg})$。

单位体积胶料材料成本为：$P_v = P_m \times \rho = 14.359 \times 1.147 = 16.470(元/\text{dm}^3)$。

四种配方的综合成本分析见表 1-39。

表 1-39 四种配方综合成本分析

项　　目	原配方	配方一	配方二	配方三
体积/dm^3	1.0462	1.0462	1.0462	1.0462
密度/(g/cm^3)	1.147	1.33	1.372	1.147
质量/kg	1.19999	1.39145	1.43539	1.19999
单位质量成本/(元/kg)	14.342	11.08	11.073	14.359
单位体积成本/(元/dm^3)	16.45	14.736	15.192	16.47
制品胶料成本/元	17.21	15.42	15.89	17.23
制品炼胶成本/元	1.44	1.67	1.72	1.44
硫化时间/min	4	5	5	3
硫化成本/元	0.67	0.83	0.83	0.50
三项成本之和/元	19.32	17.92	18.45	19.17
合格率/%	98	95	95	98.00
引入合格率后成本之和/元	19.71	18.87	19.42	19.56
制品价格/元	21.6	21.6	21.6	21.60
差额/元	1.89	2.73	2.18	2.04

配方三虽然单位胶料成本和制品胶料成本都上升，但硫化工艺成本下降且下降程度（0.17 元）大于胶料成本上升（0.02 元）程度，最后总效益是上升的。

总之，从价值工程中系统进行具体制品配方经济分析，从而来确定配方合理性。一般中低档制品及小制品，可较多考虑胶料成本；高档大型制品，则多考虑制品合格率和工艺成本。

1.8 低成本配方设计

1.8.1 生胶（主体材料）的选择

价格低对低成本的贡献是很明显。密度小，单位体积成本较低，制品胶料成本也较低。一般非极性橡胶的密度小，较小密度的橡胶有乙丙橡胶、丁二烯橡胶等，另外橡塑并用也可降低密度。

可填充性大的橡胶如充油丁苯橡胶、充油丁二烯橡胶即使增加炭黑和油的用量，其耐磨耗性能降低也不大。从成本上考虑，使用这些生胶比较有利。因此，近年来充油丁苯橡胶（SBR）、丁二烯橡胶（BR）多用于轮胎配合。

三元乙丙橡胶是橡胶中填充能力最大的一种橡胶。它可以填充500份MT、SRF、FEF，而且能保持持一定的物理机械性能，可以明显地降低成本。

近年来开发的氯化聚乙烯橡胶也是一种能填充大量填料的弹性体。试验表明，在氯化聚乙烯橡胶中添加300份廉价无机填料，仍能保持较好的拉伸性能，对降低成本也有显著的效果。

橡胶和某些塑料、树脂等共混作为配方的主体材料，不仅可以提高制品的某些性能，而且可以降低配方成本，是当前橡胶配方中广泛采用的方法。例如天然橡胶（NR）和聚乙烯，丁腈橡胶（NBR）和聚氯乙烯，以及乙丙橡胶（EPR）和聚丙烯共混。

根据制品的特性要求，合理地选择代用材料或价廉的新型橡胶，也是降低材料成本的有效途径之一。

1.8.2 合理利用再生资源

使用再生胶是一种较为明显降低成本的方法，再生胶价格低并且其中含有可重复使用的部分防老剂、炭黑、促进剂、活性剂，特别是再生胶有时可全部代替生胶来使用，因而在中低档产品中应尽可能较多或全部使用再生胶。某些橡胶如丁腈橡胶（NBR）、氟橡胶（FPM）、硅橡胶（Q）、氯醚橡胶（CO、ECO）、丙烯酸酯橡胶中适当掺用对应再生胶有时其性能下降不大，但可大大地改善工艺性能，是一举两得的好事。

合理使用硫化胶粉也是降低成本的重要途径之一。多年来橡胶工业一直在探索回收利用废橡胶制品的有效方法，这对降低橡胶制品的成本有重要意义。硫化胶粉除在公路上等使用外，也是橡胶的一种较好的填料，具有价格低、密度小、亲和性好等特点。在轮胎胎面胶中少量掺用硫化胶粉还可以适当提高耐磨性和抗撕裂性。精细胶粉和胶粉的活化改性进一步提高了胶粉在橡胶中使用价值。

充分利用硫化后的废胶边及报废制品，也是某些橡胶制品降低成本的有效途径。如轮胎厂大量废弃的丁基橡胶水胎、胶囊，橡胶厂将这些分类用机械法自制作为胶粉，也可以将其制成再生胶，作为填料填充到对应胶料中，使之变废为宝，充分、合理利用再生资源，可增大废橡胶回收利用的数量，也是降低配方成本的一条新途径。

1.8.3 增加填料和油的用量

一般填料都比较廉价，无论使用哪一种，只要增加其用量，就能大幅度降低成本。但同时必须添加与其性能和用量相应的操作油。

作为廉价的填料，一般可使用碳酸钙、黏土、陶土等无机填料。通常这些无机填料的粒径较大，表面具有亲水性，与橡胶的相容性不好，因此其补强性能远不如炭黑，增加其用量往往会导致硫化胶性能大幅度下降。为改进无机填料和橡胶大分子的结合能力，增加其填充量，需要对它们进行各种表面改性处理。例如，用低分子量羧化聚丁二烯接枝的碳酸钙，可使硫化胶的撕裂强度、定伸应力、耐磨耗性明显提高，还能使胶料具有良好的抗湿性及电性能，并改善胶料的加工工艺性能，可部分取代半补强炭黑。经钛酸酯、硅烷偶联剂处理的碳酸钙与沉淀法白炭黑并用，能改善三元乙丙橡胶的加工性能，并降低胶料成本。

廉价的非补强填料，在橡胶制品中应用效果较好的有赤泥、油页岩灰、硅铝炭黑、硅灰石粉、石英粉、活性硅粉、高透明白滑粉等。

第2章 常用橡胶的配方设计要点

2.1 天然橡胶（NR）的配方设计

天然橡胶是不饱和的、非极性的、具有结晶性的二烯类橡胶，具有良好的弹性、较高的机械强度和优越的加工性能，是应用最早且最广泛的胶种。

2.1.1 生胶型号

① 国际天然橡胶分级法 该分级方法按照生胶制造方法及外观质量分为八个品种 35 个等级。现将烟片胶和标准橡胶分级法分别介绍如下。

a. 烟片胶（简称 RSS）分级法 这种分级方法是以天然生胶外观质量为分级依据，分为 No. 1X、No. 1、No. 2、No. 3、No. 4、No. 5 及等外七个等级，分别称为特一级（特一号）、一级（一号）、二级（二号）、三级（三号）、四级（四号）、五级（五号）烟片胶，代号为 RSS1X、RSS1、RSS2、RSS3、RSS4、RSS5，有时也用 RSS No. 1X、RSS No. 1、RSS No. 2、RSS No. 3、RSS No. 4、RSS No. 5，其质量按顺序依次降低。

b. 标准橡胶分级法 这种分级方法是以天然生胶的理化性能为分级依据，能较好地反映生胶的内在质量和使用性能，现已被采用为国际标准天然橡胶分级法。其中以机械杂质含量和塑性保持率（PRI）为分级的重要指标。塑性保持率是表示生胶的氧化性能和耐高温操作性能的一项指标，其数值等于生胶经过 140℃×30min 热处理后的塑性值与塑性初值的百分比，所以又称为抗氧指数。PRI 值大的生胶抗氧性能较好，但在塑炼时可塑性增加得快。

② 中国天然生胶分级法 国产天然生胶主要有烟片胶、风干

胶、绉片胶和颗粒胶。分级方法也有两种，即片状胶的分级方法和天然生胶理化性能分级法。天然生胶标准橡胶规格见表 2-1。

表 2-1　天然生胶标准橡胶规格（GB/T 8081—2008）

性　　能	恒黏胶（SCR CV）	浅色胶（SCR L）	全乳胶（SCR WF）	5 号胶（SCR 5）	10 号胶（SCR 10）	20 号胶（SCR 20）	10 号恒黏胶（SCR 10CV）	20 号恒黏胶（SCR 20CV）
	绿	绿	绿	绿	褐	红	褐	红
留在 $45\mu m$ 筛上的杂质含量（最大值）/%	0.05	0.05	0.05	0.05	0.10	0.20	0.10	0.20
塑性初值（最小值）	—	30	30	30	30	30		
塑性保持率（最小值）/%	60	60	60	60	50	40	50	40
氮含量（最大值）/%	0.6	0.6	0.6	0.6	0.6	0.6	0.6	0.6
挥发物含量（最大值）/%	0.8	0.8	0.8	0.8	0.8	0.8	0.8	0.8
灰分含量（最大值）/%	0.5	0.5	0.5	0.6	0.75	1.0	0.75	1.0
颜色指数（最大值）	—	6						
门尼黏度[ML(1+4)100℃]	(65+5)							

2.1.2　硫化体系

天然橡胶适用的硫化剂有硫、硒、碲；硫黄给予体；有机过氧化物；酯类；醌类等。使用时应根据制品的不同性能要求而分别采用不同类型的硫化体系。最常用是硫黄硫化体系，按促进剂的用量与硫黄用量的比例变化可以组成三种不同特点的硫化体系：普通硫黄硫化体系、半有效硫黄硫化体系、有效硫黄硫化体系。

普通硫黄硫化体系（常规硫化体系又称高硫低促体系）是采用高量的硫黄和低量的促进剂配合的硫化体系，其交联键以多硫键为主，老化前胶料的通用物理机械性能较好，表现为强度高、弹性好、耐磨性高，其成本低，但耐热性、耐老化性差，硫化时返原性大。由于天然橡胶不饱和度大，硫黄用量可比合成橡胶多，在软质橡胶制品中硫黄用量大约 2～3.5 份，最常用 2～3 份，标准用量为 2.75 份。当用量较大时可采用不溶性硫黄，不溶性硫黄不易喷硫也不易焦烧，加硫胶料温度要控制在 90℃ 以下。促进剂用量在 1 份左右（0.5～1.2 份），但有时企业为了提高硫化效率，将促进剂用量提加到 1.2～2.5 份，经典的促进剂有：M（MBT）（主促进剂 0.5～1.0 份）、DM（MB-TS）（主促进剂 0.5～1.5 份）、CZ（CBS）（主促进剂 0.5～1.5 份）、NOBS（NBS）（主促进剂 0.5～1.5 份）、TBBS（NS）（主促进剂 0.5～1.5 份）、TMTD（主促进剂 1.5～3 份、辅促进剂 0.2～0.5 份）、D（DPG）（辅促进剂 0.1～1.0 份）等，它们可以单用（主促进剂）或并用（主促进剂/辅促进剂）。当促进剂用量在 1 份以下，硫黄用量在 2.5 份以上时，物理机械性能如拉伸强度、伸长率变化不大，而永久变形、硬度和定伸应力增加。经典配合（质量份）❶ 有 S/M（DM）3.0/0.7、S/M 3.5/0.5、S/CZ 3.5/0.5、S/TBBS（NS）2.25（3.5）/0.7、S/DM/D 2.5/1.2/0.4、S/NS（CZ）/TT（TS）2.5/0.6/0.4 等。

第二种称为有效硫化体系。有效硫化体系有两种配合形式。一是高促低硫配合：促进剂用量在 2～5 份之间，硫黄用量在 0.5 份左右（0.3～0.8 份，多数在 0.5 份以下，最常为 0.35 份），经典配合（质量份）有 S/M/TT 0.5/3/0.5、S/DM/TT 0.3/0.7/0.8（0.25/1.1/1.2）、S/CZ 0.33/3.2（5）、S/DM/M 0.35/1.1/1.2、S/TT/M 0.35/0.7/1.4、S/TT/NOBS 0.35/0.66/1.4 等。二是无硫配合：用给硫体（如 TMTD 用量 2～3 份或 DTDM 用量 1～2 份）进行硫化，经典配合有 TT 3、DTDM/DM 1.5/2、DTDM/DM/TT 0.75/1.1/1.2、DTDM/M/TT 1.1/1/1.1、TT/M 2.5/0.5、TT/DTDM/DM 1.2/0.5/1.1 等。这种体系生成的交联键以单硫键为主，硫化胶耐热老化性能优良，过硫后不出现硫化返原现象，但单用 TMTD 硫化，操作不安全，易焦烧，且喷霜严重。当要求在高温硫化条件下不发生硫化返原现象以及具有良好的耐高温、耐老化性能时，宜采用有效硫黄硫化体系。

第三种称为半有效硫化体系，半有效硫化体系介于普通硫黄硫化体系和有效硫黄硫化体系之间。半有效硫化体系是由中等硫黄用量（1～1.7 份）和促进剂用量（1.2～2.5 份）组成，常用配合有 S/NS 1.5/1.5、S/NS/DTDM 1.5/0.6/0.6 等。交联键中既有多硫

---

❶ 书中配方如无特殊说明，均指质量份。

键也有单、双硫键。其硫化胶兼有耐热、耐疲劳和抗硫化返原等多种综合功能，因此获得广泛应用。

酯类硫化体系是指氨基甲酸酯交联体系，它是二异氰酸酯（TDI、MDI）和对亚硝基苯酚的加成物（对醌单肟氨基甲酸酯），能赋予天然橡胶良好的抗返原性、耐热性和耐老化性。可改善天然橡胶与帘线、织物、钢丝和其它材料的黏合性能。

马来酰亚胺硫化体系属于高温硫化体系，硫化胶的抗返原性和热稳定性好，并且压缩永久变形小，与玻璃纤维的黏合性好，可作为硫化剂的马来酰亚胺主要有 N,N'-间亚苯基双马来酰亚胺、$4,4'$-亚甲基双马来酰亚胺、$2,6$-二叔丁基-4-(马来酰亚胺甲基)苯酚以及 $4,4'$-二硫代双苯基马来酰亚胺等。其中以二硫代双苯基马来酰亚胺和间亚苯基双马来酰亚胺效果最好。

天然橡胶可以用有机过氧化物硫化。最常用的有机过氧化物为过氧化二异丙苯（DCP）。DCP 用量为 2～4 份，硫化胶形成的交联键为碳—碳键。硫化胶具有好的热稳定佳和优异的耐高温老化性能，蠕变小，压缩永久变形小，动态性能好，抗返原性好。缺点是胶料硫化速率慢，易焦烧，硫化胶撕裂强度低，与抗臭氧剂不相容，硫化模型易积垢。

三嗪硫化剂硫化的天然橡胶具有独特的效果，适用于含炭黑等补强填料的胶料，硫化速率快，交联效率高，硫化胶抗动态疲劳性能好。该类品种有聚（2-二乙氨基双-4,6-二巯基三嗪）、聚（2-六亚甲基双-4,6-二巯基三嗪）和聚（2-N-甲基环乙基氨基双-4,6-二巯基三嗪）。

天然橡胶硫黄硫化体系通常要配用 ZnO（3～5 份）、SA（1～3 份）等活性剂。

2.1.3　填料体系

填料体系即补强填充体系或填充补强体系。天然橡胶是自补强橡胶，本身强度较高，加入炭黑可以进一步提高胶料的耐磨和抗撕裂等性能，要求耐磨时可加入 SAF（N110 系列）、ISAF（N220 系列）（拉伸强度可达 30MPa）和 HAF（N330 系列）（拉伸强度可达 27MPa）等。要求耐撕裂性时，以槽法炭黑或改性炉法炭黑效果最好。要求强力不高、但弹性和加工性能好时可用快压出炉黑（N550 系列）（拉伸强度可达 25MPa）、通用炉黑（N660 系列）（拉伸强度可达 24MPa)、半补强炉黑（N770 系列）（拉伸强度可达 22MPa）等。选用炭黑时，要注意炭黑的粒径、结构、表面活性和 pH 值。粒径小、比表面积大，填充胶料强度高（拉伸强度、撕裂强度、耐磨性），但增硬效果大，弹性、加工工艺性差，流动性不好；结构性高（吸油值大），胶料硬度、定伸应力高；pH 值影响硫化速率，因此要根据炭黑的酸碱性，相应调整硫化体系的品种和用量，对炉法炭黑胶料应选用后效性促进剂（CZ、NOBS 等），且用量不宜太大。

对于浅色、彩色制品，天然橡胶可加白炭黑、超细活性碳酸钙等作补强性填料（补强剂），加白炭黑时应配有机活性剂二甘醇（DEG）、甘油、三乙醇胺（TEA）、聚乙二醇（PEG）等（白炭黑用量的 5%～10%）调节硫化速率。

填料（补强填充剂）用量可根据制品性能要求和含胶率指标确定，一般来说，要获得最高强度，用量 40～45 份为宜，用量过大，强力反而降低。若要求低强力、低成本，则大量添加陶土、黏土（高黏土）、轻钙、胶粉等填料，用量最大可为 200 份，以降低含胶率。

2.1.4 防护体系

天然橡胶因不饱和性及 α-H 的关系，化学活性高，容易和氧、臭氧结合发生老化反应。而热、光、屈挠变形以及锰、铜金属等，也是促进老化的因素，因此天然橡胶必须根据实际用途和使用条件合理选择防老剂，以延长制品的使用寿命。常用防老剂有：防老剂 RD、防老剂 A、防老剂 DNP、防老剂 4020、防老剂 4010NA、防老剂 AW、防老剂 MB、防老剂 SP、防老剂 SP-C、防老剂 3100 等，可单用或并用。要求耐热氧可用防老剂 RD、防老剂 A，用量为 1～2 份；要求耐臭氧，应较大量使用防老剂 4020、防老剂 4010NA、防老剂 AW、防老剂 3100 等，用量为 3～5 份，并配用 0.5～1 份物理防老剂微晶蜡；浅色制品注意选择非污染型防老剂，防老剂 MB、防老剂 SP、防老剂 SP-C、防老剂 264、防老剂 2246 等。

2.1.5 软化增塑体系

2.1.5.1 物理增塑剂

软化增塑剂的使用是为了获得良好的工艺性能如黏性、柔软性，便于混炼、压延、压出成型等工艺操作，还可调节胶料的硬度。选择软化增塑剂要考虑对物理机械性能的影响，也要注意软化增塑剂对橡胶色泽的影响。天然橡胶软化增塑剂的常用品种有松焦油，一般用量4～5份；石油系各类软化剂5～15份。

2.1.5.2　化学增塑剂（塑解剂）

天然橡胶中的烟片胶、绉片胶门尼黏度较高，给塑炼工艺带来一定困难，以往塑炼一般加入促进剂M和DM进行塑解，但效果不理想。添加化学塑解剂可以提高生胶的塑炼效果，缩短时间，提高效率。天然橡胶常用塑解剂有SJ-103和12-I等，用量0.1～0.3份。前者开炼机、密炼机都适宜，后者只适用于密炼机塑炼工艺。

2.2　丁苯橡胶（SBR）的配方设计

2.2.1　生胶型号

丁苯橡胶品种很多，通常根据聚合方法和条件、填料品种、苯乙烯单体含量不同进行分类。根据聚合方法不同可以分为乳液聚合丁苯橡胶和溶液聚合丁苯橡胶；此外还有充炭黑丁苯橡胶、充油丁苯橡胶和充炭黑充油丁苯橡胶。乳液聚合丁苯橡胶聚合度较高，相对分子质量分布比天然橡胶稍窄，凝胶含量较少，支化度较低，性能较高。常用的丁苯橡胶基本参数如表2-2所示，其中1500是通用污染型软丁苯橡胶的最典型品种，生胶的黏着性和加工性能均优，硫化胶的耐磨性能、拉伸强度、撕裂强度和耐老化性能较好，广泛用于以炭黑为补强剂和对颜色要求不高的产品，如轮胎胎面、翻胎胎面、输送带、胶管、模压制品和压出制品等，但有污染不能用于浅色、彩色、卫生、透明制品。1502是通用非污染型软丁苯橡胶的最典型品种，其性能与SBR-1500相当，有良好的拉伸强度、耐磨耗和屈挠性能，广泛用于颜色鲜艳和浅色的橡胶制品及透明制品，如轮胎胎侧、透明胶鞋、胶布、医疗制品和其它一般彩色制品等。1507为低黏度的品种，可用于传递成型（移模法）和注压成型。充油丁苯橡胶将乳状非挥发的环烷油或芳烃油（15份，25份，37.5份或50份）掺入聚合度较高的丁苯胶乳中，经凝聚制得，加工性能好，多次变形下生热小，耐寒性提高，成本低。1712充高芳烃油 37.5 份，属于污染型品种，它具有优良的黏着性、耐磨性和可加工性以及价格便宜等优点，用于乘用车轮胎胎面胶、输送带、胶管和一般黑色橡胶制品等。1778 充环烷油 37.5 份，属于非污染型品种。溶液聚合无规丁苯橡胶的 1,4 异构体含量为 35%～40%，耐磨、屈挠、回弹、生热等性能比乳液聚合丁苯橡胶好，挤出后收缩小，在一般场合可代替乳液丁苯橡胶，可用于绿色轮胎，特别适宜制浅色、卫生、透明制品，也可以制成充油橡胶。

表 2-2　常用丁苯橡胶基本参数

新牌号	原牌号及名称	门尼黏度 [ML(1+4) 100℃]	结合苯乙烯 /%	污染程度	乳化剂	凝聚剂	其它
SBR 1500	丁苯橡胶 DBJ 3011	52	23.5	污	松香酸皂	盐、酸	
SBR 1502	非污染丁苯橡胶 DBJ 3021	52	23.5	非污	混合酸皂	盐、酸	
SBR 1712	充油丁苯橡胶 DBJ 3071	55	23.5	污	混合酸皂	盐、酸	高芳烃油 37.5 份
SBR 1778	充油丁苯橡胶	55	23.5	非污	混合酸皂	盐、酸	环烷油 37.5 份

2.2.2　硫化体系

丁苯橡胶（SBR）与天然橡胶（NR）、丁二烯橡胶（BR）同属于二烯类橡胶，其可用的硫化体系是相同的，适用丁苯橡胶的硫化剂有硫黄、硫黄给予体，有机过氧化物等。硫黄是丁苯橡胶的主要硫化剂。丁苯橡胶的不饱和度低于天然橡胶，因而硫黄用量应低于天然橡胶，常规硫化体系一般为 1.5～2.0 份。超过 2 份时，硫化胶拉伸强度、定伸应力、耐磨耗性有些提高，但撕裂强度、伸长率差、硬度变大，弹性下降，耐热、耐老化、耐屈挠性差。乳聚丁苯橡胶中含有残存的脂肪酸、皂类等，其硫化速率比天然橡胶慢。室温下，硫黄在丁苯橡胶中的溶解度比天然橡胶中小，高温时则相反。因此，除在配方上提高促进剂的用量外，亦可提高硫化温度以进一步加速其硫化。

促进剂大体与天然橡胶相同，但因丁苯橡胶硫化速率慢，焦烧时间长，故促进剂用量应较大。实践表明，丁苯橡胶最适宜的促进剂是后效性的次磺酰胺类，如促进剂 NOBS（MBS）、CZ（CBS）等。在大量填充高耐磨炭黑的情况下，如硫黄用量为 1.75～2 份，促进剂 CZ 用量可为 0.3～1.2 份，经典配合是 S/CZ（1.8/1.2）；软质丁苯橡胶可再多一些。丁苯橡胶经常采用的主促进剂有 DM、M、CZ、NOBS 等。辅促进剂有 D、TMTD 或二硫代氨基甲酸盐，并用体系以 DM/TMTD、M/TMTD 较好，前者用量为 1.35/0.45，后者用量 1.2/0.5，其次是 CZ/TMTD，用量 0.6～1.2/0.3～0.5。各种促进剂的配合对丁苯橡胶性能影响见表 2-3。

表 2-3　各种促进剂的配合对丁苯橡胶性能影响

促进剂	用量/份	硫黄/份	焦烧	硫化速率	拉伸强度	定伸应力
DM/DPG（H）	(1.26～1.5)/(0.5～1.0)	1.5～2.0	良	优	非常好	非常好
DM/TT（PZ）	(1.25～1.5)/(0.2～0.5)	1.5～2.0	良	优	优	优
DM/DPG/TT	(1.0～1.2)/(0.5～0.8)/(0.1～0.2)	1.5～2.0	差	优	优	优
DM/TT	(0.2～0.5)/(0.2～0.5)	1.5～2.0	良	优	优	优
CZ、NS、NOBS	0.75～1.5	1.5～2.0	非常好	良	优	非常好
CZ、NS、NOBS/DPG，H	(0.6～1.2)/(0.3～0.5)	1.5～2.0	优	良	非常好	非常好
CZ、NS、NOBS/TT、PZ	(0.6～1.2)/(0.3～0.5)	1.5～2.0	优	良	优	优
M/H	(1.25～1.5)/(0.5～0.75)	1.5～2.0	差	非常好	良	良
M/TS	(1.25～1.5)/(0.1～0.3)	1.5～2.0	差	非常好	良	良

活性剂 ZnO 用量 3～5 份，SA 用量 1.5～2.5 份。

有效和半有效硫黄硫化体系能改善丁苯橡胶的耐热老化性能和抗压缩永久变形性能等，但这种配合体系的成本较高。硫黄在有效和半有效硫化体系中配合用量分别为 0.8 份以下和 1.0～1.2 份，常见有效配合有 S/CZ（0.75/7.0）、S/TMTM（TS）/CZ（0.75/1.0/4.0）、S/DTDM/TT/CZ（0.75/1.2/1.2/1.2）、NS/DTDM/TT（1.0/2.0/0.4），半有效配合有 S/CZ（1.2/2.5）、S/TT/CZ（1.2/1.0/1.0）。

用过氧化物硫化的丁苯橡胶可以获得耐热性、耐老化性，如用DCP 硫化，用量 1.5～2.0 份。随着炭黑用量和活性增大，过氧化物的用量应适当增加，单用过氧化物硫化的胶料，拉伸强度、撕裂强度、伸长率等较低，如并用活性剂（如 S、TAIC、HVA2 等）则能获得较好的综合性能。这类硫化剂的价格较高，一般不使用。

2.2.3 填料体系

丁苯橡胶属于非自补强橡胶，无填料丁苯橡胶的拉伸强度很低，只有加入填料（补强填充剂），尤其是炭黑后，才具有良好的物理机械性能。各种炭黑对物性的影响与天然橡胶相似。炭黑用量一般比天然橡胶大，要获得高的拉伸强度，用量在 40～50 份为宜。

浅色制品同样可用白炭黑、活性碳酸钙作补强性填料（补强剂）。要降低成本，也可添加碳酸钙（$CaCO_3$）、陶土、黏土、胶粉等，最大填充量在 200 份左右。使用酸性填料如白炭黑、陶土等应添加二甘醇（DEG）、乙二醇、三乙醇胺（TEA）、聚乙二醇（PEG）之类的活性剂，用量一般为这些填料的 5%～10%。

2.2.4 防护体系

丁苯橡胶配方中的防护体系与天然橡胶相似，丁苯橡胶耐热氧化性能比天然橡胶好，在聚合时，已加入防老剂，具有一定的防护作用，但配方中仍要考虑防护剂。所使用的防老剂与天然橡胶相同。

2.2.5 软化增塑体系

由于丁苯橡胶分子间阻力大，流动性差，故软化增塑剂用量可适当增加，可多达 15 份，用量过大时，同样对物理机械性能有不利影响，同时也影响胶料硫化速率。适用于天然橡胶的软化增塑剂都可用于丁苯橡胶，常用的有古马隆树脂、松焦油及石油系操作油

（芳烃油）各类软化增塑剂。古马隆树脂在丁苯橡胶中还具有一定的补强作用，除了能改善配合剂分散性，利于压延压出加工外还可提高强伸性能和耐磨性能。古马隆树脂黏性较大，用量过多时易粘辊。软化增塑剂用量应视炭黑填料用量、物性要求（如硬度、定伸强度）和工艺要求等而定。

2.3 丁二烯橡胶（BR）的配方设计

2.3.1 生胶型号

按聚合方法不同，丁二烯橡胶可分为溶聚丁二烯橡胶、乳聚丁二烯橡胶和本体聚合丁钠橡胶三种，按结构可分为顺式-1,4结构聚丁二烯、反式-1,4结构聚丁二烯、1,2结构聚丁二烯（乙烯基丁二烯橡胶），此外还有充油聚丁二烯橡胶，见表2-4。

表2-4 丁二烯橡胶牌号

新牌号	原牌号及名称	顺式-1,4含量/%	门尼黏度[ML(1+4)100℃]	催化剂	其它
BR 9000	顺丁橡胶 DJ 9000	96	40～50	镍-铝-硼	
BR 9001	高门尼顺丁橡胶	96	48～56	镍-铝-硼	
BR 9002	低门尼顺丁橡胶	96	38～45	镍-铝-硼	
BR 9071	充油顺丁橡胶	96	35～45	镍-铝-硼	高芳烃油 15 份
BR 9072	充油顺丁橡胶	96	40～50	镍-铝-硼	高芳烃油 25 份
BR 9073	充油顺丁橡胶	96	40～50	镍-铝-硼	高芳烃油 37.5 份
BR 9100	稀土顺丁橡胶	97	40～50	稀土	
BR 9171	充油稀土顺丁橡胶	97	35～45	稀土	高芳烃油 25 份
BR 9172	充油稀土顺丁橡胶	97	35～45	稀土	高芳烃油 37.5 份
BR 9173	充油稀土顺丁橡胶	97	45～55	稀土	高芳烃油 50 份
BR 3500	低顺式聚丁二烯橡胶	35	20～35	烷基锂	
BR 4000	中乙烯基聚丁二烯橡胶			烷基锂	

注：1. 丁二烯橡胶第三位数表示充填情况，7—充高芳烃油，5—充环烷油。
    2. BR 4000 中乙烯基聚丁二烯橡胶；乙烯基含量 40%～45%，分子量 20 万～30 万。

聚丁二烯橡胶中最重要的品种是溶聚高顺式丁二烯橡胶，主要牌号是 BR9000。高顺式聚丁二烯橡胶的物理机械性能接近于天然橡胶，某些性能还超过了天然橡胶，其性能特点是：弹性高，是当前弹性最高的一种；耐低温性能好，其玻璃化温度为－105℃，是通用橡胶中耐低温性能最好的一种；其耐磨性能优异；滞后损失小，生热性能低；耐屈挠性好；与其它橡胶的相容性好；填充性能好；混炼时抗破碎能力强；模内流动性能好。缺点：拉伸强度和撕裂强度均低于天然橡胶和丁苯橡胶；用于轮胎对抗湿滑性能不良；加工性能和黏着性能较差，不易包辊。由于其优异的高弹性、耐寒性和耐磨损性能，主要用于制造轮胎，也可用于制造胶鞋、胶带、胶辊等耐磨性制品。

含有较多的乙烯基（即 1，2 结构）的中乙烯基丁二烯橡胶具有较好的综合性能，并克服了高顺式丁二烯橡胶的抗湿滑性差的缺点，最适宜制造轮胎。

2.3.2 硫化体系

丁二烯橡胶一般采用硫黄作为硫化剂，由于在丁二烯橡胶中双键活性较天然橡胶低，因此所需硫黄用量也较低，一般为 1.25～1.8 份。为提高硫化速率可多加些促进剂（用量为 1.2～2.0），常用促进剂有 M、DM、CZ、NOBS 等，可根据具体情况单用或并用。天然橡胶（NR）与丁二烯橡胶（BR）并用体系中，若其并用量为 50 份，硫黄用量可采用 0.3～1.5 份，最适宜的促进剂为次磺酰胺类，如促进剂 CZ（CBS）、NOBS（MBS）、NS 等。这些促进剂对硫化胶的物理机械性能的影响大致相似。促进剂用量随硫黄用量减少而增加。如果希望硫化速率更快，这些次磺酰胺类促进剂可用 0.1～0.3 份二苯胍（D）、二硫化四甲基秋兰姆（TT）等来活化。丁二烯橡胶还可采用硫黄与硫黄给予体（如二硫代二吗啉、秋兰姆类等）相结合或低硫高促的半有效硫化体系，这一体系既可保证较好的物理机械性能，也可得到较好的耐老化性能。

丁二烯橡胶也可采用无硫黄的硫化体系，主要为过氧化物硫化体系，硫化剂可用过氧化二异丙苯（DCP），但其硫化速率很慢，硫化胶气味较大，因此这种体系一般较少应用。

2.3.3 填料体系

未加填料（补强填充剂）的丁二烯橡胶强力较低，一般加入炭黑作补强性填料（补强剂）。丁二烯橡胶本身弹性好，耐磨性高，生热低，但缺乏强韧性，混炼时内摩擦作用小，炭黑不易分散，所以宜加结构性高的油炉法炭黑。补强性填料（补强剂）以 ISAF（N220）最优，HAF（N330）次之。在使用 HAF 时，胶料的伸长率小，硬度高，可通过加大液体软化增塑剂用量的办法加以调节。有些产品如要求弹性高、生热低可掺用 SRF（N770）、GPF（N660）、FEF（N550）或其它炭黑，在丁二烯橡胶中炭黑用量可较天然橡胶（NR）或丁苯橡胶（SBR）高，白色制品补强可用白炭黑、陶土、活性碳酸钙和碳酸钙等。

2.3.4 防护体系

丁二烯橡胶易光老化，老化后交联网状结构增加，高顺丁橡胶耐氧老化和热老化虽优于天然橡胶，与丁苯橡胶相似，但抗臭氧老化比后两种橡胶差。目前以胺类防老剂如 4010NA、4010 等效果较好，酚类防老剂则以 2246 较好，考虑各种因素，它常与第二防老剂 A 或 D、BLE 并用。

2.3.5 软化增塑体系

为了使丁二烯橡胶混炼易包辊，改善其工艺性能，提高其黏着性。通常可加入古马隆树脂、石油树脂、芳烃油、松焦油等增黏性软化增塑剂。其它石油系软化增塑剂也是丁二烯橡胶良好的软化增塑剂。一般软化增塑剂用作改善工艺性能时，其用量应随炭黑用量而变。调节硬度时则应综合考虑。一般用量为 5～20 份。

2.4 丁腈橡胶（NBR）的配方设计

2.4.1 生胶型号

丁腈橡胶是由丁二烯与丙烯腈共聚而制得的一种合成橡胶。丁腈橡胶具有优良的耐油性，其耐油性仅次于聚硫橡胶和氟橡胶，并且具有耐磨性和气密性。丁腈橡胶的缺点是不耐臭氧及芳香族、卤代烃、酮及酯类溶剂，不宜做绝缘材料。耐热性优于丁苯橡胶、氯丁橡胶，可在 120℃长期工作。气密性仅次于丁基橡胶。丁腈橡胶耐臭氧性能和电绝缘性能不佳，耐水性较好。丁腈橡胶主要用于制作耐油制品，如耐油管、胶带、橡胶隔膜和大型油囊等，常用于制作各种耐油橡胶制品、多种耐油垫圈如 O 形圈、油封、皮碗、膜片、活门、波纹管、胶管、密封件、印染胶辊、电缆胶材料等，也用于制作胶板和耐磨零件。在汽车、航空、石油、复印等行业中成为必不可少的弹性材料。

丁腈橡胶依据丙烯腈含量可分成以下五种类型：

① 极高丙烯腈丁腈橡胶：丙烯腈含量 43％以上；

② 高丙烯腈丁腈橡胶：丙烯腈含量 36％～42％；

③ 中高丙烯腈丁腈橡胶：丙烯腈含量 31％～35％；

④ 中丙烯腈丁腈橡胶：丙烯腈含量 25％～30％；

⑤ 低丙烯腈丁腈橡胶：丙烯腈含量 24％以下。

丁腈橡胶的性能受丙烯腈含量影响，随着丙烯腈含量增加，拉伸强度、耐热性、耐油性、气密性、硬度提高，但弹性、耐寒性降低。丙烯腈含量对丁腈橡胶性能的影响如表 2-5 所示。丁腈橡胶牌号和质量指标如表 2-6 所示。

表 2-5　丙烯腈含量与丁腈橡胶（NBR）性能的关系

性　能	丙烯腈含量由低到高	性　能	丙烯腈含量由低到高
加工性能(流动性)	→降低	气密性	→提高
硫化速率	→减慢	抗静电性	→提高
密度	→增大	绝缘性	→降低
定伸应力,拉伸强度	→提高	耐磨性	→提高
硬度	→增大	弹性	→降低
耐热性	→提高	自黏互黏性	→提高
耐臭氧性能	→提高	生热性能	→增大
溶解度参数	→增大	包辊性能	→提高
耐油性	→增强	玻璃化温度	→升高

表 2-6　丁腈橡胶牌号质量指标

公司	牌号	丙烯腈含量/%	门尼黏度 [ML(1+4) 100℃]	抗氧剂污染性
德国 Bayer 公司	N1845	18	45	NS
	2865	28	70	NS
	3465	34	70	NS

公司	牌号	丙烯腈含量/%	门尼黏度 [ML(1+4) 100℃]	抗氧剂污染性
俄罗斯 Krasnoyarsk	26A	29	80	S
	33A	33	70	S
	40A	38	58	S
中国兰州石化	DN401	18	78	NS
	NipolN41	29	78	NS
	NipolN32	33	46	NS
	NipolN21	41	83	SS
台湾南帝	6004	19	63	NS
	1043	29	82	SS
	1052	33	52	
	3365	33	65	
	1051	41	68	
日本 JSR 公司	JSRN250S	20	63	NS
	JSRN240S	29	75	SS
	JSRN230S	35	42	NS
	JSRN220S	41	80	NS
日本 Zeon 公司	NipolDN401	18	78	NS
	NipolN41	29	78	NS
	NipolN32	33	46	NS
	NipolN21	41	83	SS

对每个等级的丁腈橡胶，一般可根据门尼黏度值的高低分成若干牌号。门尼黏度值低的（45 左右），加工性能良好，可不经塑炼直接混炼，但物理机械性能，如强度、回弹性、压缩永久变形等则比同等级黏度值高的稍差。而门尼黏度值高的，则必须塑炼，方可混炼。

丁腈橡胶的极性非常强，与其它聚合物的相容性一般不太好，但和氯丁橡胶、改性酚醛树脂、聚氯乙烯等极性强的聚合物，特别是和含氯的聚合物具有较好的相容性，常进行并用，与聚氯乙烯并用，以进一步提高它的耐油、耐臭氧老化性能。另外，为改善加工性和使用性能，丁腈橡胶也常与天然橡胶、丁苯橡胶、顺丁橡胶等非极性橡胶并用。与其它聚合物并用（除聚氯乙烯之外）都存在降低耐油性的趋势。

2.4.2 硫化体系

丁腈橡胶主要采用硫黄和含硫化合物作为硫化剂，也可用过氧化物、含镉化合物或树脂等进行硫化。由于丁腈橡胶制品多数为耐油密封件，要求压缩永久变形小，因此多采用低硫和含硫化合物并用，或单用含硫化合物（无硫硫化体系）或过氧化物作硫化剂。硫黄-促进剂体系是丁腈橡胶应用最广泛的硫化体系。硫黄可使用硫黄粉，也可使用不溶性硫黄。由于硫黄在丁腈橡胶中的溶解度比天然橡胶低，所以应注意控制用量。硫黄用量增加，定伸应力、硬度增大，耐热性降低，但耐油性稍有提高，耐寒性变化不大。一般软质橡胶由于丁腈橡胶不饱和度低于天然橡胶，所需硫的用量可少些，一般用量1.2～2份，硫化促进剂用量可略多于天然橡胶，常用量1～3.5份。丁腈橡胶的软质硫化胶最宜硫黄用量为1.5份左右。不同丙烯腈含量的丁腈橡胶所需硫黄量也不同，当丙烯腈含量高，而丁二烯相对含量低时，由于减少了不饱和度，所需硫黄用量可酌量减少。如丁腈-18，硫黄用量1.75～2份；丁腈-26，硫黄用量1.5～1.75份，具有良好的综合性能。低硫配合可提高硫化胶的耐热性，降低压缩永久变形及改善其它性能，因此丁腈橡胶常采用低硫（硫黄用量0.5份以下）高促硫化体系。丁腈橡胶使用的促进剂主要是秋兰姆类和噻唑类，其中秋兰姆类促进剂的硫化胶性能较好，特别是压缩永久变形性良好，故应用更为普遍。此外还使用次磺酰胺类促进剂。胺类和胍类促进剂常作为助促进剂使用（用量0.1～0.3份），有时秋兰姆类促进剂也可作为助促进剂。硫黄与不同促进剂并用具有不同的性能，例如用二硫化四甲基秋兰姆与硫黄并用，采取低硫或无硫配合（如TT/CZ 3.0/3.0、S/TT 0.1～0.5/3.5～2.0、S/TT/DM 0.5/1.0/0.5或0.25/2.5/1.5），耐热性优异；硫黄与一硫化四甲基秋兰姆（如S/TMTM 1.5/0.4）并用，胶料具有较低的压缩永久变形和最小的焦烧倾向；硫黄与促进剂M、DM或CZ并用（如S/M（DM）1.5/0.8～1.5、S/NS（CZ）1.5/0.7～1.0），胶料强伸性能好，是一种常用的硫化体系。高量秋兰姆类与次磺酰胺类并用或秋兰姆类与噻唑类并用的低硫配方（如 S/TT/CZ 0.5/2.0/1.0），硫化胶的物理机械性能优异，耐热性良好，压缩永久变形小，并且不易焦烧和喷霜，如表 2-7 所示。

表 2-7　不同硫黄硫化体系的硫化特性及胶料性能

性能及特性　硫化体系	物理机械性能												硫化特性									
	高拉伸强度	高伸长率	低伸长率	高定伸应力	低定伸应力	高硬度	低硬度	高压缩变形	低压缩变形	滞后性较小	滞后性较大	喷霜现象	从门尼值测定	很易焦烧	不易焦烧	硫化速率较快	硫化速率较慢	贮存稳定性差	从拉伸试验测定	不易焦烧	硫化速率较快	硫化速率较慢
TMTD（无硫）		○		○						○	○									○		○
TMTD-硫黄			○			○				○		○										
TMTD-CZ-硫黄			○							○	○										○	
TMTD-DM	○										○									○		○
TRA		○								○		○								○		
TET-CZ	○		○		○						○									○		
DM-硫黄	○						○										○					
TS-硫黄	○							○														
CZ-硫黄	○							○														
DM-TS-硫黄			○							○												
DM-PZ硫黄			○																		○	
DM-CDD-硫黄			○	○																	○	
TTSE-硫黄	○																					
M-D-硫黄	○																○					○
TTSE-DM									○								○					

　　为减小压缩永久变形，采用少量硫黄与秋兰姆并用是极其有效的。该配方的特点是压缩永久变形小，但焦烧时间稍短。

　　硫化活性剂常采用 ZnO 和 SA。氧化锌在硫黄硫化和无硫硫化体系中的用量常在 1.0～5.0 份之间，ZnO 习惯用量 5.0 份，SA 用量一般为 1.0 份。

含硫化合物硫化体系是用含硫化合物有秋兰姆类和二硫代二吗啉等作硫化剂。该硫化体系中不用硫黄，习惯上又称作无硫硫化体系。丁腈橡胶硫化常用的秋兰姆类硫化剂有二硫化四甲基秋兰姆（TMTD）、二硫化四乙基秋兰姆（TET）、四硫化双五亚甲基秋兰姆（TRA）等（TT/DM 4.0/1.0）。秋兰姆类硫化剂因易于喷霜，外观要求严格的制品应慎重使用。为避免喷霜，可使用二硫代二吗啉；或采取秋兰姆与二硫代二吗啉并用（TT/DTDM 1.5/1.0）；或秋兰姆与促进剂 CZ 并用作硫化剂。

过氧化物硫化体系：丁腈橡胶常用的过氧化物硫化剂有过氧化二异丙苯（DCP）、过氧化铅等。过氧化二异丙苯的用量一般为 1.5～2.0 份，高丙烯腈含量的丁腈橡胶中最宜用量为 1.25 份，特殊情况可用 5 份。使用过氧化物硫化的丁腈橡胶压缩永久变形小、耐热老化及耐寒性能好、不易喷霜，其中耐热、耐寒性及压缩变形都优于低硫体系的配方，但由于成本较高，硫化时间较长，当前应用还不太广泛。但热撕裂强度不好，加入少量硫黄可改进撕裂性能。采用 DCP 硫化时，常配用交联助剂来提高交联程度从而增加硬度、减少压缩永久变形，如使用 HVA-2、TAIC 醌肟等，用量 1～5 份。采用过氧化铅硫化，低温性能好，拉伸强度大，但压缩变形大，易焦烧。采用过氧化铅硫化可不用氧化锌，但用 1.0 份硬脂酸有助于配合剂分散。过氧化铅用量一般为 5.0 份。

树脂硫化体系：采用树脂作硫化剂的硫化胶具有极好的耐热性，但硫化速率慢，需高温长时间硫化。常用的树脂为烷基酚醛树脂。如在丁腈橡胶中加入 40 份烷基酚醛树脂，在 155℃ 下硫化 2h，可获得性能良好的硫化胶。为提高树脂硫化的交联程率，可配用多元胺、多元醇或多异氰酯等，用量为 1～5 份。为提高树脂硫化的反应速率，可配用金属卤化物，如氯化亚锡（$SnCl_2$）、三氯化铁（$FeCl_3$）等，用量为 0.5～2.0 份。

镉镁硫化体系：是用含镉化合物和 MgO 作硫化剂（氧化镉/氧化镁/二乙基二硫代氨基甲酸镉/DM 5/20/3.5/0.5）。其特点是耐热老化性和耐热油老化性优异，压缩永久变形小，并且贮存稳定性好。但由于使用氧化镉、二乙基二硫代氨基甲酸镉等镉化物，需要注意毒性等公害问题。

此外，还有采用对苯醌二肟和多价金属氧化物作硫化剂的，但仅限于少数特殊用途。

2.4.3 填料体系

丁腈橡胶在伸张状态下结晶能力很差，因此缺乏自身的补强作用，在丁腈橡胶的配方中，必须使用补强性填料（补强剂），其品种与丁腈橡胶硫化胶性能要求有密切关系。对于普通耐油制品，首先要求具有良好的耐油、耐老化性能，低压缩变形和必要的物理机械性能，因而在炭黑使用上，多选用半补强炭黑或者与其它炭黑并用。但要求高强伸性能和高耐磨性时，必须选用高补强性的炭黑，如 ISAF、HAF 等。

粗粒子的软质炭黑有利于提高胶料的回弹率，大量填充也不至于影响主要物性。炭黑用量，半补强炉黑可达 60～100 份，而高耐磨炉黑为 50～60 份。丁腈橡胶用白色补强性填料（补强剂）以白炭黑效果最好，也可以加入热固性酚醛树脂、聚氯乙烯树脂为补强性填料（补强剂），有良好的耐热性，强度、耐油性也有所改善，其它如硬质陶土、活性氧化镁、活性碳酸钙也有一定程度的补强作用。陶土由于弹性差、永久变形大，并且有迟缓硫化作用，应尽量少用。碳酸钙用于增容，可大量填充，有利于降低成本。当与活性补强性填料（补强剂）并用时可同时达到改善加工性能和提高物理机械性能的作用。

2.4.4 防护体系

丁腈橡胶抗老化作用优于其它一些二烯类橡胶，但在臭氧作用下，很不稳定。为提高产品的使用寿命，在配方中还须依据产品性能和使用条件，加各种防老剂，可采用单用或并用。用量 0.5～5份，过多会出现喷霜现象。有时采用与物理防老剂如蜡类物质并用，可获得良好的防护效果，对于白色或浅色制品应注意选择非污染型防老剂。

热氧化防老剂有：防老剂 A、RD、BLE，用量 1.5～2 份。

臭氧防老剂有 4020、4010NA、3100 等，并与 1～2 份石蜡

（或微晶蜡）并用。疲劳老化防老剂有防老剂 H 或 4020 等，用量 1~2 份，白色制品用非污染型防老剂如 2246 或 MB、264 等。

2.4.5 软化增塑体系

由于大多数品种的丁腈橡胶黏度较高，比较坚韧，一般需使用软化增塑剂以改善其各项工艺性能。丁腈橡胶常用的增塑剂有邻苯二甲酸二丁酯（DBP）、邻苯二甲酸二辛酯（DOP）、磷酸三甲苯酯（TCP）等，除对胶料有一定塑化作用外，对丁腈软质胶的弹性和耐磨性也有显著改善。如古马隆树脂对改善黏着性也有很大的作用。液体丁腈橡胶、聚酯类作增塑剂可防止抽出。癸二酸二辛酯、己二酸二辛酯耐寒性优越。一般产品增塑剂用量为 10~30 份，古马隆树脂 10 份，一般情况下增塑剂对强伸性能都有影响，一定要根据具体情况控制用量，以取得适当的综合性能。

在压出制品中，常使用 5~20 份油膏，这样可使胶料收缩小，表面光滑，但会降低物理机械性能和耐热、耐老化性。

2.5 氯丁橡胶（CR）的配方设计

2.5.1 生胶型号

是氯丁二烯（即 2-氯-1,3-丁二烯）为主要原料进行 α-聚合生成的弹性体，有良好的物理机械性能（较高的拉伸强度、伸长率和可逆的结晶性，粘接性好），耐油、耐热、耐燃、耐日光、耐臭氧、耐酸碱、耐化学试剂。耐候性和耐臭氧老化仅次于乙丙橡胶和丁基橡胶。耐热性与丁腈橡胶相当，分解温度 230~260℃，短期耐温 120~150℃，在 80~100℃可长期使用，具有一定的阻燃性。耐油性仅次于丁腈橡胶。缺点是耐寒性稍差，电绝缘性不佳。生胶贮存稳定性差，会产生"自硫"现象，门尼黏度增大，生胶变硬。

氯丁橡胶的品种和牌号可按如下几种情况划分。

① 按分子量调节方式分为硫黄调节型、非硫黄调节型、混合调节型。

② 按结晶速率和程度大小分为快速结晶型、中等结晶型和慢结晶型。

③ 按门尼黏度高低分为高门尼型、中门尼型和低门尼型。

④ 按所用防老剂种类分为污染型和非污染型。

氯丁橡胶按用途可以分为：通用型（硫黄调节型和硫醇调节型、混合型）、专用型（粘接型和其它特殊用途型）。硫黄调节型（G 型）结构比较规整，可供一般橡胶制品使用，故属于通用型。此类橡胶物理机械性能良好，尤其是回弹性、撕裂强度和耐屈挠龟裂性均比 W 型好，硫化速率快，用金属氧化物即可硫化，加工中弹性复原性较低，成型黏合性较好，主要缺点在于硫键不够稳定，贮存性不好，易焦烧，并有粘辊现象。若用硫醇调节分子量，则可改善此种性能。非硫调节型（W 型）分子结构比 G 型更规整，1，2 结构含量较少。该类分子主链中不含多硫键，故贮存稳定性较好。与 G 型相比，该类橡胶的优点是加工过程中不易焦烧，不易粘辊，操作条件容易掌握，硫化胶有良好的耐热性和较低的压缩变形性。但结晶性较大，成型时黏性较差，硫化速率慢。粘接型氯丁橡胶广泛地用作胶黏剂。

主要牌号用途如下。

CR12 系列氯丁橡胶：传动带、运输带、电线电缆、耐油胶板、耐油胶管、密封材料等橡胶制品。

CR23 系列氯丁橡胶：电缆护套、耐油胶管、橡胶密封件、黏合剂等。

CR2441、2442 型氯丁橡胶：黏合剂生产的原料，用于金属、木材、橡胶、皮革等材料的粘接。

CR321、322 型氯丁橡胶：电缆、胶板、普通和耐油胶管、耐油胶靴、导风筒、雨布、帐篷布、传送带、输送带、橡胶密封件、农用胶囊气垫、救生艇等。

2.5.2 硫化体系

氯丁橡胶和其它二烯系橡胶不同，不可用硫黄作为硫化剂，而是用金属氧化物作硫化剂。

硫黄调节型氯丁橡胶最常用的是 MgO 和 ZnO 体系，其经典配比是：MgO/ZnO＝4/5，这种配比可使加工安全性和硫化速率取得平衡，并且硫化平坦，耐热性也好。当要求胶料具有耐腐蚀或耐水时，可使用铅的氧化物（常采用 Pb_3O_4，即铅丹），用量为 10～20

份，但其毒性大，尽可能不用。

MgO 在混炼时先加入可起稳定剂作用，可防止氯丁橡胶早期交联和环化，并能增加操作安全性，可防止加工中产生焦烧，并改进胶料的贮存稳定性；而且在塑炼时，还具有塑化橡胶的作用。在硫化时，又变为硫化剂，起氯化氢（硫化时产生）接受体的作用，提高胶料定伸应力，防止氯化氢对纤维织物的侵蚀。MgO 能增加硫化胶的定伸应力，提高耐热耐老化性，但导致伸长率降低。MgO 的质量对氯丁橡胶加工和硫化都有较大影响。MgO 用量提高到 10 份左右，能使未硫化胶有较高的塑性和比较好的贮存稳定性，但能降低硫化速率。

氯丁橡胶对 MgO 的要求如下。

① 纯度高，氧化钙等杂质含量少。

② 轻质，粒度细。

③ 反应活性高。

MgO 的反应活性常用碘值表示。碘值高者活性大，高活性氧化镁的碘值为 $100 \sim 140 gI_2 /100g$，中活性氧化镁的碘值为 $40 \sim 60 gI_2 /100g$，低活性氧化镁的碘值在 $25 gI_2 /100g$ 以下。

硫黄调节型氯丁橡胶因其加工安全性差（易焦烧），不宜采用中活性以下的 MgO。含高活性氧化镁的胶料，在 30℃ 下放置两周后，仍具有很好的加工安全性，比含中活性氧化镁刚混炼完的胶料焦烧时间还长。含中活性氧化镁时胶料，在 38℃ 下停放一周后，尚可以加工。含低活性氧化镁的胶料在刚混炼完时，胶料的焦烧时间只有 10min 左右，因此停放 2 周后便不能加工。高活性氧化镁富于反应性，其对空气中二氧化碳（CO_2）的吸附量比低活性氧化镁大，活性下降也大，而且对胶料的物理机械性能也有较大影响。因此，必须注意将 MgO 密封保存。

氧化锌主要是作硫化剂，它可使硫化平坦，加快初期硫化，提高硫化胶的耐热、耐老化性能。增加氧化锌用量，虽然可提高耐热性，但胶料易焦烧，且降低贮存稳定性。大量使用还可能使胶料变硬，失去可塑性。氧化锌应在混炼时最后加入。单用氧化锌，一般硫化起步比较快，胶料易焦烧，硫化胶的物理机械性能差。MgO 和 ZnO 同时使用，交联效果比单独使用强。提高氧化锌的用量会降低胶料的贮存稳定性，但可增加硫化速率，还能给予特高的硫化程度和很好的耐高温性，所以有时把氧化锌的用量提高到 15 份，但硫化胶特别不耐酸。

当要求具有耐水性或耐酸性时，可使用 $10\sim20$ 份铅丹（Pb_3O_4）代替 MgO 和 ZnO 体系。也可使用 PbO（$15\sim20$ 份），但在加工安全性方面不如 Pb_3O_4/PbO 与 MgO/ZnO 体系，前者在拉伸强度、压缩永久变形、耐热性等方面较差，而且若使用含硫促进剂，还存在使制品硫化变黑的缺点。

其它金属氧化物如氧化汞、氧化钡、氧化钙、氧化铁、二氧化钛等，对氯丁橡胶都有硫化作用，后两种氧化物具有着色力，一般用于需着色的氯丁橡胶。

硫黄调节型氯丁橡胶仅使用 MgO 和 ZnO 已能很快硫化。但实际上为了进一步缩短硫化时间，改进压缩永久变形及回弹性，一般还可使用促进剂 NA-22。其缺点是加工不够安全，易焦烧。另外熔点较高，不易在胶料中分散。

当考虑了促进剂的作用后，仍存在焦烧危险时，则需要使用防焦剂。在硫黄调节型氯丁橡胶中，若使用 $0.5\sim1.0$ 份乙酸钠，在加工温度下可延迟焦烧时间，在硫化温度高于 140℃ 的条件下，则起硫化促进剂的作用。但乙酸钠的防焦烧作用仅限于 MgO、ZnO 硫化体系胶料，对 PbO、Pb_3O_4 及配有促进剂 NA-2 的胶料则没有作用。在硫黄调节型的氯丁橡胶胶料中，若使用促进剂 DM、M、TT，则不仅延迟焦烧，而且也延迟硫化，故最好不用。有时 TT 也作防焦剂使用。

对于非硫黄调节型氯丁橡胶，常采用 MgO 和 ZnO 作硫化剂，但必须采用促进剂。以提高硫化速率和加深硫化程度。氧化锌的质量一般不影响胶料的硫化特性，所以可采用一般橡胶工业用的氧化锌。MgO 一般采用轻质 MgO。MgO 的活性对非硫黄调节氯丁橡胶的影响较小，但当采用迟延性硫化体系时，也会受影响。例如当促进剂 NA-22 和迟延剂 TMTD 并用时，配用高活性氧化镁的焦烧时间长。当要求高度加工安全性时，还可采用 DOTG、S 和 TMTS 三者并用，其焦烧时间达 30min 以上。

当要求耐水性、耐腐蚀时，可使用 Pb_3O_4 代替 MgO 和 ZnO

并用体系，用量 10～20 份，宜使用橡胶用升华铅丹，以采用低活性者效果较好。但由于其相对密度大，在氯丁橡胶中分散困难，故混炼时应予以注意。应当指出，配合 Pb_3O_4 的胶料强度、压缩永久变形及耐热性均较差，而且若使用含硫促进剂，还存在使制品变黑的缺点。在 W 型氯丁橡胶中使用 Pb_3O_4 时，加工安全性良好，但硫化速率较慢，当并用促进剂 TMTS 和 S 各 1 份时，可取得加工性和硫化特性的平衡，但该体系的硫化速率易受填料种类的影响。

非硫黄调节型氯丁橡胶硫化时一般需要使用促进剂，通过改变促进剂的种类和用量，可使加工性和硫化性获得协调。

最常用的促进剂是 NA-22，用量为 0.2～1.0 份，常采用 0.5 份。促进剂 NA-22 可赋予胶料良好的耐热性、非污染性，而且定伸应力和压缩永久变形也最好，但硫化速率快，易焦烧。若并用促进剂 DM 或 TT 作为防焦剂和活性剂，对提高促进剂 NA-22 的加工安全性是极其有效的。若在陶土配方中并用促进剂 TMTD，效果良好。

当需要进行低温硫化时，最好采用促进剂 DETU、DM、DOTG 三者并用，但焦烧倾向增大。

另外，由于抗结晶性较高的氯丁橡胶品种，都有延迟硫化的倾向，因此促进剂用量应适宜增大。例如为保持大体相同的硫化速率，促进剂 NA-22 的用量在 W 型氯丁橡胶中为 0.5 份，在 WX 型氯丁橡胶中为 0.6 份，在 WRT 型氯丁橡胶中则为 0.75 份。

2.5.3 填料体系

氯丁橡胶属于自补强性橡胶，其本身具有较高的拉伸强度和伸长率，加入补强性填料对提高胶料强度作用不大，但可使定伸应力、撕裂强度得到改善，炭黑用量一般为 20～40 份。

大部分白色补强填料对强度和伸长作用很少，但也能改善某些性能。如白炭黑可使压缩变形小，耐水性、耐酸碱性和自然老化性得以改善。

陶土补强的硫化胶有较高的强度和耐撕裂性能，并可改善压出性能，使胶料收缩小，表面光滑。用于压出制品，用量为 40～50 份。

2.5.4　防护体系

对天然橡胶有效的防老剂几乎对氯丁橡胶都有效，用法也基本一致。要求耐臭氧时加入 1～2 份石蜡与其它防老剂并用效果较好。

2.5.5　软化增塑体系

常用的软化增塑剂是酯类增塑剂如邻苯二甲酸二丁酯、邻苯二甲酸二辛酯，石油系软化增塑剂如机油、变压器油、锭子油和凡士林等，古马隆树脂能增加黏性、塑性，是综合性能良好的软化增塑剂，用量为 10 份。

硬脂酸有防止粘辊作用，一般用量为 0.5～2 份，若超过 2 份有延迟硫化作用。油膏作增容剂可改善胶料工艺性能、减轻粘辊、减少收缩、使压延压出表面光滑，但能降低物性。酯类如邻苯二甲酸二丁酯作软化增塑剂可降低硫化胶脆化温度，常用量 10～15 份。

2.6　丁基橡胶（IIR）的配方设计

丁基橡胶是合成橡胶的一种，由异丁烯和少量异戊二烯合成。具有良好的化学稳定性和热稳定性，最突出的是气密性和水密性。它对空气的透过率仅为天然橡胶的 1/7，丁苯橡胶的 1/5，而对蒸汽的透过率则为天然橡胶的 1/200，丁苯橡胶的 1/140。它还能耐热、耐臭氧、耐老化、耐化学药品，并有吸震、电绝缘性能。对阳光及臭氧具良好的抵抗性，可暴露于动物或植物油或可氧化的化学物质中。丁基橡胶的缺点主要包括：第一，硫化速率慢，与天然橡胶等高不饱和橡胶相比，其硫化速率慢 3 倍左右，需要高温或长时间硫化；第二，互黏性差，须借助于增黏剂、增黏层改善与其它橡胶的黏合，且黏合力较低；第三，与其它橡胶相容性差，一般仅能与乙丙橡胶和聚乙烯等并用；第四，与补强剂之间作用弱，与不饱和橡胶相比，丁基橡胶与补强剂之间作用较弱，需要进行热处理或使用添加剂，以增加橡胶的补强作用，提高拉伸强度、定伸应力、弹性、耐磨和电绝缘性能等。

2.6.1　生胶型号

丁基橡胶型号的选择主要依据是不饱和度，其次是门尼黏度、污染性等。

丁基橡胶按不饱和程度的大小分为五级，其不饱和度分别为 $0.6\% \sim 1.0\%$、$1.1\% \sim 1.5\%$、$1.6\% \sim 2.0\%$、$2.1\% \sim 2.5\%$、$2.6\% \sim 3.3\%$。而每级中又可依据门尼黏度的高低和所用防老剂有无污染性分为若干牌号。如 Exxon Butyl 268 表示不饱和度为 $1.5\% \sim 2.0\%$，非污染型，是用于制造汽车轮胎内胎的通用型丁基橡胶。

不饱和度对丁基橡胶的性能有着直接影响，规律如下：随着橡胶不饱和程度的增加，硫化速率加快，硫化度增加；因硫化程度充分，耐热性提高；耐臭氧性、耐化学药品侵蚀性下降；电绝缘性下降；黏着性和相容性好转；拉伸强度和拉断伸长率逐渐下降，定伸应力和硬度不断提高。

生胶门尼黏度值的高低，则影响胶料可塑性及硫化胶的强度和弹性。门尼黏度增大，相对分子质量亦大，硫化胶的拉伸强度提高，压缩变形减小，低温复原性更好，但工艺性能差，使压延、压出困难。

北京燕山石油化工公司生产 IIR1751、IIR1751F 和 IIR0745 三个牌号的普通丁基橡胶产品，其中 IIR1751 属于内胎级产品，中等不饱和度，高门尼黏度，相当于 Exxon 公司的 268、Bayer 公司的 301 及俄罗斯的 BK1675N 产品牌号，主要用于制造轮胎内胎、硫化胶囊和水胎等制品；IIR1751F 是食品、医药级产品，中等不饱和度，高门尼黏度，可用于口香糖基础料以及医用瓶塞的生产；IIR0745 是绝缘材料、密封材料和薄膜级产品，极低不饱和度、低门尼黏度，主要用于电绝缘层和电缆头薄膜的生产。

2.6.2 硫化体系

丁基橡胶生产上采用的硫化体系基本上分为硫黄硫化体系（包括硫黄给予体）、醌类硫化体系和树脂硫化体系。特别注意的是不能用过氧化物硫化体系硫化，否则能引起丁基橡胶的裂解。一般来说，使用硫黄硫化体系可以获得加工工艺性能和硫化胶性能等综合性能较佳的胶料，使用醌类硫化体系可以获得快速、硫化密实和具有优异耐热、耐臭氧的硫化胶；使用树脂硫化体系可以获得好的耐高温性能，例如用于硫化水胎、隔膜、硫化胶囊等耐热制品。

2.6.2.1 硫黄硫化

丁基橡胶是一种高饱和度橡胶，并因品种不同而有差别，丁基橡胶（IIR）的硫化比天然橡胶（NR）、丁苯橡胶（SBR）、丁腈橡胶（NBR）困难得多，所以硫化体系应选用高效促进剂，且要求高温长时间硫化。丁基橡胶采用硫黄硫化时，丁基橡胶与高不饱和橡胶相比，达到要求的硫化状态所需要的硫黄量较少，用量 1～2 份就可具有最佳的定伸应力和耐臭氧性能，随不饱和度不同而加减。同时，硫黄在丁基橡胶中的溶解度较低，如果胶料中的总硫量超过 1.5 份时，容易引起喷霜。

丁基橡胶常用秋兰姆和二硫代氨基甲酸盐类作第一促进剂，噻唑类或胍类作第二促进剂，同时使用 ZnO 和 SA 作活性剂，例如以 60% 促进剂 TMTD 和 40% 促进剂 M 并用，以氧化锌作活化体系，硫化速率适中，胶料的加工性能和硫化胶的物理机械性能较好，也能防止高温硫化返原。这个硫化体系可用二硫代氨基甲酸盐进一步活化。

丁基橡胶常用促进体系如下：

① 单用体系：ZDC，2.0 份；DM，5.0 份。

② 并用体系（质量份）：TMTD/DM＝1.5/1.5；TMTD/D＝1.5/1.5；TMTD/ZDC＝1.2/0.6；DEDCTE/TMTD＝1.0/1.0。

2.6.2.2 树脂硫化

树脂硫化的丁基橡胶，由于硫化过程中形成了稳定的—C—C—和—C—O—C—交联键，除热分解外，树脂硫化的丁基橡胶几乎不产生硫化返原现象，所以具有优异的耐热、耐高温性能和低的压缩变形性能，硫化胶在 150℃ 下热老化 120h，交联密度仍没有多大变化。

丁基橡胶常用的树脂硫化剂有辛基酚醛树脂（ST 137）、叔丁基酚醛树脂（SP 1045，2402）、溴化羟甲基酚醛树脂（SP1055）、溴化羟甲基烷基酚醛树脂（SP 1056）等。

用树脂硫化的丁基橡胶性能，随所用的树脂和活性剂的类型、用量以及丁基橡胶的不饱和度的不同而有相当大的差别。因此，树脂和活性剂的配比以及用量取决于丁基橡胶的不饱和度和最终产品的使用条件等因素。

树脂硫化体系与硫黄和促进剂硫化体系相比，用量大且硫化速率较慢。使用烷基酚醛树脂时，只有用量高达 10 份时，才有交联反应。用量少时，甚至在 160℃硫化 30min 还不能完全交联，因此，需用卤化物进行活化。不同类型的树脂具有不同的硫化活性。丁基橡胶对辛基酚醛树脂的溶解度比对叔丁基酚醛树脂大，由此，用前者硫化的丁基橡胶，其定伸应力较高。含戊基酚醛树脂的胶料，在较长的硫化时间内，拉伸强度一直增加，伸长率也稍有增加。含氯树脂的丁基橡胶胶料硫化速率快，硫化胶定伸应力高，拉伸强度和拉断伸长率都低，硬度较高，硫化胶老化后的硬度和回弹性都进一步增加。含氯树脂用量 6 份便足以获得最佳的硫化胶性能，并且不需要使用氯化亚锡，添加氯化亚锡甚至会产生不利的影响。用含溴树脂硫化丁基橡胶胶料可以不用活性剂，例如用 10～12 份溴化甲基烷基酚醛树脂的胶料，不加任何活性剂便可在 152～160℃下进行硫化，并且硫化速率快，硫化胶强度高，硬度低，变形小，热老化性能优于其它树脂硫化的胶料。硫化胶热老化后的拉伸强度、伸长率保持率、抗臭氧性能都很好。胶料的混炼、压出等工艺条件容易掌握。

丁基橡胶用树脂交联时，各种不含卤素树脂的用量从 4 份增加至 12 份，胶料的可塑性逐渐增大，硫化胶的定伸应力也随之提高。使用含卤素树脂的胶料，在树脂用量少时，定伸应力也很高，用量特别大时，300％定伸应力比不含卤素树脂的值更高，因为含卤素树脂的胶料比不含卤素树脂的胶料硫化起步快。胶料中添加含卤素树脂无助于可塑性增加，添加氯化亚锡甚至有降低可塑性的作用。一般来说，丁基橡胶添加树脂量越多，硫化胶的 300％定伸应力、拉伸强度和硬度越大，而伸长率越小，回弹性变化不大，硫化胶在热老化初期还会继续进行交联，因此，定伸应力和拉伸强度还继续增大，在达到某最大值后便开始下降。采用含溴树脂的胶料，在不加氯化亚锡的情况下，用量 8 份便可达到最佳性能。

树脂作为丁基橡胶的硫化剂，硫化速率慢，而且要求硫化温度高。烷基酚醛树脂用量小时，尽管硫化温度高，还不能使胶料迅速硫化，因此，还需要加入卤化物促进硫化。常用的含卤化合物有：

氯化聚乙烯橡胶（CM）、氯丁橡胶 W（CR）、氯磺化聚乙烯橡胶（CSM）、溴化丁基橡胶（BIIR）或氯化丁基橡胶（CIIR）等，用量一般为 5～10 份。常用的金属氯化物如氯化铁（$FeCl_3 \cdot 6H_2O$）、氯化锌（$ZnCl_2 \cdot 6H_2O$）、氯化亚锡（$SnCl_2 \cdot 2H_2O$）等，其中以氯化亚锡的活性最大，但硫化胶的综合物理机械性能较差。胶料中加入金属卤化物后不仅提高了硫化速率，而且也提高了硫化胶的交联程度。但是，使用含氯和含溴树脂的胶料不用添加金属卤化物。如果添加金属卤化物，尽管在硫化的初期会加速含卤树脂胶料的硫化，但是硫化后期便变成多余的了，会使硫化胶的物理机械性能变差。

含氯化亚锡的胶料一般不用氧化锌，因为它会延迟硫化，使硫化胶的物理机械性能降低，耐热性能变差。

含氯丁橡胶（W）和氯磺化聚乙烯橡胶（CSM）的丁基橡胶，在空气老化过程中，100％定伸应力增大，硬度特别高。含氯化亚锡的胶料硬度也增高，但硫化胶的其它物理机械性能保持稳定。

为了达到快速硫化，特别是树脂用量低时，需要使用更多的活性剂。在活性剂用量较多时，硫化胶的压缩变形小，焦烧安全性下降。

掺用含氯化合物的丁基橡胶，交联密度增高，焦烧时间缩短，胶料的定伸应力增加（其中含氯化天然橡胶的效果较好），撕裂强度获得改善，硬度和回弹性也较高，动态弹性模量增大，拉伸强度比普通丁基橡胶稍低。含氯化合物的效果顺序如下：氯化天然橡胶＞聚氯乙烯＞氯磺化聚乙烯橡胶（CSM）＞氯化丁基橡胶（CIIR）。

2.6.2.3 醌肟硫化体系

丁基橡胶使用对醌二肟（GMF）和二苯甲酰对醌二肟（DBGMF）硫化，胶料的耐热性能特别好。其主要的配合形式如下。

① GMF（或 DBGMF)/S/氧化剂硫化体系　胶料延迟硫化起步，硫化胶定伸应力高，硫化程度最高，硫化胶耐高温性能良好。

② GMF/促进剂 DM/Pb_3O_4/ZnO/S 硫化体系　促进作用很强，胶料可用于连续硫化。用 DBGMF 代替 GMF 时，胶料硫化起步稍慢，但总的硫化时间不延长。

③ GMF/促进剂 DM/铅硫化体系　硫化程度高，硫化胶的拉

伸强度、拉断伸长率、弹性（尤其是高温弹性）高，耐热老化性能好，压缩变形小。

④ GMF/ZnO 硫化体系　缩短硫化起步时间，提高硫化胶的热稳定性和定伸应力。用 DBGMF 也有同样的效果。

丁基橡胶的不饱和度低。需要使用高速促进剂和采用高温长时间硫化，特别是厚壁制品需要更长时间硫化才能达到最佳状态。

2.6.3　填料体系

丁基橡胶是一种结晶型橡胶，所以同天然橡胶（NR）和氯丁橡胶（CR）一样，生胶本身就有较高的拉伸强度，丁基橡胶不饱和度低，与填料的互相作用较差，各种填料（补强填充剂）对它的补强效果不大，但仍可以加入填料（补强填充剂）以改善工艺性能。

在填料（补强填充剂）中，快压出炭黑用于丁基橡胶就相当适宜，因为它的回弹性好，压出的半成品表面光滑，发热量也很少，半补强炉黑可作丁基橡胶内胎胶填料，高耐磨炭黑在丁基橡胶中也广泛采用。

各种炭黑对丁基橡胶物性的影响如下。

① SAF（超耐磨炉黑）、ISAF（中超耐磨炉黑）、HAF（高耐磨炉黑）、MPC（可混槽黑）等粒径小的炭黑，其硫化胶的拉伸强度和撕裂强度较大。

② FT（细粒子热裂炭黑）、MT（中粒子热裂炭黑）等粒径较大的炭黑，其硫化胶的伸长率大。

③ 无论是哪一种炭黑，随着其用量增加，硫化胶的定伸应力和硬度增大，而伸长率减小。

④ SRF（半补强炉黑）硫化胶的压缩永久变形比其它炭黑都优异。

⑤ 炉法炭黑的压出加工性能优于槽法炭黑和热裂炭黑等。

白色填充剂与炭黑一样，也是粒径小的补强效果好，拉伸强度、定伸应力、撕裂强度、硬度等较大；粒径大的有损于抗撕裂、耐屈挠和耐磨耗性等。但效果不如炭黑，用量 20～30 份时对性能影响不大。各种白色填充剂对丁基橡胶的补强效果如下。

① 白炭黑的补强效果在白色填充剂中最大，适用于要求强度和耐磨耗性高的橡胶制品。

② 滑石粉的形状各种各样，其中棒状、粒状的补强性能差，片状的可显著改善拉伸强度和定伸应力。

③ 碳酸钙高填充时可减少伸长率和弹性的损失，并可用于降低产品成本。

④ 陶土的补强效果大于碳酸钙，可显著改善拉伸强度和定伸应力，但因 pH 值的关系有延迟硫化倾向，因此最好是添加少量二甘醇（DEG）等。

2.6.4　防护体系

丁基橡胶因其不饱和度低，耐臭氧、耐老化是其固有的特点，因此一般情况下防老剂需求量较少，甚至可以不加防老剂，但对于高填充的胶料或有特别耐臭氧要求的制品可加入臭氧剂以改善产品的使用性能。彩色或浅色的胶料可使用 3.0 份微晶石蜡；黑色或深色的耐天候胶料可使用 N,N'-双（1-乙基-3-甲基戊基）对苯二胺与石蜡 5.0 份并用。

2.6.5　软化增塑体系

为了改善丁基橡胶操作性能，可加入一定量的软化增塑剂，但必须是饱和型的，如石蜡烃类、脂肪烃类和芳香烃类，一般用量 15～30 份。若使用不饱和的增塑剂，如松香、松焦油则迟缓硫化，应避免使用。

丁基橡胶大都用石油类油（石蜡油、石蜡）和酯类增塑剂作为软化剂，其中石油类油和酯类增塑剂对丁基橡胶物性的影响如下。

① 添加石蜡油，拉伸强度、定伸应力、硬度降低，伸长率增加。

② 添加石蜡油，门尼黏度降低，门尼焦烧时间增长。

③ 添加石蜡油，压出性能得到一定的改善。

④ 添加石蜡油，耐臭氧、耐压缩永久变形、耐热性降低。

⑤ 添加酯类增塑剂，低温性能得到改善，但效果依油的型号而异。

⑥ 添加酯类增塑剂，耐压缩永久变形、耐热性降低。

2.7 乙丙橡胶（EPR）的配方设计

2.7.1 生胶型号

乙丙橡胶依单体单元组成不同，有二元乙丙橡胶和三元乙丙橡胶之分，此外还有改性乙丙和热塑性乙丙。二元乙丙橡胶为乙烯和丙烯的共聚物，代号为 EPM；三元乙丙橡胶为乙烯、丙烯和少量非共轭二烯烃第三单体的共聚物，代号为 EPDM。二元乙丙橡胶的分子链中不含有双键，所以不能用硫黄硫化，而必须采用过氧化物硫化。而三元乙丙橡胶则是在乙烯、丙烯共聚时，再引入一种非共轭双烯类物质作第三单体，使之在主链上引入含双键的侧基，以便能采用传统的硫黄硫化方法。

三元乙丙橡胶还要考虑第三单体种类，依据第三单体种类的不同，三元乙丙橡胶又有 E 型（ENB-EPDM）、D 型（DCP-EPDM）、H 型（HD-EPDM）之分。三种类型的三元乙丙橡胶中 D 型价格较便宜。当用硫黄硫化时，E 型硫化速率快，硫化效率高，D 型硫化速率慢。而当用过氧化物硫化时，则 D 型硫化速率最快，E 型次之。

选用亚乙基降冰片烯为第三单体的三元乙丙橡胶，其硫化胶具有较高的耐热性和拉伸强度以及较小的压缩永久变形；而以双环戊二烯（DCPD）为第三单体的三元乙丙橡胶，成本较低，耐臭氧性较高，制品有臭味；含 1,4-己二烯的三元乙丙橡胶不易焦烧，硫化后压缩永久变形较小。

此外，二元乙丙橡胶和三元乙丙橡胶按丙烯的含量（分为高、中、低三档）、门尼黏度大小（分为高、中、低三档）及第三单体引入量（分为低、中、高、很高四档）和是否充油等而分成若干牌号。

乙丙橡胶聚合分子结构中，乙烯/丙烯含量比对乙丙橡胶生胶和混炼胶性能及工艺性均有直接影响。乙丙橡胶随乙烯含量的增高，生胶和硫化胶的机械强度提高，软化增塑剂和填料的填充量增加，胶料可塑性高，压出性能好，半成品挺性和形状保持性好。一般认为乙烯含量控制在 60%（摩尔分数）左右，才能获得较好的加工性和硫化胶性能；但当乙烯含量超过70％（摩尔分数）时，由于乙烯链段出现结晶，使耐寒性下降。应用时，可并用2～3种乙烯/丙烯含量比不同的乙丙橡胶以满足不同的性能要求。

三元乙丙橡胶第三单体的引入量通常以碘值（$gI_2/100g$）来表示。不同牌号的三元乙丙橡胶，其碘值一般在 6～30$gI_2/100g$ 之间，大多在 15$gI_2/100g$ 左右。一般随碘值的增大，硫化速率提高，硫化胶的机械强度提高，耐热性稍有下降。碘值 6～10$gI_2/100g$ 的三元乙丙橡胶硫化速率慢，难与高不饱和橡胶并用，可与丁基橡胶并用；碘值 25～30$gI_2/100g$ 的三元乙丙橡胶，为超速硫化型，可以任意比例与高不饱和的二烯类橡胶并用。

乙丙橡胶的重均分子量为 20 万～40 万，数均分子量为 5 万～15 万，黏均分子量 10 万～30 万。重均分子量与门尼黏度密切相关。乙丙橡胶门尼黏度 [ML(1+4)100℃] 为 25～90，门尼黏度 105～110 的也有不少品种。随着门尼黏度的提高，填充量能也提高，但加工性能变差；其硫化后的乙丙橡胶的拉伸强度、回弹性均有提高。乙丙橡胶分子量分布指数一般为 3～5，大多在 3 左右。分子量分布宽的乙丙橡胶具有较好的开炼机混炼性和压延性。已研制出分子量采用双峰分布形式的三元乙丙橡胶，即在低分子量部分再出现一个较窄的峰，并减少极低分子量部分，此种三元乙丙橡胶既提高了物理机械性能，有良好的挤出后的挺性，又保证了良好的流动性及发泡率。

常用 4045 乙丙橡胶，乙烯含量 53％～59％，碘值（ENB）19～25$gI_2/100g$，门尼黏度 [ML(1+4)100℃] 38～52；主要用途：电线电缆等绝缘橡胶制品、海绵橡胶制品、与二烯烃类橡胶并用生产汽车胎侧、透明橡胶制品、彩色橡胶制品及其它快速硫化的各种常用橡胶制品。4090 乙丙橡胶，乙烯含量 53.5％～58.5％，碘值（ENB）20～24$gI_2/100g$，门尼黏度 [ML(1+4)125℃] 60～70；主要用途：汽车海绵密封条及密实条，与二烯烃类橡胶并用做胎侧、耐低温橡胶制品、其它海绵橡胶制品及快速硫化制品。

2.7.2 硫化体系

三元乙丙橡胶通常可用硫黄、过氧化物、醌肟和反应型树脂等多种硫化体系进行硫化，在实际生产中以前两种为主。不同的硫化体系对混炼胶的门尼黏度、焦烧时间、硫化速率以及硫化胶的交联键类型、物理机械性能（如应力、应变、滞后、压缩变形以及耐热等性能）有直接的影响。硫化体系的选择要根据所用乙丙橡胶的类型、产品物理机械性能、操作安全性、喷霜以及成本等因素综合考虑。

硫黄硫化体系具有操作安全，硫化速率适中，综合物理机械性能佳以及与二烯烃类橡胶共硫化性好等优点，是三元乙丙橡胶使用最广泛、最主要的硫化体系。

在硫黄硫化体系中，由于硫黄在乙丙橡胶中溶解度较小，容易喷霜，不宜多用。一般硫黄用量在普通硫黄硫化体系中应控制在1～2份范围内，在有效硫黄硫化体系中应控制在0～0.5份范围内。在一定硫黄用量范围内，随硫黄用量增加，胶料硫化速率加快，焦烧时间缩短，硫化胶拉伸强度、定伸应力和硬度增高，拉断伸长率下降。硫黄用量超过2份时，耐热性能下降，高温下压缩永久变形增大。所使用的硫黄给予体主要有秋兰姆类（如DPTT、TMTD）、MBSS（2-吗啡啉基二硫代苯并噻唑）和4,4′-二硫代二吗啉（DTDM）等。

为使胶料不喷霜，促进剂的用量亦必须保持在三元乙丙橡胶的喷霜极限溶解度以下。实际上，在工业生产中，为了达到硫化作用的平衡、防止配合剂发生喷霜、让配合剂之间产生协同效应，有利于导致硫化时间的缩短和交联密度的提高，几乎都采用两种或多种促进剂的并用体系。促进效果最大的是秋兰姆类和二硫代氨基甲酸盐类，噻唑类常作辅助促进剂。三元乙丙橡胶常用的普通硫黄硫化体系是 TT/M/S 或者 TMTS/M/S（1.5/0.5/1.5）；S/M/TMTD/TDD/DPTT（2.0/1.5/0.8/0.8/0.8）。有效硫黄硫化体系是 S/DTDM/TMTD/ZDBC/ZDMC（0.5/2.0/3.0/3.0/3.0）。较好促进体系还有 M/TRA/BZ/S（0.5/0.3/0.2/1.7）、DM/TRA/ZDC/S（0.5/0.85/1/1.2）、TT/ZDC/CZ/S（0.45/0.5/0.5/1.4）、DM/TT/TRA/ZDC/S（0.5/0.4/0.4/0.5/1.3），胶料不喷霜体系是 S/M/BZ/TT/PX（1.5/1.0/1.4/0.6/0.3）、S/M/OTOS/TT/PX（1.5/0.5/0.5/0.3/0.8）、S/DTDM/TT/PX

(1.5/0.5/0.5/0.3/0.8)。

复合促进剂对三元乙丙橡胶硫黄硫化过程具有显著的促进作用，硫化胶具有良好的力学性能，在室温停放过程（30d）均无喷霜现象，EG-3、EG-5、EM-33和NE-1胶料的硫化速率稍快于含EP-33和NE-2、EG-4的胶料，含EG-3、EG-5和EM-33胶料的硫化程度相对较高，含EG-3、EG-5和EM-33硫化胶的压缩永久变形相对较低。

硫黄硫化体系中促进剂的用量还可以通过增加硬脂酸的用量来提高，当其它条件不变的情况下，硬脂酸用量增加会导致交联密度、单硫和双硫交联键增加。氧化锌用量的增加亦有助于在交联时形成活性促进剂，从而提高胶料的交联密度及抗返原性，改善动态疲劳性能和耐热性能。

耐热制品若采用硫黄硫化体系，为保持其耐热性，硫黄用量比一般配方要减少（1.5~0.5份），促进剂M的用量要增大（0.5~1.5份），氧化锌用量应由5份增至20份或更高。

采用硫黄给予体代替部分硫黄，可使其生成的硫化胶主要具有单硫键和双硫键，因而可以改善胶料的耐热和高温下的压缩变形性能，延长焦烧时间，所使用的硫黄给予体主要有秋兰姆类，如DPTT、TMTD、TMTM、MBSS和4,4′-二硫代二吗啉（DTDM）等。

对那些要求更好耐高温性能（150℃以上）和极低压缩永久变形的特殊制品需要采用过氧化物硫化。与硫黄硫化体系相比，过氧化物硫化体系具有如下的特点。

（1）优点

① 硫化胶具有优越的耐热性能和较低的压缩变形，甚至高温下压缩变形也很小。

② 胶料高温下硫化速率快，且无硫化返原现象。

③ 颜色稳定性好，不污染，大多数过氧化物不易喷霜，且胶料贮存时无焦烧危险。

④ 配方简单，与不同高聚物并用时容易共硫化。

（2）缺点

① 低温下硫化速率慢，因此要求较高的温度硫化。

② 硫化胶物理机械性能低，如拉伸强度、撕裂强度和耐磨性能均较低，尤其高温下撕裂性能差。

③ 大多数过氧化物有臭味，且可能与其它配合剂发生反应。

④ 价格贵。

最常用和价格最便宜的是过氧化二异丙苯（DCP），DCP具有中等硫化速率、较高的交联效率和良好的焦烧安全性，缺点是臭味大，可用无味DCP或双25代替。选择过氧化物，一般需要从硫化速率、交联密度、贮存稳定性、分解温度、分解产物对人体的影响、加工安全性以及硫化胶的物理机械性能等多方面综合考虑。根据过氧化物分解温度，DCP适于在160℃硫化。过氧化物的用量按纯品计一般为2～3份。

为防止交联过程中分子链断链，提高硫化速率，改善硫化胶的物理机械性能，通常在过氧化物交联体系中加入硫黄或硫黄给予体或对醌二肟或二甲基丙烯酸乙烯酯（EDMA）等共交联剂。一般采用DCP：S=3：0.4，硫黄可以抑制交联时的正向断链，因而可以提高拉伸强度和撕裂强度。加入3％的甲苯二亚硝基苯胺和二苯基对醌二肟，也可提高物理机械性能，其它过氧化物均可应用于乙丙橡胶，但价格较高。

三元乙丙橡胶像丁基橡胶一样，可以采用树脂进行硫化。用反应型烷基酚醛树脂和含卤素化合物进行硫化可以获得高温下优越的热稳定性和压缩永久变形小的硫化胶。缺点是伸长率较低，硬度较大。在树脂硫化体系中，需要添加卤化物，以便在树脂交联过程中起催化作用，加快硫化速率。卤化物主要有氯化亚锡、氯化铁、氯化锌等。由于卤化物有腐蚀性，用量不宜过多，否则会腐蚀设备表面。

此外，在用树脂硫化低不饱和度的DCPD-EPDM时，必须要采用高温长时间硫化，而硫化ENB-EPDM则可采用与硫黄硫化体系相同的温度。

三元乙丙橡胶可用醌肟硫化体系进行硫化，硫化体系中需加入活性强的金属氧化物（如PbO）作活性剂。同时在对醌二肟中加入硫黄也会产生有利的影响。在醌肟硫化体系中，所用醌肟主要有对醌二肟（GMF）和对，对′-二苯甲酰醌二肟。金属氧化物主要用

Pb_3O_4 和 PbO_2。醌肟与铅的氧化物的用量比大约为 6：10，GMF 与 S 用量比约为 1.0：(0.4~0.8)。

　　醌肟硫化体系硫化的三元乙丙橡胶具有比过氧化物硫化胶，尤其是比硫黄硫化胶更为优越的耐老化性能。缺点是物理机械性能较差、硬度偏高以及价格高等。

2.7.3　填料体系

　　乙丙橡胶系非结晶橡胶，本身机械强度低，需用补强性填料（补强剂）改善。炭黑是三元乙丙橡胶主要的补强性填料（补强剂），主要是炉法炭黑，强度高可配用 N220、N330 系列炭黑，对压出制品如密封条可配用 N550、N770 系列炭黑。

　　浅色填料中，白炭黑、碳酸钙、陶土、滑石粉也有补强作用，乙丙橡胶特点之一是可大量填充以降低成本（最大填充量可达 400 份）。

2.7.4　防护体系

　　乙丙橡胶结构本身具有极好的耐老化性能，聚合时原料胶内又加入 0.5~1 份防老剂做稳定剂，所以橡胶内一般不需用防老剂，只是在高温下使用的制品加入一些防老剂。

2.7.5　软化增塑体系

　　目前广泛用于乙丙橡胶的软化增塑剂主要有石油系油，包括芳烃油、环烷油和石蜡油三大类，最适用是石蜡油，还有古马隆树脂、松焦油、酯类和低分子聚合物等。通常用得最多的软化增塑剂是石油系油，可大量填充。

2.8　硅橡胶（Q）的配方设计

2.8.1　生胶型号

　　硅橡胶选型主要依硅橡胶硫化方式和化学结构。通常是按硫化温度和使用特征分为高温硫化或热硫化（HTV）和室温硫化（RTV）两大类。前者是高相对分子质量的固体胶，成型硫化的加工工艺和普通橡胶相似。后者是相对分子质量较低的、有活性端基或侧基的液体胶，在常温下即可硫化成型。按化学结构分主要有二甲基硅橡胶（甲基硅橡胶）（MQ）（101）、甲基乙烯基硅橡胶（乙烯基硅橡胶）（MVQ、VMQ）（110）、甲基苯基乙烯基硅橡胶（苯基硅橡胶）（PVMQ）（120）和三氟丙基甲基乙烯基硅橡胶（氟硅橡胶）（FMVQ）（140）等，如表2-8所示。

表2-8　硅橡胶基本参数

新牌号	原牌号及名称	分子量/万	基团含量/%
MQ 1000	甲基硅橡胶 101	40～70	
MVQ 1101	甲基乙烯基硅橡胶 110-1	50～80	乙烯基 0.07～0.12
MVQ 1102	甲基乙烯基硅橡胶 110-2	45～70	乙烯基 0.13～0.22
MVQ 1103	甲基乙烯基硅橡胶 110-3	60～85	乙烯基 0.13～0.22
MPVQ 1201	甲基苯基乙烯基硅橡胶 120-1	45～80	苯基 7
MPVQ 1202	甲基苯基乙烯基硅橡胶 120-2	40～80	苯基 20
MNVQ 1302	腈硅橡胶 130-2	>50	β-氰乙基 20～25
MFVQ 1401	氟硅橡胶 SF-1	40～60	乙烯基 0.3～0.5
MFVQ 1402	氟硅橡胶 SF-2	60～90	乙烯基 0.3～0.5
MFVQ 1403	氟硅橡胶 SF-3	90～130	乙烯基 0.3～0.5

　　二甲基硅橡胶生胶为无色透明的弹性体，通常用活性较高的有机过氧化物进行硫化。硫化胶可在$-60～+250℃$范围内使用，二甲基硅橡胶的硫化活性低，高温压缩永久变形大，不宜于制厚制品，厚制品硫化比较困难，内层易起泡。二甲基硅橡胶已逐渐被甲基乙烯基硅橡胶所取代。

　　乙烯基硅橡胶由于含有少量的乙烯基侧链，乙烯基含量一般为0.1%～0.3%（摩尔分数），故比甲基硅橡胶容易硫化，使之有更多种类的过氧化物可供硫化使用，并可大大减少过氧化物的用量。采用含少量乙烯基的硅橡胶与二甲基硅橡胶相比，可使抗压缩永久变形性能获得显著的改进。低的压缩永久变形反映了它作为密封件在高温下具有较佳的支撑性，这是O形圈和垫圈等所必须具备的要求之一。甲基乙烯基硅橡胶工艺性能较好，操作方便，可制成厚制品且压出、压延半成品表面光滑，是目前较常用的一种硅橡胶。甲基乙烯基硅氧烷单元的含量对硫化作用和硫化胶耐热性有很大影响，含量过少则作用不显著，含量过大（达 0.5%，摩尔分数）会降低硫化胶的耐热性。甲基乙烯基硅橡胶是产量最大，应用最广，品种牌号最多的。

苯基硅橡胶是在乙烯基硅橡胶的分子链中，引入二苯基硅氧链节或甲基苯基硅氧链节而得。根据硅橡胶中苯基含量（苯基：硅原子）不同，可将其分为低苯基、中苯基及高苯基硅橡胶。当橡胶发生结晶或接近于玻璃化转变点或者这两种情况重叠，均会导致橡胶呈现僵硬状态。引入适量的、大体积的基团使聚合物链的规整性受到破坏，则可降低聚合物的结晶温度，同时由于大体积基团的引入改变了聚合物分子间的作用力，故也可以改变玻璃化温度。低苯基硅橡胶（$C_6H_5/Si=6\%\sim11\%$）即由于上述原因具有优良的耐低温性能，且与所用苯基单体类型无关。硫化胶的脆化温度为 $-120℃$，是现今低温性能最好的橡胶。低苯基硅橡胶兼有乙烯基硅橡胶的优点，而且成本也不很高，因此有取代乙烯基硅橡胶的趋势。在大大提高苯基含量时则会使分子链的刚性增大，从而导致耐寒性和弹性的降低，但耐烧蚀和耐辐射性能将有所提高，苯基含量达 $C_6H_5/Si=20\%\sim34\%$ 为中苯基硅橡胶，具有耐烧蚀的特点，高苯基硅橡胶（$C_6H_5/Si=35\%\sim50\%$）则具有优异的耐辐射性能。

氟硅橡胶是侧链引入氟代烷基的一类硅橡胶。常用的氟硅橡胶为含有甲基、三氟丙基和乙烯基的氟硅橡胶。氟硅橡胶具有良好的耐热性及优良的耐油、耐溶剂性能，如对脂肪烃、芳香烃、氯代烃、石油基的各种燃料油、润滑油、液压油以及某些合成油在常温和高温下的稳定性均较好，这些是单纯的硅橡胶所不及的。氟硅橡胶具有较好的低温性能，对于单纯的氟橡胶而言，是一种很大的改进。含三氟丙基的氟硅橡胶保持弹性的温度范围一般为 $-50\sim+200℃$，耐高低温性能较乙烯基硅橡胶差，且在加热到300℃以上时将会产生有毒气体。在电绝缘性能方面较乙烯基硅橡胶差得多。在氟硅橡胶的胶料中加入适量的低黏度羟基氟硅油，胶料热处理，再加入少量乙烯基硅橡胶，可使工艺性能显著改善，有利于解决胶料粘辊和存放结构化严重等问题，能延长胶料的有效使用期。在上述氟硅橡胶中引入甲基苯基硅氧链节时，会有助于耐低温性能的改善，且加工性能良好。

腈硅橡胶是侧链引入氰烷基（一般为β-氰乙基或γ-氰丙基）的一类硅橡胶。极性氰基的引入改善了硅橡胶的耐油、耐溶剂性能，但其耐热性、电绝缘性及加工性则有所降低。氰烷基的类型和含量对腈硅橡胶的性能有较大的影响，如含7.5％（摩尔分数）γ-氰丙基的硅橡胶，其耐寒性能与低苯基硅橡胶相似，耐油性能 较低苯基硅橡胶为好，当γ-氰丙基含量增至33％～50％（摩尔分数）时，则耐寒性显著降低，耐油性能提高，耐热为200℃。如用β-氰乙基代替γ-氰丙基时则能使腈硅橡胶的耐热性进一步提高。

硅橡胶通常以纯胶、加入部分填料的基料、加入大部分或全部配合剂的胶料三种形式出售，其中RTV硅橡胶全部以胶料形式出售，由于加入的配合剂不同而有不同的牌号，选用时需注意。

混合胶料按不同特性分成下列几大类：①通用型（一般强度型）；②高强度型；③耐高温型；④低温型；⑤低压缩永变形型；⑥电线、电缆型；⑦耐油、耐溶剂型；⑧阻燃型；⑨导电型等。

2.8.2 硫化体系

硅橡胶为饱和度高的橡胶，通常不能用硫黄硫化，用于热硫化硅橡胶的硫化剂主要是有机过氧化物、脂肪族偶氮化合物、无机化合物、高能射线等，其中最常用的是有机过氧化物，这是因为有机过氧化物一般在室温下比较稳定，但在较高的硫化温度下能迅速分解，从而使硅橡胶交联。硅橡胶常用硫化剂有DCP、BP、DCBP、TBPB、DTBP、DBPMH（双2，5），其中以DCP和双2，5为最常用。硅橡胶常用的硫化剂见表2-9。

表 2-9 硅橡胶（Q）常用的硫化剂

类别	化学名称	简称	硫化温度/℃	用量/质量份
含羧基	过氧化二苯甲酰	BP	110～135	2～3
	2,4-二氯过氧化二苯甲酰	DCBP	100～120	2～3
	过氧化苯甲酸叔丁酯	TBPB	135～155	0.5～1.5
不含羧基	过氧化二叔丁基	DTBP	160～180	0.5～1.0
	过氧化二异丙苯	DCP	150～160	0.5～1.0
	2,5-二甲基-2,5-二叔丁基过氧化己烷	DBPMH	160～170	0.5～1.0

这些过氧化物按其活性高低可以分为两类。一类是通用型，即

活性较高，对各种硅橡胶均能起硫化作用，主要有 BP 和 DCBP。另一类是乙烯基专用型，即活性较低，仅能对含乙烯基的硅橡胶起硫化作用，主要品种有 DTBP、TBPB、DCP、DBPMH。

除了两类过氧化物的一般区别外，每一种过氧化物有其自己的特点。硫化剂 BP 是模压制品最常用的硫化剂，硫化速率快，生产效率高，但不适宜于厚制品的生产。硫化剂 DCBP 因其产物不易挥发，硫化时不加压也不会产生气泡，特别适宜于压出制品的热空气连续硫化，但它的分解温度低，易引起焦烧，胶料存放时间短。硫化剂 BP 和 DCBP 均为结晶状粉末，易爆，为安全操作和宜于分散，通常将它们分散于硅油或硅橡胶中制成膏状体，一般含量为 50%。硫化剂 DTBP 的沸点为 110℃，极易挥发。胶料在室温下存放时硫化剂就挥发，最好以分子筛为载体的形式使用。硫化剂 DTBP 不会与空气或炭黑起反应，可用于制造导电橡胶及模压操作困难的制品中。硫化剂 DBPMH 与 DTBP 类似，但常温下不挥发，它的分解产物挥发性很大，可以缩短二段硫化时间。硫化剂 DCP 在室温下不挥发，具有乙烯基专用型的特点，同时分解产物挥发性也较低，可以用于外压小的场合硫化。硫化剂 TBPB 用于制造海绵制品。

过氧化物的用量受多种因素的影响，例如，生胶品种、填料类型和用量、加工工艺等。一般来说，只要能达到所需的交联度，硫化剂用量应尽量少。但实际用量要比理论用量高得多，因为必须考虑到多种加工因素的影响，如混炼不均匀，胶料贮存中过氧化物损耗，硫化时空气及其它配合剂的阻化等。对于乙烯基硅橡胶模压制品用胶料来说，各种过氧化物常用的范围是：硫化剂 BP 0.5～1.0 份；硫化剂 DCBP 1.0～2.0 份；硫化剂 DTBP 1.0～2.0 份；硫化剂 DCP 0.5～1.0 份；硫化剂 DBPMH 0.5～1.0 份；硫化剂 TBPB 0.5～1.0 份。

2.8.3 填料体系

未经补强的硅橡胶硫化胶拉伸强度很低，只有 0.3MPa 左右，没有实际的使用价值。通过补强可使硅橡胶硫化胶的强度提高，一般达到 3.9～9.8MPa。硅橡胶填料（补强填充剂）的选择要考虑到硅橡胶的高温使用及用过氧化物硫化，特别是有酸碱性的物质对硅橡胶的不利影响。

硅橡胶用填料（补强填充剂）按其补强效果的不同可分为补强性填料和非补强性填料（填充剂），前者的直径为 $10\sim50nm$，比表面积为 $70\sim400m^2/g$，补强效果较好，后者为 $300\sim10000nm$，比表面积在 $30\ m^2/g$ 以下，补强效果较差。

2.8.3.1　补强性填料（补强剂）

硅橡胶所用的填料（补强填充剂）主要是白炭黑，用量为 $30\sim60$ 份。白炭黑分为气相白炭黑和沉淀白炭黑。

气相白炭黑粒子越细，它的比表面积就越大，则补强效果就越好，但操作性能就越差。反之它的粒子粗些，比表面积也小，补强效果就差，但操作性能就要好一些。

气相白炭黑为硅橡胶最常用的补强性填料（补强剂）之一，由它补强的胶料其硫化胶的机械强度高，电性能好。气相白炭黑可与其它补强性填料（补强剂）或非补强性填料（填充剂）并用，以制取不同使用要求的胶料。

用沉淀白炭黑与用气相白炭黑补强的硅橡胶胶料相比，用沉淀白炭黑补强的胶料机械强度稍低，介电性能，特别是受潮后的介电性能较差，但耐热老化性能较好，混炼胶的成本要低得多。当对制品的机械强度要求不高时，可用沉淀白炭黑或使之与气相白炭黑并用。配方设计时应特别注意各生产厂所制造的白炭黑在性能上有所差异，有时存在一种品种白炭黑使用较好，等量换成另一品种白炭黑效果就不好，故在使用时也必须作适当的调整。由于沉淀白炭黑所含的水分较高，由它补强的硅橡胶胶料不适于采用热空气连续硫化工艺，否则制品将起泡。

白炭黑可以通过适宜的化合物对其进行处理而制成一种表面疏水的物质。

2.8.3.2　非补强性填料（填充剂）

非补强性填料（填充剂）也可称作惰性填料，对硅橡胶基本上没有补强作用，它们在硅橡胶中一般不单独使用，而是与白炭黑并用，以调节硅橡胶的硬度，改善胶料的工艺性能和硫化胶的耐油性能及耐溶剂性能，降低胶料的成本。

常用的非补强性填料（填充剂）有硅藻土、石英粉、氧化锌、氧化铁、二氧化钛、硅酸锆和碳酸钙等。

炭黑在硅橡胶中未得到广泛的应用，只有乙炔炭黑被用于制造导电硅橡胶制品。随着乙炔炭黑在硅橡胶中用量的增加，硫化胶的体积电阻率降低。一般乙炔炭黑的用量为 30～50 份（或与白炭黑并用），硫化胶的体积电阻率可达 $100\Omega \cdot cm$ 以下，但硫化胶的机械强度较差，只有 3.9～5.9MPa。表 2-10 为硅橡胶常用填料（补强填充剂）的用量和性能。

表 2-10　硅橡胶（Q）常用填料的用量和性能

类　　别	名　　称	用量/份	硫化胶性能	
			拉伸强度/MPa	拉断伸长率/%
补强性填料（补强剂）	气相白炭黑	30～60	3.9～8.8	200～600
	沉淀白炭黑	40～70	2.9～5.9	200～400
	处理白炭黑	40～80	6.9～13.7	400～800
	乙炔炭黑	40～60	3.9～8.8	200～350
非补强性填料（填充剂）	硅藻土	50～200	2.9～5.9	75～200
	钛白粉（TiO_2）	50～300	1.5～3.4	300～400
	石英粉	50～150	—	—
	碳酸钙（$CaCO_3$）	50～150	2.9～3.9	100～300
	氧化锌（ZnO）	50～150	1.5～3.4	100～300
	氧化铁	50～150	1.5～3.4	100～300

2.8.4　其它配合体系

2.8.4.1　结构控制剂

采用气相白炭黑补强的硅橡胶胶料贮放过程中会变硬，降低可塑性，从而逐渐失去加工工艺性能，这种现象称作"结构化"效应。

产生结构化的原因是气相白炭黑粒子表面的活性硅醇基在常温下与生胶分子末端的硅醇基发生缩合，结构化是由于白炭黑表面的某种活性羟基与硅橡胶分子链形成了氢键型的化学吸附所致。胶料的硬化程度与白炭黑的比表面积及白炭黑表面的隔离羟基有关。

为防止和减弱这种"结构化"倾向而加入的配合剂，称为"结构控制剂"。结构控制剂能防止或延缓结构化作用，一般认为是由于这些物质的活性基团与白炭黑表面的活性羟基发生缩合反应，从而防止了白炭黑和生胶之间的作用。

结构控制剂通常为含有—OH、—OH 基或含硼原子的低分子有机硅化合物，常用的有二苯基硅二醇，甲基苯基二乙氧基硅烷、四甲基亚乙基二氧二甲基硅烷、低分子羟基硅油及硅氮烷（六甲基二硅氮烷和六甲基环三硅氮烷与八甲基环四硅氮烷的混合物，加入二苯基硅二醇可以阻碍填料表面羟基与硅橡胶之间化学键的形成。

二苯基硅二醇为固体结晶状物质，其用量一般为气相白炭黑用量的 5%～10%。采用二苯基硅二醇的胶料在混炼后（加入硫化剂之前），必须进行热处理（160～200）℃×（0.5～1）h，能迅速和充分地发挥其结构控制作用。使用该物质的胶料具有优良的物理机械性能和耐热老化性能，特别是高温下的永久变形较小。上述其它结构控制剂均为液体，使用时胶料可不需进行热处理（除硅氮烷），但混炼停放 2～3d，胶料可塑性即明显增加。有些结构控制剂有延迟硫化作用，使用时应适当增加硫化剂的用量。结构控制剂的用量与其本身的活性以及白炭黑的类型，胶料所需的性能有关，加入适宜的结构控制剂不仅可以改善胶料的存放性，而且可以增加填料的用量，改善硫化胶的性能。

当胶料中采用比表面积较大的气相白炭黑时，结构控制剂的用量应适当的增加，或最好采用活性较高的结构控制剂，如硅氮烷。采用硅氮烷的胶料也应进行热处理，以增强它的结构控制作用，并使胶料中的氨气能挥发完全。热处理条件一般为（180～200）℃×1h。

氟硅橡胶所使用的结构控制剂均为含氟的低分子有机硅化合物，如羟基氟硅油和含氟硅氮烷等，这样才不至于使硫化胶的耐溶剂性和耐油性能下降。

2.8.4.2 耐热添加剂

加入某些金属氧化物或其盐以及某些元素有机化合物，可大大改善硅橡胶的热空气老化性能，其中最常用的为三氧化二铁，用量一般为 3～5 份，其它如锰、锌，镍和铜等金属氧化物也有类似的效果。加入少量的喷雾炭黑（少于 1 份）也能起到提高耐热性的作用。通常在 250～300℃以上的温度范围内进行热空气老化，才能显示出这些添加剂的作用。

2.8.4.3 发泡剂

在制取硅橡胶海绵制品时必须加入发泡剂，硅橡胶常用的发泡剂有 N,N-二亚硝基五亚甲基四胺和偶氮二甲酰胺等。在硅橡胶胶料中加入少量四氟乙烯粉（一般少于 1 份），可改善胶料的压延工艺性能及成膜性，提高硫化胶的撕裂强度，硼酸酯和含硼化合物能使硅橡胶硫化胶具有自黏性。

采用比表面积较大的气相白炭黑作补强性填料（补强剂）时，加入少量高乙烯基硅油 3～5 份（乙烯基含量一般为 10% 左右），胶料经硫化后，撕裂强度可提高至 30～50kN/m。

2.9 氟橡胶（FPM）的配方设计

2.9.1 生胶型号

氟橡胶按结构可分为：含偏氟乙烯类氟橡胶、亚硝基类氟橡胶、全氟醚类氟橡胶和氟化磷腈类氟橡胶四大类，主要使用的为含偏氟乙烯类。我国氟橡胶品种和牌号按照国际标准规定，FPM 表示一般氟橡胶，FPNM 表示氟化磷腈橡胶，AMFU 表示羧基亚硝基氟橡胶。FPM 后面的数字 2、3、4、6 分别表示偏氟乙烯、三氟氯乙烯、四氟乙烯和六氟丙烯。如过 FPM2301 表示由偏氟乙烯和三氟氯乙烯共聚的氟橡胶，最后一位数表示黏度大小。FPM4000 表示四氟乙烯与丙烯共聚氟橡胶，如表 2-11 所示。

表 2-11 氟橡胶品种牌号和质量指标

新牌号	原牌号及名称	氟含量/%	门尼黏度 [ML(1+4)100℃]
FPM 2301	氟橡胶 23-11	19.1～20.2(氯含量)	1.5～2.4dL/g(特性黏度)
FPM 2302	氟橡胶 23-21	13.2～15.2(氯含量)	4.4～5.6dL/g(特性黏度)
FPM 2601	氟橡胶 26D	65	60～100
FPM 2602	氟橡胶 26B	65	140～180
FPM 2461	氟橡胶 246B		50～80
FPM 2462	氟橡胶 246G		70～100
FPM 4000	氟橡胶 TP	54～58	70～110[1]
FPNM 3700	含氟磷腈橡胶 PNF-381		
AFMU 4360	羧基亚硝基氟橡胶		

[1] 门尼黏度为 ML[(1+10) 100℃]。

注：AFMU 4360 羧基亚硝基氟橡胶：酸含量 0.4%～1.0%，分子量 M_w 为 $3×10^5$。

含偏氟乙烯类氟橡胶种类有 26 型氟橡胶（杜邦牌号 Viton A）（目前最常用的氟橡胶品种）、246 型氟橡胶（杜邦牌号 Viton B）、23 型氟橡胶。23 型氟橡胶、26 型氟橡胶可在 250℃下长期工作，在 300℃下短期工作，23 型氟橡胶经 200℃×1000h 老化后，仍具有较高的强度，也能承受 250℃短期高温的作用。四丙氟橡胶能在 230℃下长期工作，23 型氟橡胶耐强氧化性酸（发烟硝酸和发烟硫酸等）的能力比 26 型氟橡胶好，但在耐芳香族溶剂、含氯有机溶剂、燃料油、液压油以及润滑油（特别是双酯类、硅酸酯类）和沸水性能方面较 26 型差。26 型氟橡胶的压缩永久变形性能较其它氟橡胶都好，26 型氟橡胶的脆化温度是 -25～-30℃，246 型氟橡胶的脆化温度为 -30～-40℃，23 型氟橡胶的脆化温度为 -45～-60℃。

2.9.2 硫化体系

氟橡胶是一种高度饱和的含氟高聚物，一般不能用硫黄进行硫化，可采用有机过氧化物、有机胺类及其衍生物、二羟基化合物及辐射硫化。目前工业上常用前三种方法，主要的硫化配合是有机过氧化物硫化体系、二胺及其衍生物硫化体系、二元酚和促进剂并用硫化体系、有机过氧化物与 TAIC 硫化体系四种。有机过氧化物硫化体系一般以过氧化二苯甲酰（硫化剂 BP）为硫化剂，其硫化速率和硫化程度都较低，但压缩永久变形大、耐热性不好、工艺性不好，不宜用于制造密封制品，主要用于硫化 23 型氟橡胶。二胺及其衍生物硫化体系（胺类硫化体系）以己二胺、己二胺氨基甲酸盐（1 号硫化剂）、乙二胺氨基甲酸盐（2 号硫化剂）、N,N'-双亚肉桂基-1,6-己二胺（3 号硫化剂）、亚甲基（对氨基环己基甲烷）氨基甲酸盐（4 号硫化剂）为硫化剂，其硫化的胶料耐热性好、压缩永久变形较小，但耐酸性不好。胺类硫化剂中，3 号硫化剂易于分散，对胶料有增塑作用，工艺性能较好，硫化胶的耐热性、压缩永久变形性均尚可以，应用比较普遍，此类硫化体系主要用于硫化 26 型氟橡胶。二元酚和促进剂并用硫化体系（双酚类硫化体系）是以 5 号硫化剂（对苯二酚）或双酚 AF［2,2-双（4-羟基苯基）六氟丙烷］为硫化剂，并配以季铵盐或季鏻盐为促进剂如 BBP，是随着 Viton E 型胶种出现而开发的硫化剂，其硫化胶工艺性最好（流动性好），硫化产品也无抽边（缩边），它的压缩永久变形很小，大大优于胺类硫化体系。有机过氧化物与 TAIC 硫化体系是随着 G 型胶种、四丙橡胶的出现而采用的，它包括硫化剂 DCP（过氧化二异丙苯）、2,5-二甲基-二叔丁基过氧己烷（俗称双 2,5）等，必须配以 TAIC（异氰尿酸三烯丙酯）作共硫化剂，其硫化胶料耐焦烧性极好、在高温下的压缩永久变形也较好，具有良好的耐高温蒸汽性能。硫化体系的发展与氟橡胶分子结构的改进是密切相关的。含氟烯烃类氟橡胶以 Viton 型为代表，从其生胶品种 A、B、C、D（已淘汰）、E 和 G 型逐步发展，也相应地改进了其硫化体系，即从最早 20 世纪 50 年代的有机过氧化物到 70 年代的二羟基化合物（双酚 AF 为代表），直到最近 G 型系列品种，采用了新的有机过氧化物硫化体系。改进的目的主要是改善工艺性能和硫化胶的压缩永久变形及提高其耐介质腐蚀性能。

硫化剂的用量对硫化胶性能有较大影响，一般来说，随其用量增加，硫化胶的硬度、拉伸强度增大，伸长率和压缩永久变形降低，高温老化后的拉伸强度保持率略有提高，伸长率保持率则显著下降。

硫化剂的用量依据胶种和硫化剂的品种不同而不同，硫化剂 BP 在 23 型氟橡胶中的用量一般为 3～4 份，3 号硫化剂在 26 型氟橡胶中的用量为 2.5～3.0 份（在炭黑胶料中，一般用量 2～3 份，在矿物填料胶料中为 3～4 份）。双酚 AF 与促进剂 BBP 配合量（质量份）为 (2.0～2.58)/(0.2～0.4)。

由于氟橡胶硫化过程中能析出氟化氢，影响橡胶的硫化和产品的性能，因而在氟橡胶硫化体系中加入酸接受剂（也为吸酸剂、活性剂或稳定剂）以有效中和氟化氢这类物质，促进交联密度的提高，赋予胶料较好的热稳定性，吸酸剂主要为金属氧化物（MgO、CaO、ZnO、PbO 等）及某些盐类（如二碱式亚磷酸铅）。其作用大小与碱性强弱一致，碱性越强则所得硫化胶的交联密度越高，表现为拉伸强度较高、伸长率和压缩永久变形较小，加工安全性差（焦烧大）。

在吸酸剂中，MgO 和 ZnO 较为常用。当应用氧化锌时，往往是将其和二碱式亚磷酸铅等量并用，通常 PbO 常用于耐酸胶料，

MgO用于耐热胶料，CaO用于低压缩变形胶料，氧化锌和二碱式亚磷酸铅并用作耐水性胶料，用量为10～20份。

2.9.3 填料体系

氟橡胶属于自补强性橡胶，本身强度高，填料（补强填充剂）虽对它有一定的补强作用，但主要是用作改进工艺性能，降低成本和提高制品的硬度、耐热性和压缩永久变形性等。

2.9.3.1 炭黑

常用是中粒子热裂法炭黑（MT）和喷雾炭黑。因它们对胺类硫化剂有促进作用，使胶料混炼、压出和模压的性能较好。但用量超过30份，会对胶料硬度、耐高低温和压缩永久变形性能带来不利影响。

炉法炭黑因使胶料流动性变差，同时当用量高于10份时，促使硫化胶硬度急剧增加，故很少采用。

2.9.3.2 浅色填料

白炭黑在氟橡胶中不采用，因为加入白炭黑（特别是气相的炭黑）的胶料，工艺性能差，硫化胶的耐热、耐磨及高温压缩永久变形性能不好。只有在用硫化剂BP的23型氟橡胶胶料中，才使用10～20份沉淀白炭黑，作为耐酸性胶料。

氟橡胶中最常用的无机填料是氟化钙，用量一般可达20～35份，它的耐高温（300℃）老化性能优于炭黑和其它填料，但工艺性能较喷雾炭黑差，将两者并用可制得综合性能好的胶料。

碳酸钙和硫酸钡在氟橡胶中也可使用，前者的绝缘性好，后者可获得较低的压缩永久变形。它们的用量一般为20～40份。

此外，在氟橡胶中加入5～80份陶土、石墨、滑石粉、云母粉可降低硫化胶的收缩率。如含石墨的硫化胶收缩率仅为1.9%，而空白试样为3.8%。

碳纤维和硅酸镁纤维（针状滑石粉）是用于氟橡胶的新型填料。它们能提高氟橡胶的高温强度和耐热老化性能，但在工艺性能方面较中粒子热裂法炭黑（MT）稍差，特别是硅酸镁纤维（针状滑石粉）和碳纤维或喷雾炭黑并用，可获得较好的效果，碳纤维中效果最好的是在惰性气体保护或减压条件下，由人造丝经1100℃高温炭化而得到的产品。

填充碳纤维的另一重要作用是提高硫化胶的导热性，使氟橡胶密封制品与金属接触处的摩擦生热及时导出，从而降低了接触处的温度，这为用氟橡胶制造高速（线速 20～30m/s 或转速 15000～20000r/min）油封提供了可能性。

2.9.4 增塑体系

在氟橡胶配方中很少使用增塑剂，因为它会使硫化胶的耐热性和化学稳定性变差，而且在二段高温硫化时又往往挥发逸出，造成制品失重大，易收缩变形，甚至起泡。

为改善工艺性能，可采取并用少量低分子量氟橡胶的办法。例如在分子量为 20 万的 26 型氟橡胶中，并入 20～30 份分子量为 10 万的 26 型氟橡胶，即可得到混炼和模压性能好的胶料，而对硫化胶的耐热性又无明显的影响。

对于收缩要求不严的产品，可以用癸二酸二辛酯，磷酸三辛酯及高沸点聚酯等增塑剂。当用量较少（6 份）时，对硫化胶性能影响不大。

23 型氟橡胶可采用邻苯二甲酸二丁酯、氟蜡（低分子量聚三氟氯乙烯）和聚异丁烯等作增塑剂（用量 3～5 份），其中以氟蜡为最好，但其价格昂贵，使用时应考虑到这一点。

配有 1～3 份低分子量聚乙烯类助剂，可为氟橡胶的压延、压出提供良好的工艺性，因其用量少，不会影响原有胶料的物理机械性能。

2.9.5 其它配合体系

氟橡胶配方中一般只包含生胶、吸酸剂、硫化剂和填料（补强填充剂），个别情况下才使用少量增塑剂和防焦剂，通常不再使用其它配合剂。但有时为改善硫化胶的粘模性，可以采用 0.5 份硬脂酸锌以利脱模。注意用量不宜过多，否则将影响制品的耐热性能。

2.10 氯醚橡胶（表氯醇橡胶、氯醇橡胶）（CO、ECO）的配方设计

2.10.1 生胶型号

氯醚橡胶按结构分为均聚型氯醚橡胶（CO、CHR）和共聚型

氯醚橡胶（ECO、CHC），如表 2-12 所示。均聚型氯醚橡胶是由环氧氯丙烷聚合而成，是耐热、耐油、耐候、耐气透性良好的橡胶；共聚型氯醚橡胶有二元和多元（主要为三元），二元氯醚橡胶是由环氧乙烷和环氧氯丙烷共聚而成，是耐油、耐寒、耐候、耐热性良好的橡胶。均聚型氯醚橡胶的导电性与丁腈橡胶（NBR）相当或稍大，共聚型氯醚橡胶的导电性则比丁腈橡胶大 100 倍以上。

表 2-12　氯醚橡胶品种

新牌号	原名称	氯含量/%	门尼黏度 [ML(1+4)100℃]
CO 3606	均聚型氯醚橡胶	36～38	60～70
ECO 2406	二元共聚型氯醚橡胶	24～27	55～85
ECO 2408	二元共聚型氯醚橡胶	24～27	85～120
PECO 1206	三元共聚型氯醚橡胶	12～18	55～85

均聚氯醚橡胶的气透性优异，其气密性约为丁基橡胶的 3 倍，利用这种特性，可将其用作无内胎轮胎的气密层和各种气体胶管。另外，汽油的透过性也比丁腈橡胶小，液化石油气透过量也少。共聚氯醚橡胶的气透性和丁腈橡胶大致相等，均聚型比共聚型的最高使用温度约高 10～20℃。

2.10.2　硫化体系

氯醚橡胶因不含双键不能用硫黄硫化，一般都是利用其侧链氯甲基的反应性进行交联。均聚型和共聚型相比，后者的硫化速率稍快，硫化程度也略高。

氯醚橡胶可用硫脲类、胺类、碱金属的硫化物、氰酸盐与含有活性氢的化合物并用、多硫化秋兰姆、三嗪衍生物等硫化体系进行硫化，其中以硫脲类和三嗪衍生物较为常见。

（1）硫脲类　采用硫脲类物质硫化有如下三种方法。

①硫脲类与金属化合物并用　元素周期表中第Ⅰ、Ⅱ、Ⅳ、Ⅷ族的元素的金属化合物均可采用，最常用的金属是铅和镁，以氧化物效果最好，也可使用其脂肪酸盐、磷酸盐、碳酸盐等。硫脲类中以促进剂 NA-22 的硫化速率最快；二烷基硫脲、三烷基硫脲的硫化速率则递减，因其分散性差，很难获得性能良好的硫化胶；芳

香族硫脲因硫化速率过慢，一般不能采用；四烷基硫脲在通常的硫化条件下，很难进行硫化。应用最广泛的是促进剂 NA-22/Pb_3O_4 的并用体系，促进剂 NA-22 用量为 0.8～1.5 份，Pb_3O_4 为 3～10 份，经典配合为 1.2/5，其硫化胶的耐热性较好，但有毒性。

② 硫脲类和硫黄或含硫化合物并用　含硫化合物以多硫化物效果较好，但多硫化物的硫含量过多，反而使效果降低，如二硫化四甲基秋兰姆的效果就优于四硫化双五亚甲基秋兰姆。此并用体系的特点是硫化平坦，不易焦烧。常用的配合有：促进剂 BUR/S/MgO（2.5/1/5）。

③ 硫脲类与金属化合物及硫黄或含硫化合物并用　此三者的并用体系比上述两种体系的硫化速率和硫化程度都有提高，硫化的平坦性好，能够和通用橡胶的硫黄硫化体系相媲美。含硫化合物常用的有四硫化双五亚甲基秋兰姆、二硫化四甲基秋兰姆以及二硫化苯并噻唑或次磺酰胺类等。一般多硫化物中的硫含量越多，三者的并用效果越好，硫化程度高，硫化速率也快。但和二硫化物并用时，则硫化诱导期较长，硫化平坦性较好。和硫黄并用时，拉伸强度较高，但压缩永久变形较大。常用的配合有：促进剂 BUR/TRA(TT)/MgO[（2.0～2.5）/（0.8～1.2）/5]。

（2）胺类　用胺类硫化也有如下三种方法。

① 用多元胺硫化　用多乙烯多胺硫化效果较好，但芳基多胺的硫化速率极慢，蜜胺不能硫化。

② 胺类与含硫化合物并用　在不同一元胺及多元胺中，并用硫黄、秋兰姆类、噻唑类及二硫代氨基甲酸盐类，可提高硫化程度和硫化速率。当是三元胺时，则和硫黄并用的效果较好，当是三亚乙基四胺、乙醇胺等时，则和多硫化秋兰姆并用较为有效。

③ 胺类和含硫化合物、尿素化合物三者并用　在上述②的硫化体系中，若再并用尿素化合物，可进一步提高硫化速率，但此时若并用硫脲类化合物则效果较小。

（3）碱金属的硫化物　碱金属的硫化物、硫氢化物、硫代碳酸盐等单用或和其它化合物并用，均可硫化氯醚橡胶。

（4）氰酸盐和含有活性氢的化合物并用　氢氰酸的碱金属盐、铅盐和丙三醇及其它化合物并用，可制得良好的硫化胶。此体系的脱模性好，对模型污染少，但硫化速率稍慢。

（5）多硫化秋兰姆　单用多硫化秋兰姆也可硫化氯醚橡胶，并用 MgO 后可促进硫化，但硫化速率依然很慢。常用的配合有 TT/MgO［(0.8～1.2)/5］。

（6）三嗪衍生物　采用被 2～3 个硫醇（SH）置换的硫代三嗪衍生物硫化，可制得良好的硫化胶。此体系的硫化速率随衍生物的种类而变化，并用胺类可促进硫化。采用此体系硫化速率较快，压缩永久变形较小，不需要进行二次硫化。现在工业上常用的三嗪衍生物是 2,4,6-三巯基硫代三嗪（简称硫化剂 F）（TCY）、它常与作为酸接受体的 MgO 及磷酸钙并用。采用此体系时均聚氯醚橡胶（CO）和共聚氯醚橡胶（ECO）的硫化速率差别较大，前者常用促进剂 D 作活性剂，后者则使用 N-(环己基硫代)苯二甲酰亚胺作迟延剂。该体系因不使用铅化物，故耐水性较差。常用的配合有：TCY/MgO/CaCO_3［(0.8～1)/(2～5)/5］。

（7）室温硫化体系　氯醚橡胶选用适当的硫化剂，如硫醇钠/S（2/1）、TETA/TRA（2/1）、三元胺/S（2/1）、二丁基氨基-二巯基硫代三嗪/月桂基胺（2/1），可在室温下 2～7d 内硫化。

2.10.3　填料体系

氯醚橡胶的纯胶强度较低，例如均聚型氯醚橡胶的拉伸强度只有 3.0～4.0MPa，必须加入补强性填料（补强剂）才有实用价值。炭黑的补强效果最好，白色填料中白炭黑和碳酸钙等也具有补强效果。

2.10.3.1　炭黑

炉法炭黑的效果较好，其中快压出炉黑（N550）由于物理机械性能和加工性等综合性能较好，应用较多，其次是高耐磨炉黑、半补强炉黑和中粒子热裂法炭黑。槽黑因呈酸性易延迟硫化，应用时必须增加硫化剂的用量。均聚型氯醚橡胶的拉伸强度在炭黑用量为 20～30 份时出现最大值，共聚型却在 50～70 份时出现峰值。这种倾向在配合增塑剂、均聚型和共聚型并用以及共聚比（环氧乙烷含量）变化时比较明显，制定配方时应予以注意。

2.10.3.2　白色填料

白炭黑补强效果较好，但其硫化速率随品种不同而异，一般比炭黑慢，配合硫黄或秋兰姆可以改进之。而且用硫黄时拉伸强度一般较高。

陶土、碳酸钙等补强效果较差，但不致降低工艺性，可作填料使用。实际上常将碳酸钙、炭黑及白炭黑并用，以改进物理机械性能对硫化程度的依赖性。

2.10.4　防护体系

氯醚橡胶老化后会变软，为防止其老化软化，必须使用防老剂，其中防老剂 MBI 和 RD 效果较好。特别是防老剂 MBI（2-疏基苯并咪唑）可认为是必须添加的防老剂；但加入后胶料有降低伸长保持率的倾向，故用量应控制在 1 份以内，以 0.5 份为宜。

在抗臭氧老化方面，防老剂 NBC 和 MBI 效果较好，但前者易喷霜，故用量应控制在 1.0 份以下。为防止臭氧老化和老化软化，可采取防老剂 NBE 和少量 MBI 及防老剂 RD 并用的方法。

2.10.5　软化增塑体系

一般来说，丁腈橡胶（NBR）、聚氯乙烯所用的增塑剂，均适用于氯醚橡胶（CO、ECO）。氯醚橡胶常用的增塑剂有聚醚类和脂肪酸酯类等。

氯醚橡胶制品常需要在高温烘箱中进行长时间的二次硫化，这就出现了增塑剂的挥发问题。一般来说，增塑剂的挥发性与其相容性及蒸汽压有关，增塑剂的用量对胶料的流动性起决定性作用，增塑剂的分子量和相容性对胶料流动性影响较小。

在增加氯醚橡胶的黏着性方面，使用增塑剂是最有效的，其中以液体丁腈橡胶（Hyear1312）的效果最好。使用增黏剂的效果不大，增黏剂中，古马隆树脂的增黏效果较好。

增塑剂用量在不喷出的范围内，其种类对物理机械性能基本没有影响，但当使用耐寒性增塑剂时，弹性有若干提高。增塑剂的耐热性若不好，则有损于胶料的耐热性，故在耐热性配方中应选用耐热性较好的增塑剂。在各种增塑剂中，酯类增塑剂的耐热性较好，醚类、磷酸酯类和卤代烃类等增塑剂次之。

2.11 丙烯酸酯橡胶（ACM）的配方设计

2.11.1 生胶型号

根据交联单体的不同，可将丙烯酸酯橡胶划分为含氯多胺交联型、不含氯多胺交联型，自交联型，羧酸铵盐交联型，皂交联型五类，此外，还有特种丙烯酸酯橡胶。

（1）含氯多胺交联型 通常以含氯多胺类化合物为交联剂，亦可用硫脲（促进剂 NA-22）与铅丹（Pb_3O_4）并用体系硫化，该橡胶耐油和耐热氧老化性能最好，耐候，耐臭氧和耐紫外线性能也突出，加工性能与耐寒性能差，目前仍广泛使用。

（2）不含氯多胺交联型 硫化胶耐油及耐热氧老化性能较好，但耐寒和耐水性能稍有降低。加工性能差，特别是硫化速率慢成为加工应用的主要问题。

（3）羧酸铵盐交联型 加工性能良好，交联速率快，抗压缩变形性优良，缺点是硫化时易粘模，污染模型，并放出有味气体，耐热老化性能比多胺交联型差，但优于皂交联型。

（4）自交联型 不加硫化剂即可硫化。在生胶贮存、加工安全性、硫化速率几方面都令人满意。

（5）皂交联型 硫化速率快，加工性能良好，且价廉、无毒，但皂交联型橡胶是耐热氧老化性能最差的一种。

ACM 按其耐寒性不同分为标准型（脆化温度－12℃）、耐寒型（－24℃）、超耐寒型（－35℃）。

2.11.2 硫化体系

丙烯酸酯橡胶的硫化体系主要根据引入聚合物的官能团来确定，丙烯酸酯橡胶的共聚单体可分为主单体、低温耐油单体和硫化点单体等三类单体。常用的主单体有丙烯酸甲酯、丙烯酸乙酯、丙烯酸丁酯和丙烯酸-2-乙基己酯等。低温耐油单体主要有丙烯酸烷氧醚酯、丙烯酸甲氧乙酯、丙烯酸聚乙二醇甲氧基酯、顺丁烯二酸二甲氧基乙酯等。硫化点单体，为了使丙烯酸酯橡胶方便硫化处理，目前工业化应用的主要有含氯型的氯乙酸乙烯酯；环氧型甲基丙烯酸缩水甘油酯、烯丙基缩水甘油酯；双键型的 3-甲基-2-丁烯酯、亚乙基降冰片烯；羧酸型的顺丁烯二酸单酯或衣糠酸单酯等。

各类丙烯酸酯橡胶由于交联单体种类的不同，硫化体系亦不相同，见表 2-13。目前市场上销售的丙烯酸酯橡胶产品主要是活性氯型产品。

表 2-13 丙烯酸酯橡胶（ACM）的交联体系

丙烯酸酯橡胶类型	皂交联型	羧酸铵盐交联型	自交联型	多胺交联型(含氯或不含氯)	含氯多胺交联型	不含氯多胺交联型
硫化体系	金属皂和硫黄	苯甲酸铵	苯二甲酸酐	三亚乙基四胺与硫黄	乙烯基硫脲与铅丹	过氧化物
硫化剂成本	低	中	中	中	中	中
加工稳定性	好	很好	好	中	好	好
胶料存放性	很好	很好	很好	差	很好	一般
有无气味	无	有	无	有	无	有
平板硫化温度/℃	165	165~170	175	160~170	155	155~160
后硫化	可省	要	要	要	要	要
污染模具	无	有~严重	无	有	有~严重	无

2.11.2.1　活性氯型丙烯酸酯橡胶

皂/硫黄并用硫化体系即硬脂酸钠 3~3.5 份，硬脂酸钾 0.3~0.35 份，硫黄（S）0.3~0.4 份，该体系最为理想。特点是工艺性能好、硫化速率较快，胶料的贮存稳定性好，但是胶料的热老化性稍差，压缩永久变形较大，常用的皂有硬脂酸钠、硬脂酸钾和油酸钠；不同皂表现的特性亦不相同，其中硬脂酸钠硫化速率慢，加工安全，硬脂酸钾易焦烧，采用钾、钠盐并用，改变并用比例，可控制焦烧时间。而对硫化状态的影响不显著，一般并用量为硬脂酸钠 3 份、硬脂酸钾 0.3 份。以油酸钠硫化时，因在硫化速率、硫化程度、加工安全性三者之间有较好的平衡，可单独使用。使用金属皂硫化的优点是成本低，便于调节混炼胶的硫化工艺性能，加工安全简便，无毒，不挥发，不污染，不腐蚀模具。皂硫化系统由皂、硫黄、硬脂酸组成，硫黄可提高硫化速率和硫化程度，但使胶料操作安全性降低，硫化胶定伸应力增加，伸长率下降，压缩变形增大，一般用量为 0.25~0.30 份，有时为在短时间内达到较高的硫化程度可以用到 0.5 份。硬脂酸本身为操作助剂，但由于对皂硫化有明显影响，因而也构成了皂硫化系统的组分之一。增加硬脂酸用量可减慢硫化速率，改善操作安全性，作为操作助剂，硬脂酸用量至少为 0.5 份，如需平衡皂的活化作用，用量可增加至 2 份。为使胶料有更好的焦烧安全性，尚可加入 0.3~0.5 份防焦剂 CTP。以皂硫化厚壁制品时，为减慢硫化速率和防止产生气泡，可加入一定量双（五亚甲基秋兰姆）四硫化物。皂交联型丙烯酸酯橡胶用金属皂硫化时，在 180℃下经 10min 即可达最宜硫化，当制品对变形要求不高时，可不进行后硫化。皂交联型橡胶的硫化剂中开发了一种马来酰亚胺，如间亚苯基-双马来酰亚胺，可以获得极快的硫化速率，加工稳定性亦好。

N,N'-二（亚肉桂基-1,6-己二胺）（3 号硫化剂）硫化体系：采用该体系硫化胶的热老化性能好，压缩永久变形小，但是工艺性能稍差，有时会出现粘模现象。无法制作比较复杂断面的产品，混炼胶贮存期较短，硫化程度不高，一般需要二次硫化。

TCY（1,3,5-三巯基-2,4,6-均三嗪）硫化体系：该体系硫化速率快，可以取消二段硫化，硫化胶耐热老化性好，压缩永久变形小，工艺性能一般，但是对模具腐蚀污染性较大，模具需电镀，混炼胶的贮存时间短，易焦烧。如 S 0.3 份、交联助剂 HV-2 1.3 份、硫化剂 TCY 1 份、促进剂 BZ 1 份、防焦剂 CTP 0.2 份（生胶为 JRS AR213）或硫化剂 ZISNET-F 1.5 份，促进剂 BZ 1.5 份（ZDC 1 份），EUR 0.3 份（NA-22 0.3 份），防焦剂 PVI 0.3 份（生胶为日本瑞翁公司 AR72E）都是比较成功的，是可实际应用的硫化体系。

2.11.2.2　多胺交联型丙烯酸酯橡胶

该类型的丙烯酸酯橡胶活性低，硫化速率慢，需用活性高的硫化剂硫化。常用液体多胺类物质如三亚乙基四胺、四亚乙基五胺、1,6-己二胺等，硫黄及载硫体可作为促进剂使用。最宜用量为多胺交联剂 1.5~1.75 份，硫黄 1 份。其中 1,6-己二胺工艺性能稍好，推荐在一般模型制品中使用。多亚乙基多胺分子量大，沸点高，不易挥发，适用于空气硫化，用量 1.75 份。其它胺类交联剂因易挥发，无法使丙烯酸酯橡胶完成空气硫化。以多胺类物质硫化时，增加胶料碱性，可加速硫化过程，如使用碱性皂，即有明显效果，用量不宜超过 1 份，以免热老化性能变差。天然橡胶常用的活性剂氧化锌有明显抑制硫化作用，要避免使用，其它金属氧化物除 CaO 外也都有抑制硫化作用，应予注意。

烷基多胺-硫黄硫化体系可使丙烯酸酯橡胶获得好的性能，但烷基多胺的毒性、腐蚀性及挥发性以及特殊味道给使用带来不少困难。氟橡胶使用的硫化剂也有硫化多胺交联型丙烯酸酯橡胶的作用，其中氨基环己基甲烷甲酸盐可克服使用烷基多胺类硫化剂的缺点，硫化时间缩短，交联程度提高。因硫化胶硬度和定伸应力高，适于制备某些油封制品。

含氯多胺交联型丙烯酸酯橡胶还可用 3 份乙烯基硫脲（促进剂 NA-22）与 5 份 Pb_3O_4 或 1.25 份氨基甲酸己二胺（HMDAC）与 5 份二碱式亚磷酸铅并用进行硫化，其中铅丹和二碱式亚磷酸铅有吸收硫化中产生的氯化氢的作用。与用液体多胺类硫化剂相比，加工性能得到改善，硫化胶耐水性能提高。使用乙烯基硫脲的缺点是模具生垢，硫化胶易喷霜且压缩永久变形大，但由于乙烯基硫脲与铅丹同时又是氯丁橡胶的硫化系统，这样就为丙烯酸酯橡胶与氯丁橡胶（CR）并用提供方便。

不含氯多胺交联型丙烯酸酯橡胶可用过氧化物，如过氧化苯甲酰、过氧化二异丙苯、双 2，5 交联剂等硫化，与用多胺交联剂对比，硫化胶耐热、耐压缩变形性较好，耐油性能接近，但强度偏低。使用过氧化物硫化的胶料加工过程不会产生粘辊、粘模及腐蚀模具问题。一些双功能基化合物，如二甲基丙烯酸乙烯酯、二乙烯基苯等可加速硫化速率，并明显提高过氧化物硫化胶的交联程度，特别是由过氧化物-二甲基丙烯酸乙烯酯-对醌二肟组成的硫化体系，可获得适宜的硫化程度和好的耐热性能。过氧化物硫化时需加 MgO、ZnO 等稳定剂。吸收硫化过程中放出的气体，防止产生气泡，用量一般为过氧化物 2 份、氧化锌 2～5 份。还应指出，使用过氧化物时与用多胺类化合物刚好相反，氧化锌能促进硫化，而硫黄有阻碍硫化作用。

2.11.2.3 羧酸铵盐交联型丙烯酸酯橡胶

羧酸铵盐交联型丙烯酸酯橡胶是使用丙烯酸酯与烯烃环氧化物

共聚，在丙烯酸酯聚合物侧链引入环氧基作为交联点，可用受热分解的羧酸铵盐为硫化剂，如苯甲酸铵、乙酸铵、柠檬酸铵、己二酸铵、水杨酸铵、草酸铵等。交联时在羧酸铵盐作用下打开环氧基，使分子间发生交联反应。使用羧酸铵盐的胶料具有混炼胶贮存稳定性好，硫化周期短，硫化胶压缩变形低等优点，但对高碳钢模具有腐蚀性。在羧酸铵盐中以苯甲酸铵效果最好，用量2～4份，其次推荐使用己二酸铵。羧酸铵盐交联型丙烯酸酯橡胶还可用二硫代氨基甲酸盐与氨基甲酸己二胺并用体系硫化。

2.11.2.4 环氧型丙烯酸酯橡胶

环氧型丙烯酸酯橡胶常采用硫化剂组成的硫化体系，有多胺、有机羧酸铵盐、二硫代甲酸盐、季铵盐/脲硫化剂。为了提高反应速率，改善反应选择性，可采用适当的促进剂，如各种路易氏碱或酸等都是有效的。采取多胺或二氨基甲酸盐类硫化体系，胶料的焦烧时间短；而有机羧酸铵类体系，虽然抗焦烧能力得到改善，但是硫化速率较慢，而采用邻苯二甲酸酐/咪唑、胍/硫黄的硫化体系硫化环氧型丙烯酸酯橡胶，可以有效克服这些缺点。有文献报道采用季铵盐/脲，硫化速率快、硫化胶性能好。

2.11.2.5 自交联型丙烯酸酯橡胶

仅用加热即可硫化，配用酸性物质如槽黑、硬质陶土、氯化石蜡、酸性防老剂、四氯对苯醌、环氧树脂、邻苯二甲酸酐、水杨酸等均可促进硫化，而碱性物质会延迟硫化，其中邻苯二甲酸酐易分散，不粘辊，加工安全，硫化速率快，硫化胶综合性能好，故采用较多，用量0.75～1.5份。

近年来关于丙烯酸酯橡胶共混胶的硫化剂进行大量研究，如N,N'-二（亚肉桂基-1,6-己二胺）可用于丙烯酸酯橡胶（ACM）/氟橡胶（FPM）并用配方，TCY硫化体系可用于丙烯酸酯橡胶（ACM）/丁腈橡胶（NBR）并用配方，丙烯酸酯橡胶（ACM）/氯醚橡胶（CO、ECO）并用的胶料可以采用硫化促进剂NA-22硫化等。

羧酸型丙烯酸酯橡胶可以采用异氰脲酸/三甲基十八烷基溴化铵、三聚硫氰酸/二丁基二硫代氨基甲酸锌或季铵盐/环氧化物为硫化体系；而双键型的硫化剂和硫化体系的选择可以采用通用型二烯烃类橡胶的硫化体系。

2.11.3 填料体系

丙烯酸酯橡胶是非结晶型橡胶，生胶的机械强度仅有 2MPa 左右，必须添加补强性填料（补强剂）补强才可以使用，丙烯酸酯橡胶胶料采用 HAF、FEF、SRF 和喷雾炭黑较好，补强效果是：N330＞N550＞N660＞N774＞喷雾炭黑。由于丙烯酸酯橡胶橡胶自身的弹性、压缩永久变形较差，用 N330 补强的胶料压缩永久变形较大，而 N774 和喷雾炭黑补强胶料的压缩永久变形较小，因此采用喷雾炭黑与 N550 并用或喷雾炭黑与 N774 并用可获得综合性能较好的胶料，丙烯酸酯橡胶不宜使用酸性填料（补强填充剂），如槽法炭黑和气相法白炭黑等。

高耐磨炭黑是丙烯酸酯橡胶最理想的填料（补强填充剂），填充后硫化胶的定伸应力、拉伸强度、撕裂强度明显提高；对于同一种高耐磨炭黑，填充量不同时，性能变化也十分明显，定伸应力、拉伸强度、撕裂强度随填充量的增加而增大，永久变形变小，当填充量 20 份时，定伸应力、拉伸强度、撕裂强度都偏低，而填充量达到 80 份时，虽然有较高的定伸应力和撕裂强度，但是拉断伸长率明显下降，硬度增加大，最佳的填充量在 40～60 份之间。填充炭黑的胶料应加入防焦剂 CTP，用量为 0.3～0.5。

丙烯酸酯橡胶油封用胶料一般是浅色的，所以可选用中性或偏碱性的沉淀法白炭黑、沉淀硅酸钙、硅藻土、滑石粉等白色填料，仅白炭黑具有较强的补强作用，其它产品只起到惰性填料的作用。但是白炭黑的 pH 值会严重影响硫化速率，普通白炭黑呈现若干酸性，能促进自交联型丙烯酸酯橡胶硫化，但对其它类型丙烯酸酯橡胶，特别是多胺交联型橡胶有明显延缓硫化的倾向，要适当增加硫化剂用量。最近发展的中性或弱碱性白炭黑，更适合在一般丙烯酸酯橡胶中使用。选择白色填料时应小心，白炭黑的 pH 值越高，则硫化速率越快，从而导致交联密度增大；在使用高 pH 值范围的白炭黑时必须注意混炼时的生热状况，当胶料温度超过 150℃时，胶料黏度有急速升高危险，致使白炭黑与丙烯酸酯橡胶在成型后不易牢固结合在一起，因而补强效果不好。为了解决这个问题，加入硅烷偶联剂对提高界面结合强度是十分有效的，可以使用的为胺类、乙烯类、环氧类硅烷偶联剂，在实际操作中常用硅烷偶联剂 KH-550、KH560、A-189、A-174 和 Si-69，常用的以 A-189 和 KH-560 较好，用量是白炭黑用量的 $2\%\sim3\%$，一般为 $0.5\sim3.0$ 份。随着硅烷偶联剂用量增大，胶料的强度和硬度增大，拉断伸长率和回弹性降低。

含白炭黑的丙烯酸酯橡胶颜色稳定，对紫外线、臭氧的抵抗力强。但与使用炭黑相比，硫化胶的物理机械性能差得多。

另外为了增加胶料的耐磨性，可以加入石墨粉、二硫化钼、碳纤维等润滑性填料。

2.11.4 防护体系

丙烯酸酯橡胶本身具有良好的耐热老化性能，在常规下使用不需要添加防老剂，但加入防老剂还是有效果的。考虑到丙烯酸酯橡胶主要制品需要长期在高温和油中使用，丙烯酸酯橡胶密封制品工作温度一般在 $150℃\sim170℃$，防老剂选择应基于在高温条件下不挥发、油环境中不被抽出。

目前国外主要采用是美国尤尼罗伊尔公司防老剂 Naugard 445 和日本 Ouchi Shinko 公司的防老剂 Nocrac 630F，有良好的耐老化效果，在一般条件下用量以 $0.5\sim2$ 份为宜。目前国内市场销售的主要是防老剂 Naugard 445，该品种是二苯胺类橡胶防老剂，保护橡胶免受热和氧的破坏。主要特点是低挥发性，在高温下也可提供极佳的保护；添加量很少时也很有效；不会产生气泡；对硫化影响很少或不影响硫化；是丙烯酸酯橡胶中最好的耐热抗氧剂。

国内加工企业选用喹啉类防老剂 RD、二苯胺类防老剂 BLE 或者高效对苯二胺类防老剂 4010NA 和 4020，非污染胶料可用芳基苯酚类防老剂。这几个品种在 $150℃$ 条件下具有良好的防老化性能，但是当温度达到 $175℃$ 时，它们的老化性能明显下降，使丙烯酸酯橡胶耐高温性能不能得到充分发挥。值得关注的是国内遂宁青龙丙烯酸酯橡胶厂开发的丙烯酸酯橡胶高温条件下专用的橡胶防老剂 TK-100，由苯胺化合物等为原料经过多元复合而成，经过大量使用证明防老剂 TK-100 对活性氯型丙烯酸酯橡胶具有优异的耐高温老化性能，特别适合在高于 150℃ 的条件下使用；在一般条件下用量以 3～6 份为宜，存在着比其它防老剂用量大等缺点。

另外，三甲基二氢化喹啉聚合物对改进丙烯酸酯橡胶抗热氧老化亦有良好效果。自交联型丙烯酸酯橡胶可配合二碱式亚磷酸铅，使热氧老化过程中伸长率变化达最低。

2.11.5　软化增塑体系

使用增塑剂不仅可以改善丙烯酸酯橡胶耐低温性能，而且还可以改善耐油性和胶料的流动性能，选择增塑剂，要着重考虑增塑剂在试验油中的抽出性、在热空气中的挥发性及黏度降低的影响。丙烯酸酯橡胶大都需要二次硫化，即 170℃×2h 或 150℃×4h，其硫化产品大都在 150℃ 以下长期使用，因此常用的耐寒剂如邻苯二甲酸二辛酯、癸二酸二辛酯等在高温下就挥发掉了，失去耐寒作用且留下孔洞，影响制品的性能。因此一般不适合选择低相对分子量的挥发性增塑剂，在高温下会被分解挥发而且会被热油从胶料中抽出，既容易在高温硫化下起泡，也会使制品在高温油中工作时失效。一般丙烯酸酯橡胶添加 5～10 份聚酯类增塑剂。

操作油也可改善操作性能，但考虑丙烯酸酯橡胶制品是在高温或热油条件下使用，操作油会有移栖、挥发、抽出等现象，一般不使用。

2.11.6　其它配合体系

2.11.6.1　润滑剂

丙烯酸酯橡胶在采用开放式炼胶机加工时，容易产生大量的热，即使通过冷却水冷却，仍然粘辊较严重，给操作带来极大不便，为防止粘辊，帮助炭黑分散，以使混炼均匀，可用 1～2 份硬脂酸，羊毛脂或石蜡作操作助剂。皂/硫黄硫化体系中的皂具有一定的外润滑剂作用，硬脂酸对胶料具有润滑作用，但是用量超过 1.5 份时，会对胶料产生延迟硫化的作用。硬脂酸与石蜡各 1～1.5 份并用，对解决粘辊效果极为显著。在以多胺类硫化的丙烯酸酯橡胶中，硬脂酸与多胺类硫化剂在硫化温度下会形成非活性盐，有延缓硫化的倾向，应尽量减少用量。实验证明添加一定量白矿物油、聚乙二醇、甲基硅油等中性润滑剂，都能明显改善胶料的粘辊性，并降低了胶料的黏度，提高流动性，而且对丙烯酸酯橡胶的耐寒性也有良好的作用；尤其是甲基硅油效果更为明显，二甲基硅油用量为 4 份，取得了良好的效果，解决了粘辊、粘模现象，脆化温度也由−21℃提高到−23℃。但是含白矿物油和甲基硅油的硫化胶料，容易被油类物质抽出，并且使用甲基硅油作为润滑剂，其成本也会增大，相比之下，聚乙二醇从性价比上比较合理。采用了莱茵散-25、莱茵散-42、935P 等，用量为 3～4 份都有良好的效果。

单硬脂酸山梨糖醇酐酯作为中性润滑剂，对硫化没有延迟影响，可以改善胶料粘辊性和降低黏度；硬脂酰胺类可以改善脱模性；缩水甘油型环氧树脂不仅对丙烯酸酯橡胶有增塑作用，而且可以降低胶料黏度，改善压缩变形而不影响耐低温和耐油性；少量的低分子量聚乙烯（1～3 份）可以提高胶料压出速度和制品表面光滑性，改善模腔中的胶料流动性；在选择润滑剂时要注意不影响胶料的自黏性和与金属黏合性，对金属骨架油封胶料至关重要。

2.11.6.2 防焦剂

丙烯酸酯橡胶与其它胶相比易产生焦烧现象，最常用的防焦剂是 N-环己基硫代邻苯二甲酰亚胺（防焦剂 CTP）；日本东亚油漆公司推出的防焦剂磺酰亚胺的衍生物对含氯型和环氧型丙烯酸酯橡胶均有好的防焦性能；在丙烯酸酯橡胶胶料中添加 0.5～1 份 N-间亚苯基双马来酰亚胺，在加工温度 120℃下有防焦作用，而在硫化温度下 140℃以上又具有活化硫化作用，起到硫化调节剂的作用。

2.11.6.3 金属氧化物

含氯硫化活性单体的丙烯酸酯橡胶中活性氯原子与 TCY 在硫化或热老化反应中易于脱氯而产生氯化氢，氯化氢对硫化反应有抑制作用，促进聚合物降解并对金属产生较强的腐蚀作用。因此加入一定量的金属氧化物在硫化体系中，一方面可以中和硫化过程中产生的 HCl，抑制逆反应进行，促进硫化反应，也可以提高硫化胶的耐热性；另一方面通过吸收 HCl，可以减轻或者消除由于 HCl 的析出而对金属模具产生腐蚀，因此金属氧化物成为影响胶料硫化程度和胶料性能的重要添加剂。

CaO、ZnO、MgO、PbO 等几种常用的金属氧化物对丙烯酸酯橡胶硫化性能影响进行比较发现，胶料中添加了金属氧化物后，普遍提高了硫化速率和硫化胶的硬度,但是定伸拉力、拉伸强度和撕裂强度的变化则随着金属氧化物种类和用量的不同而异。其中 ZnO 和 MgO 对提高拉伸和撕裂强度的效果较为明显,优于 CaO 和 PbO,但是定伸应力不如 CaO。拉断伸长率以 MgO 的较高和较平稳,对于压缩永久变形而言,4 种金属氧化物加入均有明显好处。

另外,添加金属氧化物对丙烯酸酯橡胶胶料的耐热空气稳定性是有帮助的。金属氧化物在交联中所起的作用可以从 TCY 交联丙烯酸酯橡胶的反应机理上得到解释,因为 TCY 交联丙烯酸酯橡胶的反应一般认为是亲核取代反应,金属氧化物的加入,促进了阴离子的形成速度,为亲核取代反应创造了有利条件,提高了硫化胶的交联度。

2.11.6.4 其它配合剂

在硫化过程中,如果添加三乙醇胺、γ-氨丙基三乙氧基硅烷等硫化活性剂,可以克服白炭黑对硫化的不利影响,缩短胶料焦烧时间,提高拉伸强度和定伸应力等。

近年来,许多新型配合剂也不断在丙烯酸酯橡胶胶料中应用,如加工助剂 FL(德国 KETTLITZ 公司产品)、橡胶内脱模剂模得丽 955P 和分散剂 Z-78(北京橡胶工业研究设计院产品)的应用对丙烯酸酯胶料混炼功率消耗降低、流动性的提高、压缩永久变形性的改善和含胶率的减少都十分有利。

2.12 氯磺化聚乙烯橡胶(海泊隆)(CSM)的配方设计

2.12.1 生胶型号

氯磺化聚乙烯橡胶选择主要考察点是含氯量,氯磺化聚乙烯橡胶的牌号是以氯磺化聚乙烯橡胶后缀四位数字来表示,前两位数字为聚合物中氯含量范围的低限值;第三位数字表示原料聚乙烯的种类,1 为高密度聚乙烯(HDPE),2 为低密度聚乙烯(LDPE);第四位数字表示聚合物的门尼黏度,0 表示门尼黏度不作特殊控制(通常为 36~60),其它数字则表示门尼黏度范围的低限值的十位数字,如表 2-14 所示。例如 CSM3405 即表示结合氯含量范围的低限含量为 34%,原料为高密度聚乙烯,门尼黏度范围的低限值为 50

的氯磺化聚乙烯橡胶。

表 2-14　氯磺化聚乙烯牌号及质量指标

型　　号		挥发分 (≤)/%	氯含量 /%	硫含量 /%	门尼黏度 [ML(1+4)100℃]		拉伸强度 (≥)/MPa	伸长率 (≥)/%
2910	20 型	2.0	28~32	1.3~1.7	25~40		—	—
4010	30 型	2.0	38~43	0.8~1.2	40~60		—	—
3304	40 型	2.0	33~37	0.8~1.2	3304 型	41~50	25.0	450
3305					3305 型	51~60		
2300	45 型	2.0	23~27	0.8~1.2	25~40		20.0	450

2.12.2　硫化体系

氯磺化聚乙烯橡胶硫化体系可以为：①金属氧化物体系，②多元醇，③有机氮化物，④环氧树脂。其中，金属氧化物硫化体系最常用，也最重要。因为用这一硫化体系的硫化胶拉伸强度高，耐热和耐寒性能好，压缩变形小，但胶料的焦烧时间和贮存期较短。

2.12.2.1　金属氧化物硫化体系

（1）金属氧化物　MgO、PbO 及三碱式马来酸铅是用于氯磺化聚乙烯橡胶硫化的最适宜的金属氧化物，用量在 10~20 份范围内。不用氧化锌是因其在高温下易于在硫化胶中催化生成盐酸。用 MgO硫化将获得良好的物理机械性能，特别是低永久变形性，并适用于浅色硫化胶，不过耐水性差。PbO 则赋予硫化胶极好的耐水性，但PbO 的变色性强，只适用于深色制品。提高 PbO 用量（可高达 40 质量份），可提高硫化胶的密度。PbO 硫化胶的拉伸强度大大超过含MgO 的，虽然后者有较高的定伸应力。三碱式马来酸铅也使硫化胶密度加大，但变色效应不显著，因此，可用于要求耐水溶胀良好的浅色制品。三碱式马来酸铅硫化胶的物理机械性能与用 PbO 者相似。

金属氧化物用量往往超出实际交联的需要，以便稳定硫化胶，特别是高温下应该如此。为了取得特别良好的耐热性能，通常采取PbO 与 MgO 并用。

（2）有机酸　在氯磺化聚乙烯橡胶中，最常用的有机酸是树脂酸（氢化松香酸、歧化松香酸），用量在 2.0~3.0 份范围内。纯松香酸不比复杂的树脂酸好，但氢化树脂酸是比较好的。氢化树脂酸的优点是不易氧化，不易变色。其它能用的有机酸是长链脂肪酸，如硬脂酸和月桂酸，但它们的活性比树脂酸高，容易引起焦烧。芳香酸因与氯磺化聚乙烯橡胶不相容，交联效果又不好，故一般不使用。

（3）硫化促进剂　最常用的促进剂有 2-巯基苯并噻唑、二硫化二苯并噻唑，二硫化四甲基秋兰姆，四硫化双五亚甲基秋兰姆，二苯胍，二邻甲苯胍和亚乙基硫脲等。2-巯基苯并噻唑用于氯磺化聚乙烯橡胶时，其硫化速率常常比二硫化苯并噻唑快得多，因而导致焦烧。二硫化二苯并噻唑因硫化不够快，因而常与其它促进剂，特别是与秋兰姆和胍类促进剂并用。在秋兰姆类促进剂中，四硫化双五亚甲基秋兰姆有时比二硫化四甲基秋兰姆好用，因为前者硫化速率稍快。胍类促进剂中的二邻甲苯胍活性较大，因而经常使用。二硫化二苯并噻唑与秋兰姆和胍类促进剂并用，或以胍类促进剂代替秋兰姆，可使硫化速率加快而无焦烧危险。用二硫代氨基甲酸盐硫化氯磺化聚乙烯橡胶的硫化速率也很快，但其它方面有严重缺点，不宜使用。醛胺类促进剂也大致与此相同，而亚乙基硫脲则特别合适，胶料的贮存稳定性较好，同时因为它的硫化时间比较短，可减少胶料的受热时间。

增加促进剂用量（正常用量为 1～2 份），而金属氧化物的正常用量（例如 PbO 为 40 质量份）降低时，氯磺化聚乙烯橡胶的硫化效果更为满意。这样，就可以在某种条件下，完全不用有机酸，从而大大减少加工中的困难。此外，这个方法能大大降低和减少用 PbO 和三碱式马来酸盐制造的硫化胶的密度和毒性，还能大大改善 MgO 硫化胶的耐水性。

2.12.2.2　环氧树脂硫化体系

环氧树脂硫化可克服用金属氧化物硫化的硫化胶的缺点。环氧树脂硫化胶料的加工安全性好，并赋予硫化胶极好的物理机械性能，特别是硫化胶具有优良的耐水与耐热性，还有耐酸性好，永久变形低，密度小和无毒等良好性能。与金属氧化物体系相比，使用环氧树脂的胶料在较低温度下的混炼时间较短，黏度降低，填充胶料粘辊的倾向减少，因而能够用较小的能量完成混炼。此外，在较高的速度下压延和压出时，能得到较平滑的压延胶片和较光滑的压出胶。不过，含环氧树脂的胶料尺寸稳定性较差，但这一缺点可以通过加入 10～15 体积份填料加以克服。

环氧当量为 175～210 的环氧树脂可以交联氯磺化聚乙烯橡胶，环氧树脂 618 是其中的一种，其用量为 15～20 份时，胶料强度和硬度高，拉断伸长率和永久变形小，用量低于 10 份时，胶料强度和硬度低，拉断伸长率和永久变形大，说明硫化程度小，用量超过 10 份时，硫化胶的物理机械性能较好，但当用量达 25 份时，强度和硬度反而稍有下降，拉断伸长率稍为提高。另外，环氧树脂在胶料中还可起增塑作用。

用环氧树脂硫化氯磺化聚乙烯橡胶时，也必须使用促进剂，其中以二硫化二苯并噻唑、四硫化双五亚甲基秋兰姆或二硫化四甲基秋兰姆和二邻甲苯胍等促进剂最合适，用量在 3～8 份范围内。

2.12.2.3　多元醇硫化体系

用于硫化氯磺化聚乙烯橡胶的多元醇主要有三类：季戊四醇、二季戊四醇，三季戊四醇；聚乙烯醇、山梨糖醇；1-辛醇、1-二癸醇等。

第一类多元醇的特点是硫化活性高，第二类多元醇能提供性能良好的硫化胶，而其中有两个伯羟基和四个仲羟基的山梨糖醇优于聚乙烯醇；第三类多元醇制得的硫化胶质量较差。季戊四醇硫化体系包括季戊四醇、含硫促进剂和金属氧化物（通常为 MgO）。这种体系硫化胶的特点是拉伸强度低，耐热老化性能差，压缩变形大，但胶料的工艺性能好，没有焦烧危险，而且可以制造白色制品，只是硫化胶表面易出现斑纹而不美观。对此，除在配方中适当加入酸接受体（如 MgO）外，在不影响胶料性能的前提下，也可适当延长硫化时间。此外，季戊四醇为高熔点晶体，在胶料中难以均匀分散，需用 120～180 目筛网过筛成细粉末状后，方可加入胶料中。季戊四醇的用量在 1.5～5.0 份时，随用量增加，硫化胶的强度及硬度提高，拉断伸长率及永久变形减小，耐水性降低，但对压缩变形、焦烧等的性能影响不大。

2.12.2.4　有机氮化物硫化体系

有机氮化物硫化主要指聚酰胺树脂和二元胺。在碱性物质（如尿素、硫脲、脲、异氰酸酯，硫氰酸酯等）的存在下，多羟基化合物及硫，秋兰姆等都具有硫化的能力。用有机氮化物作硫化剂时，为了使硫化正常进行，需要有某种能与释放出来的氯化氢生成不溶性氯化物的酸接受体。用有机氮化物硫化所得的硫化胶比用金属氧化物硫化的硫化胶柔软，定伸应力低，吸湿性较大，耐老化性能两者无甚差别。在用此硫化体系的胶料中加入一定量的填料（补强填充剂），同样可提高胶料的拉伸强度。加有填料的胶料仍保持较好的耐低温性能，但胶料的耐油、耐水性比用环氧树脂硫化的硫化胶差，有严重的早期硫化现象，硫化胶的收缩率及压缩变形大。

2.12.3 填料体系

不加补强性填料（补强剂）的胶料，其拉伸强度较低，通常不超过 9.81MPa，加入填料（补强填充剂），如各种炭黑、白炭黑、硫酸钡等，可以提高硫化胶的力学性能，但脆化温度也随之显著提高。

2.12.3.1 金属氧化物硫化胶

对金属氧化物硫化胶而言，氯磺化聚乙烯橡胶在常温下不加补强性填料（补强剂）就具有较高的强度。填料可提高硫化胶的定伸应力和硬度，但在常温下对强度的提高程度不大；在较高温度下，能大大提高硫化胶的强度并改善混炼胶的工艺性能。不同种类的填料对硫化胶的性能影响不同。各种炭黑、细粒子碳酸钙、硬质和软质陶土及硫酸钙等都是较好的填料。

填料在氯磺化聚乙烯橡胶中的作用随所用的硫化体系不同而不同。在金属氧化物硫化体系中，大多数填料仅起填充作用；在树脂及胺类硫化体系中则起补强作用。

在无机填料（补强填充剂）中，填充白炭黑的胶料具有较高的撕裂强度，较低的脆化温度，最好的抗硫酸作用，最好的耐热性能，并使胶料保持较大的拉断伸长率。当白炭黑用量在 30 份以上时，胶料的强度较高，在 30～50 份用量范围内脆化温度不受影响。加有白炭黑的胶料压缩永久变形大，高温强度接近于填充喷雾炭黑的胶料，但在高温下由于表面硬化，能使硫化胶在拉伸时产生严重脱层现象。混炼时白炭黑难以混入胶料中。白炭黑的用量不宜超过50 份。

硫酸钡和碳酸钙是氯磺化聚乙烯橡胶的较好的耐热填料，并能使胶料保持较低的脆化温度。其中碳酸钙还使胶料具有高度的耐候老化性，硫酸钡使胶料具有很好的抗硝酸作用。但是，这两种填料用量超过一定范围后在胶料中不仅不起补强作用，反而会降低胶料强度，而在一定用量范围内，填料用量的增加可使胶料强度几乎不变。

槽法炭黑能使胶料在常温下，尤其是在高温下的强度提高，拉断伸长率显著降低，硬度变大，抗硝酸作用增加。其胶料的抗压缩永久变形性及耐磨耗性能仅次于填充热裂法炭黑，耐老化性能比填充其它填料的硫化胶差。随用量增加，胶料强度、硬度、脆化温度提高，拉断伸长率及永久变形降低。用量超过 40 份时，仅能提高硫化胶的脆化温度，对强度，拉断伸长率和硬度的影响不大。胶料中槽法炭黑的加入量不宜超过 60 份，否则难以压炼。

喷雾炭黑，热裂法炭黑对氯磺化聚乙烯橡胶不起补强作用，但用量在 20～100 份范围内对胶料强度无显著影响。在此范围内，随用量的增加，胶料的拉断伸长率降低，硬度增加，脆化温度提高。填充喷雾炭黑的硫化胶有最佳的耐热老化性能和抗硫酸性能，具有最小的永久变形，当用量增加到 60 份时，胶料强度、拉断伸长率和硬度几乎不受用量影响。

填充热裂法炭黑的硫化胶具有较低的硬度，最小的高温压缩变形，最好的抗硫酸作用，但高温强度稍差。也可以不用炭黑作补强性填料（补强剂），因其它填料已使硫化胶具有较好的物理机械性能，这样可用于制造彩色或白色橡胶制品。

2.12.3.2　环氧树脂硫化胶

未加填料（补强填充剂）的环氧树脂硫化胶的拉伸强度很低，加入一定量的填料（补强填充剂）可以提高硫化胶的物理机械性能，如拉伸强度、硬度、撕裂强度。填料（补强填充剂）中，喷雾炭黑、白炭黑、热裂法炭黑均有显著的补强效果，且随用量的增加，硫化胶的拉伸强度，撕裂强度提高，除白炭黑外，其它几种炭黑比其它填料（补强填充剂）有较好的耐油性。硫酸钡和碳酸钙也有一定的补强作用。加有填料（补强填充剂）的胶料，其脆化温度显著提高，填料（补强填充剂）用量对脆化温度的影响与用金属氧化物硫化的胶料相似。在环氧树脂硫化的胶料中，补强效果的强弱顺序为：白炭黑＞喷雾炭黑＝热裂法炭黑＝硫酸钡＞槽法炭黑＞碳酸钙，撕裂强度的强弱顺序为：槽法炭黑＞白炭黑＞喷雾炭黑＞热裂法炭黑＞硫酸钡＝碳酸钙。热裂法炭黑胶料具有最小的高温压缩永久变形，较佳的耐磨性及较低的高温强度和硬度；喷雾炭黑胶料具有较优的耐热老化性能，高温强度稍大，而耐磨性差，硬度大；槽法炭黑胶料的高温强度仅次于喷雾炭黑，耐热老化性能却比其它填料（补强填充剂）差，高温压缩变形较大，用白炭黑、硫酸钡、碳酸钙作填料（补强填充剂），可获得低硬度和高拉断伸长率的胶料，其中，碳酸钙具有最佳的耐热性，白炭黑可制造透明制品。加入这三种填料（补强填充剂）的胶料的耐油、耐水性均较差，高温压缩永久变形（特别是用白炭黑时）较大。槽法炭黑和白炭黑用量不宜超过 60 份，热裂法炭黑和喷雾炭黑随用量增大，胶料的拉伸强度、撕裂强度提高，加入量可以较大。硫酸钡、碳酸钙在 20～30份用量范围内胶料物理机械性能变化不显著，当用量增加至 100 份时，拉伸强度反而下降。

各种填料（补强填充剂）在氯磺化聚乙烯橡胶中的作用差异很大：热裂法炭黑胶料的压缩变形小，耐磨性好，硬度较低；喷雾炭黑和碳酸钙胶料具有较好的耐热老化性能；白炭黑使胶料具有较高的撕裂强度和较低的脆化温度；用于抗硝酸作用的胶料以填充喷雾炭黑、槽法炭黑最佳，抗硫酸作用的胶料则可用热裂法炭黑、白炭黑、碳酸钙或槽法炭黑。从硫化体系来看，耐酸介质的胶料不宜用环氧树脂作为硫化剂。

2.12.4 增塑体系

无填料的氯磺化聚乙烯橡胶具有很低的脆化温度，但低温弹性差；而加有填料的胶料，其耐寒性显著下降，若在胶料中加入适量的增塑剂，则可改进它的工艺性能，提高胶料的低温弹性，并可调节其硬度。癸二酸二丁酯、磷酸三甲苯酯、磷酸三辛酯、古马隆树脂、亚甲基双巯基乙酸丁酯等可用作增塑剂。

亚甲基双巯基乙酸丁酯可以提高填充胶料的耐低温和耐油性能，用量在 15 份以上时，脆化温度降低到 −40℃ 以下；癸二酸二丁酯也能较有效地提高胶料的低温性能，但使其拉伸强度及硬度显著下降，磷酸三甲苯酯不能改善胶料的低温性能，仅起分散填料并降低胶料硬度的作用，古马隆树脂对胶料的低温性能、胶料的加工性能和耐油性能均有不良影响。

2.12.5 防护体系

氯磺化聚乙烯橡胶饱和的化学结构使它具有高度耐天候老化及耐臭氧性能，因此，加与不加防老剂的硫化胶均具有优异的抗臭氧性能。拉伸 20% 的试片在臭氧浓度为 $(6 \sim 7) \times 10^{-2} mL/mL$ 空气时，经 360h 后，未发生龟裂，但这种弹性体在高温时因易脱出 HCl 形成双键而引起热氧老化，因此，在高温下使用的氯磺化聚乙烯橡胶制品必须加入能吸收 HCl 或抑制 HCl 放出或减缓热氧化速度的耐热防老剂。

在胶料中加入 2 份防老剂 RD、丁醛-a-萘胺缩合物、苯酚钠和 N,N-二正丁基二硫代氨基甲酸镍或 1 份防老剂 2246，均能提高胶料的热老化性能。在 120℃ 以下使用的胶料，防老剂所起的作用不大，在 120～150℃ 使用条件下的胶料则可加入上述任何一种防老剂。若胶料需耐 150℃ 的温度，则以加防老剂 2246 的效果最佳。值得注意的是，防老剂 NBC 在 150℃ 以下并不显示特殊效果，但在 150℃ 以上的高温下，其耐热老化性能优于其它防老剂。以 MgO 或 PbO 并用作硫化剂的胶料中加入防老剂 NBC，则在 180℃ 下经 12h 后仍具有弹性，而用其它防老剂的胶料在同样条件下则失去弹性。

2.12.6 其它配合体系

2.12.6.1 增容剂

油膏，矿质橡胶等与填料一起使用时，能对氯磺化聚乙烯橡胶起增容的作用。油膏对氯磺化聚乙烯橡胶的耐化学药品性、耐热性、耐臭氧性和耐候性无显著影响。随着油膏用量的增大，氯磺化聚乙烯橡胶硫化胶的拉伸强度略有降低，300% 定伸应力稍有提高或不变，硬度和伸长率的降低并不显著。油膏用量达到 50 份时，氯磺化聚乙烯橡胶硫化胶的耐磨性能明显下降，但若减少油膏用量，耐磨性下降不大。此外，油膏还可增加胶料中软化增塑剂的相容性，制得硬度较低的软质硫化胶。

用矿质橡胶代替黑色胶料中的部分填料，胶料的硬度不改变，但可提高氯磺化聚乙烯橡胶硫化胶的撕裂强度。

用高苯乙烯作氯磺化聚乙烯橡胶的增容剂后，可以在不影响胶料伸长率的前提下制得硬度（邵尔）为 99 以上的硫化胶。

也可以用某些其它弹性体，特别是天然橡胶（NR）和丁苯橡胶（SBR）作为氯磺化聚乙烯橡胶的增容剂，以降低胶料成本。在氯磺化聚乙烯橡胶中，用作增容剂的其它橡胶的量一般为 10～25份。在大多数场合下，加入如此量的天然橡胶（NR）或丁苯橡胶（SBR）可对胶料的加工性能有很大改善。

2.12.6.2 润滑剂

在氯磺化聚乙烯橡胶中使用某些润滑剂，可大大改善胶料的加工性能。在压延作业中，向胶料中加入 3 份凡士林，可改善加工性能，在高温压延作业中，使用具有润滑作用的操作助剂，可以改善压延加工性，使压延半成品表面光滑，并降低硫化时制品的收缩率。在高温压延条件下，一般应加入 4～6 份低分子量聚乙烯，否则，胶料会发生粘辊现象。

2.12.6.3 着色剂

氯磺化聚乙烯橡胶在硫化时或多或少会有变色倾向，在选择着色剂时应予充分注意。此外，氯磺化聚乙烯橡胶的耐候性虽然很好，但它在紫外线照射下会发生若干解聚反应，采用适当的着色剂（如白色）则可以同时起到紫外线遮蔽剂的作用。如果产品不要求具有最大的耐日光性，则用量可适当减少。在以较低用量的着色剂制取浅色或彩色制品时，必须配用二氧化钛作为有效的防护剂，见表 2-15。

表 2-15　氯磺化聚乙烯用着色剂

色泽	着色剂名称	用量/份	色泽	着色剂名称	用量/份
白	二氧化钛（钛白粉）	35	绿	酞菁绿	3
黄	铬黄	6	绿	酞菁绿	6
橙	钼酸-铬酸铅	6	蓝	酞菁蓝	3
黄-绿	偶氮镍	3	蓝	酞菁蓝	6
红	喹吖啶	3	黑	炭黑	3

2.13　氯化聚乙烯橡胶（CM）的配方设计

氯化聚乙烯（CPE）为饱和高分子材料，外观为白色粉末，无毒无味，具有优良的耐候性、耐臭氧、耐化学药品及耐老化性能，具有良好的耐热性、耐油性、阻燃性及着色性能。韧性良好（在 -30℃ 仍有柔韧性），与其它高分子材料具有良好的相容性，分解温度较高，分解产生 HCl，HCl 能催化 CPE 的脱氯反应。

氯化聚乙烯是由高密度聚乙烯（HDPE）经氯化取代反应制得的高分子材料。根据结构和用途不同，氯化聚乙烯可分为树脂型氯化聚乙烯（CPE）和弹性体型氯化聚乙烯（CM）（氯化聚乙烯橡胶）两大类。

氯化聚乙烯橡胶主要特点。

① CM 是一种饱和橡胶，有优秀的耐热氧老化、臭氧老化、耐酸碱、化学药品性能。

② CM 耐油性能优秀，其中耐 ASTM 1 号油、ASTM 2 号油性能极佳，与 NBR 相当；耐 ASTM 3 号油性能优良，优于 CR，与 CSM 相当。

③ CM 中含有氯元素，具有极佳的阻燃性能，且有燃烧防滴下特性。其与锑系阻燃剂、氯化石蜡、$Al(OH)_3$ 三者适当的比例配合可得到阻燃性能优良、成本低廉的阻燃材料。

④ CM 无毒，不含重金属及 PAHS，其完全符合环保要求。

⑤ CM 具有高填充性能，可制得符合各种不同性能要求的产品。CM 的加工性能好，门尼黏度 [ML(1+4) 121℃] 在 50～100 间有多种牌号可供选择。

氯化聚乙烯橡胶主要应用于电线电缆（煤矿用电缆、UL 及 VDE 等标准中规定的电线），液压胶管，车用胶管，胶带，胶板，PVC 型管材改性，磁性材料，ABS 改性等。可取代氯丁橡胶、氯磺化聚乙烯橡胶等广泛用于磁性橡胶、电线电缆、胶管胶带等领域。

2.13.1 生胶型号

氯化聚乙烯橡胶通常以氯含量、残留结晶度、原料聚乙烯的类型等参数来划分品级牌号，根据氯化程度的不同其性质随之变化：氯含量低于 15％ 时为塑料；氯含量 16％～24％ 时为热塑性弹性体；氯含量 25％～48％ 时为橡胶状弹性体；氯含量 49％～58％ 时为类似皮革状的半弹性硬聚合物；氯含量高至 73％时则为脆性树脂。

氯化聚乙烯橡胶也可以与乙丙橡胶（EPR）、丁基橡胶（IIR）、丁腈橡胶（NBR）、氯磺化聚乙烯橡胶（CSM）等共混使用。

2.13.2 硫化体系

氯化聚乙烯橡胶不含双键，而与仲碳原子键合的氯原子又不具有高度的反应活性，所以适用于氯化聚乙烯橡胶的硫化系统比较有限；目前在工业生产中使用的硫化体系有五种：①硫黄超速促进剂体系，②硫脲体系，③二元胺类体系，④有机过氧化物体系，⑤噻唑衍生物体系。

氯化聚乙烯橡胶脱氯化氢的速度比聚氯乙烯慢，热稳定性好，但是在加工硫化过程中仍然会引起一些脱氯化氢反应，故在配方中需要加入氯化氢的吸收剂。在氯化聚乙烯橡胶中常用的氯化氢吸收剂有 MgO，PbO、有机铅化合物和环氧树脂等。

橡胶配方中常用的硫化活性剂氧化锌，对于氯化聚乙烯橡胶来说，多量配合会促进脱氯化氢反应，加速老化进程，因此应根据特殊需要有控制地少量使用。

2.13.2.1 硫黄-超速促进剂硫化体系

由于氯化聚乙烯橡胶是不含双键的高聚物，使用常规的硫黄促进剂硫化体系不易使它硫化。适当地加入氧化锌处理氯化聚乙烯橡胶使之产生双键，提供反应部位后，就能使用硫黄超速促进剂来硫化这种弹性体，氯化聚乙烯橡胶使用硫黄-超速促进剂硫化时，最有效的促进剂是二硫代氨基甲酸盐类，特别是二乙基二硫代氨基甲酸镉（促进剂 CED），第二促进剂可使用二硫化二苯并噻唑（促进剂 DM）。较好的硫化系统配比为（质量份）：S 1，促进剂 CED 1.75，促进剂 DM 2，MgO 3，氧化镉 2.5，SA 1。

2.13.2.2 胺类硫化体系

氯化聚乙烯橡胶同许多含卤素橡胶一样，可以使用二元胺或多元胺硫化，代表性胺化合物 Diak No1（六亚甲基二氨基甲酸酯）、Diak No2（亚乙基二氨基甲酸酯）、Diak No3（N,N-二亚肉桂基-1,6-己二胺）、TETA（三亚乙基四胺）等，使用胺类硫化的氯化聚乙烯橡胶硫化胶，一般压缩永久变形较大。基本配方（质量份）：

CM 100，DOP 20，MgO 10，炭黑 50，胺 2～5。

2.13.2.3 硫脲硫化体系

氯化聚乙烯橡胶使用硫脲类硫化是有效的。可使用不同取代基的硫脲，其中使用最多的是促进剂 NA-22。硫脲类中，亚乙基硫脲（促进剂 NA-22）的硫化效果最佳，甲基硫脲，丁基硫脲，三甲基硫脲等也很有效。似乎有这样一种规律，即 N-取代基的分子量小些，而且取代基数目少时，对氯化聚乙烯橡胶的硫化效果则较佳。

氯化聚乙烯橡胶使用硫脲硫化时，为了得到更好的耐化学药品、耐水等特性的硫化胶，最好使用 PbO 为氯化氢吸收剂（同时也作为稳定剂）。但在配方中有硫黄存在时将会使硫化胶污染。以 MgO 作氯化氢吸收剂则无此弊病，能制得浅色的胶料，但耐水性能逊于前者。

此外，在硫脲类促进剂中，二乙基硫脲（促进剂 DETU）的硫化胶也表现出良好的物理机械性能。

在促进剂 NA-22 的硫化配方中，并用少量硫黄能使硫化效果明显增加，最佳用量是：促进剂 NA-22，2.5 份；MgO，10 份；S 0.5 份。

硫脲硫化体系的缺点：除了硫化速率较慢之外，100℃ 以上的热老化会使共性能受到较大的影响，迄今尚未找到理想的防老剂，硫化胶的耐油性能也不及使用有机过氧化物硫化者，更为重要的是硫化胶有一种难闻的气味，因而使其应用受到一些限制。

2.13.2.4 有机过氧化物硫化体系

有机过氧化物是氯化聚乙烯橡胶的有效硫化剂；使用有机过氧化物硫化的氯化聚乙烯橡胶硫化胶，与以上三种硫化体系比较，能改善其耐热老化性（能抗耐 150～160℃），抗压缩永久变形及提高耐油性能。

使用有机过氧化物硫化的氯化聚乙烯橡胶，混炼温度应比所使用的有机过氧化物半衰期为 1min 时的温度约低 50℃，并且不应高于半衰期为 10h 的温度。胶料的硫化温度一般可取该有机过氧化物半衰期 1min 时的温度 ±15℃ 的温度，硫化时间为该有机过氧化物预定硫化温度下半衰期的 6～10 倍，这样能取得较好的效果。

几种有机过氧化物硫化氯化聚乙烯橡胶的硫化曲线如图 2-1 所

示，DCP 硫化氯化聚乙烯橡胶拉伸强度可达 21MPa 左右，撕裂强度在 40N/mm 以上，压缩永久变形在 10% 左右。

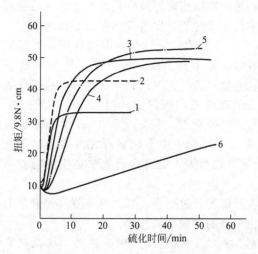

图 2-1　有机过氧化物硫化氯化聚乙烯橡胶的硫化曲线（硫化温度 160℃）

1—1,1-二（叔丁基过氧）-3,3,5-三甲基环己烷；

2—叔丁基过苯甲酸酯；3—二枯基过氧化物；4—2,5-二甲基-2,5-二

（叔丁基过氧）己烷；5—叔丁基枯基过氧化物；6—二叔丁基过氧化物

　　用有机过氧化物硫化氯化聚乙烯橡胶时，为了提高硫化速率和硫化程度，常使用多官能的单体作为共硫化剂，常用品种有 TAIC（异氰脲酸三烯丙酯）、TAC（氰脲酸三烯丙酯）、DAIC（异氰脲酸二烯丙酯）、EDMA（二甲基丙烯酸乙烯酯）、DAP（邻苯二甲酸二烯丙基酯）。应用这类配合剂后，硫化胶的撕裂强度一般会有所降低，拉伸强度会显著提高，拉断伸长率及拉断永久变形减小。

　　2.13.2.5　噻二唑衍生物硫化体系

　　这种硫化体系是以噻二唑衍生物（如 ECHO·S）与醛胺缩合物（如促进剂 Vanax 808，Vulkacit 576）组成的硫化体系。胶料有一定的安全性，硫化速率近似于有机过氧化物硫化体系，配方中可使用芳香族矿物油，也无需价格昂贵的共硫化剂，因而胶料成本较低。噻二唑衍生物硫化体系硫化胶的物理机械性能介于有机过氧化物硫化胶与硫脲硫化体系硫化胶之间，它的撕裂强度比有机过氧化

物硫化体系硫化胶好得多，压缩永久变形接近于有机过氧化物硫化体系硫化胶，而优于硫脲硫化体系硫化胶，脆化温度接近于硫脲硫化体系硫化胶，而比有机过氧化物硫化体系硫化胶差些。

2.13.3 填料体系

在氯化聚乙烯橡胶配方中各种填料的作用及其对硫化胶物理机械性能的影响与在其它通用合成橡胶中的规律基本相同。

炭黑对氯化聚乙烯橡胶有明显的补强效果，例如加入 10 份炭黑后即能成倍地提高硫化胶的拉伸强度，并随炭黑用量的增加，硫化胶的定伸应力、拉伸强度、撕裂强度和硬度逐渐增大，拉断伸长率渐渐减小。

一些含浅色填料的硫化胶，除定伸应力之外，许多基本性能也与炭黑补强的胶料性能不相上下，这一点与在其它橡胶中的表现有所不同，因而在氯化聚乙烯橡胶的浅色配方中可根据需要或经济要求加以选用，容易取得良好的效果。氯化聚乙烯橡胶浅色胶料色泽稳定性良好。此外，对浅色填料精心选择，能充分发挥氯化聚乙烯橡胶优良的阻燃性能。

氯化聚乙烯橡胶配方中填料用量为 30～200 份，大多类型的炭黑都能提供良好的补强作用，在制造浅色胶料时，最常用的是陶土、白炭黑、氢氧化铝，滑石粉、碳酸钙以及硅酸钙等。酸性填料及芳香系，环烷系增塑剂会延迟自由基的产生，降低过氧化物的硫化效率，当氯化聚乙烯橡胶使用有机过氧化物硫化时，应该尽量避免使用这类配合剂。

2.13.4 软化增塑体系

在氯化聚乙烯橡胶配方中，使用增塑剂来降低胶料黏度以获得柔软的胶料，是有利于配合剂的分散及胶料的压出、压延及成型工艺进行的，并且能够改善硫化胶的耐寒性能。氯化聚乙烯橡胶的溶解度参数为 $9.2～9.3(cal/cm^3)^{1/2}$，各种溶解度参数值与此相接近的增塑剂基本上与氯化聚乙烯橡胶都有良好的相容性；常用的有邻苯二甲酸酯类及脂肪族二元酸酯类增塑剂，环氧类增塑剂，高分子类增塑剂及芳香烃油，在硫黄及硫脲等的硫化体系中皆可使用。而对有机过氧化物硫化体系来说，以石蜡烃油对硫化的影响最小，其次为环烷烃油，至于芳香烃油则需慎重考虑，增塑剂中的脂肪族酯类，如癸二酸二辛酯（DOS）对硫化的影响比含苯环的增塑剂如邻苯二甲酸二辛酯（DOP）要小。

为提高耐热性能，可使用邻苯二甲酸二异癸酯（DIDP），邻苯二甲酸二（十三酯）（DTDP）以及其它高沸点的增塑剂。

石蜡及环烷烃类增塑剂用量过大，则在橡胶制品表面会出现喷出现象，使用环氧类增塑剂能提高硫化胶的拉伸强度，且胶料具有优良的耐热性，同时它还起到稳定剂的效果。

当制品要求具备阻燃性时，常使用氯化石蜡及磷酸酯类增塑剂，然而制品的耐热性能相对要差。

2.13.5 防护体系

氯化聚乙烯橡胶配方中常用的稳定剂和防老剂有 MgO、PbO，金属盐类，金属皂类，环氧树脂以及酯类防老剂，例如防老剂 DLTP（硫代二丙酸二月桂酯），防老剂 DSTP〔硫代二丙酸二（十八酯）〕，还有橡胶工业中常用的防老剂 RD；防老剂 NBC 等。

使用 1 份硬脂酸铅，4 份碱式邻苯二甲酸铅及 2 份环氧树脂组成的稳定系统，能获得优良的综合性能。

在含氯聚合物中使用铅类稳定剂有许多优点，但是它们在含硫的配方中会使胶料变色，不能得到色泽漂亮的制品，尤其是在干粉状态下使用对人体有害，因此应尽量避免使用，一般常用 MgO 之类的稳定剂，或者 MgO 与环氧树脂并用，甚至单用环氧树脂并提高它的用量，也能得到满意的结果。

在一般情况下，氯化聚乙烯橡胶胶料中并不一定要使用防老剂，在橡胶工业中常用的胺类防老剂对改善硫化胶的耐老化性能没有明显的效果。

2.14 卤化丁基橡胶（XIIR）的配方设计

虽然丁基橡胶优点很多，但它也存在硫化速率慢、黏着性差，不能与其它胶（二烯类）共混的缺点。而卤化丁基橡胶不仅保留了丁基橡胶的特性，而且具备了硫化速率快，可与高不饱和橡胶共硫化，黏性好，耐热、耐臭氧、耐化学药品性能优异，压缩变形小等优点。

卤化丁基橡胶（XIIR、HIIR）系丁基橡胶的改性产品，有氯化丁基橡胶（CLLR）、溴化丁基橡胶（BLLR）两类。

卤化丁基橡胶可用于无内胎轮船气密层、胎侧、内胎，还可用于黏合剂、密封材料、衬垫、防震制品、化学容器衬里、胶管外胶、气门嘴胶垫以及其它模压注射制品。

卤化丁基橡胶的另一大特点是它无毒，不污染食品和药物，而广泛用于食品和药品行业。主要用于药品浸泡容器的密封件、注射用的瓶塞、针筒活塞、滴定橡皮球，胰岛素容器的密封件和婴儿奶嘴。

卤化丁基橡胶可与天然橡胶、丁苯橡胶、氯丁橡胶、丁腈橡胶、聚丁二烯橡胶、氯磺化聚乙烯橡胶、三元乙丙橡胶、丁基橡胶以及氯醚橡胶并用。这些橡胶与卤化丁基橡胶并用后，气密、能量吸收、耐热及耐候、耐屈挠龟裂、化学稳定及黏合等性能提高了。如卤化丁基橡胶与天然橡胶并用可用于无内胎轮胎的气密层及胎侧、内胎、球胆和阻尼制品；与三元乙丙橡胶并用可用于白胎侧、胶布、胶带；与氯丁橡胶并用可用于耐油和耐化学腐蚀的制品；与丁腈橡胶并用可用于耐混合溶剂的模压制品和胶辊覆盖胶等。

卤化丁基橡胶配方设计主要是硫化体系配合，其它体系基本与丁基橡胶相同。

对于卤化丁基橡胶与二烯类橡胶一样通过双键用硫黄、醌和树脂进行硫化，此外通过卤基还可用金属氧化物、二硫代氨基甲酸金属盐及硫脲等进行硫化，对于溴化丁基橡胶可用过氧化物硫化。卤化丁基橡胶各种典型硫化体系的特征见表2-16。

表2-16 卤化丁基橡胶各种典型硫化体系的特征

硫化体系	一般用量/份		特 征	用 途
硫黄硫化	氧化锌 促进剂 TT 促进剂 DM 硫黄	5 1 1 2	拉伸强度最大，定伸应力、撕裂强度也较大，但耐热、耐臭氧、耐屈挠性稍差	用于与其它硫黄硫化橡胶并用胶的硫化
树脂硫化	氧化锌 促进剂 DM 烷基或溴化烷基 酚醛树脂	5 2 4～5	硫化充分，耐臭氧老化、压缩永久变形良好，但老化后的伸长率、撕裂强度较低	用于耐臭氧制品的硫化

硫化体系	一般用量/份		特　征	用　途
秋兰姆、秋兰姆/噻唑硫化	促进剂 TT 氧化锌	1~2 5	耐热性好,拉伸强度大,可用于最通常的配合。但秋兰姆单一硫化体系容易焦烧	用于耐热输送带等一般制品的硫化
	促进剂 TT 促进剂 DM 氧化锌 氧化镁	1 2 5 ≥0.25		
氧化锌硫化	氧化锌	5	因不用有机促进剂所以毒性小,但硫化速度慢,拉伸强度、定伸应力低	用于与食品接触的橡胶制品的硫化
胺及硫脲硫化	促进剂 NA-22 氧化镁 氧化锌 促进剂 EUR 硫黄	2 1 5 4 0.95	耐臭氧、耐水性良好,但易焦烧。拉伸强度低,耐屈挠、耐热性差	用于耐臭氧、耐水性橡胶制品的硫化
Permalux[①]硫化	Permalux 氧化镁 氧化锌	2 2 5	硫化非常充分,耐油、耐水、耐蒸汽性好,但易焦烧,且拉伸强度和撕裂强度低	用于耐油、耐水、耐蒸汽橡胶制品的硫化
二硫代氨基甲酸盐硫化	促进剂 EZ 氧化锌	1.5 5	压缩永久变形小,耐屈挠性也好	适用于低压缩永久变形制品的硫化

① 邻苯二酚硼酸二邻甲苯基胍盐。

氯化丁基橡胶的硫化体系中一般以氧化锌为主体,单独采用氧化锌,硫化胶性能不高,而且硫化速率慢。以氧化锌为主的改性硫化体系常常被采用,以达到满意的硫化速率和交联密度。一般来讲,加入硫黄(0.5 份),再加入少量的 TMTD、烷基苯酚二硫化物、DM、CBS、NOBS。其中有些促进剂可能使胶料焦烧,可以加一些防焦剂,如氧化镁或者硬脂酸钙,表 2-17 为典型的氯化丁基橡胶硫化体系。

(1)氧化锌硫化　氯化丁基橡胶分子链中由于含有活泼的氯,所以只用氧化锌便可以进行硫化。硫化时氧化锌使用 3 份即能充分硫化，通常使用 5 份。活性氧化锌的硫化速率慢，但硫化胶的拉伸强度和硫化程度高。单用氧化锌硫化时，一般硫化程度低。硫化速率可用硬脂酸来调节，使用 1 份，硫化速率即可以大大提高。

表 2-17　氯化丁基橡胶典型硫化体系

硫化体系	用量/份	焦烧性能	硫化速度	耐热性	压缩永久变形	适用范围
ZnO	5	良好	慢	优良	大	氯化丁基橡胶质量控制试验
ZnO ZDMC	5 0.4	好	快	〃	中	医用瓶塞及食品行业
ZnO 溴化活性酚醛树脂 SP-1055	3.0 2.5	〃	〃	〃	低	
ZnO S DM	3.0 0.5 1.3	良好	中	良好	高	轮胎内衬层胶
ZnO S 烷基苯酚二硫化物（Vultac 5）	3.0 0.75 1.0	好	快	很好	中	并用胶和内衬层胶
ZnO S Vultac 5 MgO DM	3.0 0.75 1.0 0.2 1.3	良好	快	很好	中	并用胶和内衬层胶
ZnO TMTD 表面处理 MgO（Maglite K）	5.0 0.3 0.1	良好	快	优良	低	耐热胶管及耐热制品
ZnO ZDMC	5.0 1.0	差	特快	优良	很低	垫衬和模压制品
ZnO ZDMC DM Maglite k	5.0 1.0 0.3 0.3	好	快	优良	低	垫衬和模压制品
ZnO TMTD Maglite D DM	5.0 1.0 0.2 1.75	优良	中	优良	中等	耐热胶管和内衬胶

硫化体系	用量/份	焦烧性能	硫化速度	耐热性	压缩永久变形	适用范围
ZnO S DM ZDMC	3.0 0.5 1.5 0.5	好	快	很好	中	拉伸强度要求高的制品
ZnO S DOTG(二邻甲苯基胍)	3.0 1.0 1.5	良好	快	良好	中	拉伸强度要求高的制品
ZnO SP1045(活性酚醛树脂) MgO Maglite D-bar(50%活性MgO,膏状)	5.0 4.5 0.3 0.3	好	″	优良	低	高定伸应力耐热制品

采用氧化锌在低于180℃下硫化时，不会产生返原现象，但硫化程度随硫化温度升高而逐渐下降。该体系的优点是不用有机促进剂就可以硫化，且硫化胶毒性小，耐热性良好，不易硫化返原。缺点是硫化速率慢，硫化程度低。

（2）秋兰姆和秋兰姆-噻唑体系硫化 当促进剂 TMTD 与 ZnO 并用时，促进剂 TMTD 主要与氯化丁基橡胶双键部位的碳原子反应，形成碳-硫硫化键。若只用促进剂 TMTD，则胶料的硫化速率非常高，但容易焦烧，硫化交联紧密而伸长率低。秋兰姆与 MgO 或促进剂 DM 并用时，既能控制焦烧又能改善物理机械性能，拉断伸长率和撕裂强度均有提高，但定伸应力和拉伸强度有所降低。一般配合为：促进剂 TMTD 1 份，促进剂 DM 2 份，ZnO 5 份，MgO 0.25 份。该体系的优点是耐热性和拉伸强度高，适用于氯化丁基橡胶通用配方。

（3）二硫代氨基甲酸盐类硫化 该类促进剂广泛用作氯化丁基橡胶的超速促进剂，特别是使用其碲盐和镉盐时，硫化胶耐热性能特别好。促进剂 ZDC（二乙基二硫代氨基甲酸锌）和 ZnO 并用时（1.5/6），胶料硫化速率快，易焦烧，硫化胶定伸应力非常高，压缩永久变形特别小。

加入 MgO（0.1～0.5）也能延长焦烧时间，但随 MgO 用量增大，压缩永久变形性变差。

（4）**胺及硫脲类硫化** 氯化丁基橡胶可用二元胺或硫脲进行硫化。就硫化来说，可以不加氧化锌而能提高耐热性。胺类硫化的硫化胶的耐臭氧性能特别好。亚乙基硫脲（NA-22）、二乙基硫脲（EUR）等硫脲类硫化的硫化胶，其拉伸强度低，定伸应力高。EUR 硫化速率快，硫化胶交联密度大。而且 EUR 和超速促进剂并用时，可在低温下硫化；该硫化体系焦烧时间短，为了兼顾硫化速率，可用促进剂 DM 或 MgO 来调整焦烧时间。常用配合是 NA-22/ MgO（2/1）；EUR/ ZnO/S（4/5/0.95）。该硫化体系硫化速率快，用于白色配方的物理机械性能优良。

（5）**Permalux 硫化** 氯化丁基橡胶采用二邻苯二酚硼酸的二邻甲苯胍盐（Permalux），硫化速率非常快。该体系硫化很易焦烧，但可用促进剂 M、D、DOTG 来调节。也可用 MgO 延迟焦烧。由于 Permalux 能使硫化非常充分，所以耐矿物油最好。一般配合为：Permalux 2 份；MgO 2 份；ZnO 5 份。优点是耐油、耐水、耐水蒸气性好。缺点是胶料易焦烧，硫化胶撕裂强度和拉伸强度低。

（6）**树脂硫化** 氯化丁基橡胶采用烷基酚醛树脂和溴化烷基酚醛树脂硫化，硫化速率比普通丁基橡胶快，硫化充分。树脂用量3～6 份即可。使用溴化树脂易于分散，硫化胶耐热性良好，老化后的拉伸强度保持率较高，而伸长率保持率比氧化锌硫化的低。因树脂硫化焦烧时间短，故必须加入 MgO 或二苯胍延长焦烧时间，后者的物理机械性能下降比前者小。硫黄也有防止焦烧的作用，物理机械性能下降也小。

树脂硫化的一般配合为：树脂 4～5 份，MgO 6 份，促进剂 DM 2 份。

树脂硫化的氯化丁基硫化胶，其定伸应力高，压缩永久变形，耐屈挠性能和抗臭氧性能都很好，但拉断伸长率和抗撕裂性能低。老化后拉断伸长率和抗撕裂性能也低。适用于要求抗臭氧的制品。

（7）**硫黄硫化** 氯化丁基橡胶采用硫黄硫化，若并用秋兰姆或秋兰姆-噻唑类促进剂加速硫化，硫化胶拉伸强度和定伸应力较高，但耐热，耐臭氧和耐屈挠等性能比其它硫化体系差。在硫化体系相同时，硫化速率比丁基橡胶快。氯化丁基橡胶与丁基橡胶并用能提高后者的硫化速率。适于与其它橡胶并用的配合为：S 2 份，ZnO 5 份，促进剂 TMTD 1 份，促进剂 DM 1 份。

对于 100% 的氯化丁基橡胶一般不必加入防老剂，但对于并用胶则应适当加入 BHT 等，可大大改善并用胶的耐老化性能。

溴化丁基橡胶的硫化体系与氯化丁基橡胶的硫化体系差不多。由于 C—Br 比 C—Cl 键弱，易于断键，无论从硫化速率、黏着性，还是硫化胶的耐老化性能均优于氯化丁基橡胶，在配合时应注意这一区别。若直接将氯化丁基橡胶所用的硫化体系用于溴化丁基橡胶往往使胶料发生焦烧。常见硫化体系列于表 2-18。

表 2-18　溴化丁基橡胶典型硫化体系

硫 化 体 系	推荐用量/份	适 用 范 围
ZnO TMTD	3.0 0.2~0.5	耐热胶料,内衬层胶、医用瓶塞及工业制品
ZnO Sp-1045(活性酚醛树脂)	3.0 0.6~0.7	耐热工业制品,低树脂含量适于大多数应用,高树脂含量适于制造高定伸应力,低压缩永久变形制品
ZnO ZDC	3.0 0.2~0.5	耐热胶管、轮胎内衬层胶、医用瓶塞及工业制品
ZnO TMTD DM(MBTS)	3.0 0.2~1.0 0.5~1.25	适用于 100% 溴化丁基橡胶或并用胶
ZnO 二硫化二吗啡啉 S	3.0 0.75~1.5 0.5~1.0	适用于溴化丁基橡胶/天然橡胶、溴化丁基橡胶/天然橡胶/乙丙橡胶的并用胶。作胎侧胶和内衬层胶
ZnO MBTS(DM) S	3.0 0.75~1.25 2.0~0.5	适于溴化丁基橡胶/丁苯橡胶/天然橡胶并用胶作内衬层胶和一般的工业制品
ZnO TBBS(次黄酰氨类促进剂) TMTD S	3.0 0.75~1.5 0.1~0.3 0.5~1.0	溴化丁基橡胶/天然橡胶并用胶作轮胎的胎侧胶和内衬层胶

卤化丁基橡胶的低温硫化，已知硫化体系有硫脲、二硫代氨基

甲酸锌与氯化锌、氯化锡并用，以及二硫代氨基甲酸碲（促进剂TTTE）与 N,N-二乙基硫脲（促进剂 EUR）并用。

促进剂 ZIX（异丙基黄原酸锌）、促进剂 EUR、氯化锌、氯化锡分别与促进剂 TTTE 并用，其中促进剂 TTTE 与促进剂 ZIX 并用硫化体系的硫化速率较快，低温硫化性能优异；促进剂 TTTE 与氯化锌、氯化锡并用体系的硫化速率也较快，但氯化锌和氯化锡有吸湿性和金属腐蚀性，而且分散性也较差。

2.15 氢化丁腈橡胶（HNBR）的配方设计

2.15.1 生胶型号

HNBR 是对 NBR 链段上的丁二烯单元进行有选择地氢化，将不饱和双键加氢生成饱和 C—C 单键。HNBR 分子链中的丙烯腈单元可提供优异的耐油性和高拉伸强度；氢化了的丁二烯单元类似于EPR 链段，可提供良好的耐热、耐老化和低温性能；少量含有双键的丁二烯单元可提供交联所需的不饱和键。由于 HNBR 分子结构的特点，使其具有良好的耐油性、耐候性、耐化学介质性能和耐低温性能，并且在高温下仍能保持较高的物理机械性能。

在设计配方时，首先针对不同的使用情况，选择相应的 HNBR牌号，主要表现为饱和度（氢化度、氢化率）、丙烯腈含量、门尼黏度等。在饱和度相同的情况下，随着丙烯腈含量的增大，HNBR的弹性减小，拉伸强度增大，耐油性增加，但 T_g 有所增大，低温性能有所损失；氢化度越大，饱和度越高，HNBR 起始降解温度越高，HNBR 硫化胶耐热、耐热老化性、耐臭氧性和压缩永久变形性均有很大程度的改善。100%氢化的 HNBR 的氧化稳定性是 NBR的 100 倍左右，耐磨性好，但压缩永久变形增大，而部分饱和的HNBR 则具有较高的强度、较好的动态性能和低温性能。如牌号为Zetpol 2000L 的高饱和度 HNBR 的拉断伸长率和拉断永久变形较大，牌号为 Zetpol 1020 和 Zetpol 2030H 的低饱和度 HNBR 的强度较大、拉断永久变形较小。

目前，世界上生产 HNBR 主要有德国朗盛公司 Therban、日本Zeon 公司 Zetpol。其主要牌号及性能、用途如表 2-19、表 2-20 所示。

表 2-19 Therban 系列 HNBR 的主要牌号及性能

牌号	丙烯腈含量/%	门尼黏度[ML(1+4)100℃]	残余双键含量(摩尔分数)/%	主要特性	备注
A3406	34	63	0.9	加工性能最佳,低温柔韧性最好;高温下压缩永久变形最小(过氧化物硫化);在热空气和油类中耐老化性最好,耐臭氧性最佳(过氧化物硫化);在老化条件下耐化学腐蚀性最佳	全氢化型
A3407	34	70	0.9	低温柔韧性最好;高温下压缩永久变形最小(过氧化物硫化);在热空气和油类中耐老化性最好;耐臭氧性最佳(过氧化物硫化);在老化条件下耐化学腐蚀性最佳	全氢化型
A3907	39	70	0.9	高温下压缩永久变形最小(过氧化物硫化);在热空气和油类中耐老化性最好;耐臭氧性最佳(过氧化物硫化)在老化条件下耐化学腐蚀性最佳;耐油性最佳	全氢化型
A4307(XN532A)	43	63	0.9	在热空气和油类中耐老化性最好;耐臭氧性最佳(过氧化物硫化);在老化条件下耐化学腐蚀性最佳;耐油性最佳	全氢化型
VPKA8832	43	100	0.9		全氢化型
VPKA8918	35.5	70	4.0		全氢化型
C3446	34	58	5.5	加工性能最佳,撕裂强度最大、拉断伸长率高;低温柔韧性最好;低温下压缩永久变形最小(过氧化物硫化);最耐酸及强氧化剂	部分氢化型
C3467	34	68	2.0	快速硫化后交联密度最高;撕裂强度最大、拉断伸长率高;低温柔韧性最好;低温下压缩永久变形最小;耐燃油性最好,最耐酸及强氧化剂	部分氢化型

续表

牌号	丙烯腈含量/%	门尼黏度[ML(1+4)100℃]	残余双键含量(摩尔分数)/%	主 要 特 性	备注
VPKA 8829	36	87	5.5		部分氢化型
VPKA 8833	43	95	18		部分氢化型
VPKA 8837	36	55	2.0		部分氢化型
VPKA 8848	36	66	2.0		部分氢化型
XN532C	43	60	5.5	撕裂强度最大、拉断伸长率高;低温下压缩永久变形最小;在老化条件下耐化学腐蚀性最佳;耐油性最佳;耐燃油性最好	部分氢化型
VPKA 8796	34	22	5.5		丙烯酸增强型
XQ536	34	25	5.5		丙烯酸增强型
XTVPKA 8889	33	77	3.5		羧基HNBR

表 2-20　Zetpol 系列 HNBR 的主要牌号、性能及用途

品　级	结合 ACN 含量/%	碘值/(gI₂/100g)	门尼黏度	主要用途
Zetpol 0020	49	23	65	燃料软管、膜片、衬垫等
Zetpol 1010	44	10	85	
Zetpol 1020	44	24	78	
Zetpol 2000	36	4	85	O 形圈、衬垫、油封、软管等
Zetpol 2000L	36	4	65	
Zetpol 2010	36	11	85	
Zetpol 2010L	36	11	58	
Zetpol 2010H	36	11	120 以上	油封、同步胶带、胶辊、油管等
Zetpol 2011	36	18	80	
Zetpol 2020	36	28	78	
Zetpol 2020L	36	28	58	
Zetpol 2030L	36	56	58	

续表

品　级	结合 ACN 含量/%	碘值 /(gI₂/100g)	门尼黏度	主要用途
Zetpol 3110	25	15	95	O 形圈、油管等
Zetpol 3120	25	28	90	
Zetpol 4110	17	15	90	
Zetpol 4120	17	28	85	

LHNBR 分子结构与 HNBR 相似，两者具有很好的相容性，可以并用。与 LNBR 相比，LHNBR 作为 HNBR 的高耐油性增塑剂，可降低 HNBR 胶料的黏度，改善其加工性能，同时，可使 HNBR 硫化胶具有更大的拉伸强度和拉断伸长率及更好的耐热性，而 LHNBR 对 HNBR 胶料硫化特性的影响也较小。加入适量 LHNBR 可以降低 HNBR 胶料的 T_g，从而在一定程度上改善其低温柔顺性。此外 HNBR 还可以与 NBR、PVC 并用。

2.15.2　硫化体系

由于 HNBR 的饱和度较 NBR 高得多，可采用过氧化物、硫黄、树脂、辐射硫化体系。双键质量分数小于 1% 的牌号，如 Zetpol 2000，2000L 和 Therhan1707，2207 和 Therban A3855 等，只能采用过氧化物硫化，为达到所需要的交联密度，也必须提高过氧化物的用量（为 NBR 的 2~3 倍）。残余双键质量分数大于 5% 的牌号，均可采用过氧化物硫化或硫黄硫化。硫黄交联键多为多硫键、双硫键和多硫键，在热化学作用下不稳定，影响硫化胶的热老化性能，但有较高的弹性、伸长率、撕裂强度和拉伸强度。过氧化物交联键为 C—C 键，键能高，硫化胶耐热性好，耐热老化性能较佳，老化后伸长率的保持率较高，模量较高，耐硫化返原性好，更好的动态力学性能和压缩永久变形小。

几种硫化体系代表配合如下（质量份）。

① 硫黄交联体系：硫黄 0.5；促进剂 DM 0.5；促进剂 CZ 1；促进剂 TT 1.5；氧化锌 5；硬脂酸 1。

② 树脂交联体系：树脂 HY-2055 20；碱式碳酸锌，2；硬脂酸，0.5。

③ 过氧化物交联体系：双 2,5 5；助交联剂 TAIC 5；氧化锌

3；硬脂酸 0.5。

常用的过氧化物有过氧化二异丙苯（DCP）、2,5-二甲基-2,5（二叔丁过氧基）己烷（双2,5）（BDPMH、DBPH）、双叔丁基过氧化二异丙基苯（BIPB）（无味 DCP），单一过氧化物硫化体系存在着硫化时间长、生产效率低的弊病。在过氧化物硫化体系中加入活性硫化助剂也是一种非常简便有效的解决方法，此类助剂一般为含多官能团的化合物，在自由基存在下具有较高的反应活性，不仅可以显著提高过氧化物硫化体系的交联效率和硫化速率，还可以改善硫化胶的力学性能、耐热老化性能、电性能，显著改善压缩永久变形性能，提高硬度等，但拉断伸长率明显降低，常用的助交联剂有 N,N'-间亚苯基双马来酰亚胺（HVA-2）（PDM）（2～3份）、三烯丙基三异氰脲酸酯（TAIC）（2～5份）、三羟甲基丙烷三丙烯酸酯（TMPTA）、N,N'-间苯基双马来酰亚胺（MPBM）、乙烯基聚丁二烯（1,2-PB）、硫黄等。

以 BDPMH 为硫化剂，TAIC 为助硫化剂，制备了具有低压缩永久变形、优异力学性能的 HNBR 硫化胶。增加硫化剂用量，以及在其较小用量下添加 TAIC，可降低 HNBR 硫化胶的压缩永久变形。由于 HNBR 双键含量较少，所需过氧化物和硫化促进剂较多。当 BDPMH 用量为4～7份，促进剂 TAIC 用量为4份时，硫化胶的压缩永久变形率可低于20%，使用7.7份1,3-双（叔丁基过氧化异丙）苯硫化剂，2.5份 TAIC 作为过氧化物的助交联剂可获得最佳的压缩永久变形性能。

使用 HVA-2 可使硫化胶产生最小的压缩永久变形。就焦烧安全性和物理性能而言，三烯丙基三异氰脲酸酯（TAIC）能使硫化胶获得最佳的综合性能。当乙烯基聚丁二烯助交联剂用量为4份时，在提高拉伸强度和增加硫化胶硬度的同时，显著降低了压缩永久变形。在 150℃×72h 热空气老化条件下，与不加助交联剂的硫化胶相比，加4份乙烯基聚丁二烯的硫化胶，无论是硬度、强度还是拉断伸长率均保持较好的性能指标。

加入交联助剂三羟甲基丙烷三丙烯酸酯（TMPTA）、N,N'-间苯基双马来酰亚胺（MPBM）均可使 HNBR 综合力学性能有明显提高。在 HNBR 中加入适量的 MPBM 可提高耐热氧老化性能。

加入适量的 TMPTA 有助于提高 HNBR 的抗臭氧老化性能，同时不损害其耐热氧老化性能。在 HNBR 中分别加入以上两种助剂，显著提高了热分解温度、起始失重温度、最大失重温度和失重终止温度。

一种新型交联剂 1,6-双（N,N-二苄基硫代氨基甲酰二硫化）己烷可以在橡胶网络中引入对热稳定的混合交联键。

在过氧化物硫化体系中应避免使用酸性组分，以免酸性配料组分对硫化所产生的不利影响。如采用非炭黑填料时，则需加入活性剂以改善聚合物的交联。

加入 MgO 和 ZnO 可改善 HNBR 的交联性能，同时可改善其耐压缩变形性和热空气贮存性。配方中加入 7%～8% 过氧化物和 1% 的硫化促进剂可明显改善硫化胶的力学性能和耐压缩变形性。

采用过氧化物硫化体系，可提高加工温度，使加工过程更易于进行。采用模具压缩、模具注射加工方法生产形状复杂制品则应使用脱模剂，通过选择过氧化物可调整加工安全性。一般焦烧时间为 15min/140℃，硫化温度为 160～170℃。

为改善 HNBR 的耐压缩变形，通常采用二次硫化。例如 Therban 在 150℃下二次硫化 6h，可获得满意结果。

过氧化物的选择取决于焦烧安全性、硫化温度、硫化周期的限制。随着过氧化物用量的增加，定伸应力会增大，而拉伸强度、耐热空气老化、硬度等基本不变。

对于部分氢化的 HNBR 来说，虽然可以用硫黄交联，但要得到相对高的交联速率和密度，就需选择合适的促进剂并增大用量。另外，对于双键含量较高的 HNBR，采用低硫高促的硫化体系，也可获得具有较高耐热性和良好力学性能的硫化胶。在 EV 胶料配方中再加入 ZnO_2 后会使它们的焦烧时间延长。

在硫化过程中，可通过模压、传递模、注射模等方式生产制品，通过选择适当的交联体系，可调整焦烧时间的长短。一般对于过氧化物和硫黄硫化体系来说，其焦烧时间在 140℃下大约为 5～10min；在 120℃下为 10～20min。

2.15.3　填料体系

HNBR 与 NBR 相似，可以采用炭黑或其它补强性的填料（如白炭黑、陶土）来提高混炼胶的力学性能。炭黑的增强效果优于其它填料，而采用其它填料的硫化胶耐磨性较高，使用白炭黑、氧化镁能使丁腈橡胶具有优越的耐热空气老化性能和贮存性。不同品种的炭黑，填充量为30～60份。在使用N990炭黑的时候，填充量为75～100份，使用30份常规补强剂填充的HNBR硫化胶具有较大的拉伸强度和较小的拉断永久变形。总体来看，常规补强剂填充HNBR硫化胶耐热空气老化性能较差。不饱和羧酸盐在橡胶基体中发生交联接枝反应补强效果最佳，胶料耐热空气老化性能明显提高；有机改性后的蒙脱土分散性和胶料的物理性能大幅度提高，耐热空气老化性能优异。

不饱和羧酸盐如甲基丙烯酸锌（ZnMA）或甲基丙烯酸镁（MgMA）补强HNBR硫化胶具有较大的拉伸强度和邵尔A硬度，并保持较大的拉断伸长率。Zeon公司开发了ZnO/MMA质量比为3：4的超强HNBR材料-ZSC，其拉伸强度可高达60MPa，并具有较高的定伸应力、撕裂强度和良好的加工性能，但压缩永久变形有所增大。这正是甲基丙烯酸盐补强HNBR硫化胶的特点，而这种特性来源于其独特的相结构和内在的物理化学作用。ZnMA和MgMA对HNBR的补强效果均大于其它补强剂，且助于提高不饱和羧酸盐补强HNBR硫化胶耐热空气老化性能，但胶料永久变形都较大。也可用ZnO和甲基丙烯酸（MAA）经原位反应合成甲基丙烯酸锌（ZnMA）。

除常规补强剂外，其它补强剂均促进了HNBR胶料硫化，焦烧时间和正硫化时间都不同程度缩短，其中不饱和羧酸盐效果最明显，这是由于不饱和羧酸盐的加入使反应活化能增大所致。

为确保填料和分散剂分散均匀，推荐使用2～3份类似Akti-plast PP的加工助剂。对于高硬度的胶料，推荐使用5～10份的Levapren 600HV来改善黏合性能。对于柔软的胶料可以使用30份增塑性能良好的增塑剂，如Plasthall TOTM等。

对于非炭黑填料，乙烯基硅烷可改善HNBR制品的力学性能，尤其是可提高耐压缩变形性。采取多级混合方法可改善非炭黑填料混炼胶的混合质量。加料程序是，先加入生胶和抗氧剂，再加入1/2的填料，然后将1/2的填料同硅烷一起加入，最后加入其它助剂和过氧化物。

2.15.4 增塑体系

合适的增塑剂可以降低 HNBR 硫化胶的玻璃化温度,改善其低温性能,同时提高耐油性和未硫化胶的加工性能。由于 HNBR 主要用于各种燃油和腐蚀性介质的恶劣环境中,工作温度在 $-40\sim$ 150℃,甚至更高,所选择的增塑剂必须具有高沸点、耐抽出的性能。必须认真选择增塑剂的类型,防止它对硫化胶固有的耐热性造成损害。主要品种有硫醚类(增塑剂 Vulkanol OT)、己二酸二辛酯(DOA)、邻苯二甲酸二辛酯(DOP)、癸二酸二辛酯(DOS)、二丁氧基乙基己二酸酯(DBEA)和醚酯型增塑剂二丁氧基乙氧基乙基己二酸酯[双(丁氧基-乙氧基-乙基)己二酸酯,己二酸二(丁氧基乙氧基乙)酯](TP-95 或 DBEEA)和双(丁氧基-乙氧基-乙基)缩甲醛(DBEEF)。增塑剂加到 HNBR 胶料中可提高低温回弹性,其中 DBEEA 还兼有耐高温性,液体 NBR(分子量为 3000)作为增塑剂在 125℃下不挥发,使胶料显示出好的高温性能。其它增塑剂为偏苯三甲酸三辛酯[偏苯三甲酸三异辛酯、偏苯三甲酸三(2-乙基己)酯、1,2,4-苯三甲酸三(2-乙基己)酯、三辛基偏苯三酸酯](TOTM)和偏苯三酸三壬酯(三异壬基偏苯三酸酯)(TINTM)。TINTM 环保增塑剂是偏苯三酸酯类增塑剂,比 DBEEA 和邻苯二甲酸二辛酯(DOP)的耐高温性更佳,是必需的高耐热性和耐候性,这是由于 TOTM 和 TINTM 的分子量较高,使得硫化胶的耐热性最佳。国内由于原料因素,也可采用邻苯二甲酸二辛酯(DOP)和癸二酸二辛酯(DOS),但硫化胶的耐热性明显不如前者。

但在很多类型的增塑剂中,使用硫醚类增塑剂 Vulkanol OT 时,从模量、伸长率、压缩永久变形、流变性能等方面来看,均表现出对过氧化物硫化体系的强烈干扰。这一点证实了含硫或硫键的材料在过氧化物硫化体系中有降低硫化程度的趋势。在使用 Flexol 4G0 时也表现出了低模量、高压缩永久变形的特点,因此,这类增塑剂在某种程度上要考虑避免使用它。

当橡胶制品在高温下使用时,还要考虑增塑剂的挥发性能。在大多数的应用条件下，橡胶制品通常与油类燃油或其它溶胀性的液体接触。在多数情况下，当增塑剂因挥发或抽出而减少时，接触到的流体可作为增塑剂的置换品使用，因此，低温柔韧性仍能保持住。

在硫黄硫化 HNBR 胶料时，Vulkanol OT 和 Bisoflex TL 79T 类增塑剂不会干扰硫黄硫化体系，因此也可推荐使用。为避免喷出，增塑剂用量应低于其最大吸收量。表 2-21 列出 HNBR 增塑剂的允许添加量。

表 2-21　HNBR 增塑剂的允许添加量

增　塑　剂	HNBR 增塑剂允许添加量/份	
	丙烯腈 质量分数 36%	丙烯腈 质量分数 44%
邻苯二甲酸二甲酯(DMP)	235	285
邻苯二甲酸二乙酯(DEP)	254	271
邻苯二甲酸二丁酯(DBP)	246	213
邻苯二甲酸二辛酯(DOP)	105	28
邻苯二甲酸二异癸酯(DDP)	28	12
己二酸二辛酯(DOA)	36	11
癸二酸二辛酯(DOS)	20	4
磷酸三辛酯(TOP)	27	4
磷酸三甲苯酯(TCP)	215	188
二丁氧基乙氧基己二酸酯(DBEEA)	50	33
环氧大豆油(EBO)	17	4

TOTM（相对分子质量 547）和 TP-95（相对分子质量 435），随用量增加，两种增塑剂都降低了交联效率和混炼胶门尼黏度，TP-95 的作用更明显。增塑剂的胶料拉伸强度低、压缩永久变形值较大。添加增塑剂后胶料的拉伸强度值均有所提高，压缩永久变形值随各自用量增加而提高，TOTM 增塑胶料的压缩永久变形值较低。

另外热稳定剂 Vclcuren TP KA 9188 可稳定橡胶网络并可改善 HNBR 制品的耐热性能，氢化丁腈橡胶的有效操作温度可提高约 10℃。MgO 与新型稳定剂 Zetpol ZEL-80 和 Zetpol Z-75D 复合，也能有效提高 HNBR 的耐热、耐油等老化性能。

2. 15. 5　防护体系

老化后的 HNBR 定伸应力和硬度均比老化前有所增大，拉断伸长率减小，这表明 HNBR 硫化胶的老化属于硬化型，即老化过程以交联为主。此外，饱和度较高的 HNBR 硫化胶，如 Zetpol 2000L 和 Zetpol 2010，拉伸强度变化率和拉断伸长率变化率均较小。

防护体系对于改善热老化性能确实有效，但必须考虑防老剂的品种和用量，否则会对交联程度和压缩永久变形性能产生较大的影响。

常用的防老剂是 1,3-二氢-4-甲基-2-巯基苯并咪唑锌（2-硫醇基甲基苯并咪唑锌盐）（MBZ）（ZMBI）、防老剂 RD 和防老剂 Nuagard 445 等。二苯胺类防老剂 Nuagard 445 的效果最好，可选择防老剂 ODA 代替 445。为了进一步提高 HNBR 在较高温度下使用时的耐热老化性能，在配方中常使用双组分防老剂体系 RD/MB 或 MB/二苯胺类防老剂 Nuagard 445。另外，适当加入一些金属氧化物，可以进一步提高硫化胶的耐介质腐蚀性能。

在过氧化物硫化 HNBR 中，添加防老剂的均降低了交联程度，具体表现为模量降低、伸长率提高、压缩永久变形增大。影响的程度取决于防老体系的种类选择，随着用量增加，影响程度加剧。要提高硫化胶的耐老化性能又不影响其它性能，须选择合适的防老体系，防 MBZ/防 Nuagard 445 对 HNBR 交联特性的影响最低。对许多体系的研究发现，取代二苯胺（如 DF34）与 MBZ（1/1）这一组合体系的胶料老化后伸长率的保持率较高，同时，对压缩永久变形的影响最小，因此是最有价值的一个组合体系。

2.16　羧基丁腈橡胶（XNBR）的配方设计

羧基丁腈橡胶（XNBR）是在普通 NBR 的分子链上引入少量丙烯酸或甲基丙烯酸单体而得到的一类合成橡胶。经过充分交联的 XNBR 除了具有普通 NBR 耐油、耐热、耐老化的特性外，还具有强度高、硬度（或模量）大、耐磨、耐臭氧龟裂及易黏合等性能。

2.16.1 生胶型号

主要考虑羧基含量、丙烯腈含量和胶料门尼黏度。

高羧基丁腈橡胶的胶料表现出硬度、拉伸强度和定伸应力高、耐磨性好等系列特点，但压缩永久变形大。使用普通氧化锌作羧基橡胶硫化剂时硫化曲线呈两段台阶式上升趋势，加工安全性较差。与普通 NBR 相比，低羧基丁腈橡胶的胶料尽管拉伸强度、定伸应力和压缩永久变形偏大，但 XNBR 的这些性能特点并不明显，表现出与普通 NBR 胶料更为接近的物理性能，低羧基丁腈橡胶胶料使用不同羧基橡胶硫化剂时的物理性能变化不大，加工安全性好。

丙烯腈含量不同，羧基丁腈橡胶的性能也不同。按照丙烯腈含量羧基丁腈橡胶分为以下几种型号（见表 2-22）。

表 2-22 羧基丁腈橡胶的品种、牌号及性能

商 品 名	丙烯腈含量	门尼黏度[ML(1+4)100℃]	相对密度	灰分/%	最大挥发分/%	防老剂
Revinex D 211A	中高	40～65	0.98	1.00	0.5	非污染型
Revinex D 211A-HV	中高	65～85	0.98	1.00	0.5	非污染型
Revinex D 211A-LV	中高	20～40	0.08	1.00	0.5	非污染型
Revinex D 212A-HV	高	75～96	1.03	1.00	0.75	微污染型
Hycar 1072	中高	30～60	0.98	—	—	非污染型
Tylac 202A	中高	40～55	0.09	—	—	非污染型
Tylac 10×115	高	75～95	1.03	—	—	微污染型

注：表中的 Revinex D 类羧基丁腈橡胶中的符号 A 表示硫化速率快，LV 为低门尼黏度，HV 为高门尼黏度。

生胶门尼黏度低时，易于加工，但强伸性能较差，而高门尼黏度的优点是在制造形状复杂的制品时不易进入空气。

XNBR 用于生产各类高压密封件和耐磨、耐油橡胶件，也可与 NBR、CR 或其它通用二烯类橡胶并用来改善这些橡胶的耐磨和耐油性能。特别是与 PVC 或聚甲醛等并用，可得到硬度高及耐磨、耐油、耐化学药品侵蚀、耐臭氧老化等性能优异的并用胶，还可以改进其加工性能。但 XNBR 低温柔性较差，压缩永久变形较大，特别是焦烧安全性很差。

2.16.2 硫化体系

XNBR 不但可以像普通 NBR 一样使用硫黄-促进剂或过氧化物硫化体系在双键位置进行共价交联，而且由于引入了可反应性羧基基团，还可与二价金属氧化物或其盐反应形成离子型交联键。

羧基的活性很高，很容易与二价或高价金属氧化物反应，二价金属氧化物或二价金属盐既是 XNBR 离子交联的硫化剂，又是共价交联的活性剂。普通氧化锌、纳米氧化锌、过氧化锌及硬脂酸锌作为 XNBR 的硫化剂，高羧基丁腈橡胶胶料焦烧安全性差，而低羧基丁腈橡胶胶料的加工安全性较好，基本上接近普通 NBR 胶料。

由离子键形成的离子聚集体在聚合物基体中相当于物理交联点，对整个大分子网络有明显的补强及增硬作用。但离子键交联网络的稳定性较差，离子的聚集和相分离程度的提高使胶料的压缩永久变形增大，高温下的应力松弛速度加快，因此仅仅通过离子交联所得 XNBR 硫化胶的性能并不好。通常将两种交联形式结合起来才能充分发挥 XNBR 的性能优势，得到性能优异的离子交联型弹性体。

常用硫化体系有普通硫黄硫化体系、半有效硫化体系、硫给予体体系、有机过氧化物、金属氧化物硫化体系五种。

在不含氧化锌只用硫黄单独硫化的配方中，羧基丁腈橡胶与通用丁腈橡胶的物理性能大致相当，用氧化锌单独硫化的纯胶配方，虽有较高的拉伸强度，但压缩永久变形较大，而且高温时的物理性能较差，当采取氧化锌、硫黄、促进剂三者并用的体系时，效果较好。例如硫黄-TT 体系，硫化速率快，耐热性好，压缩变形小；硫黄-TS 体系，不易焦烧，可贮存三个月以上，且在常温和高温（100℃）的撕裂性能好，硫黄-CZ-TS 体系，硫化速率快，高温时拉伸强度大，压缩变形小，采用氧化锌的胶料要特别注意防止焦烧，混炼时氧化锌应在最后加入。配合适量的有机酸可改进焦烧性能。

XNBR 硫化体系具体配合形式有无硫硫化体系（例如促进剂 TMTD 3.5）；低硫高促硫化体系（硫黄 0.5 份，促进剂 M 2 份，促进剂 NS 2 份）；普通硫黄硫化体系（硫黄 1.5 份，促进剂 NS

1.2 份）；过氧化物硫化体系（过氧化二异丙苯 6 份，交联剂 TAIC 1.5 份）；金属氧化物硫化体系（氧化锌 8 份，促进剂 NS 0.7 份）；硫黄/金属氧化物硫化体系［氧化锌/硫黄（质量比 8/1）5 份，促进剂 NS 0.7 份，防焦剂邻苯二甲酸酐 20 份］。

采用无硫硫化体系，低硫高促硫化体系和过氧化物硫化体系进行硫化时，XNBR 硫化胶的最大转矩都较低，焦烧时间都较长，采用无硫硫化体系和过氧化物硫化体系时的硫化速率相对较慢；采用金属氧化物硫化体系时，不但 XNBR 硫化胶的最大转矩较低，而且硫化速率快，焦烧时间短；而采用普通硫黄硫化体系和硫黄/金属氧化物硫化体系时，XNBR 硫化胶的焦烧性能较好，最大转矩都较大。这是由于羧基的存在使 XNBR 在用硫黄/金属氧化物硫化体系硫化时，体系中可同时发生羧基与氧化锌的反应、碳—碳双键与硫黄的交联反应，增加了 XNBR 硫化胶的交联密度。由于 XNBR 硫化时的焦烧倾向性较大，因此在配合加工时应加入防焦剂己二酸、丁二酸或邻苯二甲酸酐等。采用的硫化体系不同，硫化橡胶的交联密度和交联键类型不同，从而其各种性能也有所差异。

采用低硫高促硫化体系时，300% 定伸应力、拉伸强度均比采用普通硫黄硫化体系和硫黄/金属氧化物硫化体系时稍差，但比其它硫化体系硫化的 XNBR 硫化胶高；采用无硫硫化体系、过氧化物硫化体系和金属氧化物硫化体系得到的 XNBR 硫化胶的 300% 定伸应力、拉伸强度都较低。这是因为用普通硫黄硫化体系，硫黄/金属氧化物硫化体系硫化的 XNBR 硫化胶的交联密度相对较高。因此，采用普通硫黄硫化体系和硫黄/金属氧化物硫化体系得到的 XNBR 硫化胶的综合物理机械性能较好，其 300% 定伸应力和拉伸强度较高，拉断伸长率虽稍低，但也在一般橡胶制品所允许的范围内。

采用无硫硫化体系、低硫高促硫化体系和硫黄/金属氧化物硫化体系得到的 XNBR 硫化胶的邵尔 A 硬度、拉伸强度和拉断伸长率的老化前后变化率较小，采用普通硫黄硫化体系、过氧化物硫化体系和金属氧化物硫化体系得到的硫化胶的邵尔 A 硬度、拉伸强度和拉断伸长率老化前后的变化率大，这是因为用普通硫黄硫化体系所得硫化胶的交联键为键能较低的多硫键；用金属氧化物硫化体系所得硫化胶的交联键虽为离子键，但交联密度很低，且在此硫化胶中双键的含量相对较多；用过氧化物硫化体系所得硫化胶的交联键虽然为键能较高的碳—碳交联键，但由于羧基的存在，其耐热性较差；用无硫硫化体系和低硫高促硫化体系所得硫化胶的交联键是键能较高的单硫或双硫交联键；用硫黄/金属氧化物硫化体系所得硫化胶的交联键为离子键和共价键两种，热稳定性较好。因此，对于 XNBR 而言采用无硫硫化体系、低硫高促硫化体系和硫黄/金属氧化物硫化体系所得硫化胶的耐老化性能较好。

用硫黄/金属氧化物硫化体系所得 XNBR 硫化胶的磨耗量最小，其次是采用普通硫黄硫化体系，这是因为用硫黄/金属氧化物硫化体系所得到的 XNBR 硫化胶不但交联密度大，而且由于离子键的存在，提高了交联网络的强度。在低拉断伸长率的情况下，有较高的弹性模量，是因为其硫化胶的交联密度较高；在高拉断伸长率、高拉伸应力的情况下，XNBR 有较好的耐磨性，是因为其中的离子键断开，又与邻近的羧基重新组合，限制了化学键的滑动，从而引起能量的分散。

通常情况下，硫化胶的交联密度越大，其压缩永久变形越小。采用的硫化体系不同，硫化橡胶的交联密度和交联键类型不同，从而其各种性能也有所差异。采用普通硫黄硫化体系和硫黄/金属氧化物硫化体系所得 XNBR 硫化胶的交联密度相对较大，但采用普通硫黄硫化体系时，其 XNBR 硫化胶中所生成的交联键多数为多硫键，虽然交联密度高，但多硫键键能低，高温下易于断裂，从而硫化胶的压缩永久变形增大；采用硫黄/金属氧化物硫化体系所得 XNBR 硫化胶不但交联密度高，而且其中的交联键包括较稳定的单硫键、双硫键和离子键，因此其 XNBR 硫化胶的压缩永久变形最小。

采用无硫硫化体系、低硫高促硫化体系、过氧化物硫化体系、金属氧化物硫化体系所得到的 XNBR 硫化胶在汽油和苯的混合溶剂中浸泡前后的邵尔 A 硬度、300% 定伸应力、拉伸强度和体积变化率较大，而用普通硫黄硫化体系、硫黄/金属氧化物硫化体系所得到的 XNBR 硫化胶的这些性能在此溶剂中浸泡前后的变化率较小。这是因为用普通硫黄硫化体系和硫黄/金属氧化物硫化体系所得到的 XNBR 硫化胶的交联密度大，混合溶剂不容易进入 XNBR 硫化胶的交联网络内部。

采用普通硫黄硫化体系和硫黄/金属氧化物硫化体系所得到的 XNBR 硫化胶的综合物理机械性能较好；采用无硫硫化体系，低硫高促硫化体系和硫黄/金属氧化物硫化体系所得到的 XNBR 硫化胶的耐老化性能较好；采用金属氧化物硫化体系所得到的 XNBR 硫化胶的耐磨性、压缩永久变形较好；采用普通硫黄硫化体系和硫黄/金属氧化物硫化体系所得 XNBR 硫化胶的耐油性能较好。

含有氧化锌的高羧基丁腈橡胶的硫化曲线呈两段台阶式上升过程，见图 2-2，第一段是羧基交联为主的过程，第二段是共价键交联为主的过程，其间的平缓上升区，可以认为是两种交联的过渡。而低羧基丁腈橡胶的第一段台阶变得已不明显，普通 NBR 则没有这种趋势。

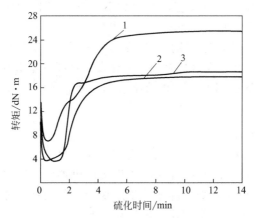

图 2-2　普通氧化锌对 XNBR 与 NBR 的硫化曲线影响
1—高羧基丁腈橡胶；2—低羧基丁腈橡胶；3—丁腈橡胶

高羧基丁腈橡胶使用活性高的纳米氧化锌加工安全性很差，胶料在混炼过程中已焦烧；使用普通氧化锌的胶料焦烧时间也较短，增大其用量则焦烧时间进一步减短；而使用过氧化锌和硬脂酸锌的胶料焦烧时间较长。

使用过氧化锌和硬脂酸锌的胶料硫化曲线没有使用普通氧化锌

时的两段台阶式上升趋势，这是因为过氧化锌分解成氧化锌需要时间，使离子交联推迟；而硬脂酸锌尽管是常规共价交联所必需的活性剂（通常胶料中配用氧化锌与硬脂酸来作活性剂，但实际是其反应生成的硬脂酸锌来发挥活化作用），但与 XNBR 中羧基的反应活性远没有氧化锌强，不能产生有效的离子交联，胶料的交联度下降。

高羧基丁腈橡胶使用过氧化锌的胶料焦烧时间较长，但硬度、拉伸强度和定伸应力较小，拉断伸长率和压缩永久变形较大，说明使用过氧化锌的胶料交联度没有使用普通氧化锌的胶料交联度高。普通氧化锌的用量增大到 20 份时，胶料的拉伸强度和硬度略有增大，其它性能变化不大，说明增大羧基橡胶硫化剂普通氧化锌的用量，胶料的硫化度并没有明显增高。

对高羧基丁腈橡胶，硬脂酸的用量发生变化时，硫化曲线的两段台阶式走势并没有改变，说明其不会对 XNBR 的羧基交联产生影响，故硬脂酸并不是高羧基丁腈橡胶的有效防焦剂。但硬脂酸可作为增塑剂和润滑剂，减少胶料在加工过程中的剪切生热，对提高 XNBR 胶料的加工安全性有利。因此在配合高羧基丁腈橡胶时，应适当增大硬脂酸用量。并且硬脂酸的用量对胶料的物理性能影响不大。

2.16.3 填料体系

补强填充剂中，炭黑的用量不宜过大，否则硬度大，压缩永久变形增加，耐寒性降低，配合 10 份快压出炉黑的羧基丁腈橡胶料与配合 40 份相同炭黑的通用丁腈橡胶胶料的性能相近；若均按配合 40 份快压出炉黑相比，则通用丁腈橡胶胶料的伸长率大，硬度、压缩永久变形小，而羧基丁腈橡胶胶料的拉伸强度及定伸应力大，耐寒性差。非炭黑填料可使用白炭黑、碳酸钙、陶土、滑石粉等。

采用沉淀法白炭黑作补强剂的胶料硫化特性曲线见图 2-3，白炭黑对胶料的共价交联都有一定的延迟，这是酸性的白炭黑吸附促进剂造成的；白炭黑对高羧基丁腈橡胶的羧基交联基本没有影响。

使用沉淀法白炭黑胶料的压缩永久变形和拉断伸长率较大，定

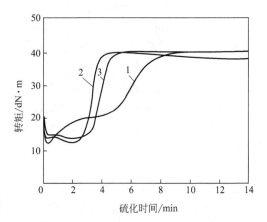

图 2-3　白炭黑对 XNBR 与 NBR 硫化曲线的影响
1—XNBR 1072；3—XNBR 3245C；3—NBR 3345

伸应力较小。填充白炭黑的 XNBR 胶料在不同混炼温度下 XNBR 分子中的—COOH 与白炭黑的—OH 发生酯化反应。巯基含量高的沉淀法白炭黑在 XNBR 胶料中的补强作用优于气相法白炭黑。

用硅烷作为白炭黑表面的偶联剂使得填料对 XNBR 的活性增大，提高硫化胶性能。使用氨乙基氨丙基二甲氧基硅烷（DAMS），填充改性白炭黑的硫化胶的拉伸强度最高。用含有较大体积烷氧基的硅烷改性后，白炭黑表面能的色散分量大幅减小，暗示这样的硅烷能够封闭白炭黑表面的活性点，其效果要优于体积小的硅烷。这样的硅烷使得填充硫化胶的拉伸强度增大的程度较小，但是可以消除橡胶的硬化（这与用白炭黑作为填料有直接的关系）。

另外增塑剂应选择难挥发和难抽出的品种，可使用聚酯类、液体丁腈橡胶和古马隆树脂等。为改进胶料的耐老化性能，可配用适当的防老剂，如对苯二胺类和石蜡等。

2.17　乙烯-乙酸乙烯酯橡胶（EVM）的配方设计

2.17.1　生胶型号

乙烯-乙酸乙烯酯橡胶（EVM）的化学组成与 EVA 相同，都是乙烯与乙酸乙烯酯的共聚物，但由于合成方法不同，二者差异明显。EVA 是乙酸乙烯酯含量低（质量分数低于 0.4）、支化度低而结晶度高的共聚物，属于塑料。EVM 是乙酸乙烯酯含量高（质量分数为 0.4～0.8）、支化度高的无定形共聚物，属于橡胶。

EVM 的主链是饱和结构，化学稳定性好，因此其具有优异的耐热、耐臭氧和耐候性能。乙酸乙烯酯侧链的引入既赋予 EVM 一定的耐油性能，同时破坏了主链的规整性，因此其具有良好的低温柔顺性。主链中非极性亚甲基结构赋予 EVM 良好的低温耐屈挠和耐极性溶剂性能。

EVM 具有一系列优点。

① 耐热老化性能优异，在 150℃下长期使用，最高工作温度可达 175℃，在 175℃下老化 70h 甚至 168h 后，强伸性能保持率相当高。EVM 的耐热老化性能优于氢化丁腈橡胶（HNBR）和三元乙丙橡胶（EPDM）。

② 阻燃性能优异，无卤阻燃 EVM 胶料的氧指数可达 38％～42％，燃烧发烟量低，腐蚀性轻微，燃烧气体无毒。

③ 耐油性能良好，耐油性能相当于丙烯腈质量分数为 0.26～0.34 的 NBR。

④ 耐天候老化性能仅次于 EPDM。

EVM 的缺点是耐水性差，黏度低，加工时易粘辊，只能采用过氧化物硫化。

EVM 可与 CM、EPDM、NBR、MVQ、HNBR 等并用，其中与 HNBR 并用实用意义较大，HNBR 与 EVM 并用，可在保持足够强度和耐油性能的前提下，改善胶料流动性，提高耐热性能，降低成本，HNBR/EVM 并用胶可用于耐高温（150℃）油封。

2.17.2　硫化体系

EVM 是一种饱和橡胶，故只能采用有机过氧化物硫化体系进行硫化，硫化剂可用 DCP、双 2,5、无味 DCP 等，DCP 用量为 2～3 份，同时为了加快硫化速率，提高交联效率，缩短硫化时间，需使用助交联剂。助交联剂（TAC 或 TAIC、HVA-2）用量为 1～3 份。当硫化剂 DCP 和助交联剂 TAIC 的用量约为 2 份时，EVM 的拉伸强度高，压缩永久变形小，综合性能良好。

DCP 用量增加（0.6～1.2 份），拉伸强度和 100%定伸应力明显增大，撕裂强度、拉断伸长率和拉断永久变形明显降低。进一步增加 DCP 用量，拉伸强度和撕裂强度则变化不大，拉断伸长率和拉断永久变形进一步减小，硬度则随 DCP 用量增加稍有增大趋势。

助交联剂 TAIC 用量的增加也可以使 EVM 交联程度明显增加，但对硫化速率无明显影响，硬度和 100%定伸应力均增大，拉伸强度略有提高，撕裂强度、拉断伸长率和压缩永久变形减小，不过 TAIC 用量增加至 2 份以后，这种变化趋势逐渐减弱，因此可以认为采用 2 份 TAIC 是较为合适的。

2.17.3 填料体系

EVM 是一种典型的非自补强性橡胶，未经补强的胶料的强度很低，无使用价值，因此需添加适当的补强剂。

HAF 是最常用的补强性炭黑之一。随着 HAF 用量的增大，撕裂强度、100%定伸应力和硬度均呈线性增加，拉断伸长率变化不大，而在 HAF 用量从 0 增至 30 份时，拉伸强度从 5MPa 增至 15MPa，然后随 HAF 用量增大则变化不大。

2.17.4 软化增塑体系

在 EVM 配方中，加入适量增塑剂有一定增塑效果，但 EVM 是一种极性橡胶，其最大的优势在于高温热氧老化性能好，且具有一定的耐油性。要考虑增塑剂对 EVM 耐热老化性能和耐油性的影响，宜采用高沸点高分子极性增塑剂。高分子极性增塑剂中最典型的是聚酯增塑剂，但是高黏度聚酯增塑剂，增塑效果差一些，如果采用低黏度聚酯增塑剂，增塑效果得到改善。

采用 DOS（癸二酸二辛酯），兼顾高低温用途，与增塑剂 TOTM（偏苯三甲酸三辛酯）并用效果更好。

随着增塑剂用量（5～20 份）的增加，硬度、100%定伸应力和拉伸强度降低，压缩永久变形和拉断伸长率均有所增加。

2.17.5 防护体系

EVM 因是一种饱和橡胶，所以本身已具有较好的高温热氧老化性能，为了使它能在更苛刻的条件下工作，通常还是需加入适量的防老剂。

未加防老剂的 EVM 老化后拉伸强度降低，拉断伸长率变化明显增大，说明 EVM 老化时是典型的裂解型橡胶，而加入防老剂后（如 4010、RD、MB 等），老化后的拉伸强度和拉断伸长率变化率均明显减小，其中尤以 RD 为最佳。

防老剂不同程度地影响着 EVM 的过氧化物硫化和力学性能，表现为拉断伸长率均有不同程度的增加，尤其是防老剂 4010 的影响更加明显，其拉伸强度较低，扯断伸长率很大，说明防老剂 4010 对 EVM 硫化影响显著。

加入抗水解剂 P-50 和防老剂 RD 后，水解后的 100% 定伸应力保持率明显增大，而拉断伸长率的变化明显减小，说明 P-50 和防老剂 RD 在 EVM 中均具有较为明显的抑制水解作用，但两者并用对防老化并没有协同效应。从 175℃×72h 老化后性能看，仅加入 P-50 的拉伸强度和拉断伸长率变化率都很大。

2.17.6 其它配合体系

EVM 的抗水解性能较差，需加入抗水解剂。有效的抗水解剂是聚碳酸二亚胺，如德国莱茵化学公司的 Rhengran P-50 或国产的 PCD，通常抗水解剂 Rhengran P-50 用量为 3 份。未加抗水解剂的 EVM 在热水中浸泡后定伸应力迅速降低，拉断伸长率迅速增大；加入 3 份抗水解剂 Rhengran P-50 后，EVM 的拉伸性能变化较小。

EVM 的黏度较低，混炼时易粘辊，应加入硬脂酸或硬脂酸钙（或硬脂酸锌），此外还可以加入适量的聚乙烯蜡，用量为 0.52 份。

第3章　胶鞋的配方设计

胶鞋是多部件产品，各部件在穿着过程中受力状况很复杂，应当根据产品结构、不同受力运动状态及具体的性能要求，设计胶料的配方。在成本、质量和加工性能加以综合平衡后，选定各部件胶料的生产配方。

胶鞋配方设计是否合理直接关系到制品的质量和使用性能，胶鞋配方设计必须以胶鞋的使用要求、工艺条件为依据，以满足消费者各种穿着、安全、美化的需要为目的，胶料的性能要达到标准规定的指标。

3.1　胶鞋配方的整体设计

胶鞋是由多种部件（包括胶件和非胶件）有机协调构成的一个统一整体，各部件所处的位置和所承担的作用各不相同，相应地对各部件性能的要求也不相同，如大底要经受频繁的屈挠和摩擦，要求具有良好的弹性，耐磨性和耐屈挠性能；围条和鞋面胶要具有优良的耐屈挠和耐老化性能；海绵中底要有良好的弹性；里后跟支撑鞋帮硬挺，要求有良好的耐磨性和耐屈挠性。当然各部件本身都要具有一定的强伸性能和耐天候老化性能。

胶鞋的质量取决于质量最差的部件，而不是取决于质量最好的部件。因而胶鞋的胶料部件和非胶料部件的使用质量应具有良好的配合，应保证具有基本一致的使用质量（寿命），即在穿用寿命终止时，鞋帮、大底等各部件受破坏程度应相差不大。部件寿命过长或过短，都是不合适的。一般正常穿着条件下，应保证胶鞋的整体使用寿命不低于八个月，大底的使用寿命一般设计为鞋帮使用寿命的 1.2 倍。

因此在进行胶鞋的各部件胶料配方设计时，除了考虑各部件在使用时所承受的作用力外，还应考虑到胶鞋各部件之间的性能关系，达到协调一致的配合，以提高全鞋的穿用寿命。这种从整体角度进行胶鞋各部件之间的性能关系配合、主要参数的确定即胶鞋的整体配方设计，整体配方设计是影响全鞋质量和穿用寿命的关键因素之一。

胶件之间的协调配合至少应当包括下列三个方面：①加工工艺性能；②物理机械性能；③长期使用性能。

3.1.1　各胶料部件硫化速率（及发泡速度）的配合

在胶鞋硫化过程中，虽然总体硫化条件相同，但由于胶鞋中各胶件所处的位置不同及胶料尺寸不同，加上胶料和纺织物是热的不良导体，每个胶件的硫化时间、受热时间和温度有所差别，这就要进行胶料硫化速率的配合设计，保证各部件胶料在胶鞋硫化结束时均处于最佳的硫化状态。如各部件胶料硫化速率配合不当，产生硫化程度不一致或黏合不牢，将严重影响产品质量。标志胶料硫化速率的主要有三点：初硫点、正硫化点和过硫点。

硫化速率总的配合原则是：①保证各胶料部件的起硫点、起发点具有正确的配合；②保证各胶料部件在硫化工艺条件下，都能够达到正硫化状态；③在许可条件下尽可能提高硫化速率，缩短硫化时间。主要有下列几个方面的考虑。

总的要求是：硫化过程中胶料的受热时间越早、温度越高，配方设计时所设计硫化速率越慢。

a. 布面鞋配方设计时以大底为基础，而胶面鞋则以鞋面为基础，调整各部件的硫化速率。一般来说，大底与围条、外包头、大梗子、里后跟等应具有基本一致的起硫点、正硫化点及硫化平坦性。大底初硫点不应快于鞋面及围条，否则在硫化过程中大底定型早，鞋面和围条定型慢，大底容易将鞋面或围条拉变形，造成拉面或拉围条的次品。

b. 海绵中底的起硫点应稍慢于起发点，或者大致相同。若起硫点过慢，则发泡过大，造成海绵中底过于柔软而易于塌陷。反之，若起点过快，则起发不足，造成海绵过于板实而弹性不良。另外海绵中的起发点应慢于大底的起硫点（海面中底的起硫点相应也慢），否则将会造成大底因中底发泡而凸起。

c. 围条胶浆的初硫点应稍慢于围条或者基本一致，否则均不利于围条与鞋帮的黏合，影响黏合强度。包头胶浆也是如此。

d. 对于二次硫化黏制鞋而言，大底，海绵中底是经过预发泡的，二次硫化工艺的硫化速率的配合设计时应加以考虑。

e. 对于全胶鞋而言，还应考虑亮油的干燥速率与硫化速率的配合，亮油氧化干燥速率快，则漆膜变脆容易裂纹；亮油氧化干燥速率慢，则漆膜发黏，容易失光，因此胶料硫化体系的配合应与亮油配方中氧化干燥系统的配合相一致。

在生产实际中一般采用多触点平衡电桥式热电偶测定各部位胶料在硫化罐中的硫化升温曲线，计算硫化效应，调整各部件胶料的配方，使各部件硫化速率协调。如在 136~138℃ 硫化条件下测得在硫化罐内胶鞋各胶部件的最高温度如下：大底、围条（或鞋面）为 136~138℃（与罐内温度一致）；海绵中底、里后跟为 124~126℃；胶浆为 128~130℃。根据分析，各部件胶料硫化速率配合是海绵中底最快，胶浆次之，大底第三，围条（或鞋面）最慢。

胶鞋各部件的硫化速率配合举例见表 3-1。

表 3-1　胶鞋各部件胶料硫化速率

部件名称	硫化仪测定(134℃, T_{10})/min	硫化仪测定(134℃, T_{90})/min	初硫点[1] (134℃) /min	正硫点[1] (134℃) /min	平坦期范围[1] (134℃) /min	硫化起点[2] (134℃) /min	正硫化范围[2] (134℃) /min
黑大底	4~5	12~13	3.5~4.5	20	20~60	2~2.5	10~20
浅色大底	5~6	12~13	3.5~4.5	20	20~60		
海绵中底	3~4	8~9	2~2.5	15	15~40	3.4~4 冬 2~2.5	12.5~25
围条	5~6	15~17	4~5	25	25~60	夏 2.5~3 冬 2~2.5	12.5~20
鞋面	7~8	14~15	6~6.5	25	25~70	夏 3.5~4 冬 3~3.5	10~20
底后跟	7~8	12~13	5~5.5	20	20~60		
里后跟	4~5	10~11	3~3.5	20	20~60	2~2.5	12.5~20
胶浆	5~6	18~20	4~4.5	25	20~60	夏 2.5~3	
包头						夏 2.5~3 冬 2~2.5	12.5~20

注：①与②资料来源不同。

3.1.2　各胶料部件含胶率的配合

一般情况下胶料的含胶率越高其胶料质量（弹性、强度等）越好。各部件含胶率的确定是以其所承担的作用和结构为依据的。一般来说，具体遵循下列三个原则：①主要部件比次要部件含胶率高；②作用强烈的部件比作用缓和的部件含胶率高；③作用程度相近时规格薄的部件比规格厚的部件含胶率高。鞋面和鞋底是胶鞋的主要部件，围条和胶浆部件在穿着中作用强烈而且规格薄，所以要求这些部件的含胶率高些。外包头部件一般规格厚，头跟皮部件、上口线部件为次要部件，作用缓和，所以这些部件含胶率可以低些。

各胶料部件的含胶率设计以大底为基准，胶鞋各胶件的含胶率配合举例见表 3-2。

表 3-2　胶鞋胶料一般含胶率　　　　单位：%

部件名称		含胶率		胶浆名称		含胶率	
		工农雨鞋	解放鞋			工农雨鞋	解放鞋
大底		40 左右	40～46	操作汽油浆		75～85	75 左右
中底		6 以下		合布胶	汽油浆		45 左右
海绵中底	一次硫化	5～10	5～10		胶乳浆		43 左右
	二次硫化		20～30	内头皮	汽油浆	45～60	45～60
鞋面		50 左右		鞋里布	汽油浆	60 左右	
围条	内		50 左右		胶乳浆	43～45	
	外	50 左右	45 左右	中底布	汽油浆	45 左右	45 左右
外包头					胶乳浆	35 左右	35 左右
内包头		25 左右		围条	汽油浆		75 左右
里后跟		20～30			胶乳浆		45 左右
大梗子		35～38		后跟帮	胶乳浆		45 左右
底后跟		30～45		底后跟	汽油浆	75 左右	
					胶乳浆	50 左右	

3.1.3　各胶料部件与非胶件之间的配色

由于胶件的着色剂在硫化过程中会发生变色，胶件与非胶件间的配色问题就更为重要。

3.2 胶鞋各部件性能要求

3.2.1 物理机械性能要求

不同部件在胶鞋中位置、作用不同，同时在使用时受力状态也不同，因而其具体的性能要求也不同，同样要求的性能侧重点不同，比如大底配方要求耐磨，应首先着重考虑到耐磨性能；围条配方要求耐屈挠，伸长，应首先解决耐屈挠、伸长性能。胶鞋各胶制部件的性能要求见表 3-3。

表 3-3 胶鞋各胶制部件的性能要求

部 件	主要性能要求	次要性能要求
大底	优良的耐磨性	耐屈挠性
鞋面	耐屈挠、耐光老化	弹性、强伸性能较高
围条	耐屈挠、耐碰擦	抗动态疲劳
大梗子、包头	耐磨、坚韧	挺性好、抗冲击
海绵中底	低压缩变形、高弹性	柔软
里后跟	耐磨损、挺性好	抗屈挠

表 3-4 和表 3-5 给出了胶鞋常见的性能指标。

表 3-4 布面胶鞋部件物理机械性能

项 目	大 底		海绵内底	围条包头	大梗子	内后跟
	运动鞋类	轻便鞋类				
硬度(邵尔 A)	50～70	55～70		55～65	55～65	
伸长率/%	≥420	≥380	≥380	≥500	≥480	≥380
拉伸强度/MPa	≥11.8	≥9.31	≥4.4	≥18.6	≥14.7	≥7.8
磨耗减量/(cm³/1.61km)	黑色≤1.0 颜色≤1.5	≤1.7				
老化系数(70℃×72h)	≥0.7			≥0.8	≥0.8	
弯曲初裂/次	≥8000			≥10000		≥1000
全裂/次	≥50000			≥25000		≥8000
起发率/%			100～120			

表 3-5　胶面胶鞋成品性能

性能项目	低帮鞋		高中帮鞋		工矿类	
	胶面	大底	胶面	大底	胶面	大底
拉伸强度/MPa	≥12.74	≥10.78	≥13.72	≥11.76	≥15.68	≥13.72
伸长率/%	≥460	≥400	≥480	≥420	≥500	≥450
硬度(邵尔 A)	50～65	55～70	50～65	55～70	50～65	55～70
磨耗减量/(cm³/1.61km)	≤1.3	≤1.9	≤1.2	≤1.7	≤1	
附着力/(N/cm)	≥5		≥7		≥8	

3.2.2　工艺操作方面应考虑的因素

（1）**塑炼、混炼**　塑炼、混炼工艺操作性能不好的配方，较难或无法达到预期目的。对于开炼机，在塑炼、混炼工艺上主要看胶料是不是良好包辊、是否有粘辊或脱辊现象，吃粉是否容易，分散是否均匀。对于密炼机当指定了操作工艺条件的情况下，能否完成工艺台时，并使配合剂分散均匀。

（2）**胶料的可塑性**　塑混炼胶可塑度范围见表 3-6。

表 3-6　**塑混炼胶可塑度范围**（威廉氏可塑度）

部　件	塑炼胶	混炼胶
黑色大底	0.48～0.56	0.30～0.40
浅色大底	0.52～0.58	0.56～0.62
鞋面	0.52～0.58	0.56～0.62
围条	0.50～0.56	0.52～0.58
底后跟	0.44～0.52	0.27～0.35
里后跟	0.50～0.56	0.22～0.30
汽油胶浆胶	0.68 以上	0.70 以上
海绵中底	0.45 以上	0.45～0.52

（3）**半成品的收缩性**　配方设计中的填充剂、软化增塑剂的品种和数量、硫化体系的选择对半成品收缩性均起着决定作用，应认真考虑。

（4）**混炼胶的焦烧性**　各部件胶料配方设计既要保证胶料加工安全性，具有一定焦烧时间，同时适当提高硫化速率。目前，由于合成胶掺用量增大及炉法炭黑应用，硫化体系中可并用次磺酰胺类促进剂，以便从根本上改善胶料的焦烧性能。

（5）**半成品黏性**　黏制法成型要求胶料半成品具有良好黏性。设计配方时必须考虑适当增加胶料的黏性，克服胶料半成品在停放过程中的喷霜现象，这就要求合理控制某些配合剂用量。

（6）原材料变更要保持胶料性能稳定　原材料品种互换或变换产地时，要注意发挥其优点，克服缺点，以保证成品物理机械性能稳定，必须经严格检验、试产后，才能投产。

（7）配方与生产设备及生产方法的配合　配方设计中应考虑对设备，工艺是否有特殊要求，是否需添置新设备或对现有设备进行改造，如采用橡塑并用，就要用高温塑炼机，使用热塑性橡胶，就要采用注压新工艺等。

总之配方设计要满足产品性能、制造加工及成本等多方面要求，因此在设计时应抓住以下三点：①胶鞋是典型的多部件产品，配方设计要从整体角度出发，兼顾多部件的一致性，把提高全鞋使用寿命作为配方设计的最终目的；②协调好各部件胶料的硫化速率，因各部件厚度有较大差异，受热先后也不同，应做到正硫化时间的基本同步；③要考虑性能的整体性，既要满足一般性能要求，更要达到部件的主要性能要求。

3.3　主要胶件的配方设计

3.3.1　大底的配方设计

大底是胶鞋接触地面，并承受频繁摩擦、受压及弯曲的部分，因此规定它必须具备良好的耐磨性、耐屈挠性、弹性和一定的强力。胶料要求柔软，收缩小和黏着性好。

大底在穿着过程中与地面摩擦，从物理化学观点分析，属疲劳磨耗。胶鞋穿用对象不同，磨损情况也不同，这对我们选择含胶率和配合剂都是重要的依据。按照橡胶磨耗理论分析，要提高大底的疲劳磨耗性能，必须注意以下几个问题：

a.聚合物的微观结构，如分子中顺、反式结构的比例，乙烯基含量及聚合物的玻璃化温度等直接影响耐磨性，尤其玻璃化温度影响更加显著，玻璃化温度越高，耐磨性能越差。

b.胶料硫化程度在正硫化平坦范围内，硫化胶的磨耗性能与弹性、撕裂强度成正比。

c.掺用合成橡胶的胶料，加入不同炭黑，硫化胶的耐磨性能相差很大。用高结构炭黑可改善加工性能，减少收缩，提高耐磨性；使用白色填料，如白炭黑、陶土等时，必须使用活性剂，以提高填料活性，保证硫化程度，从而提高硫化胶的耐磨性能。无补强性填料均损伤胶料耐磨性。

d. 要提高大底耐疲劳磨耗性能，必须同时提高耐屈挠性和耐老化性能，所以应加入防老剂。

（1）黑色大底与浅色大底

① 生胶体系　目前普通的黑色大底多采用天然橡胶（NR）与丁苯橡胶（SBR）、天然橡胶（NR）与丁二烯橡胶（BR）或天然橡胶（NR）、丁苯橡胶（SBR）、丁二烯橡胶（BR）并用。不同胶种并用时，主要考虑它们之间溶解度参数要相近，使掺用后胶相结构均匀细致，同时还要注意补强剂等在两相中的分散，并用胶达到共硫化和同步硫化。目前黑色大底生胶掺用比例一般是丁二烯橡胶/丁苯橡胶＝80/20～40/60、丁二烯橡胶/天然橡胶＝80/20～60/40，丁二烯橡胶/丁苯橡胶/天然橡胶＝50/10/40 或 30/30/40，这不是绝对的，配方设计时可以调整，含胶率宜控制在 35%～40%，布面胶鞋鞋底料含胶率为 37%～42%，胶面胶鞋鞋底料的含胶率为 40%～45%。为提高鞋底的耐磨性，还可掺用高苯乙烯。在天然橡胶使用上，黑色大底一般使用 4#、5#胶，浅色大底采用 1#、2#、3#烟片胶或标准胶 1# 或白绉片胶，浅色大底橡胶选择仍以天然橡胶为主，近年来合成橡胶也被逐渐采用。选用的合成橡胶有非污染丁苯橡胶 1502，一般用量不超过 10%，溶聚丁苯橡胶可用到 40%，丁二烯橡胶因物理机械性能较低，一般不超过 20%。至于耐油大底则使用丁腈橡胶（NBR）或与氯丁橡胶并用。

② 再生胶　胶鞋大底用再生胶有胎面再生胶、胶面胶鞋再生胶和布面胶鞋再生胶等，其橡胶烃含量分别按 45%、33%、35%计算。含胶率在 37%～42%，掺用再生胶一般用胎类再生胶，如果鞋类再生胶物理机械性能较好时，也可两种再生胶并用，如含胶率降低到 33%～35%，再生胶用量可达 50～60 份。根据橡胶烃多少，一般每 100 份再生胶增加硫黄 1.0～1.5 份、氧化锌 2～3 份、准速促进剂 0.5～0.9 份，适当调整配方中硫化体系。浅色大底橡胶可选择浅色再生胶。

③ **硫化体系** 硫化体系橡胶特点可采用低硫高促体系，以克服合成橡胶硫化速率慢的缺点，例如，1.7～2.0 份硫黄与 1.5～1.8 份促进剂并用。通常选择能赋予胶料良好物理机械性能、硫化平坦性好、防焦烧性好及不污染、不变色、不喷出的促进剂。促进剂可采用 M＋D＋DM（AB 型）或 M＋D＋CZ（ABN 型）体系，常用的为促进剂 M、促进剂 DM 与促进剂 D 并用。促进剂 M＋促进剂 DM 与促进剂 D 之比一般为 65：35；其它也可为 70：30、60：40 等，促进剂 M 或促进剂 DM 与促进剂 D 之比，一般为 60：40。在使用多量高耐磨炭黑的情况下，因胶料易于焦烧，可使用促进剂 CZ、NOBS（NOBS 因有一定毒性尽量不用或少用）等后效性促进剂。促进剂 CZ 用量一般为促进剂 M 与促进剂 DM 的 2/3 左右。硫黄用量一般为 2.5 份左右，硫黄的用量要根据丁苯橡胶（SBR）、丁二烯橡胶（BR）用量的增加相应减少。ZnO 用量一般为 3～5 份，SA 用量一般为 1～3 份。

浅色大底硫化体系因白炭黑及陶土等有延迟硫化的作用，硫黄用量一般为 2.2～2.6 份，促进剂可采用 AB 型或 ABN 型。在白色胶料中促进剂 D 有污染变色现象，使用时用量不宜太大。

④ **填料体系** 黑色大底一般使用高耐磨炭黑，用量也较大（一般 65～75 份），也可与陶土、碳酸钙或软质炭黑并用。因炭黑用量大，工艺上应注意选择合理的混炼工艺，使炭黑在并用胶中均匀分散。并用丁苯橡胶时，按并用比适当增加炭黑用量。炭黑吸油值高，丙酮抽出物小，则胶料黏性差，伸长与耐屈挠性能下降，成品硬度增大。也可以并用部分补强填充剂，如硅铝炭黑、超细活性陶土及活性碳酸钙等，可添加 30～40 份的普通填充剂降低成本。

浅色大底应使用无污染型补强剂，如白炭黑、白艳华、陶土、木质素等。加入白炭黑时需使用二甘醇（DEG）（一缩二乙二醇）、甘油（丙三醇）、聚乙二醇（PEG）或三乙醇胺（TEA）等活性剂，使用陶土时需使用含有—COOH 类的活性剂，如硬脂酸（一般用量 3～5 份）。

⑤ **软化增塑体系** 常用软化增塑剂有古马隆树脂、二线油、工业脂、机油、凡士林、松焦油、锭子油等。软化增塑剂对胶料的硫化速率一般均有影响，可根据使用量适当调整。固体古马隆树脂

兼具补强作用，与机油、凡士林、松焦油、锭子油等比较，除使胶料硬度稍高外，其它性能均较优越，但软化能力较差，一般相当于液体软化增塑剂的70%左右。掺用丁苯橡胶的大底胶料中，固体古马隆用量一般为15～20份，并用情况有：固体古马隆＋机油＋钙基脂，固体古马隆＋三线油或固体古马隆＋机油（或锭子油）。

浅色大底软化增塑剂要选用非污染型石油系软化增塑剂，如石蜡油、环烷油、变压器油、锭子油、凡士林、钙基脂等。在合成橡胶掺用量较大时，可掺用2～4份萜烯树脂或二甲苯树脂RX-80增黏。浅色大底一般在5份以下，以防变色。煤焦油、松焦油对浅色大底有严重的污染变色，不可使用。

⑥ 其它配合剂　防老剂用量一般为1～1.5份。要求选用耐屈挠、耐空气和日光老化性好的品种，防老剂以往多是防老剂A或防老剂RD单用或并用，近年来，防老剂RD和BLE已逐步代替防老剂D。为改善鞋底的耐屈挠性能，也使用适量的防老剂BLE、4010NA、AW、H等。

浅色大底防老剂选用防老剂MB、SP、DOD，246，2246等非污染型防老剂，以保持颜色鲜艳。

因采用低硫高促硫化体系，成品硫化温度较低，这就要求胶料焦烧性能好，硫化速率快，为此常加CTP作防焦剂。

(2) 透明大底、半透明大底

① 生胶体系　胶种的透明程度是决定大底透明度的主要因素。适合制造这类大底的胶种主要有白绉片，透明丁苯橡胶（特别是非污染的充油丁苯橡胶、溶聚丁苯橡胶、丁苯橡胶1502）和透明丁二烯橡胶。顺丁橡胶及非污染的充油丁苯橡胶、白绉片可并用或单用。各种胶制成透明度排列顺序如下：溶聚丁苯橡胶2003＞顺丁橡胶＞丁苯橡胶1502＞白绉片＞1烟片。

② 填料体系　填料为折射率与主体接近的透明白炭黑、硅酸铝、透明碳酸镁等。填充剂首选用透明白炭黑，优先可用德国VN3、日本VN3-AQ、通化TB-TM、苏州TS等。用透明白炭黑可制得全透明底，用硅酸铝、透明碳酸镁（折射率1.525～1.530）可制半透明底（半透明大底）。考虑到要降低成本，也可掺用LEE-白滑粉及高透明白滑粉，但严禁使用立德粉和钛白粉等遮盖力强的

品种。

③ 促进剂 促进剂的选择要注意硫化后再结晶倾向，如果再结晶，就影响成品透明度。硫化剂应选用易硫化和硫化后不易再结晶的品种，一般有：二硫代氨基甲酸盐类促进剂（但用量要少，以防再结晶和焦烧）、促进剂 DHC、促进剂 FN 与 TMTD 并用。透明底当硫化时间长、温度高时，均使成品颜色变深，因此必须使用超促进剂。使用超促进剂量不宜过大，否则易产生硫化后再结晶。如使用促进剂 DHC（促进剂 M 与二乙基硫代氨基甲酸锌的混合物）效果很好。宜为超促进剂与弱促进剂并用，一般选用促进剂 M/D/DM/TMTD、促进剂 DM/PX/H、促进剂 M/D/ZDC/H，促进剂 M/DM/PX 并用。

④ 防护体系 防老剂需使用非污染或污染性小的品种，如防老剂 EX 和防老剂 WSL、MB 等。

⑤ 活性剂与软化增塑体系 透明底中应采用活性 ZnO 或透明碳酸锌、二甘醇（DEG）和丙三醇等，用量较低。硬脂酸用量也要低，一般在 1.5 份以下。软化增塑剂以石蜡系油类最好，也可以变压器油（或锭子油）与凡士林并用。在全合成橡胶配方中还可并用粗萘，以提高软化效果，改善工艺性能。

（3）化学鞋大底 化学鞋大底分为橡塑并用微孔底、橡塑并用低发泡底两种。橡塑并用微孔底又分为透明底，半透明底和不透明底 3 种。

① 橡塑并用微孔底 橡塑并用微孔大底是以塑料为主的橡塑并用交联发泡而成制品，这种制品配方设计的最主要要点是：a. 要注意橡塑微孔胶料的交联与发泡的速率相互配合，交联起点应稍快于发泡起点。b. 要根据橡塑微孔的要求，比如耐磨程度、软硬程度等来确定橡塑微孔配方中主体材料的选择、起发率的大小和各种配合组分的份量。c. 常用的配比为塑料：橡胶＝（75～85）：（25～15）。要求塑料与通用橡胶的溶解度参数、结构及极性接近，故塑料选用高压聚乙烯，并用乙烯-醋酸乙烯酯共聚物（EVA）；橡胶可用天然橡胶（NR）或并用丁苯橡胶（SBR）、丁二烯橡胶（BR）、溶聚丁苯橡胶或三元乙丙橡胶（EPDM）。

用热硫化方法制取微孔制品，必须使用发泡剂。但在高温下塑料和橡胶黏度很小，不能固定发泡剂分解时产生的气体而不能制得微孔制品，因而一定要同时加入硫化交联剂，产生空间网状结构，使体系黏度增大而与发泡剂分解产生的气体压力保持平衡，把发泡剂高温分解产生的气体固定下来。目前最常用的化学交联剂是有机过氧化物DCP（过氧化二异丙苯），用量一般为 0.8～1.2 份。常用的发泡剂有很多种，如：无机发泡剂（碳酸铵、碳酸氢钠等）和有机发泡剂（如发泡剂 AC，发泡剂 H 和尿素等）。在橡塑微孔制品里多单用发泡剂AC（偶氮二甲酰胺）或并用发泡剂 H。发泡剂 AC 的用量一般为 4～6 份。由于发泡剂 AC 的分解温度较高（195～200℃），故需加入发泡助剂以降低其分解温度，使交联温度一致。目前多使用 ZnO 与 SA 并用，三碱式硫酸铅、硬脂酸铅等发泡助剂，可单独使用或并用，用量在 3～5 份可将发泡剂分解温度降至 160～170℃。

②橡塑并用低发泡鞋底的配方　它与橡塑微孔底配方差不多，只不过在配方中加入很少量的发泡剂 AC，一般是 2 份以下，使成低发泡体。其特点是能够制成定型鞋底，简化生产工序，节约胶料。

（4）改性 PVC 鞋底　目前改性 PVC 鞋底多是以疏松型的 PVC（如 3 型 PVC）100 份，加入大量增塑剂（80～90 份），以及少量发泡剂 AC 及稳定剂后，再加入 20～30 份粉末丁腈橡胶（或 PVC 改性剂 P83 或 PVC 改性剂 741）改性，通过注塑成型机在高温下注塑成型而得。

因加入发泡剂量少，且是用注塑机注塑时的高温发泡，故PVC 鞋底发泡率很小，是低发泡体，有较好弹性，手感很像橡胶。

（5）橡塑并用鞋大底胶料　生胶除了天然橡胶以外，使用较多的还有乳聚丁苯橡胶 1502、1507、溶聚丁苯橡胶 2003、丁二烯橡胶（BR）。树脂选用与橡胶相容性好的热塑性树脂，如橡胶与聚乙烯（PE）、乙烯-乙酸乙烯酯共聚物（EVA）、高苯乙烯树脂（HS）等并用为多。用 PE 或 EVA 时，宜以过氧化物（如 DCP）与硫黄并用作交联剂，用高苯乙烯树脂时，硫黄单用即可。目前国内并用高苯乙烯一般为 20～30 份，PE 在黏制法大底中已掺用 20 份。

（6）仿革底料　用作时装鞋的仿革底，要求其硬度在 90（邵尔A）以上，着地时会发出似牛皮底的声音，耐屈挠、耐磨、耐低温等性能较好。这种底料在加热后软化，涂覆胶黏剂后易于黏合。胶料的主体为松香软丁苯橡胶与高苯乙烯树脂的并用胶，配方特点是硫黄用量大于促进剂 M、D、DM、TMTD 并用量，氧化锌及炭黑、陶土、碳酸钙等填料用量也很高。近年来，在聚氯乙烯（PVC）材料里掺用部分热塑性聚氨酯橡胶（PUR），可以大大提高仿革底的耐磨性。

（7）注塑鞋大底胶料

a. 热塑性丁苯橡胶（SBS）鞋底料　由 SBS 基料、环烷油、聚苯乙烯树脂、无机填料和防老剂等配制而成。

b. 聚氯乙烯鞋底料　由 PVC 树脂、增塑剂（如 DOP、DBP 等）、填料、改性剂（如 Elvaloy、Chemigum P83 等）、稳定剂（如三碱式硫酸铅、硬脂酸铅＋硬脂酸钡、WJ-310 液体稳定剂）等配制而成。要求有较好的流动性、充模性和热稳定性等。

3.3.2　鞋面的配方设计

因为鞋面（胶面靴）在穿着时经受频繁的变形，且鞋面的胶片较薄，所以要求有较高的耐屈挠性能、耐疲劳性、耐老化性能、抗撕裂性能和高拉伸强度，因此，配方设计应注意如下事项。

（1）生胶体系　以天然橡胶为主体，由于鞋面胶是薄制品，有微小的杂质都可能影响鞋面光洁度和疲劳性能，故应选用 1 号或 2 号烟片胶，SMR5 CV 或国产颗粒胶 SCR5。鞋面胶含胶率较高，工农雨鞋、轻便靴一般是 48%～50%，工矿靴是 52%～55%。鞋面胶由于不能大量使用补强性炭黑，合成橡胶并用比例较小，掺用 5～10 份合成橡胶（如丁苯橡胶、丁二烯橡胶等）对改善出型工艺有很好的效果。掺用丁苯橡胶，出型操作较安全，因为丁苯橡胶硫化速率慢，焦烧时间长。根据生产经验，鞋面配方掺用少量丁苯橡胶，可减弱喷霜。常用 10 份丁苯橡胶 1500、丁苯橡胶 1502 与天然橡胶（NR）并用或天然橡胶（NR）/丁苯橡胶（SBR）/丁二烯橡胶（BR）＝85/5/10。合成橡胶并用比过大时，半成品收缩性大，压延后易产生表面不光洁（俗称橘皮）等毛病。如果天然橡胶（NR）与溶聚丁苯橡胶并用，溶聚丁苯橡胶用量可达 30 份，不仅可以显著提高鞋面胶的抗屈挠性能，还有助于压出、压延，半成品收缩也小，表面光洁且黏着性良好。

为提高胶面挺性和表面光洁度，鞋面配方中可掺用少量热塑性树脂，如高苯乙烯树脂（HS）、乙烯-醋酸乙烯酯共聚物（EVA），可以增大挺性，包辊性和出型性也有所改善，但永久变形增大，黏性下降，所以用量应控制在5~10份。

（2）硫化体系　硫化体系常采用促进剂 M＋DM＋D 或 M＋DM＋CZ 并用，总用量为 1.2~1.5 份。多数采用 M＋D＋DM 体系，其中 D 的用量为 1/4~1/3，但这种体系对鞋面胶的耐疲劳性能和焦烧性能不利。目前趋向于使用 AN 型并用，采用 M＋DM＋CZ 体系，当 M：CZ＝1：1 时，胶料抗焦烧性能最佳，硫化速率也较快，硫黄用量可降低，有利于提高鞋面胶的耐疲劳性能及耐老化性能。

选用 ZnO 和 SA 作为硫化活性剂。ZnO 应选择纯度高，无金属锌的品种，用量一般为 5 份，宜选用纯度高、无金属锌的间接法 ZnO。用间接法 ZnO 较好，能显著提高焦烧性能，如用直接法 ZnO，则促进剂 M 用量要增加，以利提高耐老化性能。硬脂酸用量控制在 1 份以下。

全天然橡胶的硫黄为 2.1~2.3 份，掺用 10%丁苯橡胶的胶料可减少 0.1 份左右。有时为防止焦烧，也可适当使用防焦剂。

（3）填料体系　因鞋面较薄，所以其填料体系一般以轻质碳酸钙为主，掺用部分立德粉、白艳华、白炭黑（浅色和彩色）或低结构炭黑（黑色）等，可提高鞋面胶料的柔软性和耐屈挠性能。并用 20~25 份立德粉，选用补强性的炉法炭黑，用量一般不超过 10 份，选用低结构 HAF、SRF，GPF，则可相应提高掺用量。

（4）防护体系　要求选用耐屈挠，耐老化性能好的品种。在黑色胶面鞋中一般使用防老剂 A＋RD，防老剂 4010NA 和 4020，对提高胶面耐屈挠性能、解决早期胶面开裂有较好效果；也可以防老剂 A、防老剂 4010（4010NA、4020）及防老剂 H 并用等。防老剂 4010NA 有助于耐老化，耐屈挠性能的提高。用量一般不超过 0.4 份，防老剂 H（1,4-二苯基对苯二胺）耐空气老化及耐日光老化好，用量一般不超过 0.2 份。防老剂 A 耐屈挠性能好，并且在生胶中溶解性大，不易喷霜。

防老剂要求选用耐屈挠、耐老化性能好的品种，在浅色和彩色胶面鞋中，常用防老剂品种有防老剂 SP、264、MB 等。

（5）软化增塑体系　一般选用机油或钙基脂等黏度较小的品种，黑色鞋面有的掺用 5 份黑油膏，有利于压出、压延，提高半成品表面光洁度。但黑油膏分散性差，必须在生胶塑炼时加入。软化增塑剂用量以能满足混炼压延要求为原则，如过量则喷出，影响半成品表面黏性和表面光泽。胶料中软化增塑剂用量较少，常用的有固体古马隆树脂、凡士林、黑油膏等。

鞋面胶的生胶可塑度要大些，以利于压延操作，混炼胶在未加硫黄前必须进行过滤，以清除杂质，混炼胶停放时间应在 16h 以上，停放时间长，返炼次数多，对提高疲劳性能有利。浅色鞋面胶配方要求基本与围条胶相同，但需注意与大底胶料硫化速率配合好，还要注意避免产生弹面现象。

3.3.3　围条及外包头的配方设计

围条在胶鞋中的功能一是黏结帮与底，二是保护鞋帮不受到磨损，其主要性能是耐屈挠（因围条处于弯曲频繁以及帮底两种材料的交界处，围条是胶鞋变形最大的部件，特别在跖趾部位更是如此）和耐老化（因围条部位最易接触外来物，而且长期处在动态疲劳之下，很容易老化）。同时要严格控制配合剂的喷出。一般含胶率要稍高于其它部件，而定伸应力要比其它部件低。

（1）生胶体系　一般以天然橡胶为主，常用 1～3 号 RSS，如用 4～5 号要进行洗胶，对鲜艳产品应考虑选用浅色胶片，高级白色围条要选用白绉片胶。选用合成橡胶作围条必须选用非污染型合成橡胶，如丁苯橡胶-1502 或丁二烯橡胶 9000，一般掺用量不超过 15 份，掺用溶聚丁苯橡胶则在 20～30 份之内。

（2）硫化体系　全天然围条，硫黄用量控制在 2.0～2.2 份，以防喷霜。促进剂采用 AB 型，如 M＋DM＋D。M 与 D 的使用比例对硫化速率和产品性能影响很大。当 M/D＝1∶1 时硫化速率快，但焦烧性能差，硫化胶拉伸强度高，但耐屈挠和耐老化性能差。当 M/D＝3∶1 时，焦烧性能较好，硫化速率稍慢，拉伸强度较低，耐屈挠和耐老化性能好。M/D＝2∶1，性能介于二者之间。在 M/D＝2∶1 的体系中，必须增大 DM 用量，以提高硫化速率。在 M/

DM＝1∶1时，焦烧性能最好，硫化速率也较快，考虑工艺及物理机械性能、附着力等因素，以采用 M/DM＝1∶1 体系较好。在黑围条中用 M＋D＋DM＝0.85＋0.4＋0.85，黄围条用 M＋D＋DM＝0.5＋0.25＋0.5 较好。活性剂仍用 ZnO 和 SA。SA 用量一般在 1 份以下，以防喷出。如果采用直接法 ZnO，因其铜、锰含量较高，在硫化过程中往往使围条失去光泽或发黏。为克服失去光泽现象；对硫化体系要进行适当调整，增加促进剂 M 的并用比，硫化时适当缩短热空气硫化时间，而适当延长混气硫化时间，加大蒸汽量。

（3）防护体系　防老剂是围条胶中需主要考虑的配合组分，应选用耐屈挠疲劳和防日光老化性好的不污染品种，其难度在于不污染品种其防屈挠疲劳性一般，在不得已的情况下只好优先满足不变色、不污染要求。深色围条一般选用防老剂 A，防老剂 4010NA 与防老剂 H 并用。浅色围条一般使用防老剂 MB、2246、264、SPC 等，也可选用不变色的耐屈挠疲劳、防日光老化的防老剂，如防老剂 DOD。但应注意，促进剂 M 对防老剂 MB 的防老化性能有抑制作用，而促进剂 D 则起促进提高作用。用直接法 ZnO 作填充剂时，需用防老剂 MB，如果与防老剂 SP 并用，效果更好，并可提高围条的耐屈挠疲劳性能。

（4）填料体系　为提高耐疲劳性能，黑围条中必须选用补强性不太强的炭黑，并大量使用惰性填料。浅色围条一般以碳酸钙为主，并用 15～20 份立德粉。未经活化的碳酸钙对橡胶无补强作用，但其晶相结构对硫化胶物理机械性能影响较大，在提高耐弯曲疲劳及拉伸强度时以针状单斜晶体最好，菱形晶体次之，无定形体最差。活性碳酸钙被称为白艳华，对橡胶略有补强作用。立德粉密度大，可使围条的体积含胶率相对增大。

（5）软化增塑体系　深色围条一般使用固体古马隆树脂，工业脂等，浅色围条一般使凡士林（1～3 份）。因为凡士林有延缓氧的扩散作用，故能兼起防老化作用。凡士林能防止碳酸钙喷出，用量过多易使产品失去光泽。根据操作需要也可并用一些锭子油，轻柴油或钙基脂，作为混炼操作助剂。

（6）着色剂　随着布面胶鞋的浅色化，围条一般以白色为基色，上镶红、蓝、绿、黄菁鲜艳色，所以着色剂的选用十分重要。

选择的要点是着色力强，色泽鲜艳，不迁移、表面耐高温、耐蒸汽、不变色、耐日光照射、非水溶性。另外，为使颜色鲜艳可添加 5~20 份钛白粉或锌钡白。无机着色剂如铬黄、铬绿、氧化铁红、氧化铁黄等，颜色稳定但不够鲜艳。有机着色剂着色力强，必须选用无迁移，不污染类型，如 LG 橡胶大红、立索尔宝红、耐晒黄、汉沙黄、盐基品绿、酞菁绿、酞菁蓝等。有机着色剂不易分散均匀，为避免色差，最好制成着色剂母胶。

3.3.4 中底的配方设计

中底分海绵中底与硬中底两种。

（1）海绵内底（海绵中底）的配方设计 海绵中底在胶鞋中超缓冲作用，要求具有柔软性，持久的弹性和耐压缩变形性能，良好的耐老化性能。海绵中底控制起发点和初硫点是相当重要的。胶鞋在穿着过程中，要求海绵压缩变形率小，有良好的弹性和柔韧性，还应具有闭孔结构。

① 生胶体系 一般使用低级天然橡胶（如 5 号烟片胶、褐绉片胶）或与丁苯橡胶（SBR）、丁二烯橡胶并用。配方含胶率较低，一般为 5%~10%，另外可大量采用再生胶，所用的再生胶要求有一定的强伸性能和较好的柔软性。如胶鞋再生胶，用量根据海绵内底含胶率，使总的有效橡胶烃含量保持在 30% 左右，例如 10% 海绵内底配方，再生胶用量为生胶的 6.5 倍左右。5% 含胶率的配方，再生胶用量为生胶的 13~15 倍。高级运动鞋海绵中底用 1~3 号烟片胶。浅色中底含胶率较高，一般为 30%~35%，不加再生胶，以防污染浅色底。

② 发泡体系 鞋海绵中底大多数采用联孔结构，必须使用无机和有机发泡剂并用，常用的发泡体系有发泡剂 H、小苏打和明矾三者并用。由于明矾易结团，分散困难，影响发泡质量等缺点，近年来已不再使用。目前有许多采用碳酸氢铵、尿素作发泡剂。有机发泡剂大多分解出氮，产生闭孔结构，闭孔结构具有良好的弹性及耐压缩变形、耐老化和缓冲性能等。二氧化碳和氨气在橡胶中因溶解度较高，产生开孔结构。一次硫化海绵中底大多是混合孔结构。采用 N 型发泡助剂，可减少发泡剂用量，提高海绵质量，孔小均

匀，闭孔多。明矾在硫化时与小苏打并用，帮助小苏打分解，促进起发，所以用了明矾后，可减少小苏打和发泡剂 H 用量。一次硫化海绵中底的胶料发泡速率既要与中底本身的硫化速率配合，还要与大底的硫化速率相配合，其海绵胶料的发泡速率应小于大底的硫化速率，因发泡的压力能使尚未定型的大底向外鼓起，造成凸底毛病，因此大底的硫化速率应快于海绵的发泡速率。

③ 硫化体系　因硫化促进剂直接影响海绵内底的好坏，一次硫化海绵内底的胶料发泡速率需与本身的硫化速率配合，还要与大底胶料的硫化速率配合。所以硫化罐硫化的海绵应选择诱导期较长的后效性促进剂体系，以达到在大量发泡的同时迅速硫化的目的。一般使用促进剂 M、促进剂 DM 与促进剂 D 并用，其中 M∶D＝1∶1，或促进剂 DM 与促进剂 M 与促进剂 TMTD 并用。硫黄和促进剂具体用量要根据实际试验而定，含再生胶较多的海绵中底配方，一般硫黄用量较大。不含再生胶的海绵中底，也采用 M＋D＋DM 体系，M∶D＝3∶2，有的以 DM 为第一促进剂，控制起发点比初硫点快 $1.5\sim2min$。

通常需要使用 ZnO，但在大量使用再生胶的情况下，可考虑减少用量或不用，对硫化速率无影响（再生胶中所含 ZnO 已足够用）。硬脂酸除作活性剂外，还有降低发泡剂 H 的起发温度，防止混炼时粘辊的作用，也是操作助剂。海绵中底中使用大量的再生胶和陶土，故硫黄和促进剂用量必须相应增加。

④ 软化增塑体系　软化增塑剂一般使用液体古马隆、工业脂、机油、凡士林、黑油膏等，采用黑油膏对提高海绵内底弹性和起发有利，但对强力和老化有一定影响。

⑤ 防护体系　由于海绵内底橡胶表面积大，并配有较多的软化增塑剂，容易造成老化发黏，所以防老剂用量应适当增加，一般使用防老剂 A、RD 等。浅色海绵可用防老剂 SP。

⑥ 填料体系　多为陶土与碳酸钙并用。陶土可提高强伸性能，赋予海绵良好的柔软性，碳酸钙可提高抗压缩变形性能。因陶土能延迟硫化，所以要按陶土加入量调整促进剂用量。

(2) 硬中底的配方设计　硬中底在布面和胶面胶鞋中均有应用，但以后者为主。与海绵中底相比，硬中底虽然缺乏弹性和穿着舒适性，但是却有海绵中底无比可拟的硬度和挺性，既有强度，又有良好的耐弯曲性。

在配方设计中，一般使用低级天然橡胶或掺用部分丁苯橡胶和再生胶并用，再生胶用量为生胶的 8～10 倍，可用全再生胶，含胶率控制在 5％～10％。促进剂多选用 M 与 D 并用，并用比例为（2∶1）～（1∶1）。填充剂采用轻质碳酸钙和陶土或高岭土并用。配方中掺用一定量的粉碎布屑，有助于提高耐屈挠性能和中底硫化后的硬度。软化增塑剂用量很少。为减少粘辊，可掺用凡士林和增加硬脂酸用量。

主体材料可使用等外天然橡胶，及 7～10 倍于生胶的再生胶（也有用全再生胶的，含胶率 5％～10％）、陶土等廉价填充剂。

3.3.5 其它胶部件的配方设计

3.3.5.1 里后跟的配方设计

里后跟在布面胶鞋中主要用来加固后帮防止倒帮。在穿用过程中，其所处的部位正好是磨损剧烈和频繁处，胶鞋破损常是从里后跟开线开始，里后跟磨破，引起后帮挫烂，使全鞋失去穿用价值，里后跟质量直接影响全鞋寿命。因此要求耐磨、耐疲劳，同时还要注意提高耐老化性能。使其硬度高于一般胶料。

里后跟用生胶以 3～5 号烟片胶为宜，可并用 20～50 份丁二烯橡胶（BR）或丁苯橡胶（SBR）。因含胶率一般只有 30％～35％，所以黑色里后跟可掺用 60～80 份胎面再生胶。在掺用丁二烯橡胶的配方中硫化体系以低硫高促体系较好，多采用促进剂 M＋D＋DM 或 M＋D＋CZ（以 CZ 为第一促进剂）。里后跟胶返回胶周期较长，要求胶料耐焦烧性能好，而硫化速率要求稍快，使其在硫化罐中能达到正硫化。黑色胶料以炭黑及陶土作补强剂，对浅色胶料则用碳酸钙。里后跟一般很少使用软化增塑剂，黑色胶料用石蜡，用量高达 6 份。防老剂多用防老剂 A 或 RD、SP 等。

3.3.5.2 底后跟的配方设计

底后跟要求具有良好的耐磨性，设计要求基本与黑大底一致，但也有不同点：①含胶率比大底高，一般在 40％～45％。②因底后跟为厚制品，要求胶料焦烧性能好，硫化速率快，多采用促进剂

M＋D＋CZ 并用，以 CZ 为第一促进剂。二次硫化的底后跟着重调整硫化速率，以适应工艺需要。③底后跟与大底比，软化增塑剂用量少，混炼胶可塑度较小些，以避免冲切时变形。

3.3.5.3 大梗子、外包头的配方设计

大梗子在鞋帮的前下侧面与大底的接壤处，具有防外物冲撞和防撕裂作用，要求耐屈挠、耐撕裂并具有较高的弹性，其配方设计和原材料的选择等可参照围条及包头。大梗子、外包头配方设计与围条配方设计要求相同。

3.3.5.4 前后皮的配方设计

内鞋头皮的作用是保护脚趾，防止鞋头塌瘪，承受外力冲击。内后跟皮的作用是增强后跟部位的耐磨性能及挺性，对减少后跟挫起良好作用。工农雨鞋筒面均采用一次出型，故上口线、内鞋头皮和内后跟皮与筒面胶料相同，只是适当增加了厚度。轻便雨靴或长筒靴也有采用一次出型和多部件分别出型的。个别工厂内后跟皮采用涂胶细布等办法，它比胶料后跟皮耐磨性能好，而且挺性更好。前后皮胶料的含胶率一般为 20%～35%，配方中掺用软皮或胶鞋细粒子再生胶，宜用炭黑或陶土作补强剂，橡胶一般用低级烟片胶或标准胶，并掺用一部分丁二烯橡胶（BR）和丁苯橡胶（SBR）。

第4章 胶管的配方设计

　　胶管的主体材料可以是单一胶种，也可以是几种并用及橡塑并用，常见的并用形式及用途见表 4-1 和表 4-2。

表 4-1　几种常用橡胶的并用比范围、特性及主要用途

胶　　种	并用比范围	特　　性	主要用途
天然橡胶（NR）/丁苯橡胶（SBR）	任意比	提高胶料挺性；改善丁苯橡胶工艺性能	一般胶管的内、外层胶，尤其适用于无芯法成型的胶管内层胶
天然橡胶（NR）/丁二烯橡胶（BR）	90/10～40/60	提高耐磨性、耐寒性和回弹性；改善丁二烯橡胶黏合性和加工性能	一般胶管的内、外层胶，尤其适于耐磨胶管的工作层，如喷砂胶管内层胶等
天然橡胶（NR）/氯丁橡胶（CR）	90/10～20/80	提高天然橡胶耐油及耐老化性能，改善氯丁橡胶工艺性能	一般胶管的外层胶及擦布胶，以提高胶料的耐老化性及管体结合性能
氯丁橡胶（CR）/丁腈橡胶（NBR）	80/20～10/90	调节丁腈橡胶和氯丁橡胶耐油和耐寒性能，改善氯丁橡胶和丁腈橡胶工艺性能，提高丁腈橡胶耐老化性能	耐油胶管的内、外层胶
三元乙丙橡胶（EPDM）/丁基橡胶（IIR）	80/20～50/50	改善胶料工艺性能，提高三元乙丙橡胶气密性能，提高丁基橡胶抗撕裂性能	适用于耐高温蒸汽胶管且耐特殊介质胶管的内、外层胶
丁腈橡胶（NBR）/氯磺化聚乙烯橡胶（CSM）	90/10～50/50	提高丁腈橡胶耐臭氧老化性能，改善两胶工艺性能	适用于耐油胶管的内、外层胶，尤其适用于航空胶管的外层胶

　　注：表中各胶种并用比范围，可根据产品性能要求和工艺条件适当确定；并用胶性能将随着配比量增大的胶种的特性而变化。

表 4-2　几种常用的橡塑并用品种、特性及主要用途

品　种	共混温度/℃	特　性	主要用途
天然橡胶（NR）/PE	120～130	提高天然橡胶耐油及耐老化性能；增加胶料挺性，改善工艺性能，降低成本	一般胶管各层胶，尤其适用于无芯法成型的胶管内层胶
丁腈橡胶（NBR）/聚氯乙烯（PVC）	140～150	提高丁腈橡胶耐臭氧老化及耐燃性能；改善胶料工艺性能，减小收缩率	制造耐油、耐燃及耐老化的胶管
丁腈橡胶（NBR）/尼龙（PA）	150～160	提高丁腈橡胶耐热、耐油、耐磨性能及拉伸强度，改善胶料工艺性能，增加挺性及表面光泽性，减小收缩率	制造耐热油胶管，尤其适用于无芯法成型的胶管内层胶以及液压胶管等特性胶层

注：1.共混温度可根据不同高聚物的塑化温度适当掌握。
2.共混比可按产品及性能要求合理选择。

4.1　普通胶管的配方设计

普通胶管主要是指在常温下输送空气或其它惰性气体以及输送水或其它中性液体的夹布胶管。胶管各部件的胶料包括内层胶、擦布胶、填充胶（中间胶）和外层胶等。其性能要求如表 4-3 所示。

表 4-3　普通输水胶管物理机械性能要求

性　能　项　目		内层胶	外层胶
拉伸强度/MPa		≥5	≥6
伸长率/%		≥250	≥300
热空气老化(70℃×72h)	拉伸强度变化率/%	-25～25	
	伸长率变化率/%	-10～30	
附着强度/(N/cm)	胶层-增强层	≥1.5	
	增强层-增强层	≥1.5	

4.1.1　内层胶的配方设计

内层胶是胶管输送介质的第一工作面，也是使用条件最苛刻的部位，要求如下：

① 良好的致密性，特别是输送气体的胶管和高压胶管。

② 对输送介质有良好的适应性。例如输油胶管要求耐溶胀、化工胶管要求耐腐蚀、泥沙胶管要求耐磨损，食品胶管要求无毒、无味。

③ 具有一定弹性、柔软性、耐老化性。

工艺上要求如下。

① 与其它部件硫化速率匹配，即与外胶相接近，但要慢于布层胶。

② 适于加工工艺的要求，如半成品有足够挺性，收缩性小，压出、压延表面光滑，易于成型。

配方设计要点如下。

（1）胶种选择　以天然橡胶（NR）和丁苯橡胶（SBR）为主，或采用天然橡胶（NR）、丁苯橡胶（SBR）、丁二烯橡胶（BR）并用；也可采用橡塑共混，并可使用适量的再生胶。一般含胶率为25%～30%。

（2）硫化体系　通常采用硫黄和促进剂的传统硫化体系。硫黄用量为1.5～2.5份，促进剂以噻唑类及次磺酰胺类效果较好。

（3）填料体系　补强性填料（补强剂）可用HAF、SRF、GPF并用，通常以两者并用的综合性能较好。非补强性填料（填充剂）以碳酸钙、陶土、高黏土等无机填料为主。

（4）软化增塑体系　主要使用石油系软化增塑剂如芳烃油、重油、机油、松焦油和固体软化增塑剂如沥青、石油树脂并用，效果较好。

（5）防护体系　以胺类防热氧老化的防老剂为主，如防老剂A、RD等为宜。

4.1.2　擦布胶的配方设计

擦布胶也称布层胶，主要作用是使骨架层之间及骨架层与内、外胶层之间牢固结合。

① 要求胶料的流动性好，对织物有一定渗透性，能渗入纤维及织物的结构中，以提高各部件的黏附强度，同时附着力（黏合性）强。

② 胶料也应具有一定的强伸性能及耐屈挠疲劳性能。

工艺上要求如下。

① 具有良好的压延工艺要求。

② 硫化速率与其它部件匹配。初硫点稍慢，但正硫点要稍快于内、外胶层，才能达到同步硫化。

胶料配方以天然橡胶（NR）为主，适量配用丁苯橡胶（SBR）、丁二烯橡胶（BR）、氯丁橡胶（CR）等通用橡胶，并可适量加入再生胶。一般含胶率为 35%～40%。

硫化体系采用一般的硫黄、促进剂，与内层胶相适应，但其硫化速率应略快于内层胶。

补强性填料（补强剂）采用 SRF 或通用炉黑或两者并用；填料以碳酸钙、陶土等无机填料为主，用量不宜过多。

软化增塑剂用具有增黏作用的松焦油、芳烃油、重油等，并配以适量的松香、古马隆、石油树脂及 RF、RH 直接黏合体系；氯丁橡胶用量较大的配方中，应配用适量的酯类增塑剂，如邻苯二甲酸二丁酯（DBP）、邻苯二甲酸二辛酯（DOP）等。

4.1.3 填充胶的配方设计

填充胶又称中间胶或中胶。

中间胶主要应用于多层骨架胶管，中间胶起填充、黏合骨架与胶层的作用，同时也起到一定的缓冲作用，使胶管形成为一体，减少管体内部骨架材料之间在动态下的摩擦疲劳和生热影响，防止内、外胶层与骨架层脱层，它也是内胶层的保护层。具体要求如下。

① 良好的黏合性能。

② 良好的弹性、柔软性、耐屈挠性。

③ 硫化速率应与各层匹配。要求硫化的渗透性强、初硫点慢，但正硫点应要稍快于内、外胶层。

通常以天然橡胶（NR）为主，与适量的丁苯橡胶（SBR）、丁二烯橡胶（BR）等并用，也可配用适量的再生胶。含胶率在 35% 左右。

硫化体系与擦布胶相似，可采用硫黄和促进剂（噻唑类与次磺酰胺类并用），但硫黄用量略高于内层胶和擦布胶。

填料（补强填充剂）以 SRF 和 HAF 并用效果较好，用量略低于内层胶和外层胶。填料可采用碳酸钙等廉价的无机填料。

软化增塑剂一般以石油系的液体软化增塑剂（芳烃油、重油、沥青等）和固体软化增塑剂并用为好。适当加入黏合型软化增塑剂，如古马隆、松香或 RF、RH 直接黏合体系。

4.1.4　外层胶的配方设计

外胶层是胶管的第二工作面，暴露于空气中起着保护内层结构不受外界损伤（如磨损、老化、腐蚀等）的作用，具体要求如下：外层胶必须满足使用环境和工作条件的需要，例如与地面接触频繁的胶管要求胶料具有良好的耐磨性和抗撕裂性能；长期暴露在大气中或在恶劣气候条件下使用的胶管，应具有优异的耐天候老化性能。

工艺上：硫速平稳，平坦性良好；压出、压延表面光滑。

外层胶配方通常以氯丁橡胶（CR）为主，并与天然橡胶（NR）、丁苯橡胶（SBR）等通用橡胶并用，但由于氯丁橡胶（CR）价格和工艺性限制也有的以天然橡胶（NR）、丁苯橡胶（SBR）为主。若采用有芯法包布硫化工艺，可适量配用再生胶，一般含胶率在 30%～35%左右。

硫化体系可选用硫黄、促进剂体系，促进剂以次磺酰胺类为主；若氯丁橡胶用量较多时，在 50%以上，应配合氧化锌（ZnO）/氧化镁（MgO）硫化体系。

填料体系一般以 SRF 和 HAF 并用较好，其用量应稍低于内层胶炭黑用量。填料可与内层胶所用的品种相同，但用量略少。

软化增塑剂以酯类增塑剂（如 DBP、DOP）与石油系软化增塑剂（以芳烃油、机油、重油为主体，可适当掺用三线油、六线油）并用效果较好。防老剂以胺类防老剂（如防老剂 A、RD）为主，并配以适量的物理防老剂（如石蜡等）。

4.2　特种胶管的配方设计

特种胶管品种繁多，根据其使用条件和输送的介质不同，主要有耐油胶管，耐酸、碱胶管，耐热胶管，液压胶管，耐磨胶管等。

对于特种胶管各胶层配方的设计原则是首先应根据其工作层（与介质直接接触的胶层）的性能要求及其工艺特点进行选配。至于其它各胶层的胶料配方，则以相应的性能要求适当配合。

4.2.1 耐油胶管的配方设计

（1）胶种　通常以丁腈橡胶为主，或与适量氯丁橡胶并用；也可与其它高聚物共混，以获得较好的综合性能。外层胶的胶种配合应以氯丁橡胶为主。

（2）硫化体系　对于采用丁腈橡胶配合的胶料，通常以低硫配合效果较好；在丁腈橡胶（NBR）与氯丁橡胶（CR）并用的配方中，若氯丁橡胶配比大于丁腈橡胶，应按氯丁橡胶的硫化体系配合。

（3）填料体系　通常可用 N330 或 GPF，或与 SRF 并用；外层胶应以使用 SRF 为主。使用碳酸钙、陶土粉等无机填料。

（4）软化增塑剂　在耐油胶管胶料中使用的软化增塑剂品种应以不易被输送介质溶解（析出）为宜。一般来说，在满足工艺要求的情况下，软化增塑剂应尽量少用。在丁腈橡胶（NBR）和氯丁橡胶（CR）并用胶料中，通常以酯类软化增塑剂的增塑效果较好。对于无芯法成型的胶管，可选用适量的固体软化增塑剂。

4.2.2 耐酸（碱）胶管的配方设计

（1）胶种　对一般的耐酸（碱）胶管，可采用丁苯橡胶（SBR），氯丁橡胶（CR）或其它通用型胶种；与适量天然橡胶（NR）并用，可改善压延、挤出等工艺性能。使用适量的再生胶，有利于提高产品性能。对输送腐蚀性较强的耐酸（碱）胶管，可选用丁基橡胶（IIR）或氯磺化聚乙烯橡胶（CSM）等特种橡胶。

（2）硫化体系　可根据相应胶种进行配合，对于丁苯橡胶（SBR），天然橡胶（NR）等通用胶种，一般可采用低硫配合，促进剂以噻唑类或次磺酰胺类效果较好。在氯磺化聚乙烯橡胶配合中，常用的硫化体系有金属氧化物、有机酸和乙烯基硫脲等。

（3）填料体系　通常采用 N330 或 SRF，两者并用效果更佳。填料的使用，应选择一些对介质保持"惰性"的品种，如硫酸钡、陶土粉等无机填料。一般来说，在保证所需物性要求的前提下，适当增加填料用量，还可提高耐酸（碱）性能。

（4）软化增塑剂 应选用在酸（碱）介质中较为稳定的品种。尽量少用或不用酯类软化增塑剂，通常以固态产品和液态产品并用效果较好。

4.2.3 耐热胶管的配方设计

（1）胶种 在耐热胶管中较为常见的为用于输送蒸汽或过热水的耐热胶管。若其输送的饱和蒸汽或过热水的温度在 150℃ 以下，则可选用丁苯橡胶（SBR），氯丁橡胶（CR）等通用胶种；与适量天然橡胶并用可改善胶料的工艺性能。适当掺用再生胶，有助于提高产品的使用性能。对于温度要求更高的耐热胶管，可选用三元乙丙橡胶（EPDM）和丁基橡胶（IIR），以及氟橡胶（FPM）和硅橡胶（Q），其中较为新型的四丙氟橡胶具有很好的耐高温蒸汽性能。

（2）硫化体系 可根据选用的具体胶种而定。采用丁苯橡胶（SBR）和天然橡胶（NR）等通用胶种时，一般以无硫或低硫配合为好；采用过氧化物作硫化剂时，可获得热稳定性更佳的交联结构。用树脂硫化的丁基橡胶，其耐热性能甚优，但硫化时间较长，且树脂用量较大。

（3）填料体系 通常以用 SRF 或 GPF 的综合性能较好。吸水性较小的浅色无机填料的耐热性能优于炭黑。

（4）软化增塑剂 一般可配用石油系高沸点的操作油。尽量少用或不用低沸点的软化增塑剂。

第5章　胶带的配方设计

5.1　输送带的配方设计

输送带按其用途可分为普通输送带、特种性能输送带、阻燃输送带、钢丝绳输送带等。其胶料配方设计要点分述如下。

5.1.1　普通输送带的配方设计

普通输送带各部件所用的胶料包括覆盖胶、缓冲胶、布层擦胶、布层贴胶四种。性能指标见表 5-1 和表 5-2。

表 5-1　普通输送带的性能要求（覆盖胶）

覆盖胶 性能级别	代号	拉伸强度 /MPa	伸长率 /%	磨耗量 /(cm³/1.61km)	老化后拉伸强度和伸长率 变化率(70℃×7d)/%
重　型	H	≥18	≥400	≤0.7	−25～25
普通型	M	≥14	≥350	≤0.8	−25～25
轻　型	L	≥10	≥300	≤1.0	−30～30

表 5-2　普通输送带的性能要求（黏合强度要求）　　单位：N/mm

骨架材料	布层-布层	布层-覆盖胶	
		覆盖胶≤1.5	覆盖胶＞1.5
尼龙	≥5.0	≥3.5	≥3.9
棉	≥2.7	≥2.4	≥2.7
其它	≥3.5	≥2.4	≥3.0

（1）覆盖胶的配方设计　输送带使用时覆盖胶受物料的冲击、磨损和微生物侵蚀，以及各种老化作用。因此，要求覆盖胶具有较好的拉伸强度（≥18MPa）和耐磨性（磨耗量≤0.8cm³/1.61km）、

耐老化、抗撕裂性、耐生物侵蚀。此外还要求具有良好的黏性等工艺性能。

生胶以天然橡胶为主或并用适量的丁苯橡胶，含胶率控制在50％～55％。硫化体系采用硫黄、促进剂传统配合体系。在天然橡胶配方中，硫黄用量为2.5份左右，在丁苯橡胶配方中，硫黄用量为1.5～2.0份。促进剂一般采用M、DM并用，促进剂CZ、NOBS等后效性促进剂适合于含丁苯橡胶的胶料中。补强性填料（补强剂）可选用HAF、ISAF等，用量为40～50份。软化增塑剂常用的品种有机油、重油、芳烃油、松焦油、古马隆树脂和石油树脂。

（2）缓冲胶的配方设计　缓冲胶在覆盖胶和带芯层之间，能增加两者的黏合力，并可吸收和分散输送物料的冲击力，起缓冲作用。要求胶料具有良好的黏着性（胶与布的附着力78.5N/5cm），弹性大、生热小、散热性好、工艺性能好。

生胶一般采用天然橡胶（NR）和丁二烯橡胶（BR）并用，含胶率为50％～55％。硫化体系宜使用低硫配合，以提高胶层和布层之间的黏着力。促进剂以M、DM、TMTD并用较为普遍。CZ、NOBS等后效性促进剂适用于含丁苯橡胶的胶料。炭黑常用HAF和SRF并用，用量不宜过多，通常在10份左右。软化增塑剂选用增黏性较好的品种，如芳烃油、松焦油、固体古马隆等。

（3）布层擦胶（擦布胶）的配方设计　擦布胶的主要作用是将带芯帆布层黏合成一个整体。要求对带芯材料有良好的黏合性能（布与布附着强度不低于78.5N/m），耐疲劳（布层屈挠次数要超过2.5万次/全剥），并且要有足够的可塑性（可塑度0.5～0.6）和抗焦烧等工艺性能。

生胶以天然橡胶为主，并用20～30份丁苯橡胶，含胶率50％左右。硫化体系为一般的硫黄、促进剂体系。促进剂一般采用M和DM并用，或加入少量TMTD，以加快硫化速率，但要注意防止胶料焦烧。炭黑用量宜低，约10份左右即可，以选用软质炭黑为宜，如半补强炭黑。掺用丁苯橡胶的擦布胶应适当增加古马隆树脂和石油树脂的用量，否则会降低布层的附着力。

5.1.2　特种性能输送带的配方设计

特种性能输送带是要求覆盖胶具有特殊性能，其它胶料配方与普通输送带相同。特种性能输送带的覆盖胶主要有难燃、耐热、耐酸碱、导静电、食品输送等类型。橡胶耐热输送带分为 4 类，分别为 T1、T2、T3、T4（又称为 1 型、2 型、3 型、4 型），最高的使用温度分别为 100℃、125℃、150℃、175℃，其性能要求见表 5-3。特种性能输送带主要性能要求和配方设计要点如表 5-4 所示。

表 5-3　耐热输送带覆盖胶的物理机械性能

项　目		型　号			
		1 型	2 型	3 型	4 型
		变化范围			
硬度	老化后与老化前之差(IRHD)	±20			
	老化后的最大值(IRHD)	85			
拉伸强度	性能变化率降低/%	−25	−30	−40	−40
	老化后的最低值/MPa	12	10	5	5
拉断伸长率	性能变化率/%	50		55	
	老化后的最低值/%	200		180	
覆盖胶磨耗量	一等品,最大值/(cm³/1.61km)	0.8		1.0	
	合格品,最大值/(cm³/1.61km)	1.0		1.2	

表 5-4　特种输送带主要性质要求配方设计要点

胶料名称	性能要求	配方设计要点
难燃输送带	阻燃、导静电	以聚氯乙烯(PVC)/丁腈橡胶并用或氯丁橡胶为主，含胶率为 50% 左右 配以适量氯化石蜡、三氧化二锑(Sb_2O_3)、硼酸锌、氢氧化铝($Al(OH)_3$)等阻燃剂
耐热输送带	具有良好的耐热性能,在较高的使用温度下不易产生老化龟裂现象	可用氯丁橡胶、丁苯橡胶、氯醚橡胶、乙丙橡胶和氯磺化聚乙烯橡胶。它们的分解温度都比较高，含胶率 55% 左右 一般采用无硫(黄)配合、过氧化物、树脂或醌类等硫化体系，以提高胶料的热老化性。生胶一般要求的采用丁苯橡胶无硫配合，要求高的可用三元乙丙橡胶低硫配合或过氧化物硫化

续表

胶料名称	性能要求	配方设计要点
耐热输送带	具有良好的耐热性能,在较高的使用温度下不易产生老化龟裂现象	炭黑品种可用 N330、混气炭黑等,用量为 45 份;适当增加胶料硬度,防止高温裂解 耐热输送带覆盖胶应选用高温下挥发性小、热分解温度高的软化增塑剂,如石蜡油、煤焦油、氯化石蜡、固体古马隆,可采用几种软化增塑剂并用,以提高黏度和耐热性能 以采用 NBC(二丁基三硫氨基甲酸镍)的耐热性能较高,可与 MB、2246 并用,以提高热老化性能
耐酸碱输送带	耐一定浓度的无机酸(如盐酸、硫酸、硝酸)的腐蚀	生胶一般要求的采用氯丁橡胶,要求高的采用丁基橡胶 配入硬质炭黑(活性炭黑如 N330)和硫酸钡等,以提高胶料耐酸性能
食品输送带	无毒、无味、无污染性,表面要求为白色或浅色	生胶一般采用白绉片或浅色的优质烟片胶、标准胶 硫化体系采用无硫或低硫配合,不得使用 M、DM 等有毒、有味的促进剂 采用非污染、不变色、无毒的防老剂,但不能使用胺类防老剂
导静电输送带	要求胶料体积电阻率低,有导静电性能	生胶可采用丁腈橡胶,加入适量的导电炭黑、乙炔炭黑、石墨等导电性填料,以提高其导静电性能
耐寒输送带		以天然橡胶与 BR 并用 可加入适量的癸二酸二丁酯等软化增塑剂,以提高其耐寒性能

阻燃输送带除覆盖胶要求具有阻燃性外,其擦布胶(或纤维抗拉层结合胶)也要具有阻燃性能。

5.2 传动带的配方设计

5.2.1 普通 V 带的配方设计

随着 V 带品种的日益繁多,传动功率不断提高,要求 V 带具有良好的动力性能(高弹回性、低生热性),良好的耐热性,抗屈挠破裂性，耐油性和抗臭氧性。目前在胶种选择上，以氯丁橡胶为主。氯丁橡胶有较高的拉伸强度，有良好的耐磨、耐屈挠、耐候、耐氧、耐臭氧、耐热、耐溶剂等特性，特别是氯丁橡胶黏合性能良好，适于作胶带制品。

V带部件繁多，配方各异，一般有压缩层、伸张层、帘布层和包布层等。

普通 V 带根据强力层骨架材料不同分为帘布和线绳两种。其胶料有包布层胶、伸张层胶、帘布层胶、压缩层胶、线绳浸胶等。这些胶在性能上有差别，故在配方设计时应按各自的特点来选用原材料。V 带各层胶料的性能要求及配方设计要点如下。

（1）V带包布层胶的配方设计　包布层由斜裁的挂胶帆布包裹而成，起连接各部件成为整体和保护其它部件不受磨损侵蚀的作用。要求胶料具有一定的附着力和耐磨、耐热、耐老化、耐屈挠等性能，并与布层有良好的黏合性能。压延擦胶时要有良好的操作性能。

配方设计要点如下。

① 一般使用天然橡胶（NR）或与氯丁橡胶（CR）、丁苯橡胶（SBR）并用，含胶率 50% 左右。

② 以天然橡胶（NR）、丁苯橡胶（SBR）并用的胶料采用硫黄硫化体系，以氯丁橡胶为主的配方采用金属氧化物硫化体系。掺入氯丁橡胶的包布层胶料配方要注意硫黄的用量，以防胶料焦烧。胶料的硫化平坦线应较长，以防止在硫化时胶料因先受热而导致过硫。

③ 补强性填料（补强剂）一般以半硬质炭黑（半活性炭黑如N770、N660）和硬质炭黑（活性炭黑如N330）并用，其用量为30质量份左右。

④ 配方中要加入适量的软化增塑剂，如芳烃油、松焦油、古马隆树脂，以提高附着力，胶料的可塑度控制在 0.5～0.6 范围内，以利压延擦胶，但软化增塑剂用量不宜过多否则会使胶布发黏、影响操作。

（2）伸张层胶的配方设计　伸张层由具有伸张性能的胶料组成。它能承受 V 带在运转弯曲时的部分张力，且能增加 V 带的弹性。要求胶料具有较好的耐疲劳性能、弹性大、变形小、定伸应力高。在帘布芯 V 带中，伸张层胶料配方基本上与压缩层胶相似。

在线绳芯 V 带中，伸张层胶料配方基本上与缓冲层胶料配方相似。含胶率比压缩层胶高一些。

（3）帘布层胶的配方设计　帘布层是承受运行中拉力的骨架。要求胶料具有良好的耐屈挠疲劳性能，发热低、与帘布黏合好、耐热、耐老化、具有较高的定伸应力。

配方设计要点如下。

① 一般采用天然橡胶（NR）或其与丁苯橡胶（SBR）或氯丁橡胶（CR）并用，含胶率在 60% 左右。

② 硫化体系与包布胶相同。促进剂一般采用 M 和 DM 或 CZ、NOBS 等并用。含丁苯橡胶的胶料，应适当增加促进剂的用量。硫黄用量：天然橡胶配方为 2.7 份左右，丁苯橡胶为 1.5～2.0 份，天然橡胶（NR）和丁苯橡胶（SBR）并用的配方，按两者之比计算。氧化锌用量为 10～15 份，以改善胶料的导热性。

③ 补强性填料（补强剂）以采用半补强炭黑为主。

④ 配入适量的芳烃油、松焦油、固体古马隆树脂、苯并呋喃树脂，以提高附着力。

（4）线绳浸胶的配方设计　要求与线绳有牢固的黏合强度，其它性能要求与帘布胶相似。

（5）压缩层胶的配方设计　压缩胶层是位于 V 带的下底部，支撑 V 带芯层，起增大 V 带断面、增加 V 带与槽轮的摩擦面和提高传动效率等作用，在线绳 V 带中还对每根线绳起坚固的作用。当 V 带运行时，防止带上歪斜和压扁，使之能保持断面梯形的角度。由于该层受到周期性的压缩，因而生热大，故要求胶料能耐热、生热小、耐屈挠、有足够的硬度、压缩变形小，且与帘布有较好的黏合性。

配方设计要点如下。

① 生胶选择天然橡胶（NR）或其与丁苯橡胶（SBR）、氯丁橡胶（CR）并用，含胶率 40% 左右。

② 可选用高耐磨炭黑和其它炭黑并用，用量 50 份左右。

③ 硫化体系与帘布层胶基本相同。氧化锌用量可适当提高，

以改善胶料的导热性能。

④ 为了保证压缩胶层的支撑作用，胶料必须具有一定的硬度，故炭黑加入量约 50 份。含丁苯橡胶的配方采用中超耐磨炉黑以提高强度，软化增塑剂应尽可能少用，但可加入适量的机油，以提高胶料的弹性。

⑤ 为了增强胶料的耐磨性和横向刚性，可配用 10~20 份短纤维。

5.2.2 汽车 V 带（风扇带）的配方设计

风扇带是安装于汽车或拖拉机发动机前端的驱动风扇中，带轮间的可调距离很小，且受发动机辐射热的作用，各部分的胶料承受着复杂的压缩、拉伸、剪切等多次变形。因此风扇带的使用条件、使用环境要比普通 V 带苛刻、恶劣。为了延长风扇带的使用寿命，在各种胶料的配合上应力求完善。汽车 V 带的强力层都采用线绳结构。所用的胶料包括压缩层胶、缓冲胶、伸张层胶和包布胶。

（1）压缩层胶的配方设计 压缩层是汽车 V 带的支撑材料，它使强力层线绳保持在一个平面上，并承受带体受拉时带体两侧与带轮的侧压力。压缩层胶料必须具有一定的硬度，以抵抗凹状变形，而且在保持高强度及弹性的情况下要有良好的耐热性和耐疲劳性能，压缩变形小，滞后损失要小，动态模量要低。

生胶一般选用耐屈挠疲劳性能好的氯丁橡胶。硫化体系除使用常用的金属氧化物外，可加入适量的促进剂 NA-22 来提高硫化胶的交联密度，并配以适量的促进剂 DM，以延缓胶料的焦烧，保证其加工安全性。为提高带体工作面的刚性，提高传动效率和 V 带的使用寿命，在压缩层胶料中最好加入适量的短纤维。适当增加防老剂的用量。

（2）线绳浸胶的配方设计 若采用棉纤维线绳时，用胶浆直接浸渍就能获得较好的黏着性，若使用强力人造丝或其它合成纤维线绳时，为使其与橡胶具有足够的黏合力，常用的浸渍液有两种：一是采用间苯二酚甲醛树脂胶乳液浸渍，另一种是把线绳先经浸稀列克纳溶液，列克纳稀液的溶剂可用氯苯，其配比为列克纳（浓度为20%）1 份，氯苯 6 份，然后再浸一次胶浆。

聚酯纤维多经两次浸渍，对于一般的聚酯纤维一般用酚醛胶乳浸两次，但效果不佳；或用酚醛胶乳作浸液的一种组分。近年来，除仍采用两次浸渍外，还可以从改进纤维和浸渍剂两个方面入手，使一次浸渍获得成功。

目前用于解决聚酯纤维与橡胶结合的黏合剂有异氰酸酯、封闭异氰酸酯、亚乙基脲、改性聚氯乙烯、聚环氧化物等。

（3）缓冲胶的配方设计　缓冲胶是包覆于线绳周围的胶料。汽车 V 带在使用时，缓冲胶在线绳的上、下侧受到周期性的拉伸、压缩和剪切，因此要求缓冲胶与线绳牢固黏合。同时在传动过程中，缓冲胶要能吸收发动机启动或速度变化时对线绳的冲击力，因此还必须具有较高的定伸应力并对线绳有较牢固的黏着性，以能起到防止线绳相互摩擦损坏的作用，同时具有较好的弹性和耐老化性能。

配方设计的关键是解决线绳（多用聚酯线绳）与橡胶的黏合及橡胶与线绳黏合界面间的剪切应力问题。生胶一般采用氯丁橡胶（CR）或其与天然橡胶（NR）并用。以氯丁橡胶为主的胶料，应选用高活性的 ZnO 和 MgO，控制促进剂 NA-22 的用量，以保证足够的焦烧时间和硫化程度，并可用促进剂 DM 调节硫化速率。配以适量的白炭黑和增黏剂，以提高胶料的黏合性。补强性填料（补强剂）一般选用半补强炭黑。

（4）包布胶的配方设计　包布胶应具有良好的耐疲劳性能和耐热、耐磨、耐油、耐臭氧老化性能。

（5）伸张层胶的配方设计　伸张层的胶料要适应该层处于周期性的伸张状态，特别是带轮间的可调距离小，因此其变形的频率大。故要求胶料的弹性好，永久变形小，防止带子在使用时伸长。

5.2.3　同步带的配方设计

同步带是一种工作面带有齿状结构，集齿轮、链轮和带传动的优点于一体的新型传动带。由带背、强力层、带齿和带齿包布层组成（浇注型聚氨酯同步带无包布层）。

带背是保护层，它将强力层牢固地固定在节线位置，传动时承受拉伸、弯曲变形，将应力传递给强力层。带齿在工作中与带轮的齿相啮合，传递动力。它与带背胶组成一个整体，传递应力和保护强力层，在传动时承受剪切应力。

同步带胶料的性能要求中，最重要的是使胶料与玻璃纤维或聚酯纤维线绳牢固地黏合，具有良好的焦烧期内流动性，以保证成齿。另外胶料还要耐热、耐疲劳、耐水、耐臭氧、耐油、耐天候老化，有足够的可塑度。

主体胶料一般采用氯丁橡胶，要求高的可选用氢化丁腈橡胶（HNBR）。配方中可采用间甲白直接黏合体系，使黏合强度达到要求。炭黑选用半补强炭黑。

5.2.4　平型传动带的配方设计

普通平型传动带有布层擦胶、封口胶、对口胶和边浆胶等，配方设计重点是布层擦胶，因为布层擦胶的好坏对产品质量影响较为显著。

设计普通平型传动带配方时，主要是满足以下要点，提高胶料的老化性能，改善胶料的耐屈挠性能，有一定的综合平衡性能，保证一定的附着力。

（1）布层擦胶配方设计要点

① 性能要求

a.有较好的定伸应力，较好硫化平坦性和硫化速率适当。

b.较好的耐老化性能，散热性好。

c.较好的操作性能，压延时不落胶，不产生焦烧。

② 配方设计要点

a.生胶以天然橡胶（NR）、丁苯橡胶（SBR）为主，含胶率一般为 50% 左右。

b.硫化体系，在天然橡胶中硫黄用量为 2.7 份左右。促进剂以 M/D 并用，或以次磺酰胺类促进剂和 M 并用。

c.增加氧化锌用量（10~15 份），以改善胶料的导热性。

d.软化增塑剂不宜大量使用，以满足工艺要求为准。

e.合理使用防老剂，对提高布层屈挠性能有一定效果。

（2）封口胶、对口胶

① 封口胶性能要求

a.要求胶料硫化定型快，流动性低，以保证外观质量。

b. 要求胶料有良好的耐老化性能。

c. 胶料颜色要求鲜艳。

② 封口胶配方设计要点

a. 一般使用全天然橡胶，含胶率为 40% 左右。

b. 促进剂采用 M 和 D 并用，在天然橡胶中硫黄用量为 2.7 份左右。

c. 加入适量的碳酸镁（$MgCO_3$）（20～50 份），以减少胶料的流动性，增加氧化锌和锌钡白的用量，保证胶料颜色鲜艳。

d. 防老剂用不变色防老剂如 MB。

e. 一般采用红色胶料。

对口胶的性能要求基本和封口胶相同，但胶料要求稍软一些，在配方设计中可加入适量软化增塑剂，硫化速率亦比封口胶慢，促进剂一般采用 M 和 DM 并用。

（3）边浆胶　性能要求与封口胶基本相同。配方设计与封口胶亦基本相同，但胶料的颜色要求更加鲜艳，故一般使用较多的有机红颜料，锌钡白用量比封口胶多。

第6章 不同力学性能要求胶料的配方设计

6.1 高拉伸强度胶料的配方设计

拉伸强度表征胶料能够抵抗拉伸破坏的极限能力，是胶料拉断过程中最大力值与原面积之比。橡胶工业普遍用拉伸强度指标作为胶料的主要物理机械性能标准，用来比较鉴定不同配方的硫化橡胶和控制硫化橡胶的质量。

6.1.1 生胶体系

选用拉伸强度高的橡胶。拉伸强度取决于橡胶的结构组成与结构规整性等。例如，冷冻或拉伸时结晶的天然橡胶（NR）、氯丁橡胶（CR）、氯磺化聚乙烯橡胶（CSM）、丁基橡胶（IIR）具有自补强能力，不用补强性填料已有相对大的拉伸强度；丁腈橡胶随着丙烯腈含量的增大，分子间力增大，拉伸强度相应增大；AU、EU等大分子主链上有提高主链刚性的芳环基团，使之具有很高的拉伸强度，聚丁二烯类橡胶，1,4顺式含量增多也使拉伸强度增大。

表 6-1 列出了各种常用橡胶的拉伸强度。

表 6-1　各种常用橡胶的拉伸强度　　单位：MPa

胶种	未补强硫化胶	补强硫化胶	胶种	未补强硫化胶	补强硫化胶
天然橡胶（NR）	20～30	15～35	氯醚橡胶（CO、ECO）	2～3	10～20
聚异戊二烯橡胶（IR）	20～30	15～35	氯磺化聚乙烯橡胶（CSM）	4～10	10～24
丁二烯橡胶（BR）	2～8	10～20	丙烯酸酯橡胶（ACM）	2～4	8～15
丁苯橡胶（SBR）	2～6	10～30	氟橡胶（FPM）	3～7	10～25
丁腈橡胶（NBR）	3～7	10～30	硅橡胶（Q）	0.35～0.1	4～12
氯丁橡胶（CR）	10～30	10～30	聚氨酯橡胶（PUR）	20～50	20～60
丁基橡胶（IIR）	8～20	8～23	SBS 热塑性弹性体		10～35
三元乙丙橡胶（EPDM）	2～7	10～25	聚酯型热塑性弹性体		35～45

6.1.2 硫化体系

拉伸强度随交联密度变化会出现峰值。结晶橡胶是这样，被认为是有利于大分子链取向结晶与不利于大分子链取向结晶两者谁占主导地位所致。但是，非结晶橡胶也有峰值现象，原因有待探讨。看来，有利于大分子链取向成有序结构并容易使之"固定"的，其拉伸强度增大。

交联键键能低的弱键，应力作用下容易断裂释放能量，减少应力集中。另外，弱键的早期断裂也有利于结晶型橡胶主链取向结晶，对获取高的拉伸强度有利。因此，拉伸强度的顺序为，离子键＞多硫键＞单、双硫键＞碳—碳键。过氧化物硫化体系配少量硫作共硫化剂，引入含硫交联，加大拉伸强度及撕裂强度、伸长率。

橡胶的硫化体系要认真选取。例如，对于氯化聚乙烯橡胶，采用金属氧化物/促进剂体系硫化、过氧化物硫化的拉伸强度比NA-22硫化的拉伸强度低 $10\%\sim20\%$。另外，氯化丁基橡胶采用TMTD/DM、S/TMTD 可得到高的拉伸强度，而对于丁基橡胶，增大树脂用量，拉伸强度增大。

（1）交联密度　对常用的软质硫化胶而言，拉伸强度与交联密度的关系有一最大值。开始时一般随交联密度增加，拉伸强度增大，并出现一个极大值；然后随交联密度的进一步增加，拉伸强度急剧下降。

在拉伸的初始阶段，拉伸强度的提高与能在变形时承受负荷的有效链的数量增加有关。适当的交联可使有效链数量增加，而断裂前每个有效链能均匀承载，因而拉伸强度提高。但当交联密度过大时，交联点间相对分子质量（M_c）减小，不利于链段的热运动和应力传递分散；此外交联密度过高时，有效网链数减少，网链不能均匀承载，易集中于局部网链上。这种承载的不均匀性，随交联密度的加大而加剧，因此交联密度过大时拉伸强度下降。

拉伸强度随交联密度增加出现最大值的事实表明：欲获得较高的拉伸强度，必须使交联密度适度，即交联剂的用量要适宜。

（2）交联键类型　对于有效活性链相等的天然橡胶硫化胶来说，拉伸强度与交联链类型的关系按下列顺序递减：离子键＞多硫键＞双硫键＞单硫键＞碳—碳键。硫化橡胶的拉伸强度随交联键键能增加而减小，因为键能较小的弱键，在应力状态下能起到释放应力的作用，减轻应力集中的程度，使交联网链能均匀地承受较大的应力。另外，对于能产生拉伸结晶的天然橡胶而言，弱键的早期断裂，还有利于主链的取向结晶。因此具有弱键的硫化胶网络会表现出较高的拉伸强度。

综上所述，欲通过硫化体系提高拉伸强度时，应采用硫黄-促进剂的传统硫化体系，并适当提高硫黄用量，同时促进剂选择噻唑类（如 M、DM）与胍类并用，并适当增加用量。但上述规律并不适用于所有的情况，例如添加炭黑的硫化胶强度对交联键类型的依赖关系就比较小。其原因可能是由于交联链的分布影响较大。此外，在高温和热氧化条件下使用的橡胶制品，其硫化体系的设计，必须使硫化网络中的交联键是耐热的。

6.1.3 填料体系

与橡胶大分子界面结合弱的填料，在橡胶受应力时仅仅起到使裂口偏转、消耗能量的作用，只有当填料粒子很小才有补强效果。加入表面改性剂改进橡胶的相容性、改进分散，可望改进拉伸强度，季铵盐改性陶土，脂肪酸或树脂酸改性的活性碳酸钙便是例子。这种改性没有导致橡胶大分子同填料表面更多的化学结合，补强效果有限。对于与橡胶大分子有界面结合的填料，如炭黑，改变橡胶的物理结构，使界面层临近的橡胶大分子"有序化"，加上填料聚集体的取向，拉伸强度升高。这种提高对非结晶型橡胶尤其显著。一般来说，炭黑粒子小而结构性又低（如低结构高耐磨HAF-LS）、表面含氧基团多的（如槽黑），其拉伸强度、撕裂强度、伸长率高。例如，对于白炭黑，除粒子比表面积外，具有 2、3 型三次粒子形态的才具有高拉伸强度。ZSC 是在过氧化物硫化的氢化丁腈橡胶中引入丙烯酸类与含锌化合物原位聚合而成的 $5\mu m$ 粒子，并均匀分散于 HNB 中。ZSC 高伸长时，二次粒子（$20\sim 30\mu m$）取向而得很高拉伸强度（不小于 40MPa），其耐磨性与耐疲劳破坏亦优良，硬度亦高。甲基丙烯酸镁对丁腈橡胶也有提高拉伸强度与撕裂强度的作用，橡胶极性越大，作用的效果越大。木素/

胶乳共沉胶，木素分子舒展同橡胶大分子缠结与结合，具有比生胶/木素混炼胶高许多的拉伸强度，但若干燥不足，水分过多，拉伸强度就会大幅度下降。此外，对（机械法）丁基（水胎）再生胶，配用白艳华、陶土、轻钙、沉淀白炭黑等填料，拉伸强度并不比配入活性白炭黑（如 AWC、VN3 等）的差。

填料用量有个最佳值，拉伸强度在此用量时最大，各种填料的最佳值不相同，例如，炭黑在常用橡胶中 30～50 份时拉伸强度最高、海泡石在丁苯橡胶中 180 份时拉伸强度最高。粒子小或结构性高的，其最佳用量少。

补强性填料（补强剂）是影响拉伸强度的重要因素之一，填料的粒径越小，比表面积越大，表面活性越大，则补强效果越好。至于结构性与拉伸强度的关系则说法不一，有说结晶橡胶结构性越高对拉伸强度越不利，但对非结晶橡胶则相反，其影响程度远不如粒径和表面活性那么大。

填料（补强填充剂）对不同橡胶的拉伸强度的影响，其规律性也不尽相同。以结晶型橡胶（如天然橡胶）为基础的硫化橡胶，拉伸强度随填料用量增加，可出现单调下降。非结晶型橡胶（如丁苯橡胶）为基础的硫化橡胶，其拉伸强度随填料用量增加而增大，达到最大值，然后下降。这两类橡胶产生不同补强效果的主要原因是：天然橡胶属于结晶型橡胶，拉伸时可产生拉伸结晶而具有自补强性，生胶强度较高，因此炭黑加入后补强效果不明显；而丁苯橡胶属于非结晶型橡胶，其生胶强度很低，所以炭黑对它的补强效果很明显。

低不饱和度橡胶（如三元乙丙橡胶、丁基橡胶）为基础的硫化橡胶，其拉伸强度随补强性填料用量增加，达到最大值后可保持不变。对热塑性弹性体而言，填料使其拉伸强度降低。

填料的最佳用量与填料的性质、胶种以及胶料配方中的其它组分有关。例如炭黑的粒径越小、表面活性越大，达到最大拉伸强度时的用量趋于减少；胶料配方中含有软化增塑剂时，炭黑的用量比未添加软化增塑剂的要大一些。一般情况下，软质橡胶的炭黑用量在 40～60 份时，硫化胶的拉伸性能较好。

填料在并用胶各胶相中的分布对拉伸强度有重要影响。对于三元乙丙橡胶（EPDM）/氯丁橡胶（CR）体系，炭黑全加入三元乙丙橡胶中，拉伸强度略高于"加和值"，而母胶掺和法的低于"加和值"，炭黑全部加入氯丁橡胶中，拉伸强度更低。这无疑同三元乙丙橡胶无自补强能力以及借助炭黑改进工艺相容性相关。三元乙丙橡胶（EPDM）/RIIR（机械法丁基再生胶 50 份/50 份）并用胶，由于超细活性碳酸钙（CCR）不适合三元乙丙橡胶，所以三元乙丙橡胶用炭黑或 RIIR 用 CCR 就可达到两者皆用炭黑的拉伸强度，而且节约成本。可见，并用胶各胶相的填料品种选择及并用方式对获取高的拉伸强度也是相当重要的。

6.1.4　软化增塑体系

橡胶配方设计中，填料/软化增塑剂有个适宜用量配比范围，可获得高的拉伸强度，这主要是软化增塑剂提高了填料分散性。

一般来说，加入软化增塑剂会降低硫化橡胶的拉伸强度。例如加入石油系软化增塑剂 10 份、20 份，天然橡胶的拉伸强度下降 10%、20%，而丁苯橡胶下降 20%、30%。但软化增塑剂的用量如果不超过 5 份时，硫化胶的拉伸强度还可能增大，因为胶料中含有少量软化增塑剂时，可改善填料的分散性。例如丁腈橡胶中加入 10 份以下的邻苯二甲酸二丁酯（DBP）或邻苯二甲酸二辛酯（DOP）时，可使拉伸强度提高；拉伸强度达到最大值之后，如继续增加软化增塑剂用量，则拉伸强度急剧下降。而对于 DBA 或二硫代癸二酸酯类软化增塑剂，即使少于 10 份也使拉伸强度下降。此外，应该注意，古马隆对丁苯橡胶、丁腈橡胶有补强作用。

软化增塑剂对拉伸强度的影响程度与软化增塑剂的种类、用量以及胶种有关。例如，在以天然橡胶为基础的胶料中，加入 10 份和 20 份石油系软化增塑剂时，其硫化胶的拉伸强度分别降低 4% 和 20%。而同样加入 10 份和 20 份石油系软化增塑剂，在丁苯橡胶中则分别降低 20% 和 30%；在丁二烯橡胶/丁苯橡胶（1∶1）并用的硫化胶中强度基本不变化。

不同种类的软化增塑剂对胶种也有选择性。例如：芳烃油对非极性的不饱和橡胶（异戊二烯橡胶、丁二烯橡胶、丁苯橡胶）硫化胶的拉伸强度影响较小；石蜡油对它则有不良的影响；环烷油的影响介于两者之间。因此非极性的不饱和二烯类橡胶应使用含环烷烃的芳烃油，而不应使用含石蜡烃的芳烃油。芳烃油的用量为 5～15 份。

6.1.5　提高硫化胶拉伸强度的其它方法

（1）橡胶和树脂共混　例如天然橡胶（NR）、丁苯橡胶（SBR）与高苯乙烯（HS）共混，天然橡胶（NR）与聚乙烯共混，丁腈橡胶（NBR）与聚氯乙烯共混，乙丙橡胶（EPR）与聚丙烯共混等，都可以达到提高拉伸强度的目的。但会使弹性下降，硬度上升，永久变形变大。

（2）橡胶的化学改性　将具有反应能力的改性剂加入胶料中，通过改性剂与橡胶和填料的相互作用，在橡胶分子之间及橡胶与填料之间生成化学键和吸附键，以提高硫化胶的拉伸强度。

（3）填料表面改性　使用表面活性剂和偶联剂，如硅烷偶联剂以及各种表面活性剂对填料表面进行处理，可改善填料与大分子间的界面亲和力，不仅有助于填料的分散，而且可以改善硫化胶的力学性能。

（4）改善硫化网络中交联键的化学结构　使其能承受较高的负荷。用树脂硫化胶料的强度较高，如高硬度高强度丁腈橡胶配方如下（质量份）：NBR-40，100；槽法瓦斯炭黑，85；S，1.5；促进剂 DM，2.5；促进剂 TMTD，0.25；促进剂 D，0.15；ZnO，5；SA，1；环氧树脂（E-44），4；DBP，2；顺丁烯二酸酐，0.1。正硫化点 150℃×40min，硬度 92（邵尔 A）；拉伸强度 35MPa，伸长率 350%，回弹率 11%，拉断永久变形 8%。

（5）提高结晶度和取向度　其结晶取向可提高硫化网络的强度，并有阻止裂缝扩展的作用。

（6）均匀分散可变形的塑性微区。

6.2　高撕裂强度胶料的配方设计

橡胶的撕裂是由于材料中的裂纹或裂口受力时迅速扩大开裂而导致破坏的现象，这也是衡量橡胶制品抵抗破坏能力的特性指标之一。橡胶的撕裂一般是沿着分子链数目最小即阻力最小的途径发展，而裂口的发展方向是选择内部结构较弱的路线进行，通过结构中的某些弱点间隙形成不规则的撕裂路线。

撕裂强度的含义是单位厚度试样产生单位裂纹所需要的力值，

常用的测试方法有直角撕裂和裤形撕裂。它同橡胶的应力-应变曲线形状、黏弹行为相关。拉伸性能好而又黏弹损耗大的，撕裂强度高。

6.2.1 生胶体系

随相对分子质量增加，分子间的作用力增大，相当于分子间形成了物理交联点，因而撕裂强度增大；但当相对分子质量增高到一定程度时，其强度不再增大，逐渐趋于平衡。结晶型橡胶在常温下的撕裂强度比非结晶型橡胶高，常用橡胶的撕裂强度范围见表6-2。

表6-2 常见橡胶的撕裂强度 单位：kN/m

胶 种	撕裂强度	胶 种	撕裂强度
天然橡胶（NR）	35～170	氯磺化聚乙烯橡胶（CSM）	约40
异戊橡胶（IR）	30～160	氯醚橡胶（CO、ECO）	约57
丁苯橡胶（SBR）	24～59	聚氨酯橡胶（PUR）	约130
丁二烯橡胶（BR）	约55	二甲基硅橡胶（MQ）	5～39
氯丁橡胶（CR）	30～70	甲基乙烯基硅橡胶（MVQ）	约12
丁腈橡胶（NBR）	约85	热塑性聚氨酯（TPU）	约120
丁基橡胶（IIR）	8～80	热塑性聚烯烃硫化胶（TPV）	10～70
三元乙丙橡胶（EPDM）	6～50	热塑性聚烯烃弹性体（TPO）	60～95
丙烯酸酯橡胶（ACM）	20～32	热塑性丁苯橡胶（热塑性丁苯嵌段共聚物）（SBS）	35～54

常温下天然橡胶（NR）和氯丁橡胶（CR）的撕裂强度较高，这是由于结晶型橡胶撕裂时产生诱导结晶后，使应变能力大为提高。但是高温下，除天然橡胶外，撕裂强度均明显降低。填充炭黑后的硫化胶撕裂强度均有明显的提高，特别是丁基橡胶的炭黑填充胶料，由于内耗较大，分子内摩擦较大，将机械能转化为热能，导致撕裂强度较高。

并用胶撕裂强度同并用比的关系通常不遵守加和定律，常出现"谷值"，有的除有谷值外，还存在峰值，例如低温硫化的丁腈橡胶（NBR）/天然橡胶（NR）、丁腈橡胶（NBR）/环氧化天然橡胶（ENR）。

6.2.2 硫化体系

撕裂强度随交联密度增大而增大，但达到最大值后，交联密度再增加，则撕裂强度下降。撕裂强度与交联密度关系曲线存在峰值，在适宜交联密度下撕裂强度最大。但这个交联密度值相对比拉伸强度的适宜交联密度值小，为了获得最大的撕裂强度，硫化时间（硫化程度）小于硫化仪的 T_{90}，过硫化使撕裂强度下降，但有效硫化体系比常规硫化体系的下降少许多。如果高苯乙烯（HS）860/丁苯橡胶（SBR）配合恰当，即使达到 T_{100}，撕裂强度也不下降。

一般而论，含硫交联键具有高的撕裂强度，过氧化物配用少量硫黄改进撕裂强度便是例证。又如丁苯橡胶，硫黄硫化体系的撕裂强度约为过氧化物硫化体系的 2～3 倍。对于三元乙丙橡胶，DCP/硫/促进剂组合体系比硫/促进剂组合体系还好。就硫黄硫化体系来说，硫黄（2～3 份）配用 DM、CZ 等中等活性促进剂为宜。

多硫键具有较高的撕裂强度，故在选用硫化体系时，要尽量使用传统的硫黄-促进剂硫化体系。硫黄用量以 2.0～3.0 份为宜，促进剂选用中等活性、平坦性较好的品种，如 DM、CZ 等。在天然橡胶中，如用有效硫化体系代替普通硫化体系，撕裂强度明显降低，但过硫对其影响不大。而用普通硫化体系时，过硫则对撕裂强度有显著的不良影响，撕裂强度会显著降低。

过氧化物是硅橡胶最有效的硫化剂，常用的硫化剂有 DCP、DBPMH、BP、DCBP。由于每种硫化剂的热分解温度不同，所以对硅橡胶交联即硫化温度也不同，物理机械性能差异较大。DBPMH 可使硅橡胶获得优异的物理和其它性能，特别是拉伸强度和撕裂强度均高出其它硫化剂硫化硅橡胶的 30%～60%，是一种十分理想的硫化剂。

6.2.3　填料体系

在橡胶中加入补强性填料如炭黑可以改进撕裂强度，这对无自补强能力的丁苯橡胶（SBR）、丁腈橡胶（NBR）以至丁二烯橡胶（BR）、丁基橡胶（IIR）尤其显著。此外，加入炭黑还可冲淡硫化体系对撕裂强度的效应，减少撕裂强度随温度升高而下降的程度，炭黑以粒子小、结构性低、氧化程度大的撕裂强度高。随炭黑粒径减小，撕裂强度增加。在粒径相同的情况下，能赋予高伸长率的炭黑，也即结构度较低的炭黑对撕裂强度的提高有利。在天然橡胶中适当增加高耐磨炭黑的用量，可使撕裂强度增大。在丁苯橡胶中增加高耐磨炭黑时，出现最大值，然后逐渐下降。一般合成橡胶使用炭黑补强时，都可明显地提高撕裂强度。一般来说，撕裂强度达到最佳值时所需的炭黑用量，比拉伸强度达到最佳值所需的炭黑用量高。使用各向同性的填料如炭黑、白炭黑、白艳华、立德粉和氧化锌等，可获得较高的撕裂强度；而使用各向异性的填料，如陶土、碳酸镁等则不能得到高撕裂强度。橡胶中加入白炭黑可以大大提高撕裂强度并已在轮胎胎面胶配方中应用。陶土、海泡石填充丁苯橡胶撕裂不比沉淀白炭黑、$CaCO_3$ 差。白色填料的改性处理，能够改进同橡胶的相容性及分散性，对改进撕裂强度有利。对于丁苯橡胶，活性超细 $CaCO_3$（CCR）比轻质 $CaCO_3$ 好许多，接近陶土的水平。改进橡胶/填料的界面结合也有利于改进撕裂强度，白炭黑/丁苯橡胶中添加 Si-69 可作例证。与此同时要注意伸长率下降导致撕裂强度降低的负面效应，丁苯橡胶/海泡石中添加 Si-69、三乙醇胺及 KH-590，使硬度（邵尔 A）增大，撕裂强度、伸长率下降。非补强填料比补强填料的适宜用量值大，有的大许多，例如海泡石充填丁苯橡胶，225 份时撕裂强度最大。

经过表面处理后新型气相法白炭黑增强橡胶的物理机械性能优异，特别是拉伸强度和撕裂强度更好。这是因为新型气相法白炭黑经过表面处理后，与橡胶结合得更好，更有利于分散。

随着经处理气相法白炭黑用量的增加，硅橡胶的邵尔 A 型硬度、拉伸强度和撕裂强度提高，拉断伸长率下降。在邵尔 A 型硬度为 30～40 时，炭黑用量为 25～30 份，此时硅橡胶的拉伸强度为 7～9MPa，撕裂强度为 15～20kN/m。

6.2.4　软化增塑体系

通常加入软化增塑剂会使硫化胶的撕裂强度降低，因此高撕裂强度橡胶在配方上不用或尽量少用，尤其是石蜡油对丁苯橡胶硫化胶的撕裂强度极为不利，而芳烃油则可保证丁苯橡胶硫化胶具有较高的撕裂强度。

丁腈橡胶（NBR）、氯丁橡胶（CR）增塑剂的加入同样会使撕裂强度降低，例如在氯丁橡胶中加入 10 质量份、20 质量份、30 质量份的癸二酸二丁酯，会使硫化胶的撕裂强度分别降低 32%、45% 和 55%，丁基橡胶用软化增塑剂 25 份，撕裂强度下降 25%，在丁腈橡胶/白炭黑 75 份中分别加 15 份的邻苯二甲酸二丁酯（DBP）、低聚酯后，撕裂强度分别下降 20kN/m 与 2kN/m。采用石油系软化增塑剂作为丁腈橡胶（NBR）和氯丁橡胶（CR）的软化增塑剂时，应使用芳烃含量高于 50%～60% 的高芳烃油，而不能使用石蜡油、环烷烃油。

6.3　不同定伸应力和硬度胶料的配方设计

定伸应力和硬度都是表征橡胶材料刚性（刚度）的重要指标，硬度与定伸应力均表征材料抵抗变形的能力，两者均表征硫化胶产生一定形变所需要的力。定伸应力对应于拉伸变形，定伸应力与较大的拉伸形变有关，硬度对应于压缩变形，也可以说是硫化胶在极低变形下的弹性模量，而硬度则与小的压缩形变有关。实际上，硬度是应该同模量、恢复、永久变形等几个材料参数相关。

6.3.1　生胶体系

生胶对定伸应力和硬度影响因素有：定伸应力与橡胶分子结构的关系；相对分子质量和相对分子质量分布的影响。

增大橡胶的分子量与缩窄分子量分布有相当的效果。橡胶相对分子质量越大，则游离末端数越少，有效链数越多，定伸应力也越大。为了得到规定的定伸应力，对相对分子质量较小的橡胶应适当提高其硫化程度。

随着相对分子质量分布的加宽，硫化胶的定伸应力和硬度均下降。这是因为相对分子质量分布较宽时，低相对分子质量组分增加，游离末端效应加强，同时相对分子量较低的部分可起软化增塑的作用，导致性能降低。因此，在相对分子质量相近的情况下，应尽量减少多分散性，使相对分子质量分布窄些。

凡是能增加分子间作用力的结构因素，都可以提高硫化胶网络抵抗变形的能力。例如，在橡胶大分子主链上带有极性原子或极性基团的氯丁橡胶（CR）、丁腈橡胶（NBR）、聚氨酯橡胶（PUR）、氯醚橡胶（CO、ECO）、丙烯酸酯橡胶（ACM）、氟橡胶（FPM）等，分子间的作用力较大，其硫化胶的定伸应力较高；结晶型的橡胶（如天然橡胶），结晶后分子排列紧密有序，结晶形成的物理结点也增加了分子间的作用力。另外天然橡胶中的高相对分子质量级分较多，相对减少了游离末端的不利影响，对硫化胶力学性能的贡献较大，因此其定伸应力也较高。表 6-3 为常见橡胶的硬度可调范围。

表 6-3　常见橡胶的硬度可调范围

胶　　种	硬度范围 （邵尔 A）	胶　　种	硬度范围 （邵尔 A）
天然橡胶(NR)、异戊橡胶(IR)	3～98	氟橡胶(FPM)	50～89
丁苯橡胶(SBR)、丁二烯橡胶(BR)	8～98	丙烯酸酯橡胶(ACM)	38～89
丁腈橡胶(NBR)	15～98	乙烯-醋酸乙烯酯共聚物(EVA)	50～89
丁基橡胶(IIR)、三元乙丙橡胶(EPDM)、氯丁橡胶(CR)	19～89	氯醚橡胶(CO、ECO)	40～80
氯磺化聚乙烯橡胶(CSM)	48～89	热塑性聚氨酯(TPU)	～92
聚氨酯橡胶(PUR)	8～98	热塑性聚烯烃硫化胶(TPV)	60～90
聚硫橡胶(T)	28～89	热塑性聚烯烃弹性体(TPO)	60～95
硅橡胶(Q)	25～89	热塑性丁苯橡胶(SBS)	58～90

硬度与定伸应力都作为材料刚性的量度。增大橡胶大分子链的刚性与分子间力的方法有：一是在橡胶中配入酚醛树脂与环氧树脂等并适度交联；二是并用 PA、PE、PS、EVA、PVC 等塑料都能使刚性增大。天然橡胶中加入补强酚醛树脂（为 Koregorte-5211）5 份，硬度（邵尔 A）增加 22，加入高苯乙烯 HS-860 20 份取代天然橡胶，硬度（邵尔 A）增加 18。

6.3.2　硫化体系

（1）交联密度　定伸应力与交联密度的关系十分密切，定伸应力表征总交联密度，它们之间有线性关系。不论是纯胶硫化胶还是填充炭黑的硫化胶，随交联密度增加，即增加化学交联、大分子物理缠结、填料/橡胶大分子的“相互结合”，定伸应力和硬度也随之直线增加。

通常交联密度的大小是通过调整硫化体系中的硫化剂、促进剂、助硫化剂、活性剂等配合剂的品种和用量来实现的，其中主要是硫化剂和促进剂的品种和用量。

各类促进剂含有不同的官能基团，如防焦基团、促进基团、活性基团、硫化基团等。有的促进剂只有一种功能，而有的促进剂具有多种功能。活性基团（胺基）多的促进剂，例如，秋兰姆类、胍类和次磺酰胺类促进剂的活性较高，其硫化胶的定伸应力也比较高。TMTD 具有多种功能，兼有活化、促进及硫化的作用，因此并用 TMTD 可以有效地提高定伸应力。将具有不同官能基团的促进剂并用即可增强或抑制其活性，在一定范围内对定伸应力和硬度进行调整。

橡胶的硬度和定伸应力、弹性、抗溶胀性等多项性能在一定范围内都是随着橡胶交联程度的上升而显著改善的，调节交联密度最有效的是硫化剂的用量，其次是促进剂、活性剂、硫化时间等。

硫黄调节是最常用的方法，即用硫黄量的多少来调整硬度。胶料的硬度是随着硫黄含量的增加而增加的。软质橡胶中，硫黄用量为 0.2～5 份；5 份以上为半硬质胶，硬度增高而强伸性能变劣；如果硫黄用量达 35～50 份，则可制成硬度很高甚至交联饱和的硬质橡胶。目前某些产品例如胶辊是用硫黄来调节硬度的，硫黄用量与硬度的关系如表 6-4 所示。例如造纸胶辊胶料，对天然橡胶胶料，硫黄量若增加 1～3 份，硬度就会提高 5；对天然/丁苯/顺丁并用胶，硫黄量增加 1.5～4 份，硬度提高 5；印染浅色胶辊胶料，硫黄量增加 2～4 份，硬度提高 5。此法制得的制品具有适宜的弹性，胶料自黏性好，利于操作，但耐热性差。橡胶衬里用天然橡胶的胶料也是用硫黄来调整硬度，以获得软质胶、半硬质胶、硬质胶（含硫黄 39～43 份）。

表 6-4 胶辊面胶硫黄用量与硬度的关系

硬度（邵尔 A）	造纸胶辊中硫黄用量/%	印染胶辊中硫黄用量/%
65	4.5	6
70	5.5	10
75	8	12
80	12	14
85	15	16
90	17	19
95	19	22

这类产品大多硬度要求较高，指标严格，硫黄用量较多，因此硫黄在橡胶中分散的均匀程度特别重要，它是制品硫化程度均一，各项性能稳定的重要保证。

（2）**交联键类型** 交联密度随硫化程度增大而增加。当硫化程度增大时，以—C—C—交联键为主的硫化胶，定伸应力迅速增大，而以多硫键为主的硫化胶，定伸应力增大的速度非常缓慢。总的说来，硫化程度增大到一定程度时，定伸应力按下列顺序递减：—C—C—＞—C—S—C—＞—C—S$_x$—C—。其原因是多硫键应力松弛的速度比较快。多硫键与离子键松弛快，硬度与定伸应力相对低，碳—碳键松弛慢，刚性相对大。

在配方设计中，为了保持硫化胶定伸应力恒定不变，需要减少多硫键含量而减少硫黄用量时，应当增加促进剂的用量。使硫黄用量和促进剂用量之积（硫黄用量×促进剂用量）保持恒定。

硫化体系决定交联密度与交联键类型，务必细心调控。众所周知，高硫用量是获取高硬度的方法之一。此外，采用秋兰姆类、氨基甲酸盐类超速促进剂会比噻唑类、次磺酰胺类有更高的硬度与定伸应力。DCP 等过氧化物，配共硫化剂 HVA-2、TAIC、1,2-PBD，增大交联密度，就能提高定伸应力，若配以硫黄，定伸应力就下降了。

6.3.3 填料体系

填料的品种和用量是影响硫化胶定伸应力和硬度的主要因素，其影响程度比交联及橡胶的结构要大得多。橡胶中加入填料将使刚性增大，定伸应力和硬度增大。

不同类型的填料对硫化胶定伸应力和硬度的影响是不同的：结构性高、粒径小、活性大的炭黑，定伸应力和硬度提高的幅度较大。随填料用量增加，定伸应力和硬度也随之增大。就炭黑而论，同用量下，结构性影响最大最为明显（吸留橡胶效应）。结构性高、粒子小、表面活性大的炭黑，结合橡胶量多，刚性就提高。因为炭黑的结构性高，说明该炭黑聚集体中存在的空隙较多，其硫化胶中橡胶大分子的有效体积分数也相应减少较多。白炭黑粒子小胶料的硬度高。

与未填充炭黑或填充低结构炭黑的硫化胶相比，欲达到相同的形变时，填充高结构炭黑的硫化胶中橡胶大分子部分的变形就得大一些，变形大所需的外力就相应增大，所以硫化胶的定伸应力随炭黑结构性增加而明显增大。就相同粒子大小的炭黑而言，如果交联不足，就会使定伸应力下降。

海泡石等含硅填料，如加入 Si-69、KH-590、三乙醇胺等，改进填料/橡胶的（硫化过程）结合，硬度与定伸应力将显著增大（伸长率大大下降）。值得注意的是强化填料的分散，往往降低定伸应力。甲基丙烯酸的锌、镁盐也常用作橡胶助剂提高硫化胶硬度，橡胶极性越大，镁盐的增硬效果越显著。

炭黑用量为 85 份，硬度达到 90（邵尔 A）之后，硬度增大就不明显了，另外，填料用量大，动力消耗大，流动性差，加工困难。对于密封压力大或要求高硬度的密封件或制品，可以在加工时采用起临时增塑作用及硫化时参与交联反应的软化增塑剂，如用低聚酯（硫化胶有复合醚链与盐链交联，可用 DM、DTDM、DCP 等引发交联）、白炭黑（75 份）填充丁腈橡胶，当加入低聚酯 $0\sim30$ 份，γ 为 $63s^{-1}$，温度为 $100℃$ 时的软化指数对应为 $1.00\sim0.55$，硬度（邵尔 A）则从 87 升至 95。含低聚酯的 O 形圈可用于 $50MPa$ 压力下的密封，环氧树脂（配用顺丁烯二酸酐等固化剂）用于丁腈橡胶也可获得高硬度并利于加工。甲基二异氰酸酯二聚体对丁腈橡胶也有增硬和增大撕裂强度的效果。无疑，这些方法比加大硫用量的方法便于硫化控制，强伸性能好，坚韧不脆又耐老化。

6.3.4 软化增塑体系

橡胶中软化增塑剂的加入，相对地拉开了橡胶分子链之间的距离，减弱的分子间的作用力，导致橡胶的硬度变小。硬度在 55 以下的橡胶制品，往往使用一定量的软化增塑剂来调整硬度，以达到要求。加入软化增塑剂的中另一个目的是增大胶料的塑性，以改善工艺性。一般来说，选择的软化增塑剂与橡胶的相容性好，以防止喷出，避免在硫化过程或制品使用过程中，软化增塑剂的挥发、迁移和抽出，不然就不能保证制品的硬度持久维持在允许的范围之内。软化增塑剂的闪点要高，但对常用的低分子量软化增塑剂而言，很难完全避免挥发，尤其是溶剂抽出。低分子液态高聚物是较理想的软化增塑剂，不易挥发，如能参与硫化，则更可避免迁移和抽出。例如使用液体丁腈作为丁腈橡胶的增塑剂，使用低分子聚乙烯、聚苯乙烯作为某些橡胶的软化增塑剂，也可收到较理想的调节硬度的效果。当增塑剂用量较大时（特别是液体增塑剂），胶料发黏，混炼胶强度很低，粘辊，工艺不易实施，这时最好使用油膏、充油橡胶。

6.3.5 硬度估计

参照资料和实践可按以下公式预测各种橡胶制品的硬度（在 30～85 中硬度段内）。

$$估算硬度＝橡胶基本硬度＋填料（或软化增塑剂）$$
$$用量×硬度效应值 \qquad (6-1)$$

橡胶的基本硬度及填料或软化增塑剂硬度效应值如表 6-5 和表 6-6 所示。

表 6-5 各种橡胶的基本硬度

胶 种	基本硬度
烟片天然橡胶、异戊橡胶	43
标准天然橡胶、低温丁苯橡胶、氯化丁基橡胶、丁二烯橡胶 9000	40
充油(25 份)丁苯橡胶	31
高温丁苯橡胶	37
充油(37.5 份)丁苯橡胶 1712	26
丁基橡胶(IIR)	35
丁腈橡胶(中、中高丙烯腈)、氯丁橡胶、氯磺化聚乙烯橡胶	44
充油丁二烯橡胶 9073(37.5 油/100 份胶)	30
丁腈橡胶(低丙烯腈)	41
丁腈-聚氯乙烯共混胶(丁腈橡胶 70/聚氯乙烯 30)	59
三元乙丙橡胶	56
二元乙丙橡胶	42
丙烯腈含量 40％以上的丁腈橡胶	46

表 6-6 每增加 1 份填料或软化增塑剂胶料硬度的效应值

填料或软化增塑剂	硬度的效应值
SAF(N110)、ISAF(N220)、HAF(N330)、FEF (N550)、GPF(N660)、EPC、MPC、槽法炭黑、喷雾炭黑	＋0.5(即 2 份增加 1 硬度)
气相法白炭黑、沉淀法白炭黑	＋0.5(即 2 份增加 1 硬度)
SRF(N770)	＋0.33(即 3 份增加 1 硬度)
含水二氧化硅类	＋0.4(即 2.5 份增加 1 硬度)
热裂法炭黑(N800、N900)或硬质陶土	＋0.25(即 4 份增加 1 硬度)
软质陶土	＋0.1～0.143(即 7～10 份增加 1 硬度)
碳酸钙	＋0.143(即 7 份增加 1 硬度)
表面处理的碳酸钙	＋0.167(即 6 份增加 1 硬度)
固体软化增塑剂、石油类树脂、矿质橡胶	－0.2(即 5 份降低 1 硬度)
酯类增塑剂	－0.67(即 1.5 份降低 1 硬度)
脂肪族油或环烷油	－0.5(即 2 份降低 1 硬度)
芳烃油	－0.588(即 1.7 份降低 1 硬度)

实际上略有差别，表 6-7 是实际上硬度提高 1 个点所需的炭黑份数。

表 6-7　硬度提高 1 点所需炭黑份数

炭黑种类	表面积 /(g/m²)	DBP 值 /(mL/ 100g)	硬度提高 1 个点所需炭黑份数/份					
			天然橡 胶（NR）	丁苯橡 胶（SBR）	丁基橡 胶（IIR）	氯丁橡 胶（CR）	丁腈橡胶 （NBR）	三元乙丙橡 胶（EPDM）
N990	8	34	4.2	5.1	3.8	3.5	4.8	6.8
N762/N774	26	63～70	2.8	3.4	2.5	2.2	3.2	4.5
N660	35	91	2.5	3.1	2.3	2.1	2.9	4.1
N330	80	103	1.9	2.3	1.7	1.5	2.1	3
N339	90	124	1.7	2.1	1.6	1.4	2	2.8

对硬度影响来说，1 份操作油大约可以抵消 1 份炭黑。也就是说，为了保持胶料的相同硬度，若增加 1 份操作油就要同时增加 1 份炭黑，而减少 1 份操作油就要同时减少 1 份炭黑。如上所述，胶料硬度大小是由炭黑的表面积和结构决定的。当所用的炭黑具有非常低的或非常高的表面积和结构时，则需要修正由 N330 炭黑得来的通用原则。举例来说，对于添加 N660 炭黑的胶料，为了保持其硬度需要 0.7 份的操作油抵消 1 份炭黑，而对于 N734 炭黑则需要 1.3 份操作油来抵消 1 份炭黑。

对硬度的改变，增加 1 份操作油近似相当于减少 1 份炭黑，要使邵尔硬度改变 1 个点需要改变 2 份炭黑含量，那么增加或减少 2 份操作油也可以改变胶料邵尔硬度 1 个点。对于大表面积和高结构性的炭黑，操作油的量应多加一些，而对于小表面积和低结构性的炭黑，操作油的量就要少加些。

6.3.6　提高硫化胶定伸应力和硬度的其它方法

（1）橡塑并用　在橡胶范围内的高分子材料，内聚能密度都不大，选择橡胶品种来调整硬度，效果不会很大。然而树脂类的材料内聚能密度和橡胶相比大得多，因此，如果在橡胶分子中引入某种树脂原料，或者将橡胶与某些树脂并用，往往可以明显地提高制品的硬度。例如橡胶与高苯乙烯树脂并用，能制成高耐磨性的仿皮革鞋底，硬度可达邵尔 A85～90。又如橡胶与 PVC、PE，PP、EVA 等塑料并用，视其并用比例对制品的硬度也可作大范围的调整。但同时应注意并用树脂后对胶料其它性能的影响。

又如在天然橡胶中并用高苯乙烯来提高造纸用胶辊硬度。

（2）选用增硬剂　使用烷基酚醛树脂/硬化剂并用体系增硬，效果非常显著。该树脂加入胶料后，在硬化剂作用下，可与橡胶生成三维空间网络结构，使硫化胶的邵尔 A 硬度达到 95。常用的酚醛树脂有：苯酚甲醛树脂、烷基间苯二酚甲醛树脂和烷基间苯二酚环氧树脂。所用的硬化剂有六亚甲基四胺、RU 型改性剂和无水甲醛苯胺等含氮的杂环化合物。

例如在同样用量下，改性酚醛补强树脂 BQ-205A 代替普通酚醛补强树脂 BQ-205 可将子午线轮胎胶芯胶的硬度提高 4～5，而其它物理机械性能基本保持不变。

增硬剂苯甲酸可使未硫化胶变软，易于操作，而使硫化胶变硬，这对大量填料的胶料十分有益，而且能防止胶料焦烧。在子午线轮胎硬质三角胶中加入 3 份苯甲酸，硫化胶硬度可提高 5～6。

在丁腈橡胶中采用多官能丙烯酸酯低聚物与热熔性酚醛树脂并用，可以有效地提高硫化胶的硬度。此外，对填料表面进行活化改性处理，也有一定程度的增硬效果。

（3）其它方法　某些配合剂也能有效地提高胶料的硬度，如在氯丁橡胶胶料中硅酸钙加上 4％的二甘醇（DEG）（一缩二乙二醇）和有白炭黑胶料中加上 2％～3％的 Si-69，都能使胶料的硬度增加 3～4。

要获得低硬度、低定伸应力，首先要选用聚降冰片烯、聚己烯（纯胶硬度仅为 12）等低硬度橡胶，其次，同上述反其道行之也能达到目的，尤其是少用填料、减少总交联度及调整交联键类型，例如使用 M、DM，减少活性剂氧化锌用量。但关键在于选准软化增塑剂，并且采取多种软化增塑剂并用。例如，丁基橡胶每加入环烷油 10 份，硬度（邵尔 A）大约降 6，若采用古马隆，反而提高定伸应力。制取15 或 30（即邵尔 A）硬度的氯丁橡胶胶辊，常采用油膏/锭子油/邻苯二甲酸二丁酯（DBP）或油膏/白矿油/机油并用体系。

（4）一种较简便的硬度调整方法　把最高硬度（下称硬胶）和最低硬度（下称软胶）的两种胶料先配制出来，然后再把这两种混炼胶按不同比例掺和均匀后取片硫化，即可得到中等硬度的胶片。这种方法手续较简化，可以提高工作效率。

$$Ax + B(1 - x) = C \qquad (6-2)$$

式中，A 为已知硬胶的硬度；B 为已知软胶的硬度；C 为希望得到的中等硬度；x 为所用硬胶的质量分数；$1-x$ 为所用软胶的质量分数。

6.4 高耐磨胶料的配方设计

耐磨性表征橡胶经受住表面摩擦、刮削或腐蚀性机械作用而逐步损耗的抵抗能力，是橡胶材料多种物理机械性能的综合结果。耐磨耗性是与橡胶制品使用寿命密切相关的力学性能。许多橡胶制品，诸如轮胎、输送带、传动带、动态密封件、胶鞋大底等，都要求具有良好的耐磨耗性。橡胶的磨耗比金属的磨损复杂得多，它不仅与使用条件、摩擦的表面状态、制品的结构有关，而且与硫化胶的其它力学性能和黏弹性能等物理—化学性质有密切的关系。

图 6-1 是橡胶硫化胶的"拉伸积"同皮克磨耗、阿克隆磨耗的耐磨性指数的关系，包括氢化丁腈橡胶（NBR）、硅橡胶（Q）、丁二烯橡胶（BR）、丁苯橡胶（SBR）、天然橡胶（NR）、氟橡胶（FPM）、丙烯酸酯橡胶（ACM）、丁腈橡胶（NBR）、氯磺化聚乙烯橡胶（CSM）、氯丁橡胶（CR）、氯醚橡胶（CO、ECO）在内。显然，它们之间是成正比关系的。

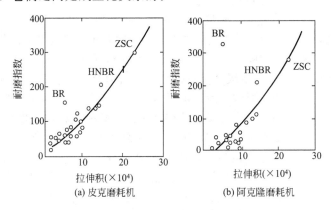

图 6-1　硫化胶拉伸积（抗张积）与耐磨性的关系

由于磨耗时外界表面状况及工况条件不同,磨耗有以下几种表现形式。

(1) 磨损磨耗　对粗糙、带菱形突出物,在高摩擦力时,橡胶表面产生的破坏。磨耗速度为 $1000\sim100000\mu m/h$。由于摩擦表面上凸出的尖锐粗糙物不断切割、刮擦,致使橡胶表面局部接触点被切割、扯断成微小的颗粒,从橡胶表面上脱落下来,形成磨损磨耗(又称磨粒磨耗、磨蚀磨耗)。在粗糙路面上速度不高时胎面的磨耗,就是以这类磨耗为主。磨耗强度越大耐磨耗性越差,磨耗强度与压力成正比,与硫化胶的拉伸强度成反比,随回弹性提高而下降。

(2) 滚动(卷曲)磨耗　相对光滑的表面,摩擦力使橡胶微观凹凸不平的地方发生变形,并被撕裂破坏,成卷地脱落表面。当摩擦力及滑动速度大、温度高时尤其显著。磨耗速度为 $100\sim10000\mu m/h$。

(3) 疲劳磨耗　多在橡胶表面摩擦力恒定、摩擦物粗糙、带钝形突出物和橡胶受周期性压缩、剪切、拉伸等形变作用反复应力疲劳时产生。磨耗速度为 $1\sim100\mu m/h$。在反复的摩擦过程中,使橡胶表面层产生疲劳,并逐渐在其中生成疲劳微裂纹。这些裂纹的发展造成材料表面的微观剥落。疲劳磨耗强度,随橡胶弹性模量、压力提高而增加,随橡胶拉伸强度降低和疲劳性能变差(t 增大)而加大。

(4) 冲击(或不固定磨料的磨蚀)磨耗　在硬性磨料(有的带锐角棱)冲击时的磨损磨耗,磨耗速度为 $1000\sim1000000\mu m/h$。如砂磨机衬里、砉谷胶辊之类。

刚度(定伸应力、硬度)是决定磨耗类型的主要因素之一。刚度提高,疲劳磨耗及冲击磨耗加剧,而刚性表面的磨损磨耗、卷曲磨耗缓解。例如,硬度达 75(邵尔 A),卷曲磨耗变成疲劳磨耗,磨耗速度降低 $1\sim2$ 个数量级;但对带锐角突出物的粗糙磨面,从疲劳磨耗升至卷曲磨耗。通常,疲劳磨耗选硬度(邵尔 A)为 $35\sim55$,冲击磨耗硬度为 $50\sim70$,磨粒大于 100mm 的磨损磨耗选硬度为 $65\sim85$;胶辊,选硬度为 $92\sim95$;石油钻井泵活塞,泥浆介质,工况为冲击滑动,以疲劳磨耗为主,选硬度为(邵尔 A)85 比 95 的 PUR 更耐磨。硬度达一定值之后,耐磨性的增大缓慢,甚至有下降倾向。

滞后损失的增大,拉伸强度的增加有利于改进耐磨性,但摩擦因数、温升均增大,疲劳寿命下降。两者综合,加快了磨损磨耗,减缓卷曲磨耗。无疑，疲劳寿命下降、疲劳磨耗相应增大。磨耗过程中橡胶表面生热，疲劳磨耗上升 6～8℃，磨损磨耗上升 24℃，必然导致表面层橡胶结构变化，类似于热氧老化与力化学的降解效应，空气中比惰性介质中的磨耗量高 0.5～1 倍。在 100℃×72h 热氧老化后，磨耗量增加 1～2 倍，而在 140℃×72h 条件下热氧老化后，则增加 7～9 倍。

在不同的使用条件下，橡胶的磨耗机理不同，产生的磨耗强度也不同。磨料的表面性状、工况条件的差异，必将使得同一配方的耐磨性优劣的实用性评价有差异，而配方设计中选取与调控（耐磨性之外的）性能项目与指标值也会有大的差异。采用标准方法测试有同等耐磨性的橡胶，用于汽车轮胎的胎面胶比输送带覆盖胶耐磨寿命高 100 倍以上。100％的滑动，摩擦因数 μ 大，摩擦力（F）增大，耐磨性远不如滚动磨耗。例如，轮胎胎面胶作碰碰车胎胎面，磨面粗糙似豆腐渣，加入减摩剂，磨面光滑，使用寿命大大延长。

6.4.1 生胶体系

聚氨酯橡胶（PUR）、氢化丁腈橡胶（HNBR）、丁二烯橡胶（BR）耐磨性始终优于其它橡胶。丁二烯橡胶的耐磨耗性较好，从结构上分析，主要原因是它的分子链柔顺性好、弹性高、低应力下耐疲劳性优、动态模量大、玻璃化温度较低（-95～105℃），加之炭黑结合结构具有高的热机械稳定性，从而具有高的耐磨性。提高其顺式 1,4 含量，效果就更好。如果增加 1,2 结构含量，耐磨性将下降。硫化胶耐磨耗性一般随生胶的玻璃化温度（T_g）的降低而提高。丁苯橡胶（SBR）由于具有共轭而又稳定的苯环，其耐磨性比三元乙丙橡胶（EPDM）、天然橡胶（NR）好。聚氨酯橡胶（PUR）主链上有强极性，含许多苯环，磨耗量是天然橡胶、丁苯橡胶的 1/2～6/7。另外，丁腈橡胶（NBR）耐磨性优于天然橡胶（NR）、丁苯橡胶（SBR），在 90℃左右下的耐磨性更好，尤其是对于非固定磨料的冲击磨耗以及滑动占主导的磨耗。环氧化天然橡胶（ENR）比天然橡胶（NR）的磨耗好许多，这是由于环氧基增大，使耐磨性大有改进，如环氧化天然橡胶 ENR-40 已接近丁腈橡胶（JSR-230S）的磨耗水平。橡胶并用胶耐磨性不遵从"加和律"，极性越靠近，耐磨性超过"加和值"。

在橡胶中加入 HS、PE、PP、PVC、PA、聚甲醛等，其磨面更显光滑，耐磨性大为改进。

在通用橡胶中，其硫化胶的耐磨耗性能按下列顺序递减：丁二烯橡胶（BR）＞溶聚丁苯橡胶＞乳聚丁苯橡胶＞天然橡胶（NR）＞异戊橡胶（IR）。用丁二烯橡胶制作的轮胎胎面胶，在良好路面和正常的气温下，耐磨耗性比丁苯橡胶和天然橡胶/丁二烯橡胶并用胶高 $30\%\sim50\%$。

丁二烯橡胶的相对耐磨性，随轮胎使用条件苛刻程度的提高而明显增加。这是由于在此条件下，丁二烯橡胶的磨耗基本上属于疲劳磨耗，而此时天然橡胶（NR）和丁苯橡胶（SBR）则以卷曲磨耗为主。

在道路平直、气温较高而使用条件不苛刻的情况下，丁二烯橡胶胎面胶的耐磨耗性与丁苯橡胶胎面胶相近。

丁二烯橡胶用作胎面胶的主要缺点是抗掉块能力低，因此实用中经常用天然橡胶（NR）或丁苯橡胶（SBR）与它并用。当丁二烯橡胶在并用胶中的并用比例增加到 60% 时，并用胶的耐磨耗性增加。但是丁二烯橡胶的工艺性能不好，因此其并用比例通常不超过 50%。

丁苯橡胶的弹性、拉伸强度、撕裂强度都不如天然橡胶，其玻璃化温度（T_g）$-57℃$ 也比天然橡胶高，但其耐磨性却优于天然橡胶。丁苯橡胶中苯乙烯的量为 23.5% 时，综合性能较好，而随苯乙烯含量增加，其硫化胶耐磨耗性下降。

丁苯橡胶的耐磨耗性，随相对分子质量的增加而提高。溶聚丁苯橡胶的耐磨耗性优于乳聚丁苯橡胶。用于轮胎胎面胶的丁苯橡胶在苛刻的使用条件下，不充油的丁苯橡胶 1500 比充油 37.5 份的丁苯橡胶 1712 的耐磨耗性提高 $5\%\sim10\%$；但在苛刻的条件下，特别是在高温时，则不如丁苯橡胶 1712。

天然橡胶（NR）的耐磨耗性不如丁二烯橡胶（BR）和丁苯橡胶（SBR），但却优于合成的异戊橡胶。

丁腈橡胶硫化胶的耐磨耗性比异戊橡胶要好，其耐磨耗性随丙烯腈含量增加而提高。羧基丁腈橡胶耐磨性较好。

乙丙橡胶硫化胶的耐磨性和丁苯橡胶相当。随生胶门尼黏度提高，其耐磨耗性也随之提高。第三单体为 1,4-己二烯的三元乙丙橡胶，耐磨性比亚乙基降冰片烯和双环戊二烯为第三单体的三元乙丙橡胶好。

丁基橡胶硫化胶的耐磨耗性，在20℃时和异戊橡胶相近；但当温度升至100℃时，耐磨耗性则急剧降低。丁基橡胶采用高温混炼时，其硫化胶的耐磨耗性显著提高。

以氯磺化聚乙烯橡胶为基础的硫化胶，具有较高的耐磨耗性，高温下的耐磨性亦好。

以丙烯酸酯橡胶为基础的硫化胶耐磨耗性比丁腈橡胶硫化胶稍差一些。

聚氨酯橡胶是所有橡胶中耐磨耗性最好的一种。聚氨酯橡胶的耐磨性比其它橡胶高10倍以上，常温下具有优异的耐磨性，但在高温下它的耐磨性会急剧下降。

6.4.2 硫化体系

（1）交联密度的影响 硫化胶的耐磨耗性随硫化剂用量增加有一个最大值。耐磨耗性达到最佳状态时的最佳硫化程度，随炭黑用量增大及结构性提高而降低，如图6-2所示。通常硫化时间比硫化仪上 T_{90} 要长些。在提高炭黑的用量和结构度时，由炭黑所提供的刚度就会增加。因此保持刚度的最佳值，就必须降低由硫化体系所提供的刚性部分，即适当地降低交联密度或硫化程度。

各种橡胶在不同的使用条件下，其最佳交联程度也不同。天然橡胶和异戊橡胶在卷曲磨耗时，最佳交联程度为300%定伸应力14～20MPa；丁二烯橡胶在300%定伸应力不高时，主要是疲劳磨耗，其最佳交联度比天然橡胶明显降低；丁苯橡胶的最佳交联程度介于天然橡胶和丁二烯橡胶之间。

随轮胎使用条件苛刻程度提高，最佳交联程度呈增大的趋势。

（2）交联键类型的影响 图6-3表明天然橡胶（NR）/炭黑采用常规硫化体系（CV）、半有效硫化体系（SEV）及平衡硫化体系（EC）的耐磨性同硫化时间的关系。显然，EC比SEV好，更比CV好许多。硫化时间延长，耐磨性下降尤以EC下降得小，这同拉伸强度随硫化时间的下降相当一致。对于天然橡胶（NR）/丁二烯橡胶（BR）/白炭黑的低温硫化、120℃平板加热硫化、80℃热空气或热水硫化和室温自然存放硫化，只要硬度（邵尔A）相近，耐磨性未见有大的差异。对于丁腈橡胶胶料（含炭黑、白炭黑），在 $150\sim160℃$ 硫化 $T_{70}\sim T_{90}$ 之后，再于 $100℃$ 烘箱烘 $1\sim4h$，只要选择时间恰当，耐磨性会大大改进。

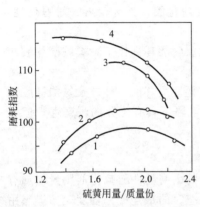

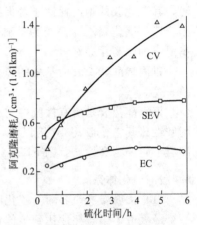

图 6-2　使用不同结构度炭黑的胎面胶的相对耐磨性与硫黄用量的关系
1—DBP 吸油值为 $1.00cm^3/g$；2—DBP 吸油值为 $1.25cm^3/g$；3—DBP 吸油值为 $1.35cm^3/g$；4—DBP 吸油值为 $1.50cm^3/g$

图 6-3　硫化体系对天然橡胶（NR）/炭黑硫化胶耐磨性的影响

　　轮胎实际使用试验表明，硫化胶生成单硫键可提高轮胎在光滑路面上的耐磨耗性，单硫键含量越多，硫化胶的耐磨耗性越好。

　　一般硫黄＋促进剂 CZ 体系的耐磨耗性较好。以 DTDM＋S（低于 1.0 份）＋促进剂 NOBS 体系硫化的硫化胶耐磨耗性和其它力学性能都比较好。在以 S＋CZ（主促进剂）＋TMTD/DM/D（副促进剂）硫化天然橡胶时，硫黄用量为 $1.8\sim2.5$ 份；丁二烯橡胶为主的胶料，硫黄用量为 $1.5\sim1.8$ 份。

　　就海泡石/丁苯橡胶而言，适当增大硫用量（3.5 份）可改善其耐磨性，常规硫化体系比有效体系好。

6.4.3　填料体系

　　通常硫化胶的耐磨耗性随炭黑粒径减小、表面活性和分散性的增加而提高。在三元乙丙橡胶胶料中添加 50 份的 SAF 和 ISAF 炭黑的硫化胶，其耐磨耗性比填充等量 FEF 炭黑的耐磨性高一倍。

采用补强性炭黑能获得好的耐磨性。炭黑的比表面积大，对天然橡胶（NR）、丁苯橡胶（SBR）、丁二烯橡胶（BR）、丁腈橡胶（NBR）、丁基橡胶（IIR）、三元乙丙橡胶（EPDM）、丙烯酸酯橡胶（ACM）、氯丁橡胶（CR）的耐磨性改进也大；炭黑结构性增大，对苛刻使用条件的耐磨性改进尤其大。白炭黑可以提高撕裂强度，加上耐热性好，尤其适用于高温耐磨的场所。例如，白炭黑填充的耆谷胶辊寿命比填充炭黑的好得多。

用预硫化-拉伸硫化法制得的取向填充胶，耐磨性比未取向的高 10 倍以上，橡胶中加入短纤维，在纤维表面形成弹性体取向结构，可大大改进耐磨性及提高撕裂强度、耐疲劳破坏诸多性能。

填料对耐磨性有个适宜用量，炭黑对通用橡胶为 50～60 份，海泡石对丁苯橡胶为 220 份。酚醛树脂 2402、石油树脂（C5）的适度加入可改进耐磨性，例如丁苯橡胶/白炭黑高硬度制品，配入 2402 之后，实际磨耗寿命延长 25 倍以上。

各种橡胶的最佳填充量，按下列顺序增大：天然橡胶（NR）＜异戊橡胶（IR）＜不充油丁苯橡胶＜充油丁苯橡胶＜丁二烯橡胶（BR）。天然橡胶中的最佳用量为 45～50 份；异戊橡胶和非充油丁苯橡胶中为 50～55 份；充油丁苯橡胶中为 60～70 份；丁二烯橡胶中为 90～100 份。一般用作胎面胶的炭黑最佳用量，随轮胎使用条件的苛刻程度提高而增大。填充新工艺炭黑的硫化胶耐磨耗性比普通炭黑的耐磨耗性提高 5%。用硅烷偶联剂处理的白炭黑也可以提高硫化胶的耐磨耗性。

6.4.4 软化增塑体系

在胶料中加入软化增塑剂能降低硫化胶的耐磨耗性。充油丁苯橡胶（丁苯橡胶-1712）硫化胶的磨耗量比丁苯橡胶 1500 高 1～2 倍。在天然橡胶（NR）和丁苯橡胶（SBR）中采用芳烃油，对耐磨耗性损失较小。

6.4.5 防护体系

在疲劳磨耗的条件下，胶料中添加防老剂在改进耐热、耐疲劳破坏性能的同时也能有效地改进耐磨性。通过轮胎的实际使用试验证明，防老剂能提高轮胎在光滑路面上的耐磨耗性。

防老剂最好采用能防止疲劳老化的品种，具有优异的防臭老化的对苯二胺类防老剂，尤其是 4010NA 效果突出。防老剂 H、DPPD 也有防止疲劳老化的效果，但因为喷霜使其应用受到限制。防老剂 RD 对天然橡胶的防止疲劳老化有一定的效果；但对丁苯橡胶则无效。在丁苯橡胶中，选用防老剂 IPPO 对其疲劳老化有防护效果。

6.4.6 提高硫化胶耐磨耗性的其它方法

（1）炭黑改性剂　添加少量含硝基化合物的改性剂，可改善炭黑的分散度，提高炭黑与橡胶的相互作用，降低硫化胶的滞后损失，可使轮胎的耐磨耗性提高 3%～5%。

（2）硫化胶表面处理　对丁腈橡胶硫化胶进行表面处理，可降低摩擦因数，改进耐磨性，降低接触区域摩擦升温，提高密封件使用寿命。

使用含卤素化合物的溶液和气体（液态或气态五氟化锑、氯气），对丁腈橡胶硫化胶的表面进行处理，可以降低制品的摩擦系数、提高耐磨耗性（可减少磨耗达 50%）。例如将丁腈橡胶硫化胶板浸入 0.4% 溴化钾和 0.8%（NH_4）$_2SO_4$ 组成的水溶液中，经 10min 就能获得摩擦系数比原胶板低 50% 的耐磨胶板。

用液态五氟化锑和气态五氟化锑处理丁腈橡胶硫化胶的表面时，可使其摩擦系数和摩擦温度较未氟化时大为降低。液相氟化时，会使强度降低。通过显微镜观察橡胶表面发现，液相氟化时表面稍受破坏。而气相氟化则不会使硫化胶的拉伸强度降低，橡胶表面也未破坏，故气相氟化处理更为有利。

用浓度为 0.3%～20% 的一氯化碘或三氯化碘处理液，将不饱和橡胶［如天然橡胶（NR）、异戊橡胶（IR）、丁苯橡胶（SBR）、丁腈橡胶（NBR）、氯丁橡胶（CR）］硫化胶，在处理液中浸渍 10～30min，橡胶表面不产生龟裂，且摩擦系数较低。

（3）应用硅烷偶联剂和表面活性剂改性填料　用偶联剂等处理填料表面，强化填料/橡胶的界面结合，可以减少填料聚结，改进分散，大大改进耐磨性。例如，用海泡石（180 份）填充丁苯橡胶的阿克隆磨耗，末处理为 0.95cm^3/1.61km，加入三乙醇胺为

$0.25cm^3/1.61km$，加入 Si-69 为 $0.32cm^3/1.61km$，加 KH-590 为 $0.13cm^3/1.61km$，加入钛酸酯为 $0.43cm^3/1.61km$。如果这类表面改性未能导致硫化时橡胶/填料的结合（如碳酸钙用脂肪酸、树脂酸改性），而只在于改进相容性，从而改进分散，那么对耐磨性的改进就没有那么大了。实际上，胶料回炼改进填料分散与减少填料或其它配合剂的"结聚"，耐磨性也增大。

使用硅烷偶联剂 A-189（γ-巯基丙基三甲氧基硅烷）处理的白炭黑，填充于丁腈橡胶胶料中，其硫化胶的耐磨耗性明显提高，用硅烷偶联剂 A-189 处理的氢氧化铝填充的丁苯橡胶，以及用硅烷偶联剂 Si-69 处理的白炭黑填充的三元乙丙橡胶，其硫化胶的耐磨耗性均有不同程度的提高，使用低相对分子质量高聚物羧化聚丁二烯（CPB）改性的氢氧化铝，也改善了丁苯橡胶硫化胶的耐磨耗性。

用硅烷偶联剂处理陶土和用钛酸酯偶联剂处理碳酸钙，对提高硫化胶的耐磨性均有一定的作用，但其影响程度远不如白炭黑那样明显。

（4）采用橡胶-塑料共混的方法 橡塑共混是提高硫化胶耐磨耗性的有效途径。例如用丁腈橡胶（NBR）和聚氯乙烯（PVC）共混所制造的纺织皮辊，其耐磨性比单一的丁腈橡胶硫化胶提高 7～10 倍。丁腈橡胶（NBR）与三元尼龙共混，与酚醛树脂共混均可提高硫化胶的耐磨耗性。

（5）添加固体润滑剂和减摩材料 例如在丁腈橡胶胶料中，添加石墨、二硫化钼、氮化硅、碳纤维等，可使硫化胶的摩擦系数降低，提高其耐磨耗性。

6.5 抗疲劳胶料的配方设计

在动态拉伸、压缩、剪切或弯折作用下，橡胶的结构与性能发生变化称作"疲劳"。随着疲劳过程的进行，材料不断地反复受应力作用与松弛，表面龟裂，裂口扩展至完全（使试样）断裂，导致材料破坏的现象称作疲劳破坏。

耐疲劳性是以能够持久地保持原设计物理机械性能为目的。当橡胶制品在使用条件下，受到反复的外力作用时，其物理机械性能会发生一系列变化。在疲劳过程中，各项物理机械性能变化幅度较大。轮胎胎面胶在实际使用过程中，物理机械性能变化的趋势也有类似的情况。疲劳过程中，硫化胶物理机械性能的变化，是由橡胶结构的变化所引起的。

在硫化胶拉伸疲劳中，可能发生这样一个过程：在疲劳的初期，橡胶分子间的各种键（化学键、氢键、络合键等）中，阻碍橡胶分子沿伸长方向排列的那部分键发生破坏，橡胶逐渐沿拉伸方向取向。基于这种观点，可以把弹性模量（E）在疲劳初期下降的原因，归结为橡胶分子间的键被破坏，分子间的作用力减小。拉伸强度的上升是由橡胶分子的取向而造成的。在沿分子排列的方向上，撕裂强度与力学损耗系数呈下降趋势。

疲劳所引起的橡胶分子间的键破坏，不仅是次价键的破坏，而且还有多硫键的断裂，其结果是促成了橡胶分子链沿拉伸方向排列。与此同时，贴近炭黑周围的橡胶相变得稠密，并由于单硫键的作用使之处于稳定状态。基于上述原因，造成了在疲劳初期表观交联密度增大。

在疲劳末期，情况则有很大的差别。由于疲劳初期橡胶分子间的键遭到破坏，从而引起橡胶分子沿拉伸方向取向排列，这种变化在达到某程度以后就会终止。这时橡胶相已不再具备吸收更多能量的机能，因此继续施加外力就有可能使橡胶分子本身发生局部断裂。结果导致橡胶的取向排列发生局部紊乱，使整个体系的自由体积减少，橡胶分子向着最紧密排列发展。这就解释了疲劳末期弹性模量回升、损耗系数增大、撕裂强度提高和拉伸强度降低的试验结果。对疲劳末期交联密度减小的现象，解释如下：橡胶因疲劳而发生相分离过程，在初期是稠密状态的形成优先于稀疏状态的形成，而在稠密状态的形成进展到某种程度后，由于橡胶分子自身的断裂，稀疏状态的形成就占了优势，此时交联密度自然应该减小。

疲劳寿命 N_f 是试样破坏时（或达到某个裂口等级时）的动态应变周期（周次），疲劳强度是在恒动态应变周期下，试样破坏的最大动态应力值。疲劳寿命与疲劳强度均可用来表征耐疲劳破坏。

在恒应变振幅（恒）（德莫西亚式）、恒应力振幅（恒）（古特异尔式）、恒变形功（恒）（邓录普式）条件下进行试验，同一材料的疲劳寿命结果会不相同。橡胶的物理机械性能对疲劳寿命 N_f 的效应也随上述试验条件不同而异。在动态条件下，有一个最小临界应变振幅 ε_{min}，当 $\varepsilon < \varepsilon_{min}$ 时，裂纹几乎不增长，疲劳寿命极久。另外，在应力振幅较大时，有一个最大临界撕裂强度 G_{max}，当材料自身的 $G > G_{max}$ 时，就很难出现裂纹扩展了。

橡胶疲劳破坏的方式，将根据制品的几何形状、应力的类型和环境条件而变。破坏的机理比较复杂，可能包括热降解、氧化、臭氧侵蚀以及通过裂纹扩展等方式的破坏。疲劳破坏严格说来是一种力学过程，橡胶在周期性多次往复形变下，材料中产生的应力松弛过程，往往在形变周期内来不及完成，结果使内部产生的应力来不及分散，便可能集中在某些缺陷处（如裂纹、弱键等），从而引起断裂破坏。此外，由于橡胶是一种黏弹体，它的形变包括可逆的弹性形变和不可逆的塑性形变。在周期形变中，不可逆形变产生的滞后损失的能量会转化为热能，使材料内部温度升高，而高分子材料的强度随温度的上升而降低，从而导致橡胶的疲劳寿命缩短。另一方面，高温促进了橡胶的老化，也促进了橡胶疲劳破坏过程。总之橡胶的疲劳破坏，不单纯是力学疲劳破坏，往往也伴随有热疲劳破坏。

橡胶因疲劳而引起的结构变化，主要有如下三种：①橡胶分子间的弱键破坏；②橡胶分子沿作用力方向排列；③炭黑周围的橡胶相变得稠密。凡是对以上三者有利的因素，都会引起硫化胶物理机械性能发生较大的变化，造成硫化胶的耐疲劳性下降。

6.5.1 生胶体系

橡胶种类为耐疲劳破坏的主要因素，耐疲劳破坏性与胶种的关系主要表现在如下几个方面。

① 玻璃化温度（T_g）低的橡胶耐疲劳性较好，因为 T_g 低的橡胶，其分子链柔顺，易于活动，分子链间的次价力弱。

② 有极性基团的橡胶耐疲劳性差，因为极性基团是形成次价键的原因。

③ 分子内有庞大基团或侧基的橡胶，耐疲劳性差，因为庞大基团或侧链的位阻大，有阻碍分子沿轴向排列的作用。

④ 结构序列规整的橡胶，容易取向和结晶，耐疲劳性差。

对天然橡胶（NR）和丁苯橡胶（SBR）以多次拉伸的方式，

进行了疲劳破坏试验，ε 小时，天然橡胶的疲劳寿命 N_f 比丁苯橡胶的小，这是因为丁苯橡胶的 T_g 高于天然橡胶，其分子的应力松弛机能在此时占支配地位；ε 大时，天然橡胶的疲劳寿命 N_f 比丁苯橡胶的大，其原因在于天然橡胶具有拉伸结晶性，在此时阻碍微破坏扩展占了支配地位。所以在低应变区域，T_g 较高的丁苯橡胶，其耐疲劳破坏性优于天然橡胶；而在高应变区域，具有拉伸结晶性的天然橡胶的耐疲劳破坏性较好。可见，天然橡胶适合大应变振幅制品，而丁苯橡胶适合小应变振幅制品以及压缩制品。

实际上，橡胶材料的疲劳过程包含裂口生成与裂口扩展两个阶段。疲劳过程中，天然橡胶硫化胶疲劳破坏的特点是裂口形成速度快，但裂口扩展速度却较慢；而丁苯橡胶硫化胶多次变形时，裂口扩展速度比其形成速度快得多。该结果与上述结论是一致的。

天然橡胶（NR）、氯丁橡胶（CR）、氯化丁基橡胶（CIIR）、氯磺化聚乙烯橡胶（CSM）、丁二烯橡胶（BR）有较好的耐（屈挠）疲劳寿命。钛系丁二烯橡胶，顺式 1,4 结构达 98.2%，比钴系（96.5%）高百分之几，但孟山都试验机的疲劳寿命高 1 倍以上。

耐疲劳破坏性与橡胶种类的关系，可归纳如下：①在低应变疲劳条件下，基于橡胶分子的松弛特性因素起决定作用，橡胶的玻璃化温度越高，耐疲劳破坏性越好。②在高应变疲劳条件下，防止微破坏扩展的因素起决定作用，具有拉伸结晶性的橡胶耐疲劳破坏性较好。

大量试验表明，不同橡胶并用可大大提高其硫化胶的耐疲劳破坏性。例如天然橡胶（NR）和丁苯橡胶（SBR）并用，天然橡胶（NR）和丁二烯橡胶（BR）并用，丁苯橡胶（SBR）和丁二烯橡胶（BR）并用以及天然橡胶（NR）、丁苯橡胶（SBR）、丁二烯橡胶（BR）三胶并用等，均可提高并用硫化胶的耐疲劳破坏性。试验表明，天然橡胶（NR）和丁二烯橡胶（BR）并用的硫化胶的抗裂口扩展强度和疲劳耐久性比天然橡胶（NR）和丁苯橡胶（SBR）并用胶的高。

反-1,4-聚异戊二烯（TPI）同天然橡胶（NR）、丁苯橡胶（SBR）、丁二烯橡胶（BR）的并用胶明确表明了不遵从"加和律"，在 TPI 为 20%～60% 时，疲劳寿命成数倍地增大。适度增大体系内的结晶量，可使强键-弱键恰当组配，改进疲劳寿命。如天然橡胶（NR）为 5.1 万次，丁苯橡胶（SBR）为 0.8 万次，异戊橡胶（IR）

为 15 万次，丁二烯橡胶（BR）为 2.5 万次，天然橡胶（NR）50/丁二烯橡胶（BR）50 为 9.1 万次，异戊橡胶（IR）/丁苯橡胶（SBR）为 36 万次。又如，IIR 中掺入氯丁橡胶 3.5～8 份，拉伸疲劳性也大大改进。再如，加入同类橡胶的再生胶，必使疲劳寿命 N_f 增大（强键-弱键组合），丁基橡胶中加入 RIIR 便是例子。此外，热力学不相容的并用对，界面共硫化也是提高疲劳寿命 N_f 的关键，例如，天然橡胶（NR）/丁苯橡胶（SBR）相容性差，引入丁基再生胶 RIIR，改进相容性并导致界面共硫化，疲劳寿命 N_f 便增大了。

以氟橡胶为基础的硫化胶在高温下的疲劳破坏规律，与其它橡胶完全不同。当变形为 5%～7% 时，氟橡胶在 90～190℃ 范围内，耐疲劳破坏性很高。在这种情况下，变形值减少 1/2 时，耐疲劳破坏性可提高 9 倍。在长达 1000h 的动态试验过程中，直到试样破坏前 0.5h，试样也未出现任何变化。由此推断，氟橡胶硫化胶的耐疲劳破坏性仅限于裂口的形成，而不是裂口的扩展。

6.5.2　硫化体系

交联密度对疲劳寿命 N_f 的效应，正如对"刚性"的论述一样，同试验条件相关。

交联键类型对疲劳寿命 N_f 的效应因试验条件、橡胶品种而异。例如，应变振幅为 0～100% 时，常规硫化体系比有效硫化体系好（34 万次对 22.5 万次），但在 50%～275% 时便相反了（29 万次对 43 万次）。一般来说，天然橡胶的屈挠相对疲劳强度，常规、有效、过氧化物硫化体系分别为 100 万次、（32～40）万次、70 万次，当为 20%～100% 应变时，过氧化物比硫黄硫化体系的疲劳寿命 N_f 高 9 倍。对于丁苯橡胶（SBR）、丁腈橡胶（NBR），有效硫化体系并不比常规硫化体系差。天然橡胶应有个适宜的硫黄/促进剂比，使多硫键量同较强结晶能力达到最佳综合平衡，获取最大疲劳寿命 N_f（峰值）。而对于丁腈橡胶（NBR）/氯醚橡胶（CO、ECO），除配用 Pb_3O_4/NA-22 外，S1.5 份/CZ1.0 份（常规）、TMTD3.5 份/CZ1 份（无硫）、DCP1.5 份/S0.3 份（过氧化物）硫化者的疲劳寿命 N_f 分别为 0.5 万次、3.3 万次、13 万次。又如，天然橡胶（NR）/丁苯橡胶（SBR）、天然橡胶（NR）/三元乙丙橡胶（EP-

DM）、天然橡胶（NR）/丁腈橡胶（NBR）三类不同橡胶的并用对（母胶掺和法，配比为 70 份/30 份）采用硫黄硫化体系，两个组元胶母胶的 T_{90} 相差大些的疲劳寿命 N_f 比 T_{90} 相近的好许多。总之，交联键类型的组配（或者强键-弱键组合）对硫化胶的疲劳寿命 N_f 至关重要。实际上就轮胎胎侧疲劳寿命论，使用过程中的热厌氧反应使多硫键减少，单硫键增多，物性下降使疲劳寿命 N_f 下降。提高交联网构的稳定性有助于提高疲劳寿命 N_f，例如对于天然橡胶（NR）50/丁二烯橡胶（BR）20/三元乙丙橡胶（EPDM）30 胎侧胶，过氧化物/（硫黄/促进剂）组合硫化比硫黄/促进剂硫化，不但疲劳寿命 N_f 的原始值高 2～3 倍，100℃老化 3d 或 7d 之后，前者比后者高几倍至几百倍。同理，丁基橡胶硫黄硫化体系中配入 2402 树脂，两种不同硫化机理的硫化体系一同起作用，就比只用硫黄/促进剂的高了。对于天然橡胶，用 S0.8～0.1 份/CZ0.6 份配双-1,6-(二乙基硫代氨基甲酚) 二硫代己烷（2.5～4.0 份）组合硫化，引入柔性热稳定的 $\leftarrow$CH$_2\rightarrow_{\overline{6}}$ 键，可成十倍地改进压缩疲劳寿命，配用 HTS 也有类似效果，同样表明了提高交联稳定性对疲劳寿命 N_f 的效应。交联键稳定性［平衡硫化体系（EC）］对提高疲劳寿命 N_f 以及保持老化后有高的疲劳寿命 N_f 极为重要。

交联剂的用量与疲劳条件有关，对于负荷一定的疲劳条件来说，应增加交联剂的用量。这是因为交联剂用量越大，交联密度就越大，承担负荷的分子链数目增多，相对每一条分子链上的负荷也相应减轻，从而使耐疲劳破坏性能提高。而对于应变一定的疲劳条件来说，应减少交联剂的用量，因为在应变一定的条件下，交联密度增大，会使每一条分子链的紧张度增大，其中较短的分子链就容易被扯断，结果使耐疲劳破坏性下降。

6.5.3 填料体系

填料的类型和用量对硫化胶耐疲劳破坏性的影响，在很大程度上取决于硫化胶的疲劳条件。

（1）对于与橡胶有亲和性的炭黑而言　选用结构度较高的炭黑，容易在炭黑粒子周围产生较多的稠密橡胶相，可提高硫化胶的耐疲劳破坏性。

在应变一定的疲劳条件下，增加炭黑用量，耐疲劳破坏性降低，而在应力一定的条件下，增加炭黑用量耐疲劳破坏性提高。

活性大补强性好的炭黑可提高天然橡胶（NR）、异戊橡胶（IR）、丁苯橡胶（SBR）硫化胶的抗裂口扩展强度。在白色填料中，白炭黑可以提高硫化胶的耐疲劳破坏性能。

（2）对于与橡胶没有亲和性的填料来说　对硫化胶的耐疲劳破坏性有不良的影响，惰性填料的粒径越大，填充量越大，硫化胶的耐疲劳性越差。

增大炭黑比表面积，在适宜用量下有利于提高抗裂口增长强度，提高疲劳寿命。也有数据表明，对氯丁橡胶、SRF 的屈挠寿命大于 200 万次，喷雾炭黑大于 50 万次，SIAF 与瓦斯槽黑大于 9.6 万次。一般来说，粒子适中的软炭黑耐疲劳性好些。白炭黑有利于改进撕裂强度，提高疲劳寿命 N_f 的效力比炭黑大。例如，丁腈橡胶/填料（50 份），炭黑的为（0.4～2.2）万次，白炭黑的达 12 万次。陶土不比活性白炭黑差，而比 $CaCO_3$ 的疲劳寿命 N_f 高许多。

炭黑用六亚甲基四胺（HMF）/长脂肪族链取代的酚 PPP 处理之后，炭黑同橡胶以长烷基链结合（100℃下较稳定），其屈挠疲劳寿命比用未处理炭黑的好。配方中引入脂肪族多胺，会同橡胶作用形成（不稳定）盐键及牢固共价键，又能活化填料，强化其分散及同橡胶大分子的结合，大大提高耐疲劳性能。实际上，活性超细 $CaCO_3$ 有接近陶土的耐屈挠水平，比轻质 $CaCO_3$ 好许多，尤其在热氧老化之后。

对于填充炭黑的天然橡胶（NR）/丁二烯橡胶（BR）、天然橡胶（NR）/丁苯橡胶（SBR）并用胶，采用丁二烯橡胶（BR）或丁苯橡胶（SBR）冲稀法混炼，可使疲劳寿命 N_f 大大提高。取向与硫化同时存在时制得的丁腈硫化胶，抗疲劳性比未取向的高 1 倍以上，氟橡胶中加入极少量溶剂也使抗疲劳性显著提高。

6.5.4　软化增塑体系

软化增塑剂大都降低拉伸强度及机械损耗，通常可降低硫化胶的耐疲劳破坏性，尤其黏度低、对橡胶有稀释作用的软化增塑剂，会降低橡胶的玻璃化温度（T_g），对拉伸结晶不利，因而会对耐疲劳破坏性能产生不良影响。但是那些反应型软化增塑剂则能增强橡胶分子的松弛特性，使拉伸结晶更容易，反而能提高耐疲劳破坏性。因此在耐疲劳破坏配方设计时，应尽可能选用稀释作用小的黏稠型软化增塑剂，或选用能增强橡胶松弛特性的反应型软化增塑剂。

关于软化增塑剂的用量，一般来说，应尽可能少用，以提高硫化胶的耐疲劳破坏性。但使用能增加橡胶分子松弛特性的软化增塑剂时，增加其用量则能提高耐疲劳破坏性。

软化增塑剂对疲劳寿命 N_f 的影响，则视橡胶种类、软化增塑剂品种与用量而异。一般来说，软化点高的软化增塑剂效果好。另外，丁基橡胶中使用可参与硫黄/促进剂硫化反应的液态 1,2-PBD 作软化增塑剂，可以提高疲劳寿命 N_f。

但也有认为软化增塑剂可以减少橡胶分子间的相互作用力，而从硫化胶结构来看，它能影响橡胶分子的运动性。如前所述，橡胶分子之间的作用力越小，越能使之接近于活跃的微布朗运动状态，由疲劳而引起的橡胶结构变化也就越少，耐疲劳性也就越好。

黏度较大的松焦油，耐疲劳性较差，而黏度较小的己二酸二异辛酯，耐疲劳性较好。耐疲劳配方的软化增塑剂选择：①尽可能选用软化点低的非黏稠性软化增塑剂；②软化增塑剂的用量要尽可能多一些，但反应性的软化增塑剂用量不宜多。

6.5.5 防护体系

疲劳过程产生热量，胶料的温度升高，加速热老化，力的作用降低氧化活化能（例如，应变振幅从 25% 上升至 50% 或 75%，氧化活化能降为原者的 76% 与 57%），从而降低疲劳寿命 N_f。以不饱和橡胶为基础的硫化胶，在空气中的耐疲劳破坏性比在真空中低，这说明氧化作用能加速疲劳破坏。

另外，由于硫化胶的疲劳破坏发生在局部表面，因此加入能在硫化胶网络内迅速迁移的防老剂，对硫化胶的长时间疲劳可起到有效的防护作用。但此时应防止防老剂从制品表面上挥发或被介质洗掉。为提高其防护作用的持久性，建议采用芳基烷基和二烷基对苯二胺类的防老剂 4010NA、防老剂 H 以及 BLE。对通用 R 类橡胶适用的防老剂对丁基橡胶（IIR）、二元乙丙橡胶（EPM）和三元乙丙橡胶的效果不大，远不及橡胶并用或组合硫化体系的方法有效。防老剂的防护效果还与硫化体系有关，它对硫黄硫化胶防护效果最好，而对过氧化物硫化胶的防护效果最差。当防老剂使用适宜时，天然橡胶硫化胶的临界撕裂能可增加一倍。

6.6 高弹性胶料的配方设计

高弹性是橡胶最宝贵的特性，橡胶的高弹性来源于橡胶分子链段的运动，通过构象变化所形成，属于熵弹性。除去外力后，能立即恢复至原状的称为理想弹性。由于橡胶分子之间的相互作用会妨碍分子链段运动，作用于橡胶分子上的力一部分用于克服分子间的黏性阻力，另一部分才使分子链变形，它们构成橡胶的黏弹性。所以橡胶的特点是既有高弹性，又有黏性。橡胶为黏弹体，具有高弹性与黏性。橡胶的回弹性表征橡胶受力变形中可恢复的弹性变形大小，属于弹性滞后性能之一。回弹性应同损耗模量（G''、E''）、损耗角正切（$\tan\delta$）、生热（ΔT）等成反比。

橡胶弹性一般用回弹率来表示，有时也可用伸长率及永久变形（包括扯断永久变形和压缩永久变形）来衡量，伸长率大、永久变形小，弹性大。

影响硫化胶弹性的因素，除形变大小、作用时间、作用速度、温度等外界因素外，橡胶分子的结构以及配合体系也是一个重要因素。硫化胶的弹性完全是橡胶分子提供的，填料、增塑剂及树脂加入都会降低胶料的弹性。

6.6.1 生胶体系

相对分子质量越大，不能承受应力的、对弹性没有贡献的游离末端数就越少；另外相对分子质量大，分子链内彼此缠结而导致的"准交联"效应增加。因此，相对分子质量大有利于弹性的提高。

相对分子质量分布（M_w/M_n）窄的高相对分子质量级分多，对弹性有利；相对分子质量分布宽的，则对弹性不利。

分子链的柔顺性越大，弹性越好。橡胶之所以有高弹性，是由于其链运动能够比较迅速地适应所受外力而改变分子链的构象，也即分子链的柔性增大，分子链的形态数增加。值得注意的是分子链的柔顺性，对于材料的弹性虽然是个重要的条件，但却不是唯一的条件，它是有前提条件的。也就是说，只有在常温下不易结晶的由柔性分子链组成的材料，才可能成为具有高弹性的橡胶。例如聚乙烯的分子链由—C—C—键组成，其内旋转也是相当自由的，然而聚乙烯在常温下并不能显示出高弹性，而是塑料。其原因就是聚乙烯在室温下能够结晶，所以它只能呈现出半结晶聚合物行为，而不表现高弹性。对于常温下容易结晶的柔性链组成的聚合物，如果设法改变其结构使其失去结晶能力，也可使这种聚合物由较硬的塑料转变为具有高弹性的类橡胶物质。

当分子间作用力增大，分子链的规整性高时，易产生拉伸结晶，有利于强度的提高，但结晶程度太大时，增加了分子链运动的阻力，使弹性变差。

在通用橡胶中，丁二烯橡胶（BR）、天然橡胶（NR）的弹性最好，丁苯橡胶（SBR）和丁基橡胶（IIR）由于空间位阻效应大，阻碍了分子链段运动，故弹性较差。丁腈橡胶（NBR）、氯丁橡胶（CR）等极性橡胶，由于分子间作用力较大，而使弹性有所降低。为降低天然橡胶的结晶能力，在天然橡胶胶料中并用部分丁二烯橡胶，可使其硫化胶的弹性提高。

表 6-8 列举了常用橡胶的回弹性数据。联系对橡胶组成、结构的一般论述，从主链组成与结构、取代基、大分子链的立体规整性、相对分子质量及其分布诸方面同分子链柔顺性、分子间作用力和结晶性的效应关系，可以理解各种橡胶的回弹差异，如天然橡胶的弹性优于二元乙丙橡胶（EPM）（双键效应）、SRR、丁基橡胶（IIR）（空间位阻效应）、丁腈橡胶（NBR）、氯丁橡胶（CR）（极性），主链含醚键（如 ECO、CO）、键长较长的 Si—O 也利于提高弹性。值得注意的是，丁基橡胶（IIR）与三元乙丙橡胶（EPDM）的玻璃化温度（T_g）相差不大（均为 $-60℃$ 左右），而回弹性差别较大（$8\%\sim11\%$ 对 $56\%\sim66\%$），表明耐寒性同回弹性有例外的不一致。拉伸结晶好的橡胶，结晶使弹性网构更完善而改进回弹性，但更重要的是约束了大分子，增大了运动阻力，总体上使回弹性下降。

表 6-8 橡胶回弹性 单位：％

橡胶品种	20℃		100℃	
	未填充	填充	未填充	填充
天然橡胶（NR）、异戊橡胶（IR）	62～75	40～60	67～82	45～70
丁二烯橡胶（BR）	65～78	44～58		44～62
丁苯橡胶（SBR）	65	38		50
丁腈橡胶 18	60～65	38～44		60～63
丁腈橡胶 26	50～55	28～33		50～53
丁腈橡胶 40	25～30	14～16		40～42
氯丁橡胶（CR）	40～42	32～40	60～70	51～58
氯醚橡胶（CO、ECO）		26～27		42～43
三元乙丙橡胶（EPDM）	56～66	40～54	58～68	45～64
二元乙丙橡胶（EPM）	60～70	42～52	62～75	45～58
丁基橡胶（IIR）	8～11	8～11		34～40
丙烯酸酯橡胶（ACM）	5～10	5～10	27～45	27～45
硅橡胶（Q）		20～50		25～30

6.6.2 硫化体系

正如结晶性（相当于物理交联）对回弹性的效应那样，交联使弹性网构完善，也约束了大分子的链运动，回弹性有适宜交联密度值，这时，回弹性最优。

回弹性也是橡胶网构对外加应力反抗特性的表征，交联密度、交联键类型对此起共同作用。

随交联密度增加，硫化胶弹性增大，并出现最大值，交联密度继续增大，弹性则呈下降趋势。因为分子链间无交联时，易在力场的作用下产生分子链间的相对滑动，形成不可逆形变，此时弹性较差。适度的交联，可以减少或消除分子链间彼此的滑移，有利于弹性的提高。交联过度又会因分子链的活动受阻，而使弹性下降。因此适当提高硫化程度对弹性有利，也就是说硫化剂和促进剂的用量可适当的增加。

交联键类型对弹性有影响。多硫键键能较小，对分子链段的运动束缚力较小、松弛快，因而回弹性较高。这种影响在天然橡胶硫化胶中表现最明显。对天然橡胶纯胶，采用高硫配以效力低的促进剂如醛胺类的 AA、808，在减少应力-应变曲线上翘的同时，可以减少滞后环面积，弹性储能增大，回弹性高。在丁苯橡胶（SBR）与丁二烯橡胶（BR）并用的硫化胶中，随多硫键含量增加，回弹性也随之增大，特别是在温度较高的情况下。但是交联键能较高、键较短的C—C键和C—S—C键，在高温下的压缩永久变形比多硫键小。对于丁腈橡胶，DCP无硫硫化体系回弹性比常规硫化体系的高。

一般认为，多硫键交联对链段约束力小，故回弹性高，从而主张选用噻唑类、次磺酰胺类促进剂高弹性硫化体系配合，选用硫黄/次磺酰胺（例如S/CZ＝2/1.5）或硫黄/胍类促进剂（例如S/DOTG＝4/1.0）的硫化体系，硫化胶的回弹性较高，滞后损失较小。

天然橡胶采用半有效硫化体系的硫化胶弹性最好，其后依次为普通硫化体系硫化胶、有效硫化体系硫化胶、平衡硫化体系硫化胶。

按照一般理论，采用普通硫化体系硫化胶的拉伸强度和回弹值应当较好。有时出现与规律不符的现象主要是由于硫化胶的交联密度不同。四种硫化体系硫化胶的交联密度大小排列为半有效硫化体系、普通硫化体系、有效硫化体系、平衡硫化体系。

在半有效硫化体系中加入助交联剂Si-69，交联密度增大，硫化胶的弹性提高。

6.6.3 填料体系

由于硫化胶的弹性完全是橡胶分子提供的，所以提高含胶率是提高弹性最直接、最有效的方法。因此为了获得高弹性，应尽量减少填料用量而提高生胶含量。当要求硫化胶的弹性高同时硬度也高，不可用高活性、大比表面积填料且增加填料用量来提高硬度，否则硬度上升了，弹性下降了，一般可用热塑性弹性体或聚氨酯橡胶来实现。

但是在生产实际中为了降低成本，还要选用适当的填料。炭黑粒径越小、表面活性越大、结构性越高、补强性能越好的炭黑，对硫化胶的弹性越是不利。补强性高的活性炭黑对硫化胶的回弹性有不利的影响；炭黑的粒子大、结构性低（吸留胶少）、同橡胶缺乏表面化学结合者的回弹性高，随各种炭黑用量增加，回弹性均下降。

单用白炭黑代替炭黑时，不能提高胶料的回弹率。为了分解白炭黑附聚体，从而使白炭黑结构的滞后性较低，必须除去白炭黑中的水分，这可以通过用硅烷或吗啉对白炭黑进行改性处理并使其干燥或散逸而完成。

　　无机填料的影响程度与其用量和胶种有关。白炭黑的影响和炭黑的影响相似，一般来说，硫化胶的弹性随无机填料用量增加而降低，但是比炭黑降低的幅度小。加入 50～70 份无机填料时，硫化胶的弹性降低 5%～9%。有些惰性填料（如重质碳酸钙、陶土），填充量不超过 30 份时，对硫化胶的弹性影响很小。

　　硬度相同的丁苯橡胶硫化胶，填充无机填料的硫化胶弹性比含炭黑的硫化胶高；而三元乙丙橡胶硫化胶，则表现出相反的关系。

　　对天然橡胶采用半有效硫化体系时，粒径越大的炭黑对硫化胶弹性的贡献越大；低用量炭黑 N330 的补强效果优于高用量炭黑 N550。

　　气相白炭黑对硅橡胶，用 30～60 份的回弹性几乎相近。白炭黑、陶土 30 份，对回弹性的影响很小，50～70 份，回弹性下降 5%～9%。

6.6.4　软化增塑体系

　　软化增塑剂的影响与软化增塑剂和橡胶的相容性有关；软化增塑剂与橡胶的相容性越小，硫化胶的弹性越差。

　　一般来说，增加软化增塑剂的用量，虽然会使硫化胶的硬度下降，具有增软的作用，但不能增加弹性反而会使硫化胶的弹性降低（但三元乙丙橡胶是个例外），软和弹性不是绝对相等的，高硬度也有高弹性。所以在高弹性橡胶制品的配方设计中，应尽可能不加或少加软化增塑剂。

　　但软化增塑剂同橡胶相容性好不一定回弹性高。例如，对于丁腈橡胶，加入酯类软化增塑剂的回弹性为 41%～47%，而加入石油系软化增塑剂仅为 22%～24%。但在异戊橡胶（IR）、丁二烯橡胶（BR）、丁苯橡胶（SBR）中加入石蜡烃又比加入芳烃油有更高的回弹性。

　　实心轮胎高弹性中间胶最重要的性能要求是具有较高的弹性，使整个胎体的减震、缓冲性能大幅度提高，因此生胶体系选用了分子链较柔顺的天然橡胶与可降低天然橡胶结晶能力的丁二烯橡胶的共混体系。硫化体系则选用了后效性较好的促进剂和高温稳定的不溶性硫黄，并尽量调整硫化体系的硫化速率，使整个轮胎的内外层胶料硫化程度一致，以满足实心轮胎特殊的生产工艺要求和使用特性。

　　填料体系选用能避免形成吸留胶的低结构新工艺炭黑，并添加胶易素 T-78 和增塑剂 TKO-80 等助剂，以改善胶料的工艺性能并提高胶之间的黏合性能。

6.7 高拉断伸长率胶料的配方设计

拉断伸长率表征硫化胶网构的特征。拉断伸长率与某些力学性能有一定的相关性，尤其是和拉伸强度密切相关。只有具有较高的拉伸强度，保证在形变过程中不破坏，才能有较高的伸长率，所以具有较高的拉伸强度是实现高拉断伸长率的必要条件。一般随定伸应力和硬度增大，拉断伸长率下降；回弹性大、永久变形小的，拉断伸长率则大。

6.7.1 生胶体系

大分子链柔顺，变形能力大，可获得相对大的伸长率，如天然橡胶（NR）、氯丁橡胶（CR）、丁基橡胶（IIR）。不同种类的橡胶其硫化胶的拉断伸长率也不同。分子链柔顺性好，弹性变形能力大的，拉断伸长率就高。天然橡胶最适合制作高拉断伸长率制品，而且随含胶率增加，拉断伸长率增大；含胶率在 80% 左右时，拉断伸长率可高达 1000%。在形变后易产生塑性流动的橡胶，也会有较高的拉断伸长率，比如丁基橡胶也能得到较高的拉断伸长率。橡胶伸长率范围如表 6-9 所示。

表 6-9　橡胶伸长率范围

胶　　种	伸长率/%	胶　　种	伸长率/%
天然橡胶（NR）	100～980	硅橡胶（Q）	50～500
异戊橡胶（IR）	100～1200	氟橡胶（FPM）	100～500
丁苯橡胶（SBR）	100～800	丙烯酸酯橡胶（ACM）	100～600
丁二烯橡胶（BR）	100～900	乙烯-醋酸乙烯酯共聚物（EVA）	100～600
丁基橡胶（IIR）	100～800	共聚氯醚橡胶（ECO）	100～900
三元乙丙橡胶（EPDM）	100～650	均聚氯醚橡胶（CO）	100～450
氯丁橡胶（CR）	100～1100	热塑性聚氨酯（TPU）	～600
丁腈橡胶（NBR）	100～700	热塑性聚烯烃硫化胶（TPV）	～600
氯磺化聚乙烯橡胶（CSM）	100～500	热塑性聚烯烃弹性体（TPO）	～250
聚氨酯橡胶（PUR）	250～800	热塑性丁苯橡胶（SBS）	～1200
聚硫橡胶（T）	100～700		

6.7.2 硫化体系

拉断伸长率随交联密度增加而降低，因此制造高拉断伸长率的制品，硫化程度不宜过高，稍欠硫的硫化胶拉断伸长率比较高些。降低硫化剂用量也可使拉断伸长率提高。

交联密度高，伸长率小。另外还表明，这种效应是相对同类硫化系统而言的。又如，丁基橡胶的促进剂/硫黄不变，常规活性剂（ZnO/SA）的伸长率为500%～600%，特种组合活性剂可达700%～800%。后者的高伸长率是以降低交联密度得来的。

硫化胶网构是以交联密度、交联键类型与分布来表征其状况的。交联键类型必会影响伸长率。例如，相对于硫黄硫化体系而言，酚醛树脂或过氧化物硫化体系的伸长率皆低。过氧化物配以少量硫黄可使伸长率增大，无疑引入硫黄交联相关。配入双马来酰亚胺3份/DCP0.3份的三元乙丙硫化胶的伸长率可达1100%（拉伸强度同酚醛树脂硫化的相当），是加入DCP3份/双马来酰亚胺0.3份所难以达到的。二元酸硫化环氧化天然橡胶ENR-50，二酯键交联在网构中分布不均匀可能正是伸长率低（拉伸强度亦低）的原因。就硫化体系而论，活性剂/硫黄/促进剂三者的品种与用量组合对伸长率的共同作用可能既含有交联密度的效应，又包含有交联键类型及其分布效应。

硫黄用量高，采用促进效力低的促进剂，或者调整活性剂品种、用量，可以获得高伸长率；促进剂促进效力高，调低活性剂和硫黄的用量也可获得高的伸长率。实际上，对同一配方，调整硫化条件也会有效果。例如，对于12号配方，120℃硫化效果最佳。由此亦可见，相当的拉伸强度并非是实现高伸长率。

欠硫或硫化不足也能得到高伸长率，但其它性能不好。

6.7.3 填料体系

加入补强效力强的填料，如炭黑，能够降低伸长率，尤以高结构性者显著。加入白炭黑以及同橡胶亲和性差的填料，由于"空穴"效应，会有比加入炭黑者伸长率更好的效果。此外，减少填料用量，加入软化增塑剂以及高的含胶率等都有利于提高伸长率。添加补强性的填料，会使拉断伸长率大大降低，特别是粒径小、结构度高的炭黑，拉断伸长率降低更为明显。随填料用量增加，拉断伸长率下降。

6.7.4 软化增塑体系

增加软化增塑剂的用量，也可以获得较大的拉断伸长率。

6.8 低压缩永久变形胶料的配方设计

压缩永久变形是指橡胶压缩后回弹的能力，是橡胶弹性的一项指标，有些橡胶制品（如密封制品）是在压缩状态下使用，其耐压缩性能是影响质量的主要性能之一。

6.8.1 生胶体系

与影响橡胶回弹率一样，橡胶结构是压缩永久变形的主要因素之一，主要包括分子结构、分子量、分子量分布、极性、侧基等。

对于丁腈橡胶，丙烯腈含量越高，主链上趋于热塑性的丙烯腈嵌段将越多，弹性下降，压缩永久变形增大。因此，高丙烯腈含量丁腈橡胶的压缩永久变形也越大。

并用塑料后，压缩永久变形增加，并随着塑料并用量增大，压缩永久变形增大。

对三元乙丙橡胶而言，用过氧化物硫化体系的不同牌号三元乙丙橡胶压缩永久变形的大小顺序为：EP86X＞TER044/EPT4045＞ESPRENE553，而用硫黄硫化体系仍然是 EP86X 为最高。

Dupont 公司开发了氟乙烯和六氟乙烯共聚体 VitonA、A-H 以及加有第三单体（四氟乙烯）的共聚物（VitonB）VitonC、D、E-60、E-60C 以及 G 型等系列。并开发了全氟醚橡胶，其商品名称为"Kal-rez"，该橡胶的耐温范围为−40～320℃，能耐强氧化剂。其中 E-60C 是一种低压缩永久变形、具有新型硫化系统的聚烯烃类氟橡胶。

6.8.2 硫化体系

不同的硫化体系使得三元乙丙橡胶具有不同的交联键类型、不同的交联密度和弹性，过氧化物 DCP 硫化的压缩永久变形最小，优于秋兰姆无硫硫化体系和低硫高促硫化体系。

氟橡胶低压缩永久变形硫化体系主要有氢醌（对苯二酚)/四丁

基氢氧化铵、双酚 AF/BPP、双酚 AF/C-18，双酚 AF/TTC 和双酚 AF/DBUBCL。其中双酚 AF/BPP 具有优异的压缩永久变形性、优良的贮存稳定性和良好的加工性能，不过双酚 AF 和 BPP 的价格昂贵。另外，C-18，TTC 和 DBU BCL 则由于某些技术和经济的原因也未能得到商品化和推广。氢醌/四丁基氢氧化铵硫化体系虽然也能获得较低的压缩永久变形，但是由于含有此种硫化体系的 26 型氟橡胶易焦烧、贮存稳定性差，而且流动性欠佳，限制了它在密封制品中的应用。

（1）胺类硫化体系　胺硫化 FPM 硫化胶的压缩永久变形比较大，虽然它的耐热和耐油性能优于后者。但是，3 号硫化剂不宜作为 FPM 的低压缩永久变形氟橡胶的硫化剂。

（2）双酚 AF 硫化体系　由于二羟基化合物-氢醌或双酚 AF 是活性低的亲核型助剂，单独使用时，不能硫化氟橡胶，需要并用促进剂，最有代表性的促进剂是通式为 R_4P+X-的季膦盐，其中以苄基三苯基氯化磷（BPP）为最佳。对于 26B 氟橡胶而言，双酚 AF/BPP 硫化体系最佳。压缩永久变形最小，流动性好，而且有优良的贮存稳定性（贮存一年后性能变化不大）。C-18 也有同样的特点，但硫化速率慢。TTC 也具有优良的综合性能，而 DBU-BCL 相对较差，且焦烧倾向较大。采用双酚 AF 硫化体系硫化 246G 型氟橡胶，硫化速率要比 26B 型慢（尤其是 BPP 和 C-18，一段硫化 $153C×30min$ 均不熟，要适当调整硫化体系的用量或提高一段硫化温度或延长一段硫化时间），压缩永久变形也大。因此，如果不是由于介质和温度等工作条件的需要，采用双酚 AF/促进剂硫化体系来硫化 246G 型氟橡胶，在经济上和技术上是不如 26B 型氟橡胶的。

另外硅烷偶联剂及有关助剂可改善双酚 AF 和苄基磷硫化氟橡胶的压缩永久变形。

对丙烯酸酯橡胶硫化胶，压缩永久变形影响最大的也是硫化体系，活性氯型丙烯酸酯橡胶最适宜的硫化体系是皂-硫黄体系，它具有配合简单、硫化速率快，加工性好的优点。日本东亚涂料公司的 TOAACRON AR-801、AR-840 丙烯酸酯橡胶用皂-硫黄体系硫化时，可不用二次硫化，即可获得良好的物理机械性能和满意的抗压缩永久变形性能。但是，对于大多数活性氯型丙烯酸酯橡胶品种，用皂-硫黄体系硫化时的抗压缩永久变形性能都较差。采用三聚氰酸（TCY）与二硫代氨基甲酸盐硫化体系硫化活性氯型丙烯酸酯橡胶，其最大特点是不用二次硫化即可获得比皂-硫黄体系经170℃二次硫化的硫化胶更好的抗压缩永久变形性能，如再经二次硫化，则其压缩永久变形值更低。日本瑞翁公司以商品名为Zinsnet-F（化学式也是三聚氰酸）0.5份、丁基二硫代氨基甲酸锌1.5份、二乙基硫脲0.3份的硫化体系硫化含活性氯型的丙烯酸酯橡胶CNipol AR 72LF，所得胶料贮存稳定，硫化胶耐水性好，压缩永久变形值比皂-硫黄体系的几乎降低一倍。

美国氰胺公司最近又推荐用多脲类化合物代替TCY硫化体系中的二硫代氨基甲酸盐，即用TCY 1份＋多脲化合物2份代替TCY 1份＋丁基二硫代氨基甲酸锌1.5份，获得了贮存稳定性好的胶料（贮存一个月以上），两体系硫化胶的拉伸强度、拉断伸长率相近，而压缩永久变形却是多脲化合物的低于二硫代氨基甲酸盐的。

TCY/三甲基硫脲/金属氧化物硫化体系，既适合于活性氯型，也适合于一般含氯型交联单体丙烯酸酯橡胶。TCY/三甲基硫脲/金属氧化物体系所得硫化胶的压缩永久变形比皂/硫黄体系和TCY/氨基甲酸盐体系硫化胶的低；炭黑填料的又低于含无机填料的硫化胶。

在用ZnO，MgO为硫化体系的氯丁橡胶（CR）基本配方中，使用由三甲基硫脲（TMU）与邻苯二酚硼酸二邻甲苯胍盐（PR）组成的TMU/PR硫化体系，能获得低压缩永久变形硫化胶。但是，这种硫化体系，会使混炼胶的存放稳定性下降，存放中引起早期自硫。为了克服这种缺点，邻苯二酚和硼酸的酯（CTOB）是PR的先驱物质，并用的TMU/CTOB硫化体系与TMU/PR硫化体系一样，同样获得低压缩永久变形的硫化胶，而且氯丁橡胶混炼胶的存放稳定性也好。

并用PR，能提高硫化速率及得到充分硫化，并且也进一步改善了硫化胶的压缩永久变形。尤其是PR与TMU并用的TMU/PR硫化体系，与以往所知的EU/PR硫化体系相比，能获得更充分的硫化，得到压缩永久变形更好的硫化胶。

硫化速率随PR用量的增加而提高。并随PR用量的增加，硫化胶的定伸应力增大，压缩永久变形得到改善。

丁腈橡胶的不同硫化体系中，过氧化物硫化体系压缩永久变形为最小，普通硫黄硫化体系和镉镁硫化体系为最大，有效和半有效硫黄硫化体系居中。丁腈橡胶料的压缩永久变形与硫化的交联键类型有较大的关系，交联键能高、交联键长短，硫化胶料的压缩永久变形小。因此要制备压缩永久变形很小的丁腈橡胶胶料，其硫化体系宜采用过氧化物硫化体系。在普通硫黄硫化体系和有效硫黄硫化体系中随着硫黄用量的增加，胶料的压缩永久变形变小，这是由于随硫黄用量的增加硫化胶的交联密度增加。考虑到其它物理机械性能，建议在有效硫黄硫化体系中硫黄用量在 0.3～0.5 份之间。而在过氧化物硫化体系中硫黄主要作为硫化调节剂使用，硫黄用量的增加会使硫化胶中的硫键的数量增加，压缩永久变形随之增加，考虑到其它物理机械性能，硫黄的用量宜在 0.3 份左右。

在丁腈橡胶普通硫黄硫化体系 CV 中不同品种的促进剂其硫化丁腈橡胶料的压缩永久变形也不同，以秋兰姆类促进剂 TMTD、促进剂 TMTM 压缩永久变形较小，其次为二硫代氨基甲酸盐类促进剂 PX，次磺酰胺类促进剂和噻唑类促进剂相近且较大。这是由于秋兰姆类促进剂和二硫代氨基甲酸盐类促进剂硫化时促进效率高，特别是促进剂 TMTD 本身也是硫黄给予体，硫化时胶料的交联密度较大，交联键中单硫键和双硫键比例也较大。随氧化锌用量的增加，交联密度增加，因而压缩永久变形呈下降趋势。

不同组合的有效硫化体系对丁腈橡胶压缩永久变形的影响不同。在 TT 硫化体系中压缩永久变形都比较低，并且随 TT 用量增加压缩永久变形减小，考虑到其它物理机械性能 TT 的用量建议在 2～3 份之间。在 TT 硫化体系中添加硫黄或促进剂后胶料压缩永久变形减小，这是由于并用促进剂后硫化的交联效率得到提高，以并用 S、DM 和 S/CZ 降低比较明显。

使用过氧化物 DCP 硫化的丁腈橡胶其压缩永久变形低，这是由于交联键为 C—C，键能高。加入硫黄调节后由于生成了少量的硫键使压缩永久变形有所上升，再并用促进剂后压缩永久变形又下降。为了改善因硫黄的使用而引起的胶料的压缩永久变形增加缺陷，可向胶料中添加硫化促进剂使压缩永久变形较为明显地下降，基本上又回到单纯的 DCP 硫化胶的水平，其中以 TMTD 和 DPG 最为明显。这与促进剂使用后交联结构得到了改善有关。

胶料的压缩永久变形开始时随着促进剂用量的增加而下降，到达一定量（1.5 份左右）趋于平衡。

在丁腈橡胶-KRYNAC 中以 3 份 TMTD 和 5 份 MBTS 配合作为比较的基础胶料，当胶料中硫黄用量低（0.25 份）时，该体系能得到高温下低压缩永久变形。用 OTOS 全部代替 TMTD 或全部 MBTS 时并没有发现任何优越性。在这两种情况下，压缩永久变形大，而且物理机械性能也差。然而 1 份 TMTD 与 3 份 OTOS 的配合结果却获得了在 120℃下较低的压缩永久变形（图 6-4）。取代一部分 TMTD 和 MBTS 亦能得到低压缩永久变形。3 份 TMTD，1 份 OTOS 和 1 份 MBTS 的配合由于具有综合的优良物理机械性能和老化性能，因而被认为是最好的配合。在少量硫黄存在下，胶料中加入二硫代二吗啉（DTDM）还能进一步降低压缩永久变形。

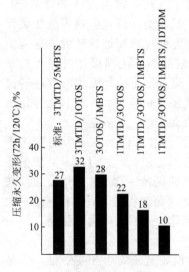

图 6-4　用各种促进剂体系和 0.25 份硫黄丁腈橡胶硫化胶的压缩永久变形

试验配方（质量份）：丁腈橡胶-KRYNAC27.5，100；ZnO，5；SA，1.5；N550，40；TMQ，2

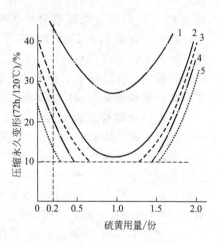

图 6-5　各种促进剂体系的丁腈橡胶（NBR）硫化胶的压缩永久变形硫黄用量关系

1—3TMTD/2MBTS，2—3TMTD/1MBTS，3—1TMTD/1MBTS/1OTOS，4—1.5TMTD/1MBTS/2.5OTOS，5—3TMTD/1MBTS/1OTOS

试验配方（质量份）：NBR-KRYNAC27.5，100；ZnO，5；SA，1.5；N550，40；TMQ，2

固定促进剂用量，变化硫黄用量时在"压缩永久变形-硫黄用量"的曲线上有一明显的最低值。在所有研究过的促进剂体系中，这个最低值大约在 1 份硫黄处，这个在 120℃时所测得的观察结果也适用于在 70℃和 100℃下测得的结果。

取代一部分 TMTD 和 MBTS 能得到最低的压缩永久变形值，压缩永久变形值亦受 TMTD/MBTS 比值的影响，3 份 TMTD/1 份 MBTS 压缩永久变形比 3 份 TMTD/2 份 MBTS 的小。OTOS 在这种促进剂配合中的影响是重要的，并能明显降低压缩永久变形（图 6-5）。

如果用 DTDM 代替硫黄，压缩永久变形曲线将出现不同的图形（图 6-6）。TMTD/MBTS 的对比体系大大地被 DTDM 所活化，最小的压缩永久变形在 2 份 DTDM 处，其值为 11%，含有 1 份 TMTD/3 份 OTOS/1 份 MBTS 的体系用 1.5 份 DTDM 的压缩永久变形相当于用 2 份 DTDM 的对比体系的压缩永久变形。最小压缩永久变形要求较低的 DTDM 用量，这是因为 OTOS 本身就是一个给硫体。

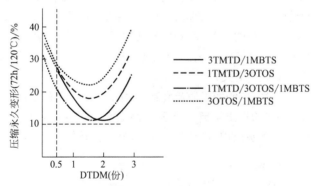

图 6-6　各种促进剂体系的丁腈橡胶硫化胶的压缩永久
变形-DTDM 用量关系

试验配方（质量份）：NBR-KRYNAC27.5，100；ZnO，5；
SA，1.5；N550，40；TMQ（Agerite Resin D），2

在短时间硫化后对应于硫和 DTDM 用量的压缩永久变形关系曲线上有一极小值，但在长时间硫化后压缩永久变形极小值消失。

6.8.3　填料体系

填料对压缩永久变形的影响一般规律为：炭黑＜非炭黑，高

pH 值＜低 pH 值，低结构＜高结构，大粒子＜小粒子。

但填料对压缩永久变形的影响相对来说比较小，主要是填料的品种和用量。在有效硫黄硫化体系丁腈橡胶中填充炭黑的胶料压缩永久变形比轻钙、陶土、白炭黑小，并随用量的增加压缩永久变形增加，但增加不明显。在 TT 硫化体系中炭黑品种变化对压缩永久变形影响相差不大。而在过氧化物硫化体系中炭黑品种变化对压缩永久变形影响较大，石英粉、氧化铁红、超细碳酸钙及白炭黑 233N 的胶料都具有较小的压缩永久变形。

填料的形态影响着硫化胶的压缩永久变形，球形和片状填料可以改善硫化胶的压缩永久变形。此外，聚集体大小的分布也对压缩永久变形有影响，分布宽可以产生较低的滞后作用，而产生较高的弹性，也有助于提高耐压缩永久变形性。因此，石英粉和氧化铁红的胶料压缩永久变形小，另外，石英粉 pH 值为 9.08，氧化铁红 pH 值为 7.38，均呈碱性，碱性填料有利于加速硫化作用和提高硫化程度，也可以改善胶料的抗压缩永久变形性。石英粉和氧化铁红用量增加，硫化胶的压缩永久变形（100℃下）和压缩生热变化不大，增加缓慢。超细碳酸钙及白炭黑 233N 用量增加，压缩永久变形及压缩生热明显增大。

炭黑品种对丙烯酸酯橡胶硫化胶压缩永久变形值的影响为：半补强炉黑（SRF）＜快压出炭黑（FEF）＜高耐磨炉黑（HAF）＜中超耐磨炉黑（ISAF）。随炭黑用量的增加，压缩永久变形有增大的趋势。

6.8.4 防护体系

防老剂 MB 可使 DCP 硫化三元乙丙橡胶的压缩永久变形降低，而防老剂 RD、防老剂 2246 则可使压缩永久变形增大。

丙烯酸酯橡胶在正常使用温度和温升条件下，有很好的耐老化性能，一般不需加防老剂。但添加防老剂可进一步改善耐热氧老化性能，但应选用低挥发性的苯二胺类或二苯胺与丙酮的缩合物，国外最常用的是 Naugard 445，Nocrac630F，Nocrac300，在获得良好耐热性的同时，获得较低的压缩永久变形值。

在有效硫黄硫化体系和普通硫黄硫化体系丁腈橡胶中防老剂对压缩永久变形的影响不很明显。

6.8.5 软化增塑体系

增塑剂一般可使胶料的压缩永久变形增大。在有效硫黄硫化体系丁腈橡胶中增塑剂品种对压缩永久变形有一定影响且差别不大,并随增塑剂用量增加压缩永久变形增大。

6.8.6 加工工艺

加工工艺主要是硫化对压缩永久变形有较大影响,要制得压缩永久变形小胶料,则要进行充分硫化,如有可能应用二次硫化。

一般应使丙烯酸酯橡胶有充分的硫化程度,才能保证硫化胶有最低的压缩永久变形值。对于不需二次硫化的丙烯酸酯橡胶,如日本东亚涂料公司的 TOAAC-RON AR-801,AR-840,以及采用专用的特定硫化体系,则宜采用高温和较长时间的平板硫化。平板硫化温度越高,硫化时间延长,则压缩永久变形值随之降低。如需节约平板硫化时间,则要采用高温短时间二次硫化加以弥补。但是,提高二次硫化温度、延长硫化时间往往使硫化胶的硬度增高,拉断伸长率下降,因此,必须从硫化胶的物理机械性能、耐油、耐热性能和抗压缩永久变形性能等综合平衡来选择适宜的硫化条件。

采用有效硫黄硫化体系、半有效硫黄硫化体系和过氧化物硫化体系的丁腈橡胶胶料在不同硫化体系中随硫化时间增长和硫化温度增高,交联程度增加,因而压缩永久变形下降。

第7章　不同工作环境胶料的配方设计

　　为了满足国民经济发展的需要，不但要求橡胶工业能够生产在普通环境条件下使用的橡胶制品，也要求能够生产在特殊环境条件下使用的橡胶制品。尖端科学技术的发展，如宇宙航行、运载火箭、导弹、核潜艇以及超音速飞机等所用的橡胶配件，要求能兼备多种苛刻的特殊性能。

　　橡胶制品的特种工作环境可归纳为高低温环境、高真空环境、油和溶剂环境、酸碱环境、高能辐射环境、光和紫外线环境、吸收机械振动环境以及电环境等。为了满足上述某一些工作环境要求，除采用一些新工艺外，更主要的是设计合理的配方。当前对橡胶制品特种性能要求的苛刻程度很高，如要求能耐 $550℃$ 的高温，耐 $-100℃$ 的低温，耐 $10^{-9}Pa$ 的高真空等，目前的橡胶生产技术还不能全部满足这些要求。

　　特种工作环境橡胶的配方设计应分清这些特种性能是由配方中哪种材料所决定，还是它们之间的配合而定。胶料的多数特种性能是由生胶所决定的，如耐热、耐油性等，如天然橡胶是很难设计出一个耐 $150℃$ 温度的胶料配方，乙丙橡胶比较容易达到，硅橡胶（Q）和氟橡胶（FPM）配方都能在 $150℃$ 下长期使用，其它配合剂的配合可以改善并适当提高这一性能；而有些特种性能主要是由配合剂所决定，如生胶多数是绝缘体只有个别生胶为半导体，要设计导电橡胶主要是通过导电填料加入来实现，如导电炭黑、金属粉。而有些特种性能有时则需要生胶和配合剂之间配合，如透明橡胶除要求材料的纯洁外还要求各种配合剂之间折射率一致。当然有些配方还要工艺的配合，如磁性橡胶除加入磁粉外工艺上必须进行磁化处理，否则不可能具有磁性，因而设计配方时充分考虑。

7.1 耐热橡胶的配方设计

耐热性是指橡胶及其制品在经受长时间热老化后保持物理机械性能或使用性能的能力，耐温性表示橡胶物理机械性能对温度的敏感性，即在高温条件下，橡胶的力学性能基本不下降的这种性质，高温时物理机械性能与室温时的差别小，即耐温性好。高温使用的（耐热）橡胶制品，要耐热性好，也要耐温性好。

评价耐热性的方法多种多样，如马丁耐热与维卡耐热评定耐热程度，热失重仪找出分解温度作为材料的使用温度上限，或者用真空加热 $40\sim45min$ 时，质量减少 50% 的温度（T_n）——半寿命温度来评估耐热性。例如 TFPE 的半寿命温度为 $506℃$，丁二烯橡胶（BR）为 $407℃$，聚丙烯（PP）为 $387℃$，丁苯橡胶（SBR）为 $375℃$，聚异丁烯（PIB）为 $348℃$，异戊橡胶（IR）为 $323℃$，PMMA 为 $238℃$。也可用长时间（1000h）与短时间（168h）热老化使拉伸强度、伸长率分别降至 $3.5MPa$、70% 时所需要的温度，参见表 7-1，或者热老化 $24\sim36h$ 分别降至 $6.8MPa$、100% 所需要的温度，例如氟橡胶 FPM-26 与硅橡胶类为 $320℃$，氟橡胶 FPM-23 为 $250℃$，丁腈橡胶为 $180℃$，天然橡胶为 $130℃$，或者按某温度下"拉伸积"降至某个百分数所耗的时间来表征耐热性优劣，这样也可借此评估制品的使用寿命。也可按某性能达到 50% 保持率，建立使用温度同使用时间关系来评价耐热性。热老化与热氧老化通常是分不开的，也可以同温度下的吸氧速度评价热老化的优劣，如 $120℃$ 时，氟橡胶为 $48mm^3/g\cdot h$，丁苯橡胶为 $5500mm^3/g\cdot h$。

表 7-1 常用橡胶的耐热温度

橡　　胶	耐热温度/℃	
	1000h	168h
丁腈橡胶(NBR)、氯丁橡胶(CR)	100	150
丁腈橡胶(过氧化物硫化)	>107	149
丁腈橡胶(镉镁硫化)	135	149
氯醚橡胶(CO、ECO)	121	149
氯磺化聚乙烯橡胶(CSM)	175	200

橡　　胶	耐热温度/℃	
	1000h	168h
丙烯酸酯橡胶（ACM）	149	177
丁基橡胶（树脂硫化）	135	149
溴化丁基橡胶（BIIR）	121	149
三元乙丙橡胶（过氧化物硫化）	149	>149
氟橡胶（胺硫化）	260	300
硅橡胶（Q）	270	320
氟硅橡胶	230	250

丁腈橡胶在无氧条件下热老化（160℃×40h）几乎没有变化，在200℃时才逐渐变硬，一般其耐热（无氧）不低于150℃，有氧条件下耐热不足135℃。

耐热橡胶是指在高温条件下长时间使用时仍能保持原有力学性能和使用价值的硫化橡胶，常用热老化后性能变化量（如硬度）、性能变化率（如拉伸强度、伸长率）、性能保持率、性能积保持率（老化系数）表示其力学性能的变化情况。在橡胶密封制品中，硫化橡胶在压缩状态下的耐热性能称耐热压缩性能，它常由压缩永久变形系数或压缩应力松弛系数评价。

硫化橡胶进行热老化，天然橡胶（NR）、氯醚橡胶（CO、ECO）、丁基橡胶（IIR）降解与软化，丁苯橡胶（SBR）、丁二烯橡胶（BR）、氯丁橡胶（CR）、丁腈橡胶（NBR）、三元乙丙橡胶（EPDM）进一步交联、硬化，丙烯酸酯橡胶处于软化与硬化之间。合成橡胶热老化，伸长率的变化最敏感，常用作表征参数。

实际上，一个试验温度的结果不代表其它温度下的优劣。用三个试验温度和较长时间（20d左右）进行试验，求取使用温度下累积永久变形达到0.5所需的时间（称作耐热指数）评定耐热性更具有实用性与准确性。

在80℃以上长期使用后仍能基本保持原有性能和使用价值的橡胶都归于"耐热橡胶"的范畴，橡胶制品的耐热和高温性能是橡胶特殊性能中最常见的一种性能。橡胶在这种情况下性能稳定的本质原因是在高温下能够抵抗氧、臭氧、腐蚀性化学物质、高能辐射以及机械疲劳等因素的影响，橡胶分子结构不发生显著变化和损坏，且能够保持较好的使用性能。

硫化胶的耐热性能，首先决定于所用生胶的种类，其次为各种配合材料的品种及用量。

7.1.1 生胶体系

橡胶工业对橡胶耐热性分类由于标准不同而不同，美国机动车工程师协会（SAEJ200-1998）把橡胶耐热性划分为 9 个类型（等级），见表 7-2。

表 7-2 以耐温要求来划分的各类橡胶材料

类型	A	B	C	D	E	F	G	H	I
试验温度/℃	70	100	125	150	175	200	225	250	275

在不少应用中，除了耐热性能，还得同时考虑耐油性能，图 7-1 示出了与耐热、耐油等级相应的各类橡胶的位置。

由图 7-1 可知，按其在短时间空气老化在 ASTM3 号芳烃油中溶胀的性能进行分类的，天然橡胶（NR）、丁苯橡胶（SBR）的耐老化性和耐油性差（AA 级），丁腈橡胶的耐油性较好，但耐老化

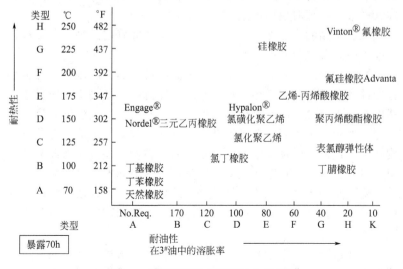

图 7-1 不同类型的橡胶耐油和耐热性

241

性能差（ＢＦ到ＣＨ级），氟橡胶（FPM）的耐油性和耐热性最佳（HK级）。

按使用温度可将几种常用橡胶分为8级，如表7-3所示。

表7-3　各种橡胶的耐热程度

等级	使用温度范围/℃	适用的橡胶
1	＜70	各种橡胶
2	70～100	天然橡胶(NR)、丁苯橡胶(SBR)
3	100～130	氯丁橡胶(CR)、丁腈橡胶(NBR)、氯醚橡胶(CO、ECO)
4	130～150	丁基橡胶(IIR)、乙丙橡胶(EPR)、氯磺化聚乙烯橡胶(CSM)
5	150～180	丙烯酸酯橡胶(ACM)、氢化丁腈橡胶
6	180～200	乙烯基硅橡胶、氟橡胶(FPM)
7	200～250	二甲基硅橡胶(MQ)、氟橡胶(FPM)
8	＞250	全氟醚橡胶、三嗪橡胶、硼硅橡胶

但是在实际使用过程中，由于受到多种内在和外在因素的影响，为保证安全使用寿命，一般二烯类橡胶控制在100℃左右，耐油的丁腈橡胶为130℃，丙烯酸酯橡胶为180℃。硅和氟类橡胶为200～250℃，短时使用可达300～350℃。

橡胶制品的耐热性能，主要取决于所用橡胶的品种。所以在设计配方时，首先应考虑生胶的选择。

橡胶的耐热性高表现在橡胶有较高的黏流温度、较高的热分解稳定性和良好的热化学稳定性。橡胶的黏流温度取决于橡胶分子结构的极性以及分子链的刚性，极性和刚性越大，黏流温度越高。橡胶分子的极性是由其所含极性基团和分子结构来决定的，分子链的刚性也与极性取代基及空间结构排列的规整性有关。在橡胶分子中引入氰基、酯基、羟基或氯原子、氟原子等都会提高耐热性。

橡胶热分解温度取决于橡胶分子结构的化学键性质，如硼硅橡胶、硅橡胶，聚苯硅氧烷等大分子链都有较高的键能，故其具有优越的耐热性。

一般而言，碳链橡胶除含氟的氟橡胶外，耐热性皆不高，少数能在150～200℃温度下长期使用；主链完全不含碳原子的元素有机高聚物，如硅橡胶（Q）类，其耐热性很好，硅胶可在 250℃ 甚至 300℃ 下长期使用。从主链结构的耐热性看，其顺序大致为：

$$-B-Si- \atop -C=C- \quad > -Si-C_6H_4-Si-O- > -Si-O- > \overset{\displaystyle O}{\overset{\displaystyle \|}{-C-O-C-O-}} > -C-C-$$

例如，在主链上引入苯基团耐热可达 300℃，而引入硼原子后，则可在 400℃ 下长期工作。

橡胶的化学稳定性是耐热的一个重要因素，因为在高温条件下，一些化学物质如果与氧、臭氧、酸、碱以及有机溶剂等接触，都会促进橡胶的腐蚀，降低耐热性。化学稳定性与橡胶分子结构密切相关，具有低不饱和度的丁基橡胶（IIR）、乙丙橡胶（EPR）和氯磺化聚乙烯橡胶（CSM）等就表现有优良的耐热性能。此外，主链上若有单键连接的芳香族结构，分子链借助于共轭效应，也会促使结构稳定。

可见，强化主链刚性，或主链上引入 Si、B 元素取代 C，增大分子间作用力，提高主链饱和度以提高橡胶的化学稳定性，就可以提高橡胶的耐热等级。

Si—O 离解能（373.9kJ/mol）大，比除氟橡胶以外的碳链与杂链橡胶耐热性好，若主链引入亚苯基、含硼基，耐热性还会高。氟橡胶的 C—F 键能为 435～485kJ/mol，以 F 取代 H，使主链的 C—C 键能从 434kJ/mol 上升至 539kJ/mol，耐热性极好。当丁腈橡胶的丙烯腈量增大，耐热性提高，若引入羧基（XNBR）增大分子间力，其耐热性更好。氯化丁基橡胶（CIIR）、溴化丁基橡胶（BIIR）耐热性优于丁基橡胶，除极性之外，还由于增多了交联点而有利于耐热。氯丁橡胶（CR）含极性基 Cl，又降低了双键活性，因此比天然橡胶（NR）、丁苯橡胶（SBR）、丁二烯橡胶（BR）耐热。由于三元乙丙橡胶（EPDM）、丁基橡胶（IIR）、二元乙丙橡胶（EPM）、氯醚橡胶（CO、ECO）、丙烯酸酯橡胶（ACM）、氯磺化聚乙烯橡胶（CSM）、氯化聚乙烯橡胶（CM）的主链是饱和的，其化学稳定性高，因此耐热性也相应提高。丙烯酸酯橡胶的主链饱和，又有羧基，耐热性比丁腈橡胶高 30～60℃，150℃ 热老化数年无变化，最高可耐温 180℃。氢化丁腈橡胶大大增大了饱和度，耐热性比丁腈橡胶高许多。氯醚橡胶（CO、ECO）主链含—O—，便于氧的攻击，耐热虽比丁腈橡胶好，但不及丙烯酸酯橡胶，而且共聚氯醚橡胶比不含环氧乙烷的均聚氯醚橡胶耐热性要低 $10\sim20$℃。另外，在硫调节型氯丁橡胶主链引入了—S—，其耐热性不及非硫调节型。氯磺化聚乙烯橡胶（CSM）、氯化聚乙烯橡胶（CM）、氯丁橡胶（CR）、氯醚橡胶由于受热脱 HCl，使耐热性下降，氯磺化聚乙烯橡胶的耐热性也随 Cl 含量的增大而下降。应该注意，在软化型老化的氯醚橡胶中引入不饱和侧基，借交联而抑制软化，对耐热有利，氯丁橡胶的 1，2 结构悬吊侧基使 HCl 脱出容易，对耐热性不利。

橡胶的耐热性与橡胶分子链的饱和度、分子链刚性以及分子的极性、化学键性质有关。具有如下分子结构的橡胶，耐热性较好：①分子链饱和度高，如丁基橡胶（IIR）、乙丙橡胶（EPR）等；②橡胶主链链段上，有较多的无机链，如硅橡胶的主链为硅氧结构；③橡胶分子链上带有卤族元素、氰基、酯基等，如氟橡胶（FPM）、丙烯酸酯橡胶（ACM）、氯磺化聚乙烯橡胶（CSM）、氯化丁基橡胶（CIIR）、丁腈橡胶（NBR）、氯丁橡胶（CR）。

（1）主链结构　大部分胶种的主链都为碳链结构，其键能为 263kJ/mol，而杂链橡胶中有的主链键能高于此，如硅橡胶的硅氧键键能高达 428kJ/mol，因此其耐热等级就大大超越碳链橡胶。

（2）不饱和度　二烯类单体聚合后，每个单元仍保留 1 个双键。由于双键易受破坏而成为分子链中的薄弱环节。二烯类共聚橡胶（如丁苯橡胶）与均聚橡胶（如天然橡胶、BR）相比，双键的数目有所下降，因而具有相对较好的耐热性。而某些合成橡胶的二烯单体被控制在较低水平，如丁基橡胶（IIR）和三元乙丙橡胶（EPDM），因此它们的耐热性就更好一些。有些胶种因为不存在二烯烃单体，它们的耐热性也就更好，如氯化聚乙烯橡胶（CM）、氯磺化聚乙烯橡胶（CSM）和硅橡胶（Q）等。总主链的饱和度越高（或不饱和度越低）则耐热性越好。

（3）侧基　在橡胶分子主链上连接的侧向基团，对橡胶的耐热性也起到一定作用。它们对主链都起屏蔽作用，特别是强极性原子和基团（如氟、氯、溴和亚硝基、羧基、腈）。所以含卤橡胶都在一定程度上耐热，尤以氟橡胶为最。这是因为：氟是卤族元素中电负性最强的；氟橡胶的侧基全被氟、氯等卤族原子所占，形成了强大的耐热屏障。

有时需要两种胶的耐热优势互补以提高耐热性：例如三元乙丙橡胶（EPDM）/氯化丁基橡胶（CIIR）并用能充分发挥耐热协同效应。

耐热橡胶配方设计时，首先要根据使用温度和相关性能的要求（耐介质、力学性能指标要求）选择橡胶品种，尽可能提高橡胶本身的耐热性和耐温性，同时要考虑尽量降低橡胶在动态变形时的生成热，并提高其导热性。其次是选择合理的硫化体系和防护体系，以提高硫化胶的耐热性。

每种橡胶都能在一定的温度范围内长时间使用，经特殊配合，可使硫化胶在短时间（100h）内抗耐更高些的温度，但超过允许的最高使用温度则性能将迅速地降低。

实际应用中，一般耐热选丁苯橡胶（SBR）、氯丁橡胶（CR）、丁腈橡胶（NBR）；特殊耐热选丁基橡胶（IIR）、三元乙丙橡胶（EPDM）、丙烯酸酯橡胶（ACM）、氯醚橡胶（CO、ECO）；耐200～300℃选硅橡胶（Q）、氟橡胶（FPM）；耐300℃以上选用甲基乙烯基硅橡胶（MVQ）、氟醚橡胶等。

表7-4中所列的一般耐热橡胶制品所用的生胶中，氯丁橡胶应用较多。氯丁橡胶分子链的双键上连接有氯原子，使得双键和氯原子都变得不活泼，因此，其硫化胶稳定性良好，不易受热或热氧的作用，表现出较好的耐热性。W型氯丁橡胶耐热性优于G型氯丁橡胶，它们有较好耐热性，很大程度与其无硫硫化体系有关。配方中增加氧化锌用量可提高交联程度，防老剂MB对提高耐热性也有较好效果。

丁腈橡胶多用于制备耐热油制品。丁腈橡胶因分子链上带有氰基，因氰基吸电子性较强，使烯丙基位置上的氢比较稳定，故耐热性较天然橡胶等通用橡胶好。丙烯腈含量增加有助于改进耐热性，中等丙烯腈含量的丁腈橡胶，可在120℃下连续使用，在热油中能短时间耐150℃高温。丁腈橡胶的耐热性随丙烯腈含量的增多而提高，但含量太高易产生热交联而导致物理机械性能变坏，故宜采用含有30%左右的中等丙烯腈含量的丁腈橡胶。

表 7-4 适用于一般耐热橡胶制品的生胶

橡胶品种	长时间使用温度范围/℃	最高使用温度/℃	性能特点及应用
氯丁橡胶（CR）	−55～120（非硫调节型优于硫调节型）	150	耐臭氧、耐化学介质、耐苯胺点较高的矿物油、阻燃。用于制备胶带、电缆、胶黏剂、密封制品
丁腈橡胶（NBR）	丁腈橡胶1704 −40～100 丁腈橡胶2707 −30～120 丁腈橡胶3604 −20～150	170	力学性能良好，耐矿物油，气密性良好，耐磨、耐水性良好。用于输油管、耐油密封制品、汽车橡胶配件、油田橡胶制品
丁苯橡胶（SBR）	−60～100	120	力学性能良好，耐磨、耐冲击，制备耐热输送带、耐热胶管

丁苯橡胶的耐热性能也比天然橡胶好，其被氧化的作用比天然橡胶缓慢，即使在较高温度下老化反应的速度也比较缓慢。

耐热橡胶制品选用丁基橡胶（IIR）、氯醚橡胶（CO、ECO）、三元乙丙橡胶（EPDM）、氯磺化聚乙烯橡胶（CSM）、丙烯酸酯橡胶（ACM）、氟化磷腈橡胶、羧基亚磷基氟橡胶。以上橡胶的适用温度包括不超过150℃及150～180℃两个部分，见表7-5。

表 7-5 耐热橡胶制品用生胶

橡胶品种	长时间使用温度范围/℃	最高使用温度/℃	性能特点及应用
丁基橡胶（IIR）	−50～150	200	耐臭氧、气密性好、能量吸收性好、耐极性溶剂。制作内胎、水胎、胶囊、模压制品
三元乙丙橡胶（EPDM）	−50～150	200	耐天候、耐臭氧性好，电绝缘性好，耐极性溶剂。用于制备散热胶管、耐热胶管、电绝缘制品
氯磺化聚乙烯橡胶（CSM）	−30～150	160	耐臭氧、耐化学腐蚀，阻燃。用于电线电缆、胶辊、垫圈、雷达罩
氯醚橡胶（CO、ECO）	均聚物 −25～140 共聚物 −55～130	160	耐油、耐天候、耐臭氧老化、耐化学品，对模具有腐蚀性。制作刹车唇形圈、胶管衬里、汽车油管

橡胶品种	长时间使用温度范围/℃	最高使用温度/℃	性能特点及应用
丙烯酸酯橡胶（ACM）	−40～175	200	耐高温油介质。制作汽车密封件、油封、皮碗
氟化磷腈橡胶	−65～180	200	耐燃料油、润滑油、液压油、刹车油、含氟液压油，电绝缘性好，耐臭氧、耐水解，难燃。制作密封件、软管
羧基亚硝基氟橡胶	−45～170	190	耐氧化剂、N_2O_4、纯氧，低温柔韧性好。制作耐氧化介质密封件、导管
氢化丁腈橡胶	−45～180		耐氧化汽油，在井下环境高温和高压下，对硫化氢、二氧化碳、甲烷、柴油、蒸汽和酸等的作用有抗耐性。用于汽车和油井用橡胶件

丁基橡胶化学不饱和度低，加上聚异丁烯链的不活泼性，使得它的耐热和耐氧化性远优于其它通用橡胶，硫化胶的热氧老化属降解型，老化过程中硫化胶趋向软化。采用酚醛树脂硫化体系配方可获得更好的耐热性，对苯醌二肟硫化的耐热性也远优于硫黄硫化体系。氯化丁基橡胶不仅具有优越的耐热性而且具有较好的工艺性能。

乙丙橡胶基本上是一种饱和橡胶，主链是由化学稳定的饱和烃组成，三元乙丙橡胶只在侧链中含有不饱和双键，分子内无极性取代基，分子间内聚能低，分子链在宽的温度范围内保持柔顺性，因而使其具有独特性能。当温度达200℃时，硫化胶的性能缓慢下降，只能短时间使用。乙丙橡胶老化与丁基橡胶老化类型不同。乙丙橡胶老化属交联型，老化后硫化胶变硬。乙丙橡胶耐热性主要取决于它的不饱和度和第三单体。不饱和度很低的二元乙丙橡胶的耐热性优于三元乙丙橡胶。二者在空气中的热老化行为完全不同，二元乙丙橡胶降解占优势，而三元乙丙橡胶是以交联占优势。第三单体的影响，以物理机械性能变化为标准，其耐热性能按下列顺序递减：1,4-己二烯＜亚乙基降冰片烯＜双环戊二烯，随三元乙丙橡胶中第三单体和丙烯含量增加，其耐热性降低。

在三元乙丙橡胶的混炼胶中加入5～10份有机硅化合物可有效

地提高硫化胶热氧稳定性。

氯磺化聚乙烯橡胶分子结构特点在于它是一种以聚乙烯作主链的饱和型弹性体，因而与其它饱和型弹性体一样，具有耐热性，耐热可达150℃，但这时应配用适当的防老剂。另外，生胶中氯原子的引入，使其具备难燃和耐油性能。氯磺化聚乙烯橡胶的使用温度为130～160℃，性能稳定，且具有良好的耐臭氧，耐化学腐蚀以及耐燃烧等性能，在149℃下连续老化两星期仍可保持橡胶的原始性能。

丙烯酸酯橡胶是由丙烯酸乙酯或丙烯酸丁酯与少量2-氯乙基乙烯基醚或丙烯腈共聚而制得的橡胶。丙烯酸酯橡胶主链由饱和烃组成，侧链含有羧基，耐热性好，其耐热性高于丁腈橡胶（NBR）、低于氟橡胶（FPM），使用温度比丁腈橡胶高30～60℃，长期（1000h）使用温度为170℃，短时间（70h）使用温度可提高到200℃。在150℃热空气中老化数年无明显变化。在热老化过程中，通常以交联反应占优势，使定伸应力和硬度增加，拉伸强度和拉断伸长率降低。但是有些丙烯酸酯橡胶热老化时则产生降解。

不同品种丙烯酸酯橡胶的耐热氧老化性能因所含交联单体活性及所用交联剂品种的不同而有所差异，以含氯多胺交联型最好，皂交联型为差，但这些差别并未使它们在耐热等级上拉开。丙烯酸酯橡胶的重要特点是对含极压剂的各种油十分稳定，可在高温极压润滑油条件下使用。

各种类型的丙烯酸酯橡胶，在150℃下老化70h后差别不大。在200℃下则以Hycar401型丙烯酸乙酯橡胶为基础的硫化胶耐热性最好。美国Dupont公司研制的乙烯丙烯酸甲酯橡胶（商品名为Vamac）的耐热性仅次于氟橡胶（FPM）和硅橡胶（Q）。在150℃×4300h、170℃×1000h、177℃×670h、191℃×240h、200℃×168h的热老化条件下，其拉断伸长率的降低不低于50%。

氟化磷腈橡胶在180℃高温下有很好的热稳定性，在200℃热空气中经150h仍保持相当的使用强度。特点是对液压油、燃料油、合成双酯类油有较为突出的抗耐性。

羧基亚硝基氟橡胶的主链上含有大量的N—O链节，具有较普通氟橡胶更好的耐低温性能，更高的化学稳定性，由于N—O链的键能较低，为 2.23kJ/mol，高温下易裂解，因此这种橡胶的耐热性较一般氟橡胶差。但仍较一般的橡胶耐热，可在190℃下短时间使用。

氢化丁腈橡胶是由丁腈橡胶进行选择加氢而成，即控制氰基不被氢化，仅使双键氢化。氢化丁腈橡胶虽然仍含少量的双键，但稳定性比丁腈橡胶提高了很多，热降解温度随氢化度的提高而提高，比普通丁腈橡胶可提高30～40℃，耐热老化性能显著改善。

耐200℃以上高温老化的橡胶主要是硅橡胶（Q）和氟橡胶（FPM）。使用温度在200～250℃范围内的橡胶有：四丙氟橡胶、硅橡胶（Q）、氟橡胶FPM-23、氟橡胶FPM-26、腈硅橡胶，见表7-6。

表7-6　耐200～250℃高温老化的橡胶

橡胶品种	长时间使用温度范围/℃	最高使用温度/℃	性能特点及应用
四丙氟橡胶	静态-40～230 动态 0～230	230	耐浓酸、氧化剂、蒸汽、过热水、磷酸酯类液压油。用于制备板材、垫圈、胶管、胶辊、隔膜
23型氟橡胶	-15～200	250	耐浓硝酸、硫酸、四氟化硅，电绝缘性好，吸水性低。用于制备密封制品、胶管、胶带
26型氟橡胶	-40～250	300	力学性能好，压缩变形小、耐油、耐真空、耐无机酸及强氧化剂、耐辐照。制备垫圈、垫片、隔膜、胶管、真空配件
甲基乙烯基硅橡胶（MVQ）	-90～230	310	耐寒、耐臭氧、耐天候老化，电绝缘性好，生理惰性。制作衬垫、垫圈、胶管、型材、彩色阻燃护套等
甲基苯基乙烯基硅橡胶	-100～230	300	耐烧蚀、耐辐射、耐低温、耐热氧老化。制作模压制品
腈硅橡胶	-70～200		耐油、耐非极性溶剂、耐臭氧、耐天候老化。制作衬垫、垫圈

四丙氟橡胶是四氟乙烯与丙烯的共聚物。与乙丙橡胶相比，因含四氟乙烯，使它具有氟橡胶的优良的耐酸碱、耐强氧化剂、耐水蒸气性能，以及电绝缘性能。缺点是耐低温性能差。

23型氟橡胶由偏氟乙烯与三氟氯乙烯共聚，特点是耐强氧化性酸（发烟硝酸、发烟硫酸等）。硫化胶经 $200×1000h$ 老化后，仍具有较高的强力，能承受 $250℃$ 短时间的高温作用。

26 型氟橡胶是偏氟乙烯与六氟丙烯共聚物，可在 $250℃$ 下长期工作，在 $300℃$ 下短期工作。耐芳香族溶剂、含氯有机溶剂、燃料油、液压油以及润滑油（特别是双酯类、硅酸酯类）和沸水性能比 23 型氟橡胶好。Viton A 型可在 $300℃$ 左右长期使用，并兼具耐化学腐蚀的特性。

甲基乙烯基硅橡胶由二甲基硅氧烷与少量乙烯基硅氧烷组成，乙烯基含量一般为 $0.1\%～0.3\%$（摩尔分数），少量乙烯基的引入，使硫化胶的耐热性改进，但它的含量有很大影响，含量过少作用不显著，含量过多也会降低耐热性。

甲基乙烯基苯基硅橡胶通过引入大体积的苯基破坏二甲基硅氧烷结构的规整性，降低聚合物的结晶温度和玻璃化温度，使它具有极佳的耐低温性能，在 $-100℃$ 下仍具有柔软弹性。甲基乙烯基硅橡胶（MVQ）和甲基苯基乙烯基硅橡胶（PVMQ）均可在 $230℃$ 下长期使用，短时间能承受 $300℃$ 高温。

腈硅橡胶分子链中含有甲基 β-氰乙基硅氧链节或甲基 γ-氰丙基硅氧链节。γ-氰丙基含量为 $33\%～50\%$（摩尔分数）时，耐热性为 $200℃$，但用 β-氰乙基代替 γ-氰丙基则能进一步改善腈硅橡胶的耐热性。

能耐 $250℃$ 以上高温的橡胶品种有氟橡胶 FPM-246、氟醚橡胶、硅硼橡胶，见表 7-7。

表 7-7　抗耐 250℃ 以上高温的橡胶

橡胶品种	长时间使用温度范围/℃	最高使用温度/℃	性能特点及应用
氟橡胶 FPM-246	$-45～270$	320	耐双酯类油、磷酸酯、浓硝酸，耐臭氧，电绝缘性好。制备密封制品，骨架油封
氟醚橡胶	$-39～288$	315	耐化学药品、强氧化剂，电绝缘性好。制备隔膜、密封圈、垫
硅硼橡胶	$-60～400$	480	弹性差。密封用

氟橡胶 FPM-246 是偏氟乙烯、四氟乙烯与六氟丙烯的共聚物，

耐双酯类油、磷酸酯、浓硝酸，可抗耐270℃使用温度。

氟醚橡胶是四氟乙烯、全氟甲基乙烯基醚、取代全氟乙烯醚的三元共聚物。它几乎能承受一切化学试剂的侵蚀，只对某些高氟碳溶剂有膨胀现象。该胶在−39～＋288℃温度范围内使用，虽然它的脆化温度为−39℃，但在−45℃仍有一定的可塑性并可以弯曲。它的压缩永久变形在室温至250℃之间没有明显的变化，甚至在288℃时变化也不明显。

硅硼橡胶具有高度的耐老化性，可在400℃下长期工作，在420～480℃下可连续工作几个小时，在−54℃下仍保持弹性。适用在高速飞机及宇宙飞船中作密封材料。

两种不同耐热材料并用可提高橡胶耐热性，如丁腈橡胶与氟橡胶、甲基丙烯酸镁、聚丙烯腈碳纤维和聚丙烯酸酯并用后均能提高耐热性。

7.1.2 硫化体系

橡胶硫化体系对硫化胶的耐热性影响很大，不同品种的橡胶有不同的与其相适宜的耐热硫化体系。

（1）硫黄硫化体系　天然橡胶（NR）、丁苯橡胶（SBR）、丁腈橡胶（NBR）等二烯类橡胶（氯丁橡胶除外）采用有效硫化体系或半有效硫化体系，硫化胶耐热性高于硫黄硫化体系硫化胶。硫化胶中可能生成一硫、二硫与多硫交联键，由于交联键种类不同，稳定性不同，影响着橡胶耐热性、耐疲劳性、耐久性及物理机械性能，见表7-8。

表7-8　不同交联键胶料性能比较

性能项目	多硫键	单双硫键	碳—碳键
耐热性	C	B	A
耐应力松弛、蠕变性	C	B	A
永久变形	C	B	A
耐屈挠疲劳性	A	B	C
抗龟裂扩大性	A	B	C
耐磨性	A	B	C
拉伸强度	A	B	C

对天然橡胶，不同硫化体系硫化胶耐热性可从 70℃ 上升至 100℃。按 100℃ 吸氧 0.5 计算，常规硫化体系为 27h，有效硫化体系为 53h，过氧化物硫化体系为 118h。另外，硫化体系中引入 Si-69 而成的平衡硫化体系，其耐热性有大的改进。

传统的硫黄硫化体系（普通硫黄硫化体系）亦高硫低促体系，硫用量不小于 2 份：在合成橡胶中为 2～2.5 份，而在天然橡胶中为 2.5～3.0 份。其特征反映在硫化剂与促进剂的配合比为 (1.5：1)～(2：1)。在交联网络中生成的硫键绝大部分为多硫键。使用普通硫黄硫化体系硫化时，各类交联键所占比例与促进剂种类有关：使用醛胺、胍、胺等碱性促进剂时，几乎全部生成多硫键，很少产生双硫键及单硫键；使用噻唑类或次磺酰胺类促进剂时，多硫键减少，但仍高达 70%。这种体系可谓利弊参半，某些力学性能（如拉伸强度、定伸应力、硬度）的值都较高；硫化速率也快；但易返原（指在天然橡胶中），耐热性也普遍差于其它硫化体系。

有效硫化体系是指能使硫化胶形成占绝对优势单硫键和双硫键（通常达 90%）的硫化体系。采用低硫（0.3～0.5 份）高促（2～4 份）配合或无硫配合（单用高效硫载体），以分子结构中含 2 或 4 个硫原子的化合物为硫化剂，它们之中的典型化合物有 TMTD（二硫化四甲基秋兰姆）、TETD、DTDM（二硫代二吗啉）、MDB (2-(4-吗啡啉基二硫化) 苯并噻唑) 及 Tetrone A ［四硫化双 (1.5-亚戊基) 秋兰姆］，它们的一般用量为 2.5～3.5 份。在标准温度下可释放出活性硫，使胶料不加硫黄即可硫化，又称无硫硫化。用这种方法所得硫化胶具有优良的热老化性能和很小的压缩永久变形。不同硫黄给予体所得有效硫化体系有以单硫键为主的，也有以双硫键为主的。使用二硫化秋兰姆作硫化剂几乎全部生成单硫键，极少数的是双硫键。使用二硫代二吗啉时，则主要生成双硫键，单硫键较少，同时产生少量三硫键。使用四硫化秋兰姆，则主要生成双硫键，其次有单硫、三硫键，并有少量四硫键。

为了达到有效硫化所要求的单硫键与双硫键，通行的配合方法是将二硫化四甲基秋兰姆与其它硫黄给予体如 DTDM（二硫代二吗啉）或 MDB (2-(4-吗啡啉基二硫化) 苯并噻唑) 以及适量的促进剂并用，该并用的特点是能达到单硫与双硫键比例要求，焦烧、硫化特性变化范围宽，易加工。改变三者比例，可调整焦烧时间、硫化速率、硫化程度。

丁腈橡胶有效硫化体系推荐配合方法：TT 2 份，DTDM 2 份，DM 2 份。所得硫化胶耐热油性优良，适用于制造各种汽车配件。

丁苯橡胶使用 2 份 DTDM，0.4 份 TMTD，1 份次磺酰胺类促进剂的有效硫化体系，可获得与 2 份硫黄，1 份次磺酰胺类促进剂组成的传统硫化体系同等的交联程度。

丁基橡胶的有效硫化体系可采用 TT 1.75 份，DTDM 1.75 份。硫化胶具有低的压缩变形和高的拉伸强度。

采用有效硫化体系的硫化胶，交联键短，在热作用下稳定，不易受氧攻击，与传统硫化体系相比，优点有：高温硫化条件下无硫化返原现象，适用于高温下硫化厚壁制品；硫化胶静态压缩变形低、低生热，抗热氧老化性能优良（耐热温度上限比传统硫黄硫化体系高 20～30℃）。缺点是疲劳性能差；但硫速慢于传统硫黄硫化；拉伸强度、耐磨性也较差；另外还有易喷霜倾向。

天然橡胶采用低硫（配方中硫的用量一般在 0.35～0.5 份之间，而促进剂用量则在 2～5 份之间，促/硫比越大，则单、双硫键含量也越高）或无硫配合，设计出耐 160℃过热水的胶料，用于轮胎和翻胎水胎胶、气囊胶等。丁苯橡胶用秋兰姆 TMTD 作硫载体，常设计作耐热输送带覆盖胶，耐热性、耐屈挠性较好。丁腈橡胶用低硫配合改进耐热老化和压缩永久变形性，如 S 0.3＋TMTD 3 或 S 0.5＋TMTD 1＋CZ 1＋ZnO 5＋SA 1（质量份）制备耐热油橡胶垫片和橡胶圈胶料。三元乙丙橡胶采用高噻唑类硫化（TMTD 0.8 份/S 0.7 份/BZ 1.5 份/DTDM 0.8 份/M 4 份），165℃热空气老化 7d，拉伸积指数与伸长率变化都为 25%～75%，过氧化物体系相应为 23%～59%。

使用硫黄给予体代替部分硫黄，或采用高促、低硫体系，通常由硫黄量 0.8～1.5 份（或部分硫载体）与常量促进剂组成。硫化胶起始疲劳性能接近传统硫化体系的硫化胶，耐热性良好，老化后仍有好的耐疲劳性能。半有效硫化体系的配合例（质量份）：S 0.3、TMTD 3；S 0.5、TMTD 1、CZ 1；S 0.3～0.5；

促进剂 2～4。

不同硫化体系胶料耐热性不同显然这是因为单硫键和碳—碳键比多硫键更耐热氧降解之故。化学键能越高，耐热性越好。各种键型键能如下：多硫键 27.5kcal/mol（113～117kJ/mol）；双硫键 40kcal/mol（168kJ/mol）；单硫键 54.5kcal/mol（146.5kJ/mol）；碳碳键 62.7kcal/mol（263.8kJ/mol）；硅氧键 102kcal/mol（428kJ/mol）。

吸氧速度顺序是多硫键＞单硫键＞碳—碳键，后者更耐热氧降解。因此单硫键、双硫键比多硫键更耐热氧降解。

（2）过氧化物硫化体系　过氧化物硫化，耐热亦佳。有机过氧化物是热硫化硅橡胶的主要硫化剂。它也可用于硫化含不饱和双键的天然橡胶（NR）、丁苯橡胶（SBR）、丁腈橡胶（NBR）、三元乙丙橡胶（EPDM），由于硫化胶的交联键为碳—碳键，因此耐热性好。常用过氧化二异丙苯（DCP），用量 2～6 份，它具有中等硫化速率，较高的交联效率。

以 DCP 3 份/S 0.4 份为硫化体系三元乙丙硫化胶（ENB 型），耐温可达 160～180℃，压缩永久变形小，但有异味，广泛用于新型板式换热器胶垫。含有防老剂 MB 的 DCP 硫化体系的硫化胶耐热氧老化性最好。

硫化体系选用过氧化物和共交联剂（HVA-2、TAC、TAIC、低分子量-PB）并用体系。该体系能保证胶料具有良好的耐热性能和较小的压缩永久变形。

丁腈橡胶采用 DCP 硫化，可获得耐热、耐热油性良好，压缩变形低的硫化胶。可长期应用于－50～＋125℃、短期 150℃×250h 的液压油介质中，在 70℃×22h、压缩率 30％情况下的压缩永久变形仅 26％。

过氧化物硫化体系配入硫黄作共交联剂，耐热不足 150℃，配以双马来酰亚胺（如 HAV-2），以及 VP-4，TAC，TAIC，可使耐热性达到 175℃。TAIC 有助于 DCP 的引发，使自由基活化，提高了交联效率，它的双键可使自身聚合成聚合物独存于橡胶中或者接枝到橡胶大分子上形成复合网络，提高耐热性。对于氢化丁腈橡胶，可在 150℃长期使用。对于三元乙丙橡胶，其耐热效果亦好。但配 TAIC 的同时再配入硫，就没有多大好处了。

丁腈橡胶（NBR）与聚氯乙烯（PVC）共沉胶也可用过氧化二异丙苯硫化，各种硫化体系共沉胶对 120℃ 高温均有不同程度的抗耐性，但经 150℃ 热空气 48h 老化后大多丧失了使用价值。DCP 及 DCP 中加入常规硫化剂对于共沉胶并不像在纯丁腈橡胶中那样能显著提高耐热性能，共混硫化胶耐热性能甚至比不上低硫高促硫化体系。但其耐压缩永久变形性能显然优于上述胶料。值得重视的是，DCP 加间亚苯基双马来酰亚胺（PDM）和甲基丙烯酸镁（MMg）加 DCP 硫化体系，对提高共混胶耐热性能和耐压缩永久变形性能取得了异乎寻常的效果，尤其是后一种硫化体系，具有令人满意的综合性能。

在丁腈橡胶（NBR）与聚氯乙烯（PVC）共混胶中，随着 MMg 用量增加，硫化胶耐压缩永久变形和低温性能下降、强伸性能降低，但耐热性能和耐油扩散性能提高。

① 过氧化物的用量　对二烯类不饱和橡胶而言，DCP 的用量为 1.25～3.0 份，通常以 1.25～1.5 份为常见，在要求抗压缩变形小的场合则增加到 3 份。另外在饱和橡胶中也以 3 份为普遍。

DCP 在要求有较好耐热性的天然橡胶配方中使用较多，当其用量为 1.25 份时，拉伸强度可达 25MPa，耐热 120℃，耐低温－50℃，无喷霜。在丁苯橡胶的使用情况大致与此相似。

DCP 还是二元乙丙橡胶唯一适用的交联剂，常规用量 3 份，在丙烯酸酯橡胶中的用量也是 3 份。DCP 还适用于混炼型聚氨酯橡胶，适用量 1.5～3 份，但所得的拉伸强度与撕裂强度逊于硫黄硫化体系。DCP 在各类橡胶中的用量范围见表 7-9。

表 7-9　DCP 在各类橡胶中的用量范围

不饱和胶种	适用量/份	饱和胶种	适用量/份
天然橡胶(NR)、丁苯橡胶(SBR)	1.25～3.0	二元乙丙橡胶(EPM)	3
丁腈橡胶(NBR)	1.25(高腈)～1.75(低腈)	氯化聚乙烯橡胶(CM)	3
三元乙丙橡胶(EPDM)	1.5	丙烯酸酯橡胶	3
		混炼型聚氨酯	1.5～3.0

② 硅橡胶使用的有机过氧化物　这类过氧化物除 DCP 外，使用面都很窄，局限于硅橡胶。常用品种有 4 个，如表 7-10 所列。

它们的共同特点是室温下稳定，到达硫化温度后迅速裂解，产生自由基，完成交联。

DCP用量提高甲基乙烯基硅橡胶（MVQ）耐热提高并趋于平衡，用量以4～5份为好。这是由于交联程度高。

表 7-10　硅橡胶用过氧化物交联剂

商品名	结构式	用量/份	适用范围
DCP	过氧化二异丙苯	0.5～1.0	厚壁模型制品
BP	过氧化苯甲酰	4～6	模型制品
二氯 BP	二氯过氧化苯甲酰	4～6	连续硫化产品,如电缆
双 2,5	2,5-二甲基-2,5-双(叔丁过氧基)-己烷	0.5～1.0	耐热要求突出的制品

（3）树脂硫化体系　树脂硫化体系也具有较好的热稳定性。在硫化中生成热稳定性良好的C—C和—C—O—C—交联键，在150～180℃高温下硫化时不返原。该体系需以氯化亚锡（$SnCl_2 \cdot 2H_2O$）催化，借以降低硫化温度，缩短硫化时间，并促使C—C键极化，加大与树脂的反应活性。这种活性与羟甲基含量/树脂分子量及苯环上的取代基均有关。例如羟甲基含量＜3％时就难以完成硫化。分子量则不能太高，树脂用量不能过多，一般应控制在4～8份。树脂如含卤素如SP-1055（溴甲基对叔辛基酚甲醛树脂）可免用氯化亚锡催化。氯化亚锡的用量不宜太多，2份就够。在配方中应免去氧化锌，否则会影响氯化亚锡的催化活性。

最常用的是丁基橡胶烷基酚醛树脂硫化，由于在硫化过程中能形成稳定的—C—C—交联键，几乎不产生硫化返原现象，对热、机械作用的稳定性要比—C—S—C—型或—C—S_2—C—型交联键高，具有好的耐热性能，硫化胶在150℃热老化120h，交联密度没有多大变化，制品可以在150～170℃下使用。以对叔丁基苯酚甲醛树脂（商品名2402树脂）8～12份为硫化剂，氯化亚锡1～4份或氯丁橡胶5～10份为活性剂所得的硫化胶，耐160℃以上过热水，可在175℃下使用，一直应用于硫化胶囊，压缩变形低，力学性能好，轮胎工业用硫化胶囊、风胎胶等绝大多数采用这种硫化胶。目前出现高效树脂交联剂，如S1059。

三元乙丙橡胶也可采用树脂进行硫化。当采用反应型烷基酚醛树脂和含卤素的化合物，如采用溴化羟甲基酚醛树脂硫化，树脂12份、氯化亚锡2.4份，可以获得高温下具有优越的热稳定性和压缩变形小的硫化胶，缺点是伸长率低，硬度高，适用于硬度要求较高的制品。

丁腈橡胶用树脂硫化，也可获得极好的耐热性，但硫化速率慢，需采用高温长时间硫化。

（4）金属氧化物硫化体系　氯丁橡胶采用 ZnO、MgO 硫化，增加氧化锌用量可提高耐热老化性，工艺上宜先加 MgO，最后加氧化锌。氯丁橡胶 2321 型需加入 NA-22 0.25～1 份。氯丁橡胶 230 型耐热高于氯丁橡胶 120 型。通常采用 ZnO、MgO 并用硫化体系。标准配合用 5 份 ZnO 作交联剂，4 份 MgO 作氯化氢吸收剂。提高 ZnO 用量至 10～15 份，可获得高的硫化程度，改善耐热性能，有利于弹性保持，ZnO 最高用量可达 25 份。提高 MgO 用量，无助于改进胶料耐热性能，而对硫化起延缓作用，为兼顾耐热性、硫化平坦性和加工安全性，可用 4 份 MgO、10 份 ZnO。氯丁橡胶用 ZnO、MgO 硫化时，因硫化过程中产生氯化镁，会促进脱氯化氢反应，加速热老化。若用氯化钙或某些脂肪酸金属盐取代 MgO，可使脱氯作用减少，抑制氯化氢的放出，改善氯丁橡胶的耐热性。如用试剂纯 $CaCO_3$ 在 870℃ 下煅烧处理 30min 所得的 CaO 代替 MgO，硫化胶在 121℃ 下老化至伸长率为原水平的 75% 时，用 MgO 为 13 天，用 CaO 为 20 天。以使用寿命计，CaO 硫化胶在 129℃ 使用与 MgO 硫化胶在 121℃ 下使用相当。应力-应变及压缩变形性能两者相似，但用 CaO 时有早期硫化倾向和在水中膨胀度大。用脂肪酸盐时，耐热性随脂肪酸分子链增加而提高，以硬脂酸盐最好。从钙、镁、锌等硬脂酸盐的比较看，硬脂酸钙对改进耐热效果显著，且使用方便、无毒。脂肪酸的不饱和度对耐热性影响不大，蓖麻油酸钙、亚油酸钙、硬脂酸钙同样能提高耐热性。与 CaO 同样，用硬脂酸钙时胶料加工安全性和耐水性降低，不适于绝缘配方中使用，但抗压缩变形性提高。

氯丁橡胶的硫化促进剂可促进不稳定氯位置发生交联反应，对改善橡胶的热氧老化性能有益。氯丁橡胶多用硫脲类促进剂，使用 0.5~1 份的乙烯基硫脲（NA-22）时，硫化胶的耐热氧性能很好，其它各项性能的平衡亦较佳，增加或降低促进剂用量都将不利于硫化胶的耐热性。氯磺化聚乙烯橡胶为了取得特别良好的耐热性能，通常采取一氧化铅（PbO）与 MgO 并用。用 PbO 20 份，MgO 10 份，TRA 2 份，DM 0.5 份的体系硫化，胶料耐热油性好。

镉/镁硫化体系是金属氧化物体系中耐热功能最为突出的，适用于丁腈橡胶（NBR）及丁苯橡胶（SBR），能使前者的耐热上限提高到 150℃，并赋予良好的抗压缩变形特性。整个体系的组成如下（质量份）：CdO 2~5；MgO 5；S 0.5~1.0；促进剂 DM 1.0；超速促进剂二乙基二硫代氨基甲酸镉 2~5。丁腈橡胶采用镉/镁硫化体系硫化（S 0.5 份/DM 1 份/MgO 5 份/CdO 5 份/二乙基二硫代氨基甲酸镉 2.5 份），交联为单硫键，没有促进热老化的副产品，热老化时不会发生补充交联。同过氧化物硫化体系相比，按伸长率保持率计，老化条件为 120℃×1000h 时为 75% 对 20%，老化条件为 160℃×72h 时为 80% 对 20%。由此说明镉/镁体系对丁腈橡胶硫化明显优越。如果配入 MMg（甲基丙烯酸镁），也使耐热性得到提高。

氧化镉是活性剂，具有与氧化锌类似的作用。用量低时压缩变形率低，用量高时则耐热性好。硫黄可有助于获得高定伸、低压缩变形及低溶胀。MgO 则能起稳定胶料 pH 值的作用。促进剂 DM 作为第二促进剂，具有良好的抗焦烧性和耐热性。二乙基二硫代氨基甲酸镉能加快硫化，还能起到耐高温防老剂的作用。

（5）**胺硫化体系**　丙烯酸酯橡胶以多元胺交联为好，以皂/硫交联最差。均聚氯醚橡胶（CO）与共聚氯醚橡胶（ECO）于 150℃ 分别经历 600~1000h，300~500h 老化仍可工作。用 NA-22 硫化氯醚橡胶时勿配氧化锌作吸酸体，$ZnCl_2$ 使醚键断裂，配入 Pb_3O_4，耐热较好，但不及配 MgO/三硫化氰脲酸，也不及配入己二胺氨基甲酸盐/MgO/MB 的耐热性好。氟橡胶则以 MgO 作酸吸收剂的耐热性好。氯丁橡胶（CR）、氯磺化聚乙烯橡胶等含氯聚合物都要酸吸收体抑制 HCl 脱出，从而抑制结聚过程。

马来酰亚胺体系适用于二烯类橡胶，能克服高温硫化下的返原，典型代表物有 2 个：N,N-间苯基双马来酰亚胺（HVA-Z）；4,4-二硫代双（N-苯基马来酰亚胺）。

马来酰亚胺通常以促进剂 DM 或过氧化物引发，使橡胶分子生成自由基后与它交联。它们在二烯类橡胶中的用量为 2～3.3 份，在 185℃下不返原，还能抗焦烧，综合性能也好。硫化胶的耐热性和抗疲劳性均优于硫黄硫化体系。

二氨酯（脲烷）体系兼具传统硫黄硫化及有效硫化的优点，无返原、抗焦烧、硫化胶性能好，特别适用于大型厚壁制品如大型轮胎、护舷及造纸胶辊等，还能改善胶层与骨架材料的黏合，适用于不饱和橡胶（如天然橡胶）及低不饱和橡胶（如三元乙丙橡胶）。该体系可与硫黄并存以获得协同效应。

脲烷交联剂的典型代表物是 Noroor924。国产牌号为 LH-420 的二氨酯交联剂是对亚硝基苯酚和 2,4-甲苯二异氰酸酯的加成物。

多元胺硫化体系较多用于氟橡胶，也适用于丙烯酸酯及氯醚等胶种。

（6）醌肟硫化体系 醌肟硫化体系的应用局限于丁基橡胶，其优点是硫化速率快，可弥补丁基橡胶在这方面的缺点。其交联结构热稳定性好。多用于丁基水胎、胶囊、电线电缆绝缘层。常用品种为对苯醌二肟（商品名 GMF）。该体系的抗返原程度好于硫黄硫化体系，但差于树脂硫化体系。典型组合为 GMF，2～3 份；Pb_3O_4，6～16 份。

Pb_3O_4 的作用是活化，但有易引发焦烧的缺点。有效防老剂是 N-亚硝基二辛胺。

7.1.3 防护体系

对耐热配合来说，防护体系的作用不及主体材料和硫化体系重要，因为后者直接关联到生成的交联结构及交联键的能级。防护体系则不然，它只能起到抑制热老化的作用，充其量不过是减轻在热氧条件下橡胶交联网的受破坏程度或减缓催化氧化进程的速度，提高橡胶的耐热老化作用，多数情况不能提高耐热等级。

橡胶在热作用下能迅速加快老化，因此，就多数橡胶来讲，选用防老剂必不可少。通常选用高效耐热型酮胺类和苯胺类防老剂（RD、BLE、AP、A 等）；丁基橡胶选用胺类防老剂无显著效果，但酚类防老剂（如防老剂 2246、264、SP）明显地提高了橡胶的耐热性；氯丁橡胶宜用 NBC 防老剂。

　　不同橡胶应选用不同的防老剂，而热防老剂与耐疲劳防老剂并用更能取得协同效果。天然橡胶常用防老剂 A/H、RD/MB、4010/MB；丁苯橡胶常用防老剂 RD/4010、4010NA/4010/H、A/D/4010；丁腈橡胶常用防老剂 4010NA/MB、4010NA/RD、RD/DNP、RD/MB；三元乙丙橡胶常用防老剂 MB/RD、MB、DNP、RD 等。当总用量达 4 质量份左右时，硫化胶经 175℃，老化 24h 的老化系数达 65% 以上。

　　采用过氧化物硫化时，不宜使用胺类防老剂。有时加入热稳定剂氯化亚锡和二氧化锑、四硫化五亚甲基秋兰姆、氯磺化聚乙烯橡胶（海泊隆）和少量的酚类防老剂，也可提高耐热性。

　　氯磺化聚乙烯橡胶在高温下使用，必须加入能吸收氯化氢或抑制氯化氢放出或减缓热氧化速度的耐热防老剂。用 MgO 交联的胶料中加 2 份防老剂 RD、丁醛-a-萘胺缩合物或 1 份防老剂 2246，均能提高胶料的热老化性能。若胶料要耐 150℃ 高温，则以防老剂 2246 效果最佳。

　　氟橡胶（FPM）、硅橡胶（Q）、丙烯酸酯橡胶（ACM）的耐老化性能良好，一般不再用防老剂。

　　某些丙烯酸酯橡胶，因其所含交联单体的活性较高，在高温下会导致老化速度加快，需加防老剂改进它的抗热氧老化性能。如皂交联型丙烯酸酯橡胶可用二苯胺与丙酮的缩合物、二萘基对苯二胺或辛基二苯胺等胺类防老剂；自交联型丙烯酸酯橡胶可配合二碱式亚磷酸铅使热老化过程中伸长率变化达最低程度。

　　氯醚橡胶老化后会变软，为防止老化软化，需要添加防老剂。以防老剂 MBI 和 RD 的效果较好，特别是 MBI（2-巯基苯并咪唑），可认为是必须添加的防老剂，但加入后胶料有降低伸长率保持率的倾向，故用量应控制在 1 份以内，以 0.5 份为宜。

　　各种橡胶常用的耐热防老剂如表 7-11 所示。防老剂的用量为生胶的 1.5%～2.0%。

表 7-11　通用橡胶常用的耐热防老剂

胶　　种	防　老　剂
天然橡胶（NR）	BLE、AH、D、DNP、RD、4010NA
丁苯橡胶（SBR）	BLE、AH
丁腈橡胶（NBR）	BLE、RD、MB、4010、D
氯丁橡胶（CR）	BLE、AH、D、RD、D/H

　　不同类型的防老剂并用后防护效果好于其单用，主要由于不同抑制老化防老剂并用能产生协同效应。防老剂 MB 和防老剂 RD 并用后，短期内能产生明显的协同效应，RD 与 MB 的质量的最佳配比为 1∶2。防老剂 RD 和防老剂 2246 并用后，随着老化时间的延长，产生明显的对抗效应，这是因为对于防老剂 RD 与防老剂 MB 来说，前者属链终止型，后者属破坏氢过氧化物型；而对于防老剂 RD 和防老剂 2246 来说，两者均为链终止型。

　　高温下使用防老剂会挥发损失防老效力。键合型防老剂热挥发性甚小，效果好。MB/RD 组合对丁腈橡胶（NBR）、三元乙丙橡胶（EPDM）的效果较好，氯醚橡胶用 MB（2 份）可抑制软化，对氯醚橡胶、氯磺化聚乙烯橡胶则常用 NBC。一般而论，饱和橡胶只在高温下使用才加防老剂。

7.1.4　填料体系

　　选择填料（补强填充剂）既要考虑性能要求，又要考虑成本。一般情况下，材料的补强性越强，所得硫化胶老化时伸长率下降趋势越明显，耐热氧老化效果越差。无机填料比炭黑耐热，在无机填料中对耐热配合比较适用的有白炭黑、活性氧化锌、氧化镁、氧化铝和硅酸盐。例如对于丁腈橡胶，只要加入 10 份 FEF，其耐热性已大大降低，另外，于 177℃ 浸入机油中 168h，炭黑胶拉伸强度小于 7MPa，配 MgO（100 份）的拉伸强度为 14MPa。但是，对于氯化丁基橡胶，炭黑比白色填料耐热。对氟橡胶，用白炭黑耐热（耐磨与压缩永久变形）差，通常采用氟化钙，可耐 300℃。甲基乙烯基硅橡胶（MVQ）添加金属氧化物（铁红）可提高耐热性，加入活性氢氧化铁，其耐 300℃ 热空气老化比 Fe_2O_3 好。氢氧化铁硫化胶老化后的拉伸强度保持率和拉断伸长率保持率较三氧化二铁硫化胶大，邵尔 A 型硬度变化小，拉断永久变形相当，说明氢氧化铁作耐热添加剂较好，氢氧化铁的用量为 11～15 份较好。

使用白炭黑，其比表面积越大，表面—OH 越多的，耐热越不好。采用六甲二硅氮烷处理后，降低 Si—OH 量，耐热性便提高了。

在丁腈橡胶中，炭黑的粒径越小，硫化胶的耐热性越低；白炭黑则可提高其耐热性；氧化镁和氧化铝对提高丁腈橡胶的耐热性有一定的效果，MgO 对丁腈橡胶耐热效果更为显著。

白色浅色耐热制品选用白炭黑、氧化锌、氧化铝、氧化镁耐热效果好，黑色制品以使用软质炭黑为宜，以添加粗粒子热裂法炭黑，硫化胶热稳定性最好。常用耐热炭黑有 N330、N550、N660、N770、喷雾炭黑等，常用耐热填料有石棉粉、云母粉、石墨粉、碳酸镁等。另外陶土、滑石粉、碳酸钙也有一定耐热性。

不同类型的填料对过氧化物硫化的耐热橡胶有一定的影响。如果填料在橡胶脱氢之前产生出质子，会使过氧化物自由基饱和，从而妨碍硫化。同样由于脱氢产生的橡胶自由基为填料产生的质子饱和时，也会妨碍硫化反应。具有酸性基团的过氧化物，如过氧化二苯甲酰（BPO）等，它们对酸性填料是不敏感的，而对那些没有酸性基团的过氧化物，如过氧化二异丙苯（DCP）等，则有强烈影响，会妨碍硫化反应。酸性填料对烷基过氧化物（二叔丁基过氧化物等）的影响，要比芳香族过氧化物（过氧化二异丙苯等）小。碱性填料对含有酸性基团的过氧化物影响较大，也会使过氧化物分解。炭黑对过氧化苯甲酰的硫化有不良影响。炉法炭黑对过氧化二异丙苯几乎没有影响，而槽法炭黑因呈酸性而妨碍其硫化。硅系填料一般呈酸性，会妨碍过氧化二异丙苯硫化，但对二叔丁基过氧化物没有什么影响。

在丁腈橡胶（NBR）与聚氯乙烯（PVC）共混胶中，填料用量不宜过高；以白炭黑为填料的并用胶，热空气老化性能保持率最高。喷雾炭黑的补强效果比高耐磨炭黑和白炭黑差，用其填充的胶料，耐热老化和耐压缩永久变形性能介于白炭黑和高耐磨炭黑之间。但从提高工艺性能和降低成本考虑，用喷雾炭黑代替部分价格较高的白炭黑是可行的。

7.1.5 软化增塑体系

橡胶的耐热性和软化增塑剂的挥发性及高温下稳定性有关，软化增塑剂的相对分子质量较低，在高温下容易挥发或迁移渗出，导致硫化胶硬度增加、伸长率降低。软化增塑剂选择原则是：①高温下稳定；②挥发性小；③软化点高于使用温度。常选用分子量高的聚酯增塑剂、石蜡系高沸点操作油和磷酸三甲苯酯（TCP）增塑剂。古马隆树脂、矿质胶（软化点 100～150℃的沥青）是常用通用增塑剂。液体丁腈橡胶、液体 1,2-聚丁二烯、酚醛树脂等也是耐热橡胶可用软化增塑剂。有机过氧化物硫化时，不宜用环烷油及芳烃油操作剂，以免影响橡胶的交联密度。软化增塑剂用量宜少。

丁腈橡胶（NBR）、氯醚橡胶（CO、ECO）可选用古马隆树脂、苯乙烯-茚树脂、聚酯、液体丁腈橡胶。增塑剂中，酯类增塑剂的耐热性较好，醚类、磷酸酯类和卤化烃类次之。

三元乙丙橡胶（EPDM）、丁基橡胶（IIR）与环烷油的相容性好常被选用，缺点是环烷油的挥发分稍高，宜选用石蜡系高沸点操作油。对于耐热的丁基橡胶，建议古马隆树脂的用量不超过 5 份，也可以使用 10～20 份凡士林或石蜡油、矿质橡胶和石油沥青树脂。

氯丁橡胶中加入 10～15 份植物油或高分子脂肪酸酯类，特别是脂肪酸甘油酯，能起氧接受体作用，改善硫化胶耐热性，延长老化诱导期。

丙烯酸酯橡胶可使用在高温下不易挥发、在油中不易抽出的聚合型增塑剂，如高分子量的聚酯或聚醚以及一些非离子型表面活性剂。

硅橡胶（Q）、氟橡胶（FPM）一般不添加软化增塑剂，氟橡胶有时为了改善加工性能，可采取并用少量低分子氟橡胶的办法。

氯磺化聚乙烯橡胶可以采用酯类、芳烃油和氯化石蜡，以氯化石蜡为软化增塑剂时耐热性较好。

7.2　耐油橡胶的配方设计

某些橡胶制品在使用过程中要和各种油类长期接触，这时油类能渗透到橡胶内部使其产生溶胀，致使橡胶的强度和其它力学性能降低。所谓橡胶的耐油性，是指橡胶抗耐油类作用（溶胀、硬化、裂解、力学性能劣化）的能力。

油类能使橡胶发生溶胀，是因为油类掺入橡胶后，产生了分子相互扩散，使硫化胶的网状结构发生变化。橡胶的耐油性，取决于橡胶和油类的极性。橡胶分子中含有极性基团如氰基、酯基、羟基、氯原子等，会使橡胶表现出极性。极性大的橡胶和非极性的石油系油类接触时，两者的极性相差较大，从高聚物溶剂选择原则可知，此时橡胶不易溶胀。通常，油类是指非极性油类，如燃料油、矿物油等，因此通常耐油性是指耐非极性油类。橡胶耐油性的优劣同油的品种、橡胶种类（与配合体系）、使用条件等相关。带有极性基团的极性橡胶，如丁腈橡胶（NBR）、氯丁橡胶（CR）、丙烯酸酯橡胶（ACM）、共聚氯醚橡胶（ECO）、均聚氯醚橡胶（CO）、聚氨酯橡胶（PUR）、聚硫橡胶（T）、氟橡胶（FPM）、三氟丙基甲基乙烯基硅橡胶（氟硅橡胶）（FMVQ）、氯化聚乙烯橡胶（CM）、氯磺化聚乙烯橡胶（CSM）等对非极性的油类有良好的稳定性，适宜用于制取耐油橡胶制品。

关于耐油性的评价，通常使用标准试验油。橡胶的耐油性若不借助于标准试验油作比较，则很难有可比性。因此，硫化胶的耐油试验，以 ASTM D471 为准，规定了 3 种润滑油，3 种燃油和 2 种工作流体作为标准油，并对润滑油的黏度、苯胺点、闪点作了规定。国标中 GB/T1690 规定了 3 种标准油。

油中的添加剂对橡胶的耐油性有很大的影响，例如丁腈橡胶在齿轮油中硬度明显增加，硬化的程度远远大于在空气中和标准油中的硬化程度。这是因为齿轮油中的添加剂可使丁腈橡胶交联的缘故。

近年来为了节约石油资源，正在使用添加酒精、甲醇的汽油。根据这种燃油发展的动向，要发展新型的耐油橡胶材料。

7.2.1　生胶体系

随着聚合物上侧链基团电负性的增强，聚合物的耐油溶胀性能提高。聚异戊二烯上只有一个烃侧基，所以其几乎没有耐油性。聚异戊二烯主链上甲基被氯原子取代后就成了氯丁橡胶。氯原子的电负性比甲基的强，所以氯丁橡胶的耐油性提高了。聚丙烯酸酯的侧链上既有氧又有氯，所以其耐油性进一步提高。在丁腈橡胶中，氰基的电负性很强，所以丁腈橡胶的耐油性很好。氟碳聚合物（氟橡胶）上有大量氟侧基（电负性极强），其耐油性极好。表 7-12、表 7-13 列出常见橡胶对各种介质适应性。

表7-12　密封用橡胶对润滑油、燃料油的适用性

油	品	NBR	ACM	MVQ	FVMQ	FPM	PU	CR	EPDM	IIR	CSM	SBR	NR	CO
发动机油	SAE30	A	A	A	A	A	A	C	D	D	C	D	D	A
	SAE10W	A	A	B	A	A	A	C	D	D	C	D	D	A
齿轮油	正齿轮	A	A	C	C	A	C	C	D	D	C	D	D	B
	双曲线齿轮	B	B	D	D	A	C	C	D	D	C	D	D	C
机械油		B	B	C	B	A	A	C	D	D	C	D	D	A
锭子油		B	C	D	C	A	B	C	D	D	C	D	D	A
	变压器油	A	A	C	B	A	A	C	D	D	C	D	D	A
	透平油	B	B	B	B	A	A	C	D	D	C	D	D	A
	油水乳化液	A	B	C	C	B	C	A	D	D	C	D	D	C
	水乙二醇类	A	C	D	C	C	D	A	A	A	B	A	B	C
	硅油类	B	A	B	D	B	C	A	A	A	A	A	A	A
	刹车油	C	D	B	B	C	C	C	A	A	C	A	A	D
	磷酸酯	D	D	A	A	A	D	D	B	B	D	A	D	D
燃料油	汽油	B	D	D	B	A	B	D	D	D	D	D	D	B
	轻油·灯油	A	D	D	B	A	A	C	D	D	C	D	D	B
	重油	A	C	D	B	A	A	C	D	D	C	D	D	B
润滑脂	黄油	B	A	B	A	A	B	C	D	D	C	D	D	B
	锂基润滑脂	A	A	D	B	A	A	A	D	A	B	A	D	A
	硅润滑脂	A	A	A	D	A	A	A	A	A	A	A	A	A

注：A—可以使用；B—依据条件等，可以使用；C—除非不得已，不可使用；D—不可用。

表 7-13　润滑油添加剂和橡胶材料的适用性

添加剂名称	添加剂的应用	橡胶材料的适用性			
		NBR	ACM	MVQ	FPM
高级脂肪酸	油性剂	A	A	—	A
二烷基二硫化物	极压剂	C	A	A	—
卤化石蜡	极压剂	C	A	A	A
磷酸三甲苯酯	极压剂	—	—	—	A
金属-有机二硫代磷酸盐	极压剂,抗氧剂	C	C	C	A
硫化油脂	极压剂	C	A	A	
环烷酸铅	极压剂	A	C	C	
金属-有机二硫代氨基甲酸盐	极压剂,抗氧剂	A	A	B	C
金属皂	极压剂	C	A	A	A
磷酸酯	防锈剂	—	—	—	C
碱性酚盐	清净分散剂,防腐剂	A	A	A	A
碱性磺酸盐	清净分散剂,防腐剂	A	A	A	A
丁二酰亚胺	清净分散剂,防腐剂	A	C	A	C
聚烷基甲基丙烯酸酯	凝固点降低剂	A	A	A	A
氯化石蜡-萘缩合体	凝固点降低剂	C	A	A	A
聚异丁烯	黏度指数提高剂	A	A	A	A
无水马来酰亚胺与聚烷基甲基丙烯酸酯共聚物	黏度指数提高剂	—	—	A	C
4,4-亚甲基-联(2,6-双烷基酚)	抗氧剂	—	—	—	A
4,4-四甲基二氨基二苯甲烷	抗氧剂	A	—	—	C

注：A—几乎不受影响；B—可看作有若干影响；C—表示受影响。

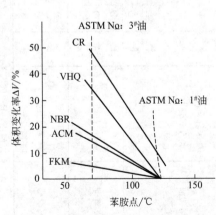

图 7-2　橡胶耐油性与油的苯胺点的关系

橡胶的耐油性常常同它的耐热性组合使用以满足使用要求，美国汽车技术学会（SAE）根据 SAEJ200 规范按耐热温度和耐油性等级将橡胶进行标准化，见图7-2。

汽油中去除了铅化物之后，常添加芳烃、甲醇（或乙醇）、甲基叔丁基醚（MTBE）作抗爆剂，这样也就提高了燃料油对橡胶的透过率。汽油中掺入芳烃，芳烃量不超过 30%～50%，橡胶耐芳烃燃油的效能随芳烃量增大而下降。丙烯酸酯橡胶耐芳烃燃油不及均聚氯醚橡胶（CO）、共聚氯醚橡胶（ECO），更不及氟橡胶（FPM），但比氯丁橡胶（CR）、氯化聚乙烯橡胶（CM）好。图 7-2 表明苯胺点同橡胶体积变化率 ΔV 的关系。油的苯胺点越高，所含烷烃量越多，芳烃量越少。由于含芳烃的燃油能够抽取氯丁橡胶中的抗臭氧剂，因此人们就改用氯磺化聚乙烯橡胶（CSM）、氯化聚乙烯橡胶（CM）、均聚氯醚橡胶（CO）等橡胶作为燃料胶管外层胶。

在汽油中添加甲醇、乙醇，能够提高辛烷值，降低硫化胶的稳定性。丙烯酸酯橡胶耐乙醇很差，在 70℃×168h 条件下便会分解。醇类失去 H 之后变成 RO—，可使两个邻近的氮（N）分子交联，使丁腈橡胶、氢化丁腈橡胶硬度增大而失效。表 7-14 表明各种橡胶耐含甲醇和汽油的情况。

表 7-14　橡胶的耐油性（体积变化率 ΔV）　　单位：%

胶种	NBR18	NBR26	NBR40	CR	CO	ACM	EPDM	PU	MVQ	TP2	FPM26	FPM246
甲醇	2	5.8	8.1	3.6	21.2	81.6	0.7	23.8	3	0.7	123.8	33.9
1	20.4	20.3	20.3	20	25.6	161.2	42	26.1	36.5	8.5	131.2	30.4
2	74.2	60.8	45.9	38.9	27	91.3	191.8	29.2	128.5	36.8	6.4	6.8
汽油	54.6	46	20.4	41.1	14.4	35.4	301.3	7.4	155.3	36.1	1.1	1.3

注：1—甲醇/汽油 90/10；2—汽油/甲醇/助溶剂 85/10/5。

显然，橡胶于混合燃料中并不遵从"加和律"，而且，添加甲醇或乙醇的效应亦不相同。就出现 ΔV 最大值而论，氟橡胶约出现在 100%甲醇时，而共聚氯醚橡胶约出现在 40%甲醇之时。

丁腈橡胶（NBR）耐甲醇优于耐汽油。聚氯乙烯（PVC）耐醇类性能好，若以 NBR 为主掺加 PVC，使 PVC 形成连续网络并分散至微区尺寸 0.1μm 的互穿网络，便可提高对含醇汽油的抗耐性。

在燃油中加入甲醇、乙醇，能够增大对丁腈橡胶的透过率，尤其是乙醇占 10%～20%时透过率最大，添加甲醇时，透过率更大。

汽车燃油系统是一个密封的回路，部分燃油暴露空气中后可以循环使用。燃油在循环使用时暴露于空气中易氧化生成过氧化物（过氧化燃油或酸性燃油），可使共聚氯醚橡胶（ECO）软化，使丁腈橡胶（NBR）硬化，而对均聚氯醚橡胶（CO）、共聚氯醚橡胶（ECO）只需使用 4 天便溶解了，对氯丁橡胶（CR）、氯磺化聚乙烯橡胶（CSM）也容易破坏，但丁腈橡胶（NBR）比均聚氯醚橡胶（CO）略微好些，使用氟橡胶变化最小，氟硅橡胶（FQ）、氟磷腈橡胶（FPCN）也可以使用，聚稳丁腈橡胶，氢化丁腈橡胶（HNBR）也有好效果。

橡胶用于油类介质中，例如输油管，有时不但要考虑溶胀性能的劣化，还要考虑渗透量。

因而耐油橡胶制品的材料需视油品种类、使用条件等来确定，表 7-15 和表 7-16 是汽车等方面用橡胶密封制品主体材料选用情况。

以天然橡胶为代表的通用橡胶，基本上都不具有耐油性能，遇油迅速膨润，甚至逐渐溶解。能够耐汽油、轻油（柴油）的，普通橡胶中只有丁腈橡胶一种。特种橡胶有氟橡胶（FPM）、氯醚橡胶（CO、ECO）、聚硫橡胶（T）、聚氨酯橡胶（PUR）和丙烯酸酯橡胶（ACM），其中耐油性最好的，常温下为聚硫橡胶，高温时为氟橡胶。对化学溶剂来说，各种橡胶的表现不尽相同。绝大多数橡胶对醇有很好的耐性，对醚和三氯乙烯则非常差。在酮和醋酸乙酯中抵抗力较强的有乙丙橡胶（EPR）、丁基橡胶（IIR）和聚硫橡胶（T）。

（1）丁腈橡胶系列（NBR） 丁腈橡胶对非极性油类有优良的耐油性，是最常用的耐油橡胶，其耐油性优于氯丁橡胶。

丁腈橡胶虽然耐非极性油性能优良，但其耐高温性能中等，耐臭氧老化、耐天候老化性能差，因而人们对丁腈橡胶的改性和共混进行了大量的研究，通过改性的完全氢化丁腈（HNBR）、不完全氢化丁腈（HSNBR）、羟基丁腈（XNBR）、键合型丁腈（AONBR）及热塑性丁腈橡胶都已商品化，大大提高了耐高温和耐天候、耐臭氧老化性能。另外，近几年丁腈橡胶和其它橡胶的共混以及和塑料的并用也大大提高了丁腈橡胶的综合性能，使其能在更苛刻的条件下使用。可与丁腈橡胶并用的塑料有聚氯乙烯、三元尼龙、酚醛树脂，并用后可显著提高耐油性，而且耐油性随树脂的并用量增加而增大。

表 7-15 汽车用耐油、耐液体类橡胶制品主体材料

制品名称			现用材料	需改进性能	改进用材料	今后趋势
胶管	发动机	燃料胶管	氟橡胶（FPM）/共聚氯醚橡胶（ECO）			低价格
		喷射控制管	丁腈橡胶（NBR）/氯丁橡胶（CR、共聚氯醚橡胶（ECO）、丙烯酸酯橡胶（ACM）			
		空气导管	丁腈橡胶（NBR）/聚氯乙烯（PVC）	耐热、工艺性	热塑性聚烯烃弹性体（TPO）、丙烯酸酯橡胶（ACM）	
		供水胶管	三元乙丙橡胶（聚酯）	耐热	耐热三元乙丙橡胶（芳族聚酰胺）	耐热性
		燃料胶管	丁腈橡胶（NBR）/氯丁橡胶（CR）	耐渗透	氟橡胶（FPM）/共聚氯醚橡胶（ECO）	
	车身	注油管	丁腈橡胶（NBR）/聚氯乙烯（PVC）	耐渗透、透水	PA5/丁基橡胶（IIR）/氯化丁基橡胶（CIIR）	耐渗透
		空调器胶管	丁腈橡胶（NBR）/氯丁橡胶（CR）			
	底盘	AT 油冷却器胶管	丙烯酸酯橡胶（ACM）	耐热	丙烯酸酯橡胶（ACM）	耐热
		动力转向管	丁腈橡胶（NBR）/氯丁橡胶（CR）			耐热
		制动胶管	丁苯橡胶（SBR）/天然橡胶（NR）/氯丁橡胶（CR）/三元乙丙橡胶（EPDM）	透水	三元乙丙橡胶（EPDM）	

续表

制品名称		名称	现用材料	需改进性能	改进用材料	今后趋势
胶管	底盘	离合器胶管	丁苯橡胶（SBR）/天然橡胶（NR）/氯丁橡胶（CR）/三元乙丙橡胶（EPDM）	透水	三元乙丙橡胶（EPDM）	
		软管	丁腈橡胶（NBR）/氯丁橡胶（CR）	耐热	共聚氯醚橡胶（ECO）	
	发动机	曲轴后	甲基乙烯基硅橡胶（MVQ）	长寿命	氟橡胶（FPM）	
		曲轴前	丙烯酸酯橡胶（ACM）	长寿命	氟橡胶（FPM）	
		膜片类	共聚氯醚橡胶（ECO）、丁腈橡胶（NBR）、三氟丙基甲基乙烯基硅橡胶（FMVQ）			
密封制品		阀杆密封	氟橡胶（FPM）			
		气缸盖衬垫	丁腈橡胶（NBR）	耐热	丙烯酸酯橡胶（ACM）	
	车身	挡风雨条	三元乙丙橡胶（EPDM）			长寿命
		玻璃密封条	三元乙丙橡胶（EPDM）			低磨耗
		加油口盖 O 形圈	丁腈橡胶（NBR）/聚氯乙烯（PVC）			
	底盘	变速箱油封	丁腈橡胶（NBR）	耐热	丙烯酸酯橡胶（ACM）	
		动力转向油封	丁腈橡胶（NBR）	耐热		

续表

制品名称		现用材料	需改进性能	改进用材料	今后趋势
密封制品		球形接头防尘罩	氯丁橡胶（CR）、聚氨酯橡胶（PUR）			
	底盘	CVJ用保护罩	氯丁橡胶（CR）	耐热、耐臭氧	热塑性聚酯弹性体（TPEE）	
		齿条齿轮保护罩	氯丁橡胶（CR）	耐热、耐臭氧	热塑性聚烯烃弹性体（TPO）、热塑性聚酯弹性体（TPEE）	
		制动MC用帽	丁苯橡胶（SBR）	耐热、长寿命	三元乙丙橡胶（EPDM）	
		卡式活塞密封	丁苯橡胶（SBR）	耐热、长寿命	三元乙丙橡胶（EPDM）	
减震及其它		同步胶带	氯丁橡胶（CR）	耐热、长寿命	氢化丁腈橡胶	耐热、长寿命
		辅机用胶带	氯丁橡胶（CR）			
		给油泵缓冲垫	丁腈橡胶（NBR）/聚氯乙烯（PVC）			
	发动机	消声器支架胶垫	三元乙丙橡胶（EPDM）			
		刮水器胶条	氯丁橡胶（CR）、天然橡胶（NR）			长寿命
		发动机支座衬垫	天然橡胶（NR）/丁苯橡胶（SBR）/丁二烯橡胶			耐热

表 7-16 其它方面用密封件适用的橡胶材料

范围	密封件名称	密封液	要 求	适用橡胶
	油压作动筒密封件	液压制动油	耐压、耐磨耗	丁腈橡胶（NBR）、AU
	铰链销密封件	油脂、灰尘	耐磨耗	丁腈橡胶（NBR）、AU
	浮动密封件、O 形圈	液压制动油	耐永久变形	丁腈橡胶（NBR）
建筑船舶重型机械	履带销防尘圈	润滑油	耐磨耗	AU
	船尾管密封件	船舶用油、水	耐磨耗	氟橡胶（FPM）、丁腈橡胶（NBR）
	新干线轴箱用密封件	作动油	耐磨耗、耐热	丙烯酸酯橡胶（ACM）
	压延机辊颈密封件	压延油、水	耐磨耗	丁腈橡胶（NBR）
	压延机摩戈伊尔铝铜合金轴承密封件	压延油、水	耐磨耗	丁腈橡胶（NBR）
	冷冻压缩机密封件	冷冻机油、冷冻介质	耐热、耐永久变形	丁腈橡胶（NBR）、氟橡胶（FPM）
	气体计量器膜片	城市煤气液化石油气	柔软、耐疲劳	丁腈橡胶（NBR）、共聚氯醚橡胶（ECO）
住宅其它机械	气体机器用压力调节阀	气体、水	柔软、耐疲劳	丁腈橡胶（NBR）
	气体机器用压力开关	气体、水	柔软、耐疲劳	丁腈橡胶（NBR）、三元乙丙橡胶（EPDM）
	药液泵用膜片	药品	柔软、耐疲劳	丁基橡胶（IIR）、氯磺化聚乙烯橡胶（CSM）等
	洗涤脱水机用膜盒密封片	油脂、水	柔软、耐磨耗	氯丁橡胶（CR）、丁腈橡胶（NBR）

丁腈橡胶的耐油性、耐热性和耐寒性受 ACN 含量影响很大，ACN 量增加聚合物链间与链内的分子作用力显著加强，玻璃化温度升高，其耐油性和耐热性提高，而耐寒性下降。工业化生产的聚合物中，ACN 的含量范围为 18%～40%。若 ACN 的含量高于 40%，聚合物的玻璃化温度就会升高到使聚合物在较高温度下发脆（聚丁二烯和聚丙烯腈的玻璃化转变温度分别为 −87℃ 和 106℃）。在不同油中的溶胀值与丙烯腈含量、抽出物和配方设计有关。其溶胀值约在 −10%～+30% 之间，耐油性增大。

对于丁腈橡胶，仅用低硫/CdO 可以耐 125℃ 酸性汽油的长期老化，而过氧化物、SEV、CV 硫化体系均不行。对变压器油、机油，丁腈橡胶采用镉/镁硫化体系比过氧化物的耐油性高 1～2 倍。热空气中老化也以镉/镁硫化体系相对优异。

（2）丙烯酸酯橡胶（ACM） 丙烯酸酯橡胶是具有优良而均衡的耐热、耐油（耐滑油）、耐臭氧性的橡胶材料。通过单体的配合，丙烯酸酯橡胶可制得耐热、耐寒、超耐寒的各种品级，从耐热性、耐油性两方面来看，现在还没有能与氟橡胶并列的橡胶，但从成本与耐热、耐寒、耐油性的平衡来讲，丙烯酸酯橡胶在改善耐热性的同时也是一种理想的耐油橡胶。

丙烯酸酯橡胶具有良好的耐石油介质性能，在 175℃ 以下时，可耐含硫的油品及润滑油（极压剂油品）。其最大的缺点是不耐水，常温下弹性差，且不能用硫黄硫化，加工较困难。

丙烯酸酯橡胶对液压油、液压传输油和润滑油十分稳定，可达到 150℃ 的使用温度，对含氯润滑脂可在 176℃ 下使用。但丙烯酸酯橡胶不适于磷酸酯类液压油、非石油基制动油的接触场合。对于芳基、烷基磷酸酯类液压油还是用四丙氟橡胶（TP-2）效果好。

在 177℃ 矿物油中，丙烯酸酯橡胶比胺类硫化的氟橡胶的寿命还长，这同胺类硫化形成的 C—N、C═N 交联键的热稳定性及耐酸性相关。

（3）氯磺化聚乙烯橡胶（CSM） 氯磺化聚乙烯橡胶的耐热和耐油性水平，在 SAE1200 中分别属 C/E 和 D/E 级。

（4）氯醚橡胶（CO、ECO、GECO） 氯醚橡胶具有均衡而优良的耐热性、耐寒性、耐臭氧性和耐油性。耐油、耐寒性的平衡，均聚氯醚橡胶（CO）和丁腈橡胶（NBR）相当，而共聚氯醚橡胶（ECO）优于丁腈橡胶（NBR），即共聚氯醚橡胶与某一丙烯腈含量的丁腈橡胶耐油性相等时，其耐寒性比丁腈橡胶好，可降低20℃。

均聚氯醚橡胶在酸性燃油中降解，采用 NA-22/Pb_3O_4 及其它稳定剂，浸泡酸性燃油中336h仍有较高拉伸强度。

（5）氟橡胶（FPM）　氟橡胶是最好的耐油橡胶，耐燃油和耐溶胀性能最好，常被用在一些使用条件非常苛刻的环境中。但氟橡胶的弹性差，只有在－20℃以上才有弹性。耐低温性及耐水等极性物质性能也不够好。

（6）三氟丙基甲基乙烯基硅橡胶（FMVQ）　氟硅橡胶是在保持了硅橡胶的耐热性、耐寒性、耐候性、压缩复原性、回弹性、电气特性、脱模性等一系列优良性能的基础上，同时又具有氟橡胶的耐油性、耐溶剂性的高分子聚合物。它与氟橡胶相比，耐油性相当，耐寒性、压缩永久变形性更优，而且从高温到低温都显示出了优良的性能，其次，即使不使用增塑剂也可得到低硬度的制品，但强力较低，只能作固定密封件使用。因此，氟硅橡胶作为汽车或飞机的密封件、衬垫、膜片、管类等制品正在广泛应用。

（7）氯丁橡胶（CR）　氯丁橡胶在－50～＋100℃能保持弹性。在所有耐油橡胶中，氯丁橡胶耐石油介质的性能最差，但耐动物油性能较好。

（8）聚乙烯醇　聚乙烯醇是一种耐石油溶剂优良的树脂，通过改性和交联可得到耐油性优异的弹性体，这种弹性体最突出的特点是对芳香烃、苯乙烯、氟里昂（二氯二氟甲烷）等物质几乎不发生溶胀现象。它致命的缺点是耐水性差。

7.2.2　硫化体系

总的说来，提高交联密度可改善硫化胶的耐油性，因为随交联密度增加，橡胶分子间作用力增加，网络结构中自由体积减小，具有油类难以扩散的优点。

关于交联键类型对耐油性的影响，与油的种类和温度有密切关系。例如在氧化燃油中，用过氧化物或半有效硫化体系硫化的丁腈橡胶，比硫黄硫化的耐油性好。过氧化物硫化的丁腈橡胶，在40℃时稳定性最高，但在125℃的氧化燃油中则不理想；而用氧化镉和给硫体系硫化的丁腈橡胶，在125℃的氧化燃油中耐长期热油老化性能较好。

在150℃的矿物油（ASTM No.3油）中，用氧化镉/给硫体硫化比其它硫化体系硫化的丁腈橡胶，耐热油老化的性能较好一些。

只改变硫化体系对硫化胶的耐油性影响不大，但对耐寒性能有较大的影响。硫黄硫化体系脆化温度较高，耐寒性能差。丁腈橡胶的DCP硫化体系和DCP配以少量硫黄体系所得胶料脆化温度较低，耐寒性能好。但DCP体系硫化速率慢，其硫化胶综合性能没有DCP加少量硫黄体系好，所以制低温耐油制品宜采用DCP加少量硫黄的硫化体系。

7.2.3 填料体系

一般降低胶料中橡胶的体积分数可以提高耐油性，所以增加填料用量有助于提高耐油性。通常活性越高的填料（如炭黑和白炭黑）与橡胶之间产生的结合力越强，硫化胶的体积溶胀越小。当然，其影响程度比生胶聚合物小得多。不同填料并用对丁腈橡胶耐油、耐寒也有一定的影响，如表7-17所示。

表7-17　不同填料体系对丁腈橡胶（NBR）耐油、耐寒性的影响

填料种类	N330/喷雾炭黑	N330/SRF	N330/轻钙	N330/陶土
用量/质量份	60/40	60/40	60/40	60/40
脆化温度/℃	−40	−40	−38	−37
耐油值(体积变化率)/%	14.9	16.5	19	20

7.2.4 软化增塑体系

耐油橡胶配方中应选用分子量大、挥发性小、不易被油类抽出的软化增塑剂，最好是选用低分子聚合物，如低分子聚乙烯、氧化聚乙烯、古马隆、聚酯类增塑剂和液体橡胶等。极性大、相对分子质量大的软化增塑剂或增塑剂，对耐油性有利，而酯类则易于被燃油抽出。不同用量增塑剂对耐油、耐寒性的影响见表7-18。

表 7-18　不同用量增塑剂对耐油、耐寒性的影响

DBP用量/份	5	15	25	35
脆化温度/℃	-36	-40	-47	-53
汽油＋苯质量变化率/%	16.2	14.7	10.3	13.5

7.2.5　防护体系

　　耐油橡胶经常在温度较高的热油中使用，有些制品则在热油和热空气两者兼有的条件下工作，因此，耐油橡胶必须考虑热氧老化问题。耐油橡胶中的防老剂，在油中的稳定性至关重要，防老剂的抽出就等于防老剂失效，如芳烃燃油中，芳烃多的便抽出氯丁橡胶中的抗臭氧剂使氯丁橡胶早早破坏。防老剂要选用油中溶解性小的防老剂，如丙烯酰胺酚类防老剂用于丁腈橡胶，ΔV 及甲苯萃取率均比 IPPD 低，采用键合型防老剂就更好。

　　为了解决这个问题，研制了把防老剂在聚合过程中结合到聚合物的网络上的聚稳丁腈橡胶，但是这种方法使配方设计者广泛选择防老剂受到限制。比较简单的方法还是在混炼过程中加入不易被抽出的防老剂。

　　目前已经商品化的耐抽提防老剂有：N,N'-(β-萘基) 对苯二胺 (DNP)；N-异丙基-N'-苯基-对苯二胺。前者不溶于烃类液体，故不易被油抽出；后者虽然能溶于某些溶剂中，但经过硫化后又变成不溶解的，因此也不易被油抽出。在配合时加入耐抽提防老剂，就可使丁腈橡胶硫化胶具有较好的耐连续油/空气热老化性能。

7.2.6　耐有机溶剂胶料的配方设计

　　溶剂对橡胶的溶解度是表征溶剂同橡胶之间作用力大小。化学结构同橡胶相类似的溶剂对橡胶溶解力大。通常，极性橡胶选用极性溶剂，反之亦然。溶解度参数 ($\delta^{1/2}$) 表征生胶和配合剂的极性。溶剂/橡胶相互作用系数 (μ) 表征溶剂的溶解能力。当 $\mu > 0.55$，橡胶不溶解 (称作非溶剂，但要注意，温度升高时可能溶解)，当 $0.25 \leqslant \mu \leqslant 0.45$，橡胶可溶解 (且与温度无关)，当 $\mu < 0.25$，橡胶与溶剂亲和性很好，相对低的温度也可溶解。无疑，对橡胶适用的溶剂，硫化胶或橡胶制品浸泡时溶胀或 ΔV 大，则抗溶剂性差，设计耐此溶剂的橡胶制品不能采用此橡胶。表 7-19 和表 7-20 及表

7-21 分别列举了部分橡胶的适用溶剂及橡胶、有机溶剂的 $\delta^{1/2}$ 和 μ 值，既可供橡胶选择溶剂参考，也可供选耐溶剂的橡胶时参考。

众所周知，单用溶剂汽油、丙酮或乙酸乙酯溶解不了氯丁橡胶。它们按一定比例组合而成的混合溶剂可以溶解氯丁橡胶，选择抗混合溶剂的橡胶相对困难些。

表 7-19　各种橡胶的适用溶剂

橡　胶	适　用　溶　剂
天然橡胶（NR）	溶剂汽油，苯，甲苯，二甲苯
丁苯橡胶（SBR）	溶剂汽油，庚烷，二甲苯
丁二烯橡胶（BR）	溶剂汽油，苯
三元乙丙橡胶（EPDM）	汽油
氯丁橡胶（CR）	苯，甲苯，二甲苯，醋酸乙酯/汽油
丁腈橡胶（NBR）	醋酸乙酯，丙酮，苯，甲苯，二甲苯
氯磺化聚乙烯橡胶（CSM）	醋酸乙酯，苯，甲苯
丙烯酸酯橡胶（ACM）	醋酸乙酯，丙酮，甲乙酮，甲苯，二甲苯
均聚氯醚橡胶（CO）	氯化苯
聚氨酯橡胶（PUR）	醋酸乙酯，丙酮，丁酮，四氢呋喃
硅橡胶（Q）	苯，二甲苯
氟橡胶 FPM-26	丙酮，丁酮，醋酸乙酯

表 7-20　橡胶、溶剂的溶解度参数（$\delta^{1/2}$）　单位：$(cal/cm^3)^{1/2}$

橡胶	天然橡胶（NR）、丁二烯橡胶（BR）	8.1	溶剂	醋酸乙酯	9.1
				丁酮	9.56
	丁苯橡胶（SBR）	8.1～8.67		甲苯	8.97
				苯	9.22
	丁腈橡胶（NBR）	8.7～10.3		甲醇	11.52
	氯丁橡胶（CR）	8.85		乙醇	12.97
				二甲苯	8.83～9.03
	丁基橡胶（IIR）	7.84		丙酮	9.74
	硅橡胶（Q）	7.3		苯	9.2
树脂	聚乙烯	7.9		乙酸正丁酯	8.3
	聚甲基丙烯酸酯	9.45		四氯化碳	8.6
	聚四氟乙烯	6.2		环己烷	8.2
	聚异丁烯	7.85		正癸烷	6.6
	聚苯乙烯	9.1		二丁胺	8.1
	三醋酸纤维素	13.6		二氟二氯甲烷	5.1
	尼龙（PA）66	13.6		1,4-二噁烷	10
	聚环氧乙烯	9.9		低气味矿物溶剂	6.9
				苯乙烯	9.3
	聚氯乙烯	9.6		松节油	8.1
				水	23.4

注：如果 $(\delta_1^{1/2}-\delta_2^{1/2})<1$，则聚合物可溶于溶剂中。

表 7-21　橡胶溶剂相互作用系数 μ

项目	天然橡胶 （NR）	丁苯橡胶 （SBR）	丁基橡胶 （IIR）	二元乙丙橡胶 （EPM）	氯丁橡胶 （CR）	丁腈橡胶 40
苯	0.292～0.42	0.398		0.58	0.263	
甲苯	0.393		0.557	0.49		
二甲苯	0.343					
四氯化碳	0.307	0.362	0.466	0.43		0.831
丙酮	1.36					
醋酸乙酯	0.752					
醋酸丁酯	0.561					

对于丙酮，各种橡胶的 ΔV：氟橡胶（FPM）为 300%、丙烯酸酯橡胶（ACM）为 250%、氟硅橡胶（Q）为 180%、丁腈橡胶（NBR）为 130%、氯丁橡胶（CR）为 40%、氯磺化聚乙烯橡胶（CSM）为 18%、硅橡胶（Q）为 16%。天然橡胶（NR）、丁基橡胶（IIR）、二元乙丙橡胶（EPM）、三元乙丙橡胶（EPDM）、氯丁橡胶不溶于丙酮。

对于醋酸乙酯，各种橡胶的 ΔV：氟橡胶（FPM）为 300%、丙烯酸酯橡胶（ACM）为 250%、硅橡胶（Q）为 175%、氟硅橡胶为 140%、丁腈橡胶（NBR）为 106%、氯丁橡胶（CR）与氯磺化聚乙烯橡胶（CSM）为 60%，天然橡胶（NR）可用它作溶剂，而丁基橡胶（IIR）、三元乙丙橡胶（EPDM）不溶于它。

对于醋酸丁酯，树脂硫化丁基橡胶（IIR）的 Δm 为 35.5%，DCP 硫化三元乙丙橡胶（EPDM）可调至 15%，三元乙丙橡胶（EPDM）中并入氯磺化聚乙烯橡胶（CSM）、氯化聚乙烯橡胶（CM）皆使 Δm 增大。对三元乙丙橡胶（EPDM）/RIIR（机械再生法改性丁基再生胶）并用，可使 Δm 为 8%～10%。三元乙丙橡胶（EPDM）并入聚乙烯（PE）10～30 份，可使 Δm 降至 5%～8%。

对于四氯化碳，浸 144h 的 ΔV：均聚氯醚橡胶（CO）为 58%、共聚氯醚橡胶（ECO）为 70%、丁腈橡胶 NBR-40 为 54%、丁腈橡胶 NBR-26 为 196%、ECO（80 份）/NBR-40（20 份）为 47%，采用 ECO（30 份）/NBR-40（40 份）/PA（30 份）配 NA-22（1 份）/DCP（2.4 份）/S（0.4 份），120h 的 ΔV 为 36%。

橡胶中并入塑料，无疑是提高耐溶剂性的一条可行途径。氯磺化聚乙烯橡胶耐丙烯腈，三元乙丙橡胶耐苯乙烯。

各种橡胶在苯 35 份/甲苯 15 份/丙酮 10 份/丁酮 40 份混合溶剂中于 24℃×48h 下的 Δm 为：

橡胶	乙丙橡胶（EPR）	氟硅橡胶（FQ）	氟橡胶（FPM）	均聚氯醚橡胶（CO）	硅橡胶（Q）	氯丁橡胶（CR）	丁苯橡胶（SBR）	丁二烯橡胶（BR）	丁腈橡胶 NBR-40	丁腈橡胶 NBR-26	天然橡胶（NR）
Δm /%	41	83.1	61~78.7	72.4	81.5	118	61.2	57.5	91.9	142	98.7

三元乙丙橡胶并用聚乙烯（PE）于 24℃×96h 下的 Δm 为：

三元乙丙橡胶（EPDM）/低密度聚乙烯（LDPE）（质量份）	100/0	90/10	80/20	70/30	60/40	50/50
Δm/%	27.7	24	21	18	15	13

另外，聚乙烯醇配以甘油、三缩三乙二醇与水成弹性体后按 1∶1 同丁腈橡胶 FPM-26 并用，其耐苯、耐苯/甲苯/二甲苯的效能比丁腈橡胶 NBR-40、氟橡胶都好，对二甲苯 48 份/醋酸乙酯 13 份/醋酸丁酯 26 份/丙酮 4 份/丁醇 9 份混合溶剂于 24℃×50h 条件下，其 Δm 为 55%。天然橡胶（NR）30 份/丁苯橡胶（SBR）40 份/低密度聚乙烯（LDPE）30 份（橡塑并用）于 24℃×450d 条件下，其 Δm 仅为 28%。塑料压印使用的胶辊，常同混合溶剂接触，如对二甲苯、甲醇、醋酸乙酯、环己酮等，要求 $\Delta V \leqslant 5\%$，采用 CR/NBR/PVC（70 份/15 份/15 份）并用，其 ΔV 仅为 2.3%。

一般来说，增大交联剂用量，增大交联密度有助于降低 ΔV。对醋酸丁酯，三元乙丙橡胶用 DCP 从 3 份增至 4.5 份，ΔV 约降 3%，但三元乙丙橡胶（EPDM）/低密度聚乙烯（LDPE）的耐苯/酮混合溶剂 DCP 从 4 份变动至 7 份，ΔV 相差不大。这可能是由于硫化剂达到一定水平后，变化就不大了。

填料量增大，利于降低 ΔV。例如，对于苯/酮混合溶剂，三元乙丙橡胶（EPDM）/低密度聚乙烯（LDPE）无填料，其 ΔV 为

12.3％；HAF、GPF、FEF 从 30 份增加到 60 份，ΔV 从 11.6％降至 9.0％。丁腈橡胶（NBR）/均聚氯醚橡胶（CO）的耐四氯化碳性能，当炭黑为 0～80 份，喷雾炭黑的 Δm 从 132％降至 100％，而 N660 则降至 70％。但要注意，填料量增大使压缩永久变形增大，不利于密封件的效能。

软化增塑剂品种要认真选择。例如，对乙醇，DOP 与之混溶而不分层，2402 树脂、萜烯树脂皆使之变色，沥青易溶于乙醇，配入橡胶中，它易被乙醇抽出。机油于乙醇中不溶，又不变色，可以采用。同理，硫微溶于乙醇，易在使用中被乙醇抽出，防老剂 H、AH、AP 微溶或不溶于乙醇，可以采用。对苯/酮混合溶剂，三元乙丙橡胶中配软化增塑剂 10 份于 24℃×48h 条件下的 Δm：变压器油为 10.9％，机油为 12.4％，DOP 为 10.5％，凡士林为 12.1％，沥青为 16.1％。总之，软化增塑剂、防老剂既要防止被抽出，又要有小的 ΔV 与 Δm。

7.3 耐寒橡胶的配方设计

橡胶的耐寒性，即在规定的低温下保持其弹性、其它性能和正常工作的能力。保持高弹性，才保持有作为橡胶的使用价值。

硫化胶的耐寒性能主要取决于高聚物的两个基本特性：玻璃化转变和结晶。两者都会使橡胶在低温下丧失弹性。

玻璃态温度 T_g 表征橡胶从橡胶态转入玻璃态，可作为（无定形态）橡胶耐寒的表征。随温度降低，橡胶分子链段的活动性减弱，达到玻璃化温度（T_g）后，分子链段被冻结，不能进行内旋转运动，橡胶硬化、变脆，呈类玻璃态，丧失了橡胶特有的高弹性。因此，非结晶型橡胶的耐寒性，可用玻璃化温度（T_g）来表征。T_g 低者耐寒性优，适于较低温度下使用。实际上，即使在高于玻璃化温度的一定范围内，橡胶也会发生脆化转变过程，使橡胶丧失弹性体的特征。这一范围的上限称为脆化温度（T_b），脆化温度（单试样法）定义为在一定条件下试样受冲击产生破坏时（包括试样出现断裂、裂纹及人眼直接可见的微孔等）的最高温度。通常 $T_b > T_g$，橡胶只有在高于 T_b 的温度下才有使用价值。因此工业上常以脆化温度作为橡胶制品耐寒性的指标。

低温（冷冻）结晶的橡胶，最快结晶速度对应的温度 T_m（最大）比 T_g 高许多。有时甚至可能高于玻璃化温度 $70 \sim 80 ℃$。结晶使橡胶变硬，降低以至丧失高弹性，也就削弱了橡胶的耐寒性。这样，结晶型橡胶的使用温度下限就比它的 T_g 高许多了。橡胶结晶过程和玻璃化不同，结晶过程需要一定的时间，当其它条件相同时，弹性丧失的速度和程度与持续的温度和时间有关。例如，对于天然橡胶（T_g 为 $-70℃$）T_m（最大）为 $-26℃$，在此温度下 $120 \sim 180 min$ 开始失去高弹性，对于丁二烯橡胶（T_g 为 $-85 \sim -100℃$）T_m（最大）为 $-55℃$，$10 \sim 15 min$ 就开始失去高弹性了。结晶型橡胶在低温下工作能力的降低，短则几小时，长则几个月不等。因此，对结晶型橡胶耐寒性的评价不能只凭试样在低温下短时间的试验，需考虑到在贮存和使用期间结晶过程的发展。例如甲基苯基乙烯基硅橡胶（MPVQ）在 $-75℃$ 下放置 $5 min$ 后，其拉伸耐寒系数为 1.0，但经过 $30 \sim 120 min$ 后，则降低为零。结晶型橡胶结晶最终结果和玻璃化时一样，硬度、弹性模量、刚性增大，弹性和变形时的接触应力降低，体积减小。例如 $-50℃$ 下，结晶的聚丁二烯橡胶的弹性模量比无定形的同种橡胶高 $19 \sim 29$ 倍。结晶硫化胶的硬度可以高达 $90 \sim 100$（邵尔 A）。形变加速结晶过程，使弹性下降的温度升高。

表 7-22 列出一些橡胶的 T_b、T_g、T_m（最大）及结晶温度范围 T_m，也列出了橡胶密封件使用时的最低工作温度 T_w。此外，压缩耐寒系数试验、温度回缩试验（TR）等结果也可用于评价耐寒性优劣。

硫化胶的耐寒性与胶种和软化增塑剂关系密切。选择适当的硫化体系，亦可使耐寒性有所改善。

7.3.1 生胶体系

耐寒橡胶配方设计关键在于选橡胶品种，可以说，是决定性因素。对非结晶型橡胶，要比较 T_g、T_b；对结晶型橡胶，除 T_g、T_b 外，务必考虑结晶效应及抑制结晶。增大大分子链柔顺性，减少分子间作用力及空间位阻，削弱大分子链规整性的橡胶成分与结

表 7-22　橡胶的低温特性

橡　　胶	T_g/℃	填料(份)，T_b/℃	T_m(最大)/℃	T_m/℃	T_w/℃
丁二烯橡胶(BR)	−95～−110	SAF(50)<−70	−55	−20～−80	−60
天然橡胶(NR)	−69～−74	SAF(50)<−59	−26	5～−40	
异戊橡胶(IR)	−60	−50～−70			−50
丁苯橡胶(SBR)	−79～−67	SAF(50)<−58		−20～−50	−30
丁基橡胶(IIR)	−41	SAF(50)<−46	−40		
氯丁橡胶(W 型)	−50	SAF(50)<−37			−40
氯丁橡胶(WRT)	−58～−50	SAF(50)<−50			−40
三元乙丙橡胶(EPDM)	−22	SAF(50)<−20			−15
丁腈橡胶 40	−27	SAF(50)<−32			−45
丁腈橡胶 26	−58	SAF(50)<−45			
氯化丁基橡胶(CIIR)	−25	FEF(30)<−19			
均聚氯醚橡胶(CO)	−46	FEF(30)<−40			
共聚氯醚橡胶(ECO)	−28	FEF(40)<−43			−20
氯磺化聚乙烯橡胶(CSM)	−22	FEF(45)<−18			
丙烯酸酯橡胶(ACM)	−40	FT(30)<−36			−15
氟橡胶(FPM)	−22				
Viton B	−40				
聚氨酯橡胶(PUR)	−32	FT(25)<−36	−5～−10	50～−40	−90
硅橡胶(Q)	−120		−80	−30～−110	−60
氟硅橡胶(FQ)	−51				
聚硫橡胶(T)	−27	−40			
氯化聚乙烯橡胶(Hypa40)		FEF(40)<−43			

构因素，皆有利于提高橡胶耐寒性。反之，减弱分子链的柔性或增加分子间作用力的因素，例如引入极性基团、庞大侧基、交联、结晶都会使 T_g、T_b 升高。—Si—主链的硅橡胶（Q）类，含 C═C 双键的丁二烯橡胶（BR）、天然橡胶（NR）、丁苯橡胶（SBR）、丁基橡胶（IIR），含醚键（—O—）主链的均聚氯醚橡胶（CO）、共聚氯醚橡胶（ECO），其耐寒性好，主链含有双键并具有极性侧基的橡胶（如丁腈橡胶、氯丁橡胶）其硫化胶的耐寒性居中。对二元乙丙橡胶（EPM）、三元乙丙橡胶（EPDM），无极性取代基，主链虽无双键，但其耐寒性比主链含 C═C 双键又含极性取代基的氯丁橡胶（CR）、丁腈橡胶（NBR）好得多。丁腈橡胶随丙烯腈含量增大，耐寒性下降；均聚氯醚橡胶（CO）耐寒性不及共聚氯醚橡胶（ECO），也在于—CH_2Cl 侧基多；丙烯酸酯橡胶（ACM）、氯磺化聚乙烯橡胶（CSM），尤其是氟橡胶（FPM）主链饱和，又含较多的极性侧基，其耐寒性差。另外，苯基硅橡胶（PVMQ）引入少量苯侧基，耐寒性比二甲基硅橡胶（MQ）还好，原因是破坏了二甲基硅橡胶（MQ）的结构规整性，抑制了结晶。许多合成橡胶往往调节共聚单体类别、比例，获取不同耐寒等级的品种，例如，二元乙丙橡胶以丙烯量为 40%～50% 的耐寒性最佳。橡胶并用是橡胶配方设计中调整耐寒性的常用方法，例如，丁苯橡胶（SBR）并用丁二烯橡胶（BR），丁腈橡胶（NBR）并用天然橡胶（NR）、均聚氯醚橡胶（CO）、共聚氯醚橡胶（ECO），其耐寒性皆会改进。

一般在低温下使用的橡胶，除低温性能外，还要求其它性能，例如耐油、耐介质等，因此单纯选用耐寒性好的橡胶往往不能满足实际要求，这时就要考虑并用。

橡胶试样置于 25m^3 的冷冻库内，经过约 12h，库内温度由室温降至 $-50℃$，保持此温度 48h 后，橡胶的硬度变化由小至大顺序为：天然橡胶（NR）、特殊配方的丁腈橡胶（NBR）＜三氟丙基甲基乙烯基硅橡胶（FMVQ）、甲基乙烯基苯基硅橡胶（PVMQ）、丁苯橡胶（SBR）、乙丙橡胶（EPR）＜氯丁橡胶（CR）、丁腈橡胶（NBR）＜氯醚橡胶＜聚氨酯＜甲基乙烯基硅橡胶（MVQ）。

实验中发现，$-50℃$ 持续 24h 进行测试时，甲基乙烯基硅橡胶弹性最好，继续保持至 48h，此时弹性消失，反而具有刚性物质的特征。

自然低温环境因素对橡胶主要物理机械性能的影响表现在拉伸强度提高，拉断伸长率下降，硬度（邵尔 A）上升。其中硅橡胶（Q）、天然橡胶（NR）、氯磺化聚乙烯橡胶（CSM）和乙丙橡胶（EPR）等的低温性能较好，氟橡胶（FPM）、丙烯酸酯橡胶（ACM）等的耐低温性能较差，丁腈橡胶（NBR）与聚氯乙烯（PVC）并用，虽可较大的提高其耐臭氧老化性能，但低温性能较差些，耐寒型氯磺化聚乙烯橡胶通过工艺控制，可提高其耐低温性能，且优于普通型。

对氟橡胶不同品种胶料，其耐寒性有一定的差别，以三爱富公司生产的 F246 系列的氟橡胶的耐低温性能比同类产品优异。

丁腈橡胶是一种通用的合成橡胶，因品种的不同，生胶的分子结构和其它性能有所差别，对低温耐寒性也有比较大的影响。主要是丙烯腈的含量，随丙烯腈含量增大，耐寒性下降。丙烯腈含量分布对耐寒性也有较大影响，JSR250S 的低温脆性和压缩耐寒性能均优于 N1845 和 N1965。分析原因，可能是由于 JSR250S 的丙烯腈含量分布范围比其它两种丁腈橡胶要宽一些，从而使整个分子链具有更好的柔顺性。

有时为了满足胶料综合性能，可以考虑两种不同丙烯腈含量的丁腈橡胶并用，如 NANCAR1965（南帝 19%）耐寒性较好，但由于其丙烯腈含量较低，因此耐油性不能满足要求；NANCAR2865（南帝 28%）耐油性较好，但其耐寒性较差。因此采用两胶并用来平衡耐油性与耐寒性，随着 NANCAR 1965/NAN-CAR2865 并用比的减小，硫化胶的硬度、拉伸强度和拉断伸长率变化不大，耐油性提高，脆化温度稍有升高。

此外丁腈橡胶（NBR）与丁二烯橡胶（BR）并用可以提高胶料的低温耐寒性能。并用丁二烯橡胶，相当于降低了胶料的丙烯腈含量，同时也降低了整个分子链的极性，从而达到提高耐寒性的目的。

丁腈橡胶并用了一定量丁二烯橡胶后，对胶料耐油性影响不大，但低温耐寒性能有所提高。随着丁二烯橡胶配比量的增加，胶料的伸长率和低温耐寒性能越来越好，但拉伸强度和耐油性逐渐降低。当两者并用达到 80/20 时候，耐寒性提高较小，而耐油性和强度均有较大幅度的下降。

　　氯丁橡胶宜选用合适的抗结晶型氯丁橡胶进行低温配方设计，首先应选用合适的品种，抗结晶型氯丁橡胶品种若干，比较突出的有杜邦公司的 Neoprene GRT、WRT 和 TRT，拜耳公司的 Baypren IIOVSC，电化公司的 Denka DCR-35 和 DCR-36，Distugfl 公司的 Butaclor MC-10 等。长寿化工为填补国内空白正在开发的一个氯丁橡胶新品种，也是这类抗结晶型氯丁橡胶品种之一。

　　这类氯丁橡胶（Neoprene WRT）虽有良好的低温性能，但其纯胶硫化胶的 70MPa 热刚性化温度（T_g）与通用型氯丁橡胶（NeopreneW）相同，均为 -38℃，有的硫调节抗结晶型氯丁橡胶纯胶硫化胶的脆化温度（$T_b = -36$℃）甚至高于通用型氯丁橡胶的值（$T_b = -40$℃）。显然，这两种温度不能反映抗结晶型氯丁橡胶对耐低温胶料的真实贡献。因此普遍采用的鉴定标准是测定其硬度上升速度，即在 -10℃测定试样硬度增加超过处于该温度的初始平衡硬度 20 点所需的时间。例如测得 Neoprene WRT 的这种时间为 60 天，而通用型 Neoprene W 的值仅为 48h。

　　抗结晶型氯丁橡胶优良的低温性能表现在由它们制成的制品在长期低温下仍能保持挠性。其抗结晶特性有助于抑制由酯类增塑剂引起的受结晶诱导的刚性化速度上升，故可配入较高水平的酯类增塑剂，以增强对热刚性化的抵抗性。近年出现的新品种，如 Baypren110vsC 及 Denka DCR-35，还有一些加工上的优点，以它们为基础的胶料可在寒冷的室外长期存放，不必预热便可用于注模机加工。这类抗结晶型氯丁橡胶可根据用途来选择。动态用途（如 V 带）最好选用硫调节型 CP（如 Neoprene GRT），桥梁支座、密封条等用途选用硫醇调节型的 Neoprene WRT 较好，压出制品则用 Neoprene TRT（含凝胶成分）有利。但是，氯丁橡胶中的凝胶成分对其低温性能有不良影响。

　　与丁腈橡胶相同，氯丁橡胶中配入 10～20 份丁二烯橡胶，其硫化橡胶的低温性能可得到明显改进，此时加入石油类增塑剂可使胶料脆化温度达到不使用酯类时其它增塑剂达不到的水平。因此在不宜用酯类增塑剂的场合，这是一种最佳选择。若同时并用酯类增塑剂，胶料的低温性能会更好。把丁二烯橡胶配入氯丁橡胶也能拓宽油的选择范围，可以使用低温性能比芳烃油更好的烷烃油或环烷烃油。

7.3.2 硫化体系

增加硫黄用量、多硫键及环化反应必使 T_g 升高，这是因为交联密度的增大总是使耐寒系数升高，耐寒性下降。

此外，硫化对结晶速率的影响也大。天然橡胶在结晶温度下，末硫化胶弹性模量增加近千倍，硫化胶的弹性模量仅增加 $19 \sim 29$ 倍，炭黑填充硫化胶则增加 $3 \sim 4$ 倍。结晶型橡胶可借助交联，控制交联密度抑制结晶。例如，硫化使 W 型（低抗结晶型）氯丁橡胶抗结晶能力增加 4 倍，使 WRT 型（高抗结晶型）氯丁橡胶的增加 9 倍。一般来说，多、双硫键交联者结晶倾向小，不宜使用秋兰姆类。非结晶型橡胶，交联密度低对耐寒性有利。

（1）交联密度对 T_g 的影响　硫化生成的交联键，可使 T_g 上升，其原因是交联后分子链段的活动性受到了限制。另一解释是，相邻的分子链通过交联键结合起来，随交联密度增加，网络结构中的自由体积减小，从而降低了分子链段的运动性。

随硫黄用量增加，天然橡胶（NR）、丁苯橡胶（SBR）硫化胶的 T_g 会随之上升。例如：在未填充填料的天然橡胶（NR）和丁苯橡胶（SBR）硫化胶中，硫黄用量增加 1 质量份时，其玻璃化温度 T_g 分别上升 $4.1 \sim 5.9℃$ 和 $6℃$；而丁腈橡胶无填料的硫化胶，加硫黄 3 质量份时，T_g 从 $-24℃$ 上升到 $-13℃$，其后硫黄含量每增加 1 质量份，T_g 值直线提高 $3.5℃$。产生上述现象的原因在于如下两个因素的影响：一是交联密度的提高；二是多硫键的环化作用，使分子内部也形成了交联。前者对丁腈橡胶起决定作用，而后者对天然橡胶（NR）、丁苯橡胶（SBR）是主要的因素。随交联密度增加，聚氨酯橡胶的硬度（邵尔 A）从 64 上升到 87，玻璃化温度 T_g 从 $-10℃$ 上升到 $-5℃$。可见，提高交联密度，会使玻璃化温度 T_g 上升。但是，对于相对稀疏的网络结构而言，只要活动链段的长度不大于网状结构中交联点之间距，则 T_g 大致上可能始终不变。也就是说，在稀疏的橡胶网络结构中，M_c 值大（交联点间的相对分子质量大），则链段的活性几乎不受限制。

（2）交联密度对耐寒系数的影响　为了评价硫化胶从室温降到玻璃化温度 T_g 的过程中的弹性模量的变化，常使用耐寒系数 K 来表征。K 是用室温下和低温下的弹性模量的值来确定的。试验表明，丁苯橡胶生胶的弹性模量随温度降低而提高的程度，比无填料的丁苯橡胶硫化胶高得多。当温度从 20℃下降到 −10℃时，丁苯橡胶生胶的弹性模量提高了 3 倍，而硫化胶仅仅提高了 10%。这是因为未交联的生胶的应变性能取决于它的结构特性，其分子间的作用力主要来源于各种类型的物理键形成的范德华力、链的缠结和极性基团的作用力。随温度下降，链段的活动能量减弱，弹性模量提高。而交联的硫化胶内除物理键之外，还存在着由化学交联键构成的网络结构。化学键的键能比物理键大，稳定性高，对温度的敏感性比物理键小得多。在一定的温度范围内，交联键对其形变起决定性的作用，所以随温度下降，弹性模量变化不大。但是在交联密度过大时，会大大增强分子链之间的作用力，使弹性模量大增，耐寒性下降。

综上可知，化学键的形成削弱了对温度十分敏感的物理键的作用，所以低温下硫化胶的模量变化比生胶小。由此推论：随交联密度提高，耐寒系数 K 会上升到某个最大值，但是当交联密度过大，交联点之间的距离小于活动链段的长度时，K 值便开始下降。

（3）交联键类型对耐寒性的影响　对天然橡胶硫化所作的各项研究表明，使用传统的硫化体系时，随硫黄用量增加，直到 30 份，其剪切模量随之提高，玻璃化温度 T_g 也随之上升（可上升 20～30℃）。使用有效硫化体系时，T_g 比传统硫化体系降低 7℃。用过氧化物或辐射硫化时，虽然剪切模量提高也会达到与硫黄硫化同样的数值，但玻璃化温度 T_g，变化却不大，始终处于 −50℃的水平。因此天然橡胶（NR）与丁苯橡胶、DCP 硫化有最佳耐寒性，用秋兰姆硫化，耐寒性有所降低，而以硫/次磺酰胺类促进剂硫化的耐寒性则最差。

对于非结晶型橡胶，交联密度较低的对耐寒性有利。当低温结晶成为影响耐寒性的主要矛盾时，则应提高交联密度以降低结晶化作用。

丁腈橡胶使用的硫化体系主要有半有效硫化体系、过氧化物硫化体系和含硫化合物硫化体系。硫化体系对硫化胶硬度和拉伸强度影响不大，使用过氧化物硫化体系的丁腈橡胶硫化胶耐寒性最好，这与天然橡胶结果相同。

丁腈橡胶（NBR）/丁二烯橡胶（BR）并用胶中硫化配合剂的选择对胶料的性能有着重要的影响。硫黄硫化体系，其强度和伸长率性能比较好，但压缩耐寒系数很低；用含硫化合物进行硫化，所得胶料的强度又偏低，耐油性较差；用过氧化物硫化，拉伸强度差于硫黄硫化体系，但压缩耐寒系数较高；选用复合硫化体系，除了伸长率稍低于过氧化物硫化体系以外，其它各项性能均较优。综合考虑，利用复合硫化体系进行硫化所得胶料的物理机械性能最佳。

氟橡胶的硫化体系目前大体上可分为三类：胺类、多元醇（双酚）和过氧化物。当采用单一硫化剂作为硫化体系时，无论是选用胺类、双酚类还是过氧化物类硫化剂，对氟橡胶的耐低温性能的影响都不是很明显，其差异也不大，当选用双酚 AF 与 DCP 并用体系作为氟橡胶的硫化剂时，氟橡胶的脆化温度（耐低温性能）得到了明显的改善，特别还要指出的是，由选用该硫化体系的氟橡胶制得的产品综合性能较好，工艺性能也颇佳。

7.3.3 填料体系

填料对橡胶耐寒性的影响，取决于填料和橡胶相互作用后所形成的结构。活性炭黑粒子和橡胶分子之间会形成不同的物理吸附键和牢固的化学吸附键，会在炭黑粒子表面形成生胶的吸附层（界面层）。该界面层的性能与玻璃态生胶的性能十分接近，一般被吸附生胶的玻璃化温度 T_g 上升。填料的加入会阻碍链段构型的改变，增大填料刚性，使硬度提高，因此，不能指望加入填料来改善橡胶的耐寒性。

关于填料对硫化胶玻璃化温度 T_g 是否有影响，说法不一，有人认为有影响，有的则持否定态度。但是填料对玻璃态橡胶强度的影响，却是不可忽视的。与高弹态相比，这种影响完全不一样：当填料用量很大时，填料的粒子既是裂隙扩展的位阻碍，同时又是破坏玻璃态橡胶的病灶。因此加入填料后，橡胶在脆性态中的强度，要么没有变化，要么降低 15%～30%，有时甚至降低 50%。所以填料的存在使脆化温度 T_b 略有升高，缩小了非脆性态的范围。例如用弯曲试验法在速度为 $2m/s$ 的情况下测定的脆化温度 T_b，随炭黑活性的提高，天然橡胶（NR）的 T_b 可从 $-60℃$ 上升到 $-55℃$，丁腈橡胶（NBR-28）的 T_b 从 $-45℃$ 上升到 $-35℃$，氯丁橡胶的 T_b 从 $-44℃$ 上升到 $-40℃$。

总的说来，填料对玻璃化温度 T_g 的影响不大，但在高于 T_g 的温度时，还是有一定影响的。对填充橡胶的耐寒系数而言，填料的活性越高，耐寒系数 K 值越小。填料的含量和活性越高，玻璃化起点的温度也越高。如天然橡胶加入 N330 103 份，T_g 从 $-60℃$ 升至 $-54℃$，二甲基硅橡胶（MQ）加入 15%（体积分数）分散性白炭黑，T_g 升高 $8℃$。鉴于低温时橡胶出现硬化，还是配用粒子大、结构性低、表面活性低的好。

对氟橡胶而言，影响其耐低温性能（脆性温度）的并不是填料的种类，炭黑的用量对氟橡胶的脆性温度影响很大，随着使用份数的增加，氟橡胶的脆化温度不断上升。所以，在氟橡胶中填料的使用份数以少为宜，特别是炭黑的使用量。

氯丁橡胶填料的种类和用量对橡胶结晶性无直接影响，但对脆化温度影响显著。譬如硫化橡胶中用 40 份半补强炭黑等量代替碳酸钙，脆化温度将由 $-45℃$ 提高至 $-38℃$。

7.3.4 软化增塑体系

增塑剂是影响氟橡胶耐低温性能最重要的配合剂，它能提高氟橡胶分子链的柔顺性，从而提高氟橡胶的耐低温性，但同时也会降低硫化胶的强度。

合理地选用软化增塑体系是提高橡胶制品耐寒性的有效措施，加入增塑剂可使 T_g、T_b 明显下降。耐寒性较差的极性橡胶，如丁腈橡胶（NBR）、氯丁橡胶（CR）等主要是通过加入适当的增塑剂来改善其低温性能。因为增塑剂能增加橡胶分子柔性，降低分子间的作用力，使分子链段易于运动，所以极性橡胶要选用与其极性相近、溶解度参数相近的增塑剂。

软化增塑剂类型与用量对耐寒性至关重要。如丁腈橡胶，以脂肪族二元酸酯（癸二酸酯 DBS、DOS，己二酸酯 DOA、DBA）的改进效果比邻苯二甲酸酯 DOP、DBP 的大，DOP、DBP 大剂量使用时，也可有效地降低硫化胶的 T_g。表 7-23 为各种增塑剂对丁腈橡胶耐寒性的影响。

表 7-23　各种增塑剂对丁腈橡胶（NBR）耐寒性的影响

增塑剂	无增塑剂	DOP	DBP	BLP	BBP	TCP	TPP
脆化温度/℃	−29.5	−37.5	−37.5	−42	−37	−29.5	−30
增塑剂	DOA	DOZ	DOS	G-25	G-41	液体古马隆	
脆化温度/℃	−45	−44.7	−49	−36.5	−41.5	−27.5	

试验配方（质量份）：NBR 100；ZnO 5；SA 1；S 1.5；促进剂 DM 1.5；SRF 65；增塑剂 20。

两种不同的软化增塑剂并用能产生协同作用，加入液体丁腈橡胶后所得胶料硬度偏高，而且伸长率较低；DBP，DOA 和 DOS 3种软化增塑剂均具有较低的脆化温度和较高的压缩耐寒系数，DOA/DOS 并用，所得胶料的耐寒性能最佳。

酯类（如油酸正丁酯）降低三元乙丙橡胶的 T_g 的效果是油类（如环烷油）的 6 倍以上，也可改进低温复原性。

非极性橡胶如天然橡胶（NR）、丁二烯橡胶（BR）、丁苯橡胶（SBR）可采用石油系碳氢化合物作软化增塑剂，也可选用酯类增塑剂。在使用增塑剂时，还应注意增塑剂在低温下发生渗出现象。

增塑剂可以极大地改善氯丁橡胶的低温性能，但有时候反而会使结晶加快。酯类能够加快氯丁橡胶的结晶过程，如酯类增塑剂会使氯丁橡胶分子链的低温活性增强，所以用它增塑的通用型氯丁橡胶（Neoprene w）在−10℃时只需 11h 硬度便增加 20（未增塑试样为 48h），不过 T_g 和 T_b 会分别降低 15℃（达到−53℃）和17.5℃（达到−60.5℃）。因此，对于需要最佳抗结晶的配方，应尽量避免使用酯类增塑剂。它们不仅会使结晶加快，而且还会使结晶较快的通用型氯丁橡胶的最佳结晶温度往低于−10℃的方向推移。但是在使用抗结晶型氯丁橡胶时不必顾虑这一点，即使用一种酯类增塑剂增塑的 Neoprene WRT 胶料在−10℃仍能几乎无时限地抗硬化。

酯类增塑剂比石油类增塑剂对氯丁橡胶胶料有更大的软化效应。有一个常用法则：对于硬度相同的氯丁橡胶配方，3 份酯类增塑剂相当于 4 份环烷类或石油类增塑剂。但酯类同石油类增塑剂不宜以 50∶50 比例并用，这样做对抑制结晶不利。根据对低温性能的要求，酯类或石油类增塑剂至少应占增塑剂总量的 75%。

使用足量的增塑剂，可配制出 T_b 远低于 $-50℃$ 的氯丁橡胶硫化胶。参考配方（质量份）：NeopreneWRT 100；etamine（辛基化二苯胺）2；MgO 4；SRF（N774）60；ZnO 5；促进剂 NA-22 0.5；油酸丁酯 8。

树脂类增塑剂有两方面的作用。它含有足够大的分子，能够物理性地干扰分子链定向排列，但它作为一种较差的低温增塑剂又会使氯丁橡胶的内刚性增加，减少无规分子运动，从而有利于分子规整排列。所以，这类增塑剂会使通用型氯丁橡胶（Neoprene w）的 T_g 上升 7℃，使 T_b 上升 4℃。沥青类增塑剂也有同样的不良影响。所以在对低温性能要求极高时，应避免使用这两类增塑剂。

低黏度酯类增塑剂如：癸二酸二辛酯、油酸乙酯、油酸丁酯、己二酸二辛酯、磷酸三辛酯、己二酸二异丁酯、苯二甲酸二正己酯等，能使硫化胶脆化温度降至 $-50 \sim -60℃$。用量为 $20 \sim 30$ 份，其中以油酸丁酯增塑效果最佳。不少酯类用量每增加 1 份，可使脆化温度或刚化温度分别降低 1℃。增塑剂大量添加，在室温下能很好溶于氯丁橡胶中，但长期暴露在低温下时，因溶解度降低，会影响效果。因而选用几种酯类并用更为相益。

普通石油系软化增塑剂如轻操作油、煤焦油衍生的聚合烃类、某些树脂有降低橡胶结晶速率的效果，极大地迟缓硬度上升，但对脆化温度却常起反作用。所以应根据使用条件慎重选用。

把丁二烯橡胶配入氯丁橡胶也能拓宽软化剂的选择范围，可以使用低温性能比芳烃油更好的烷烃油或环烷烃油。

除上述之外，氟橡胶的 T_b 随制品厚度而变化，以氟橡胶 FPM-26 为例，厚度为 1.87mm，其 T_b 为 $-45℃$；厚度为 0.63mm，T_b 为 $-53℃$；厚度为 0.25mm，T_b 为 $-69℃$。这在橡胶制品配方设计与应用中应加以注意。

7.4 耐腐蚀性介质橡胶的配方设计

能引起橡胶的化学结构发生不可逆变化的介质，称为化学腐蚀性介质。当橡胶制品与化学介质接触时，由于化学作用而引起橡胶和配合剂的分解，而产生了化学腐蚀作用，有时还能引起橡胶的不平衡溶胀。进入橡胶中的化学物质使橡胶分子断裂、溶解同时也可能发生配合剂分解、溶解、溶出等现象，都是化学介质（通常多为无机化学药品水溶液）向硫化胶中渗透的同时产生的。所以为了提高橡胶的耐化学药品性，首先必须采取耐水性的橡胶配方。

橡胶的耐腐蚀性能主要指其抵抗酸、碱、盐等腐蚀性介质破坏的能力。橡胶耐腐蚀性能涉及橡胶材料本身和所用配合剂。

橡胶的耐酸碱性能与酸碱的反应能力和介质氧化性（如氧化性酸，甲酸、铬酸、硝酸、氧化性强的浓硫酸）、浓度、使用时的温度与压力相关，还与橡胶的耐热氧老化性、耐水性相关。

橡胶的耐酸碱以及耐水等效能通常以 Δm（质量变化率）、ΔV（体积变化率）、硬度变化、耐酸碱系数（浸泡介质一定时间后的性能保持率）、试样橡胶本体或表面及介质性状的变化来评价。国外不管介质种类、试验条件，对耐介质的橡胶衬里都以 E 级（Δm $-2\%\sim2\%$，ΔV $-2\%\sim14\%$，材料性状几乎无变化）、G 级（Δm $0.05\%\sim2\%$，ΔV $2\%\sim6\%$，轻微变化）为可接受的标准。

接触酸或碱介质的制品，必须选择与其不发生化学反应的配合剂。此外，由于填料（补强填充剂）用量较大，因而耐腐蚀橡胶制品所选用的填料（补强填充剂）一般都应具有较好的化学惰性。

耐腐蚀橡胶制品的配方设计，主要采取如下几种方法：①针对不同使用条件，选择合适的橡胶品种；②减低化学介质向橡胶的扩散速度，提高胶料的致密性，也可以设法在橡胶表面形成一个防渗透层，如利用石蜡喷出或采用聚四氟乙烯涂覆表面等；③在橡胶中加入能够与化学介质反应的添加剂，抑制化学反应速率；④对橡胶进行化学改性，改变橡胶分子结构，如用一种封闭基团堵塞橡胶中易反应的位置等。

7.4.1　生胶体系

橡胶材料的耐腐蚀性能主要取决于橡胶分子结构的饱和性及取代基团的性质，因为介质对橡胶的破坏作用首先是向橡胶渗透、扩散，然后与橡胶中活泼基团反应，进而引起橡胶大分子中化学键和次价键的破坏，即橡胶分子与腐蚀物质作用。经过加成、取代以致裂解和结构化等一系列变化，使橡胶分子结构发生分解而失去弹性。所以，要使橡胶对化学腐蚀性物质有较好的稳定性，首先是其分子结构要有高度的饱和性，且不存在活泼的取代基团，或者在某些取代基团的存在下，橡胶分子结构中的活泼部分（如双键、a 氢原子等）被稳定。其次，如分子间作用力强，分子空间排列紧密，呈定向以致结晶作用，都会提高对化学腐蚀的稳定性。

耐酸碱性好的橡胶为氯磺化聚乙烯橡胶（CSM）、乙丙橡胶（EPR）、丁基橡胶（IIR）和氯丁橡胶（CR）。丁基橡胶（IIR）由于其分子结构的敛集性，使化学液难于渗入，因此耐化学药品性能优异。硅橡胶（Q）和氟橡胶（FPM）对若干酸碱也有较高的抗腐蚀性。特别是氟橡胶对浓酸及强氧化剂的耐力超过所有橡胶，位居各类橡胶之首。

一般二烯类橡胶如天然橡胶（NR）、丁苯橡胶（SBR）、氯丁橡胶（CR）等，在使用温度不高，介质浓度较小的情况下，通过适当的耐酸碱配合，硫化胶具有一定的耐普通酸碱的能力。对那些氧化性极强、腐蚀作用很大的化学介质（如浓硫酸、硝酸、铬酸等），则应选用氟橡胶（FPM）、丁基橡胶（IIR）等化学稳定性好的橡胶。橡胶和聚氯乙烯、聚乙烯、聚丙烯等化学稳定性好的塑料并用，可大大提高其耐化学药品性。

现按常见的介质种类分述如下。

（1）硫酸（H_2SO_4）　硫酸浓度高时有强氧化性，常温下除硅橡胶外，几乎所有橡胶对浓度 60％以下的硫酸都有较好的抗耐性。但在 70℃以上，对浓度 70％左右的硫酸，除天然橡胶硬质胶、丁基胶（IIR）、氯磺化聚乙烯橡胶（CSM）、乙丙橡胶（EPR）、氟橡胶（FPM）外，其它胶种皆不稳定。98％以上的浓硫酸或浓度 80％以上的高温硫酸，氧化作用都非常强烈，除氟橡胶以外皆不稳定。

表 7-24 列举了橡胶耐硫酸的情况。除氟橡胶（FPM）外，氯磺化聚乙烯橡胶（CSM）、氯化聚乙烯橡胶（CM）对体积分数为98％的硫酸也体现出较好的抗耐性。对氯磺化聚乙烯橡胶（CSM）90 份/天然橡胶（NR）7 份/丁二烯橡胶（BR）3 份，在常温下浸于体积分数为 98％的硫酸中 24h，伸长率仅下降 7％。对树脂硫化的丁基橡胶、丁基橡胶 50 份/氯化丁基橡胶 50 份，浸在体积分数为 80％硫酸中，90℃抗耐性仍好。三元乙丙橡胶耐体积分数为50％硫酸，室温浸 30d，ΔW 不大于 5％，用三元乙丙橡胶制作的衬里在体积分数为 50％硫酸，使达 6 年之久仍然光滑可用。实际上，天然橡胶硬质胶对体积分数为 50％硫酸已有很好的抗耐性。

表 7-24　橡胶耐硫酸性能

橡胶	硫酸体积分数/％	温度/℃	时间/d	体积变化率 ΔV/％
氟橡胶 FPM-26	95	70	28	4.8 ΔE 88
四丙氟橡胶 TP-2	99	100	3	7.4
氟橡胶 FPM-26	发烟	24	7	3.1
氟橡胶 FPM-23	发烟	24	27	1
四丙氟橡胶 TP-2	发烟	24	180	7.4
三元乙丙橡胶（EPDM）	发烟(62)	24	2	损坏
丁基橡胶（IIR）	发烟(62)	24	2	损坏
丁腈橡胶（NBR）		24	6h	损坏
丁苯橡胶（SBR）	发烟(62)	24	4h	损坏
氯丁橡胶（CR）	发烟(62)	24	2h	损坏
氯磺化聚乙烯橡胶（CSM）	98	24	40	完好
氯磺化聚乙烯橡胶（CSM）	82	80	11	Δm 6.4
三元乙丙橡胶（EPDM）	82	80	4	Δm 1.1
三元乙丙橡胶（EPDM）	98	24	1	40,胀裂
丁基橡胶（IIR）	98	24	1	发黏
氯丁橡胶（CR）/丁腈橡胶（NBR）	98	24	1	硬脆
聚异戊二烯橡胶（IR）	40	24	3	仍可用
氯化聚乙烯橡胶（NA-22/S）	98	24	21	ΔE 87
三元乙丙橡胶（EPDM）/S	98	24	21	ΔE 39
氯丁橡胶（CR）	98	24	2h	ΔE 0
软天然橡胶	50	24	10	ΔE 85
硬天然橡胶	60	24	10	ΔE 90
丁基橡胶/树脂	80	24	1	−0.6 Δm 0.61

注：ΔE—拉伸强度保持率；Δm—质量变化率。

（2）硝酸（HNO_3） 硝酸是氧化性强的酸，即使是稀硝酸溶液，对橡胶的氧化作用也很强烈。在室温下浓度高于5％以上时，只有氟橡胶（FPM）、树脂硫化的丁基橡胶（IIR）、氯磺化聚乙烯橡胶（CSM）有较好的稳定性，但温度在70℃以上浓度达60％时，只有23型氟橡胶和四丙氟橡胶尚可使用，其它橡胶均严重腐蚀，不能使用。

表7-25列举了橡胶耐高浓度硝酸的情况，由表得知四丙氟橡胶TP-2、氟橡胶FPM-23比氟橡胶FPM-26抗耐性更好。于70℃以下，体积分数低于60％的硝酸，二元乙丙橡胶（EPM）、氯磺化聚乙烯橡胶（CSM）相应可使用。丁基橡胶可耐体积分数为26％的硝酸，而氯丁橡胶浸泡于体积分数为10％的硝酸一个月（室温），Δm少于5％。

表 7-25　橡胶耐高浓度硝酸数据

橡胶品种	硝酸体积分数/％	温度/℃	时间/d	ΔV/％
氟橡胶 FPM-26	60	24	7	4.4
四丙氟橡胶 TP-2	60	24	180	5.1
四丙氟橡胶 TP-2	60	70	3	10　ΔE 44
氟橡胶 FPM-26	发烟	24	7	28
氟橡胶 FPM-23	发烟	24	27	24
四丙氟橡胶 TP-2	发烟	24	180	15
氟橡胶 FPM-23	发烟	24	1	0.5　ΔE 100
氯磺化聚乙烯橡胶（CSM）	发烟	24	1	炭化
丁基橡胶（IIR）	发烟	24	1	炭化
氯丁橡胶（CR）	发烟	24	1	炭化
二元乙丙橡胶（EPM）	100	24	3	破坏
氯磺化聚乙烯橡胶（CSM）	100	24	2h	损坏
丁基橡胶（IIR）	100	24	2h	损坏
天然橡胶（NR）/丁苯橡胶（SBR）	100	24	10min	损坏
氯丁橡胶（CR）/丁苯橡胶（SBR）	100	24	10min	损坏
氯磺化聚乙烯橡胶（CSM）	70	24		可以使用

注：ΔE—拉伸强度保持率。

(3) 盐酸（HCl） 橡胶在高温高浓度盐酸作用下，化学反应也较强烈。氯磺化聚乙烯橡胶（CSM）、二元乙丙橡胶（EPM）、三元乙丙橡胶（EPDM）、丁基橡胶（IIR）、丁腈橡胶（NBR）、氯丁橡胶（CR）、丁苯橡胶（硬胶）都有较好的耐盐酸性，其中树脂硫化的丁基橡胶较为突出。氟橡胶对高温、高浓度的盐酸有更好的稳定性。

表 7-26 是常见的橡胶耐盐酸性能。天然橡胶具有相对好的抗耐性，在高温、高浓度或适度真空度下，耐 HCl 腐蚀性加强，即使用天然橡胶硬质胶，盐酸同天然橡胶反应后会形成坚硬的膜阻止反应向纵深深入，这种膜具有优异的耐酸碱性，但没有弹性，对常温常压盐酸、酸雾可用一年多，于 0.05MPa、110~120℃、体积分数为 95％盐酸条件下也可用 3~6 个月，于 0.08MPa、70~80℃条件下仅能用一个月。对于丁苯橡胶硬质胶，于体积分数为 36％盐酸、80℃条件下可长久使用。丁基橡胶浸于盐酸中蒸煮也会有高的性能保持率（大于 85％），尤以树脂硫化者优异。而氯化丁基橡胶对 60％以上的盐酸（及硝酸和硫酸）高于 70℃也有好的耐腐蚀性。氢氟酸（HF）大致同盐酸差不多。

表 7-26　橡胶耐盐酸性能

橡胶及配合	浓度	温度/℃	时间/d	$\Delta V/\%$	$\Delta m/\%$
氟橡胶 FPM-26	37	70	7	3.2	
四丙氟橡胶 TP-2	37	70	3	7	
丁腈橡胶 26(S,秋兰姆)	37	70	10		26.5
丁苯橡胶(S,秋兰姆)	37	70	10		28
二元乙丙橡胶(DCP、MgO)	37	70	10		47.2
三元乙丙橡胶(PZ,秋兰姆)	37	70	10		20.6
丁基橡胶(树脂、沉淀白炭黑)	37	70	10		29
氯磺化聚乙烯橡胶(MgO)	37	70	10		24.7
甲基乙烯基硅橡胶(MVQ)(DCP、白炭黑)	37	70	10		17.5
苯基硅橡胶(PVMQ)(DCP、气相白炭黑)	37	70	10		35.9
氟橡胶 FPM-26(胺、MgO)					62.6
氟橡胶 FPM-23					−035
天然橡胶(软质)	30	24	10	ΔE 0.9	
氯丁橡胶(CR)	36	24	30		5

注：ΔE—拉伸强度保持率。

（4）氢氟酸（HF）　氢氟酸多数是与硝酸、盐酸等混合使用，对橡胶作用与盐酸类似，但渗透性比盐酸大得多，与天然橡胶作用不能生成表面硬膜。常温下，氢氟酸浓度在50％左右时，氯丁橡胶（CR）、丁基橡胶（IIR）、聚硫橡胶（T）不失去使用价值，但氢氟酸浓度超过50％时，只有氟橡胶才有较好的抗耐性。在氢氟酸和硝酸混合液中，聚氯乙烯的抗耐效果较好。

（5）铬酸　也是一种氧化能力很强的物质，除氟橡胶（FPM）、树脂硫化的丁基橡胶（IIR）、氯磺化聚乙烯橡胶（CSM）外，其它橡胶均不耐铬酸。氯磺化聚乙烯橡胶只能在常温、浓度50％以下的场合使用。氟橡胶（FPM）、聚氯乙烯树脂（PVC）对高浓度的铬酸具有良好的抗耐性。例如四丙氟橡胶 TP-2 在铬酸（46％）/硫酸（25％）中于 $24℃×7d$ 条件下，ΔV 为 2.6％，拉伸强度保持率为 11.5％。氯磺化聚乙烯橡胶耐体积分数为 40％铬酸，树脂硫化丁基橡胶耐铬酸亦好，而氯化丁基橡胶则特别优异。

（6）甲酸　甲酸具有腐蚀性，100℃时仅三元乙丙橡胶（EPDM）、丁基橡胶（IIR）可用，二烯烃类橡胶难以胜任。但在 120℃ 高压（1MPa）下，三元乙丙橡胶（EPDM）、丁基橡胶（IIR）对甲酸的腐蚀性亦无能为力。极性高的有机酸选用非极性橡胶，反之亦然。例如，对次氯酸钠漂白液，天然橡胶（NR）、氯丁橡胶（CR）、丁腈橡胶（NBR）不耐用，若用 NR/PE/PSR 并用，效果很好。

（7）磷酸　磷酸的酸性弱，在磷酸（55％）/硫酸（5％）中，于 $85℃×90d$ 条件下，氯丁橡胶的 ΔV 为 1％～6％，氯丁橡胶磷酸贮罐衬里寿命达 15 年之久；三元乙丙橡胶可在 120～140℃下长期工作。三元乙丙橡胶耐酸系数达 0.95，丁基橡胶仅为 0.6。

（8）醋酸　在冰醋酸中，即使常温下一般的橡胶也会产生很大的膨胀。丁基橡胶（IIR）和硅橡胶（Q）也会发生一定的膨胀现象，但几乎都不发生化学作用，所以即使浓度高达 90％，温度在

70℃左右时，仍有相当的抗耐性。

（9）碱　橡胶和一些碱金属的氢氧化物或氧化物一般不发生明显的反应。但胶料中不应含有二氧化硅类的填料，因为这类物质易与碱反应而被腐蚀。此外，在高温、高浓度碱溶液中氟橡胶易被腐蚀，硅橡胶也不耐碱。

碳链橡胶耐碱性均好，于 NaOH（50%）中加热 100℃×3d，四丙氟橡胶 TP-2 的 ΔV 仅为 1.1%，于 24℃×180d 条件下的 ΔV 仅为 0.5%；于 NaOH（40%）中，室温×10d，软质天然橡胶耐碱系数为 0.5，硬质天然橡胶的为 0.8；而氯丁橡胶于 24℃×30d 条件下，Δm 不大于 5%。自硫型氯丁橡胶衬里对质量分数为 50% NaOH 使用 6 年，光滑如初。若对质量分数为 40%NaOH，天然橡胶可在 65℃条件下使用，氯丁橡胶可在 93℃条件下使用，聚异丁烯则达到 100℃。另外，对于氨水，树脂硫化丁基橡胶的使用温度可达 150℃，三元乙丙橡胶对氨水、液氨均可达 150℃；90℃以下可用丁苯橡胶（SBR）、丁二烯橡胶（BR）、异戊橡胶（IR）。对于含二氧化碳的氨水，天然橡胶易受腐蚀，但掺入适量三元乙丙橡胶便可大大改进其性能。

耐酸碱主要使用碳链橡胶，M 类比 R 类好。但丙烯酸酯橡胶在水中膨胀大，在酸碱中不稳定。例如，对质量分数为 10% NaOH，于 100℃×72h 便部分分解了。按照使用温度、酸碱浓度、氧化性与腐蚀情况，氟橡胶（FPM）、氯磺化聚乙烯橡胶（CSM）、二元乙丙橡胶（EPM）、三元乙丙橡胶（EPDM）耐酸碱性好，丁基橡胶（IIR）、氯丁橡胶（CR）次之，天然橡胶（NR）、丁苯橡胶（SBR）、丁腈橡胶（NBR）等不饱和度大的橡胶只适用于低温度（如 80℃以下）、低浓度、非氧化性酸。实际上，即使是杂链橡胶，只要适当配合，是可以耐某些酸的，聚氨酯橡胶（PUR）在室温下浸于体积分数为 85%磷酸中 72h，变化并不大。表 7-27 和表 7-28 是几种对介质的适用性及选用范围。

表 7-27　常见几种橡胶对介质的适应性

化学物质	天然橡胶(NR)	丁基橡胶(IIR)	氯丁橡胶(CR)	丁腈橡胶(NBR)
氧	B	A	A	A
臭氧	D	B	B	D
氯气(干燥)	C	B	B	A
水蒸气	B	A	A	A
过氧化氢(5%,50℃)	C	A	B	B
次氯酸钠(5%,50℃)	C	B	C	C
氯酸钠(5%,50℃)	D	D	D	D
二氧化硫(20%,50℃)	B	A	B	B
硼酸	A	A	A	A
硫酸(30%,50℃)	A	A	A	A
硝酸(10%,常温)	D	B	B	C
磷酸(35%,常温)	B	A	A	B
氟化氢	D	B	C	C
铬酸	C	B	B	B
氨水	B	A	A	A
$Ca(OH)_2$	A	A	A	A
氯化钠(30%,70℃)	A	A	A	A

注：A—几乎不能腐蚀；B—稍有腐蚀，不影响使用；C—相当程度的腐蚀；D—严重腐蚀，不能使用。

在此列举的各种橡胶耐众多的化学药品腐蚀的性能仅供参考。由于配合体系的差异，可能与实际使用情况有差异。

某些有代表性的化学介质种类与适用的橡胶材料列于表7-29 中。

表 7-28 不同介质的橡胶选用

化学物质品种	浓度	软天然橡胶		硬天然橡胶		丁苯橡胶(SBR)		丁腈橡胶(NBR)		氯丁橡胶(CR)		丁基橡胶(IIR)		氯磺化聚乙烯橡胶(CSM)		氟橡胶(FPM)		三元乙丙橡胶(EPDM)		聚氯乙烯(PVC)	
		常温	70℃	常温	70℃	常温	70℃	常温	70℃	常温	70℃	常温	70℃	常温	70℃	常温	70℃	常温	70℃	常温	70℃
盐酸	5	A	A	A	A	A		A	A	A	A	A	A	A	A	A	A			A	A
	10	A	A	A	A	A		A	A	A	A	A	A	A	A	A	A			A	A
	20	A	A	A	A	A		A	B	A	A	A	A	A	A	A	A	A		A	A
	36	A	A	A	A	A	B	B	C	A	A	A	A	A	A	A	B	A		A	A
硫酸	10	A	A	A	A	A		B		A	A	A	B	A	A	A		A	A	A	A
	50	A	B	A	A	B		A	B	A	A	A	A	A	A	A	A	A	A	A	A
	70	A	C	A	B	C		C	C	B	B	C	C	C	C	A	A	C	C	A	A
	98	C	C	C	C	C	C	C	C	C	C	B	B	B	B	A	A	A	A	A	A
硝酸	5	C	C	A	C	C	C	C	C	A	C	A	A	A	B	A	A	A	A	A	A
	10	C	C	C	C	C	C	C	C	C	C	B	B	C	C	A	B	C	C	A	A
	50	C	C	C	C	C	C	C	C	C	C	B	B	C	C	A	C	C	C	A	A
氢氟酸	20	C	C	A	A	C	C	C	C	A	C	A	B	B	B	A	A	A		A	A
	40	A	A	A	A	C	C	C	C	A	C	A	A	B	C	A	A	A		A	A
铬酸	10	C	C	A	A	C	C	C	C	C	C	B	C	C	C	A	A	C	C	A	A
	25	C	C	C	A	C	C	C	C	C	C	B	C	C	C	A	A	C	C	A	A
磷酸	50	A	A	A	A	A	B	A	A	A	A	A	A	A	A	A	A	A	A	A	A
	100	A	B	A	B	B	B	B	B	B	A	A	A	A	A	A		A		A	A
乙酸	5	C	C	A	C	C	C	C	C	B	C	C	C	C	C	B		A		A	A
冰醋酸		C	C	B	B	C	C	C	C	B	A	C	C	C	C	A		A		A	A
氢氧化钠	5	A	A	A	A	A	A	A	A	A	A	A	A	A	A	A	A	A	A	A	A

注：A—可用；B—可以用，但要视使用途和条件而定；C—不可用。

表 7-29 代表性的化学药品及适用的橡胶

化学药品类别	药品代表举例	适用橡胶
无机酸类	盐酸、硝酸、硫酸、磷酸、铬酸	丁基橡胶(IIR)、三元乙丙橡胶(EPDM)、氯磺化聚乙烯橡胶(CSM)、氟橡胶(FPM)
有机酸类	醋酸、草酸、蚁酸、油酸、邻苯二甲酸	丁基橡胶(IIR)、甲基乙烯基硅橡胶(MVQ)、丁苯橡胶(SBR)
碱类	氢氧化钠、氢氧化钾、氨水	丁基橡胶(IIR)、三元乙丙橡胶(EPDM)、氯磺化聚乙烯橡胶(CSM)、丁苯橡胶(SBR)
盐类	氯化钠、硫酸镁、硝酸盐、氯化钾	丁腈橡胶(NBR)、氯磺化聚乙烯橡胶(CSM)、丁苯橡胶(SBR)
醇类	乙醇、丁醇、丙三醇	丁腈橡胶(NBR)、天然橡胶(NR)
酮类	丙酮、甲乙酮	丁基橡胶(IIR)、甲基乙烯基硅橡胶(MVQ)
酯类	醋酸丁酯、邻苯二甲酸二丁酯	甲基乙烯基硅橡胶(MVQ)
醚类	乙醚、丁醚	丁基橡胶(IIR)
胺类	1,4-二丁胺、三乙醇胺	丁基橡胶(IIR)
脂肪族类	丙烷、1,4-二丁烯、环乙烷、煤油	丁腈橡胶(NBR)、丙烯酸酯橡胶(ACM)、氟橡胶(FPM)
芳香族类	苯、二甲苯、甲苯、苯胺	氟橡胶(FPM)、均聚氯醚橡胶(CO)、共聚氯醚橡胶(ECO)
有机卤化物	四氯化碳、三氯乙烯、二氯乙烯	聚四氟乙烯(PTFE)

7.4.2 硫化体系

橡胶制品的耐腐蚀性能，主要取决于所选用橡胶材料的化学结构，但配合剂也相当重要。

橡胶材料在硫化过程中，由于交联作用，使交联密度增加，从而使橡胶大分子结构中的活性基团和双键逐渐减小，另外，由于生成了网状结构，使橡胶大分子链段的运动减弱，低分子物质的扩散作用受到严重阻碍，从而提高了橡胶对化学物质作用的稳定性，其耐溶剂和耐热性也相应提高。因此，提高硫化程度，即增加交联密度是提高硫化胶耐化学介质的有效手段（如硬质胶）。

增大硫化胶交联密度，有助于减少 ΔV，丁基橡胶自然硫化橡胶衬里（耐酸碱）硫化至 60% 交联密度便可投入使用，并让它在使用过程中进一步硫化，而且，自然硫化的同平板热硫化的效果相当。增大天然橡胶（NR）、丁苯橡胶（SBR）的硫用量的硬质胶比硫量少的软质胶耐酸碱性能更好。软质丁苯橡胶耐体积分数为 36% HCl 性能差，硬质丁苯橡胶可在 80% 长久使用。氯磺化聚乙烯橡胶对体积分数为 98% 硫酸，在 $24℃×72h$ 条件下不同的硫化体系的耐酸系数（按拉伸强度计算）是：M 2 份为 0.68，M 2 份/DM 1.2 份为 0.49，M 2 份/DM 1.2 份/松香 5 份为 0.57，S 1 份/TWID 2 份/SA 5 份为 0.85。二元乙丙橡胶中的金属氧化物导致产生亲水中心使溶胀（Δm）增大，促进了更活泼的氧化过程，没有金属氧化物的耐体积分数为 37% 的 HCl 最好，实际工作达两年之久。但对于溴化丁基橡胶耐氨水而论，吸酸体为 Pb_3O_4，泡 84d 的 ΔV 为 3%，氧化锌为 8%，无金属氧化物的为 10%。

硫黄是链烯烃橡胶（二烯类橡胶）（如天然、丁苯、丁腈和顺丁等橡胶）最主要的硫化剂，一般用量为 $1\sim4$ 份，在硬度和物理机械性能允许的条件下，尽可能提高硫黄用量是提高硫化胶耐化学腐蚀的有效措施，30 份以上硫黄的硬质硫化胶耐腐蚀效果最好，例如，配合 $50\sim60$ 份硫黄的硬质天然橡胶防腐衬里，其耐化学腐蚀性比天然橡胶的软质胶要好得多。即使是低硬度配方，使用 $4\sim5$ 份硫黄也能较好地提高化学稳定性。氧化锌易受碱的腐蚀，对于耐碱配方需慎用。

使用金属氧化物硫化的氯丁、氯磺化聚乙烯橡胶等橡胶在配方中加入 PbO 可明显提高橡胶对化学药品的稳定性，但使用 MgO 则效果不佳。不过使用 PbO 时，要注意其分散、毒性和胶料的焦烧问题。

对于饱和的碳链和杂链橡胶而言，交联键的类型对它们的化学稳定性有重要影响。例如，用树脂硫化的丁基橡胶的耐化学腐蚀性优于醌肟硫化的丁基橡胶，更远远优于硫黄硫化的丁基橡胶。用树脂硫化的乙丙橡胶，也比硫黄硫化胶耐腐蚀性好。用胺类或酚类硫化体系硫化的氟橡胶，耐化学腐蚀性明显降低；而用过氧化物和辐射硫化，则能保持它高的化学稳定性。

一般来说，碳—碳键稳定性最高，而醚键稳定性最低。当硫化胶在腐蚀介质中形成表面保护膜时，硫化胶的溶胀会明显减小，此时交联键类型的影响则相应减小。

对胺类硫化的氟橡胶，金属氧化物作为吸酸剂配入，不同的吸酸剂对氟橡胶橡胶的耐酸性有较大的影响，吸酸体使用 MgO 远不及 PbO/Pb_3O_4 耐酸性好。

MgO 作吸酸剂，氟橡胶的拉伸强度最大，硬度较低，但耐酸性最差；PbO 作吸酸剂，氟橡胶的耐酸性最好，且强伸性能也较好。几种吸酸剂对氟橡胶耐酸性的影响大小顺序为，$PbO > Pb_3O_4 > Ca(OH)_2 > ZnO > MgO$。

7.4.3 填料体系

耐化学腐蚀性介质的胶料配方，所选用的填料应具有化学惰性，不易和化学腐蚀介质反应，不被侵蚀，不含水溶性的电解质杂质。炭黑、陶土、滑石粉、硫酸钡、硅藻土等都是化学惰性的填料，推荐使用炭黑、陶土、硫酸钡、滑石粉等，其中以硫酸钡耐酸性能最好。碳酸钙、碳酸镁的耐酸性能差，不宜在耐酸胶料中使用。白炭黑表面有吸附水，因此用量小时效果不太好，但加 30 份以上时，粒子连接成网状，离子容易通过，从而使硫化胶的耐化学药品性和耐水性得以提高。在白炭黑中加入少量的乙二醇胺类和二甘醇（DEG），可以进一步提高硫化胶的耐腐蚀性能，效果会更加显著。

在耐碱胶料中，不宜使用二氧化硅填料和滑石粉，因为这些填料易与碱反应而被侵蚀。

在耐腐蚀橡胶配方中，应避免使用水溶性的和含水量高的填料和配合剂，因为胶料在高温下硫化时，水会迅速挥发而使硫化胶产生很多微孔，以致加大化学腐蚀性介质的渗透速度。通常配入一定量的矿物油膏或生石灰粉吸收水分。

使用 $CaCO_3$ 作为填料时，加入 36% HCl 的腐蚀性大，加入 40% HF 会放出气体，加入 42% 硫酸的腐蚀轻微，加入 9% 硝酸腐蚀。而对于陶土填料，仅 40％ HF 对其腐蚀性大。使用 $BaSO_4$ 为填料的对上述四种酸均可用，但对硫酸的效果不及炭黑与白炭黑。用于 82％硫酸的三元乙丙橡胶，采用 $BaSO_4$/白炭黑/HAF 比单用白炭黑好，陶土与滑石粉亦可用，如果配用氮化硅 40 份（200 目）则更好。石墨对甲酸、盐酸、磷酸有较好的抗耐性。对硝酸来说，使用 $BaSO_4$、MT 均好，炭黑优于白炭黑，如对于三元乙丙橡胶，含纯净 DCP 4 份，Δm 为 2.64％，含白垩的 DCP 6.25 份，Δm 竟达 16.83％。此外，硬质胶粉常用于耐酸橡胶中。

7.4.4　软化增塑体系

应选用不会被化学药品抽出，不易与化学药品起化学作用的增塑剂，例如酯类和植物油类在碱液中易产生皂化作用，在热碱液中往往会被抽出，致使制品体积收缩，以致丧失工作能力，所以在热碱液中不能使用这些增塑剂。在这种情况下，可使用低分子聚合物或耐碱的油膏等增塑剂。

对异戊橡胶（IR）、三元乙丙橡胶（EPDM）的耐硫酸配合中，使用凡士林 5 份/石蜡 2 份、凡士林 7 份、古马隆 5 份/石蜡 2 份的 Δm 分别为 $-0.05％$、0.08％、0.07％，ΔV 分别为 $-0.3％$、0.14％、$-1.50％$。

7.4.5　其它配合体系

① 应选用不会被化学药品抽出，不易与化学药品起化学作用的防老剂。

② 应避免使用水溶性配合剂，含水量高的配合剂对化学稳定性也有不利的影响。

③ 配入 1～2 份石蜡，可在制品表面形成保护膜，避免化学药品与橡胶表面直接接触，因而也可提高防腐效果。

7.5　减震橡胶的配方设计

阻尼的物理意义是力的衰减或物体在运动中的能量耗散。当物体受到外力作用而振动时，会产生一种使外力衰减的反力，称为阻尼力（或减震力）。它和作用力的比被称为阻尼系数。通常阻尼力的方向总是和运动的速度方向相反。因此，材料的阻尼系数越大，意味着其减震效果或阻尼效果越好。

以橡胶为主体的材料可以制成各种橡胶减震制品。橡胶是一种很理想的阻尼材料，称为黏弹性高阻尼材料。这是因为橡胶是大分子材料，分子体积庞大，在外力作用下导致剧烈的内摩擦，产生了反作用力。这种力在抗拒外来振动的过程中，一方面削弱了振动的幅度，另一方面又从机械能转化为热能，实现了能量转换。

减震橡胶用于防止振动和冲击，传递或缓冲振动和冲击的强度。

减震橡胶广泛应用于各种交通工具，如机车、汽车、舰船、飞机上配套的减震部件，铁轨减震垫、桥梁支座等。减震橡胶也广泛用于各种机器、发动机、设备仪器、自动化办公设施和家用电器中。近年来，一些大型建筑物和桥梁、计算机房等，也采用了隔离地震的层压橡胶垫支撑建筑物，以降低建筑物的地震响应。对于结构振动和结构噪声的阻尼处理，也广泛地使用特殊的橡胶。

以汽车用减震橡胶为例，对各种类型减震橡胶的性能要求如表7-30所示。

表 7-30　汽车用减震橡胶制品的基本性能要求

性　　能		发动机架	压杆装置	悬挂轴衬	颠簸限制器	中心承托架	扭振减震器
弹簧特性	静态	○	○	○	○	○	—
	动态	○	○	○	—	○	○
疲劳性能		○	○	○	—	○	○
耐热性能		○	—	—	—	○	○
耐光热性能		○	—	—	—	○	○
低温性能		○	—	—	—	○	○
耐臭氧性能		—	—	—	—	○	○
与金属件黏结的程度		○	○	○	—	○	○

注：○为重要；—为较不重要（或不需要）。对粘接型减震橡胶制品来说，○与—正好相反。

7.5.1　生胶体系

橡胶的阻尼性能主要取决于橡胶的分子结构，例如分子链上引入侧基或加大侧基的体积，因位阻效应可阻碍橡胶大分子的运动，增加分子之间的内摩擦，从而加大阻尼效果（如丁基橡胶、丁腈橡胶），使阻尼系数 tanδ 增大。结晶的存在也会降低体系的阻尼特性，例如在减震效果较好的氯化丁橡胶中混入结晶的异戊二烯橡胶，并用体系的阻尼系数将随异戊橡胶含量增加而降低。常用的几种橡胶的阻尼系数见表 7-31。

表 7-31　几种橡胶的阻尼系数

胶　　种	阻尼系数(tanδ)	胶　　种	阻尼系数(tanδ)
天然橡胶(NR)	0.05～0.15	丁腈橡胶(NBR)	0.25～0.40
丁苯橡胶(SBR)	0.15～0.30	丁基橡胶(IIR)	0.25～0.50
氯丁橡胶(CR)	0.15～0.30	硅橡胶(Q)	0.15～0.20

在通用橡胶中，丁基橡胶（IIR）和丁腈橡胶（NBR）的阻尼系数较大；丁苯橡胶（SBR）、氯丁橡胶（CR）、硅橡胶（Q）、聚氨酯橡胶（PUR）、乙丙橡胶（EPR）的阻尼系数中等；天然橡胶（NR）和丁二烯橡胶（BR）的阻尼系数最小。天然橡胶虽然阻尼系数较小，但其综合性能最好，耐疲劳性好，生热低、蠕变小，与金属件黏合性能好，因此，天然橡胶广泛地应用于减震橡胶，如要求耐低温，可与丁二烯橡胶并用；要求耐天候老化时，可选用氯丁橡胶；要求耐油时，可选用低丙烯腈含量的丁腈橡胶。对低温动态性能要求苛刻的减震橡胶，往往采用硅橡胶。一般要求低阻尼时，用天然橡胶。当要求高阻尼时，可采用丁基橡胶。

选择具有一定相容性和共硫化性的橡胶共混是加宽阻尼峰宽度的有效方法，这对提高阻尼特性和改善其它性能都是有利的。将两种不同玻璃化转变温度的橡胶进行共混，改变共混比，不仅可以得到不同模量和 tanδ 的橡胶，而且在两个玻璃化转变温度间获得较宽的阻尼峰，例如丁基橡胶（IIR）/三元乙丙橡胶（EPDM）、丁基橡胶（IIR）/甲基乙烯基硅橡胶（MVQ）。

在丁基橡胶中，一些有机小分子，虽然加入的量较少，但由于本身的结构及位阻的大小也可以对胶料的阻尼性能产生影响。

丁基橡胶与其它橡胶的相容性较差，但经卤化后的丁基橡胶，无论是氯化丁基橡胶还是溴化丁基橡胶与其它高分子材料均有较好的相容性，可与多种橡胶和树脂并用。丁基橡胶在低温区域本身有着较好的阻尼性能，但为了获得更好的综合性能，常将卤化丁基橡胶与其它橡胶共硫化，卤化丁基橡胶可与天然橡胶并用以获得更好的加工性能及更加优异的耐低温性能；选择适当的硫化体系，氯化丁基橡胶可以任意比例与丁苯橡胶并用，改善单一组分的耐热性、耐臭氧性、耐屈挠性和气密性；与氯丁橡胶并用可改善硫化胶的耐油性，产物的耐油性随着氯丁橡胶用量的增大而提高；与丁腈橡胶并用，可制得拉伸强度大、耐油性能优异的硫化胶；与氯磺化聚乙烯橡胶并用，可制得定伸应力、压缩永久变形小的硫化胶，用于制备特殊用途的制品；与三元乙丙橡胶并用，可制得压延性能好、易除气泡的胶料，用于制造要求耐候性、耐屈挠性好的制品。上述并用，仅限于对丁基橡胶低温阻尼性能及其它综合性能的改进。

丁基橡胶由于其特有的相态转变，具有很高的内耗峰值及较宽的耗散温区。其 tanδ 大于 0.3 的区域大约有 60℃，但在 10℃ 以上时阻尼值较低，这大大地限制了丁基橡胶阻尼材料在通常温度下的应用。为拓展其高温功能区，可将树脂采用动态硫化的方法加入丁基橡胶中，制得热塑性弹性体，以获得较好的高温阻尼性能及加工性能，如丁基橡胶与聚丙烯共混物。

丁基橡胶与树脂共混物的动态力学性能同时依赖于共混物组成和硫化程度，连续相的热塑性树脂使共混物易于加工，而合理地增加丁基橡胶含量及交联度，使"液—液"转变峰将丁基橡胶和树脂的转变峰交叠起来，可形成宽阻尼温域（－60℃到室温）的材料。

动态硫化丁基橡胶和树脂的共混物虽然在很大程度上改善了加工性能及高温阻尼性能，但是由于两相相容性不好，因此，阻尼性能及物理机械性能均较差。为改善两相相容性，可加入同时含有两种共混组分的嵌段或接枝共聚物作为增容剂，如甲基酚醛树脂（PR）。

7.5.2 硫化体系

硫化体系对减震橡胶的刚度、阻尼系数、耐热性、耐疲劳性均有较大的影响。较高硫化密度有助于阻尼效果的提高。

　　一般在硫化胶的网络结构中，交联键中的硫原子及游离硫越少，交联越牢固，硫化胶的弹性模量越大，阻尼系数越小。使用传统硫化体系，并适当提高交联程度，对减震和耐动态疲劳性有利，但耐热性不够。例如天然橡胶采用有效硫化体系和半有效硫化体系时，虽然耐热性得到改善，但抗疲劳性能以及金属件的黏着性则有下降的趋势。

　　某些耐热性较好的橡胶，如氟橡胶（FPM）、丙烯酸酯橡胶（ACM）、三元乙丙橡胶（EPDM）、硅橡胶（Q）、氢化丁腈橡胶（HNBR）、氯磺化聚乙烯橡胶（CSM）、共聚氯醚橡胶（ECO），由于它们在高变形下的耐疲劳性能以及与金属粘接的可靠性都比较差，因而不宜用作减震橡胶。如果需要使用这些橡胶则必须克服上述缺陷，通过高变形下（实际使用条件考核）的试验鉴定后方可使用。

　　丁基橡胶的硫化体系包括硫黄及给硫体硫化体系、树脂硫化体系和醌类硫化体系等。通过对用作阻尼材料丁基橡胶的硫化体系（硫黄硫化体系、酚醛树脂硫化体系、胺类硫化体系及硫脲硫化体系）比较研究得出：在拉伸强度及剪切强度大致接近的情况下，酚醛树脂硫化体系及硫脲硫化体系具有较高的 tanδ 及较小的拉断伸长率；而酚醛树脂硫化体系较硫脲体系具有较快的硫化速率和较低的硫化温度，且具有更强的抗硫化返原能力，在酚醛树脂硫化体系中加入适当的对二亚硝基苯及二苯胍，其综合性能更佳。

　　从丁基橡胶阻尼性能来看，由于促进剂本身的位阻效果，加入DZ 的胶料的回弹值最低，损耗能量最大，阻尼性能较好。加入 M 的胶料回弹值最大，损耗能量最小，阻尼性最差。老化后，加入DZ、CZ 的胶料，在高温长时间的加热条件下，回弹性反而增加，DZ、CZ 的热稳定性较差。

7.5.3　填料体系

　　填料是除橡胶之外影响胶料动态阻尼特性最为显著的因素，它与硫化胶的阻尼系数和模量有密切关系。减震橡胶的刚度（弹性模量）主要是通过调节填料和增塑剂来达到，而受胶种的影响较小。

硫化胶在形变的情况下，橡胶分子运动时，橡胶链段与填料之间或填料与填料之间的内摩擦，会使硫化胶的阻尼增大。该增值与填料和橡胶的相互作用及界面尺寸有关。炭黑等填料对黏弹体性能的影响取决于 4 个方面：粒子尺寸，聚集状态，表面化学性能及分散程度。填料的粒径越小，比表面积越大，则与橡胶分子的接触表面增加，物理结合点较多，触变性较大，在动态应变中产生滞后损耗，而且粒子之间的摩擦也会因表面积增大而增大，因此表现出 tanδ 较大，动、静态模量也较大。填料的活性越大，则与橡胶分子的作用越大，硫化胶的阻尼性和刚度也随之增加。填料粒子的形状对胶料的阻尼特性和模量也有影响，例如片状的云母粉可使硫化胶获得更高的阻尼和模量。

在减震橡胶的配方中，天然橡胶使用 SRF 和 MT 较好，在合成橡胶中，可使用 FEF 和 GPF。一般随炭黑用量增加，硫化胶的阻尼和刚度也随之提高。在炭黑用量一定的情况下，粒径小、活性大的高耐磨炭黑的阻尼性和刚度均高于半补强炭黑。另外，随炭黑用量增加，对振幅的依赖性也随之增大。

随振动振幅增加，炭黑用量越大，模量降低和阻尼增加越显著。在振幅很小（趋于 0）时，阻尼系数与填料含量关系不大。

综上可见，随炭黑粒径减小、活性增大、用量增加，减震橡胶的阻尼系数和模量也随之提高。但是从耐疲劳性来看，炭黑在减震橡胶中却有不良的影响，炭黑的粒径越小，则疲劳作用越显著，疲劳破坏也越重。

对于高阻尼隔震橡胶来说，在橡胶中加入炭黑等填料后，由于橡胶分子被炭黑粒子表面所吸附以及炭黑粒子间存在橡胶连续相和某些配合剂的不连续相，加上橡胶分子链本身的摩擦，使体系的表观黏度系数增大，且炭黑含量越高，黏度越大。若向橡胶、炭黑体系施加应力时，橡胶分子链产生的滑移从原来的炭黑—橡胶表面脱离，然后再重新吸附并使炭黑凝聚相破坏，而后再凝聚，产生很大的摩擦能。

为了尽可能提高减震橡胶的阻尼特性，降低蠕变及性能对温度的依赖性，往往在高阻尼隔震橡胶中配合一些特殊的填料，例如蛭石、石墨等，在由橡胶和特殊填料构成的体系内引起内摩擦，将施加到体系内的部分机械能转化为热能而耗散掉，这便是高阻尼隔震橡胶的减震原理。

白炭黑粒径小，补强效果仅次于炭黑，但是动态性能远不如炭黑。碳酸钙、陶土、碳酸镁等无机填料，补强性能一般较弱。为了获得规定的弹性模量，其用量比炭黑大，这对其它性能会产生不利的影响，所以一般很少采用。

硅橡胶的阻尼并不高，与氯丁橡胶相当，但其具有卓越的低温性能。为了提高其阻尼性能，可单用气相法白炭黑，硅橡胶的阻尼系数 $\tan\delta$ 随气相法白炭黑用量增加而增大，气相法白炭黑用量为60份时，硅橡胶的阻尼性能最好，当气相法白炭黑用量过高（如80份）时，由于分散不好，反而使阻尼系数下降。

适当添加增强炭黑有利于提高氯化丁基橡胶的阻尼性能，以添加量为35份左右效果最佳。使用其它填料，如用硅烷偶联剂处理的云母，对于拓宽丁基橡胶的阻尼温度及频率区也很有效。

7.5.4 增塑体系

用作减震橡胶的增塑剂，除了具有降低玻璃化温度 T_g 和改善加工性能的作用外，还要求使阻尼转变区增宽，这种增宽作用主要取决于增塑剂的特性及其与橡胶的相互作用。如果增塑剂在橡胶中只有一定限度的溶解度，或增塑剂根本不相容而纯属机械混合，则阻尼转变区就会变窄。

通常在减震橡胶中，随增塑剂用量增加，硫化胶的弹性模量降低，阻尼系数 $\tan\delta$ 增大。在减震橡胶中添加增塑剂，虽然能改善橡胶的低温性能和耐疲劳性能，但同时也会使蠕变和应力松弛速度增加，影响减震橡胶的阻尼特性和使用可靠性，因此增塑剂的用量不宜过多。

增塑剂添加量增加，最大损耗因子增大，损耗因子 $\beta \geqslant 0.7$ 的温度范围加宽，但最大阻尼时的温度降低，温度区域往低温区移动。

此外制造阻尼橡胶时主要应做到：炼胶时间不宜过长；硫化温度适当提高，硫化时间适当延长都能提高交联密度，对提高阻尼特性有利。

7.6 低透气性（气密性）橡胶的配方设计

气体透过材料的性质（能力）称为气体透过性，简称透气性。充气轮胎的内胎、输送气体的胶管和某些密封制品，均要求透气性低，气体难以通过。透气机理是基于高压侧的气体分子溶解、扩散于橡胶中，由低压侧逸散的过程。气体在橡胶中透过一般要经过溶解、扩散、蒸发三个过程。过程的第一阶段是气体被聚合物表面层吸附（溶解）；第二阶段是被吸收或溶解的气体在聚合物内部进行扩散；第三阶段是穿过聚合物的气体在另一侧解吸出来。所以橡胶的透气率与气体在橡胶中的溶解度、扩散速率、橡胶制品的表面积及经过的时间成正比，而与制品的厚度成反比。当橡胶制品的结构尺寸确定后，透气性主要取决于气体在橡胶中溶解度和扩散速度。

气体在橡胶中的溶解度，与气体的分子结构和橡胶的分子结构有关。一般，沸点高的气体容易溶于橡胶中；在化学组成上与橡胶相近的气体溶解度也较大。

气体在橡胶中的扩散性，则与气体分子的质量、体积大小、形状和化学性质以及橡胶的结构性质有关。气体的透过率（透过系数）$P=SD$，（S—溶解度；D—扩散系数）。D 值随气体分子体积、长度的增大而减小，尤其是气体分子呈不规则的分支形态时，D 值减少。就一定分子大小的气体而言，在橡胶中的扩散系数随橡胶分子链间的距离增大而增大。含有极性基团的极性橡胶，因其分子间的吸引力大，分子链之间的空隙小，因而能有效地阻止气体分子的扩散。当橡胶分子链上含有大侧基时，空间位阻较大，也能阻碍气体分子扩散。因此这两类橡胶的扩散系数都比较低。结晶型橡胶，因结晶时分子链排列紧密有序，所以气体也不易透过。

7.6.1 生胶体系

极性橡胶如丁腈橡胶（NBR）、氯丁橡胶（CR）、氟橡胶（FPM）等都有很好的耐气体透过性。分子链侧基对称、体积较大的橡胶，如丁基橡胶（IIR）、聚异丁烯橡胶，其耐透气性很优越。而玻璃化温度 T_g 低、分子链柔性好、链段易于活动的橡胶，如硅橡胶（Q）、丁二烯橡胶（BR）、天然橡胶（NR），其透气性则较大。

在常见的橡胶中，耐透气性最好的有丁基橡胶（IIR）、聚硫橡胶（T）、氯磺化聚乙烯橡胶（CSM）和氟橡胶（FPM）。从实际应用角度出发，目前使用最广的为丁基橡胶。在较高温度下，氯丁橡胶也表现出较好的耐透气性能，如 H_2 透气量（$cm^3/m^2 \cdot d \cdot atm$），在常温下（$23℃$）天然橡胶（NR）为 37，丁基橡胶（IIR）为 5.5，氯丁橡胶（CR）为 10，而到 $50℃$ 时则分别达到 91、17 和 28。气体透过性最高的为硅橡胶，在空气中约为天然橡胶的 27 倍，在氢气中为 10 倍，为制造透气性产品的良好材料。

用能够使大分子链段活动性降低的基团，代替硅原子上的部分甲基，可使硅橡胶的透气系数降低。例如氟硅橡胶对 H_2、N_2、O_2 和 CO_2 的透过系数是普通硅橡胶的 $2/3 \sim 4/5$。

综上所述，要求透气性小的橡胶制品，应选用侧基位阻较大的丁基橡胶（IIR）、聚异丁烯橡胶以及极性较大的均聚氯醚橡胶（CO）、高丙烯腈含量的丁腈橡胶（NBR）、聚氨酯橡胶（PUR）、氟橡胶（FPM）和环氧化天然橡胶。

7.6.2　其它配合体系

在进行低透气性橡胶配方设计时，除选用透气性小的橡胶之外，在其它配合体系的选择上应注意如下几点。

（1）硫化体系　提高交联密度可增加硫化胶的致密性，可使透气过程的活化能增大，使气体难以透过。因此，应适当增加硫黄用量，提高硫化程度。

（2）填料体系　填料对透气性的影响比较复杂，但在大多数情况下，加入填料能使透气性减小。具有片状结构的无机填料，如云母粉、滑石粉、石墨等，比球形粒子填料更能有效地降低透气性，只是这类填料对其它性能有不利的影响。增加填料用量，相当于降低了硫化胶中橡胶的体积分数，有助于提高硫化胶的耐透气性。

（3）软化增塑体系　加入增塑剂会增大硫化胶的透气性。例如，丁腈橡胶（NBR）、氟橡胶（FPM）、三元乙丙橡胶（EPDM）的硫化胶，即使在油中有很少量的溶胀（2%），也会使氮气和氦气的透过性增加 $1 \sim 2$ 倍。充油丁苯橡胶的透气性，比不充油的一般丁苯橡胶大。胶料中加入凡士林油时，氮气的透过性变大。因此，低透气性橡胶应尽量少用增塑剂和操作油等，因其用量增加时，透气性会显著增大。

（4）杂质　无论是生胶或配合剂都不应含有杂质。因为这些杂质会造成制品内部和表面的缺陷，严重损坏气密性，所以高气密性胶料配合剂应筛选后加入、混炼胶应过滤后方可使用。同样的理由，所有配合剂特别是填料，在胶料中要分散均匀，不能有结团现象，否则将使硫化胶的透气性增大。

7.7 真空橡胶的配方设计

可在 $10^{-1} \sim 133 \times 10^{-8}$ Pa 负压下长期使用的橡胶被称为耐真空橡胶，它具有高气密性、低透气、低失重等多种性能综合的特征。一般按照工作环境的负压（低于大气压）要求，耐真空橡胶分为如下的四个等级，见表 7-32。

表 7-32　橡胶耐真空等级

等　级	气压/Pa
低(粗)真空	133.3×10
中(低)真空	$133.3 \times 10 \sim 133.3 \times 10^{-3}$
高真空	$133.3 \times 10^{-3} \sim 133 \times 10^{-8}$
超高真空	$< 133.3 \times 10^{-8}$

耐真空橡胶制品大多用于高、精、尖领域，例如，宇宙飞船、太空航天站及人造卫星等方面。

7.7.1 生胶体系

对耐真空橡胶的性能要求，除了弹性体应具备的常规性能外，还需满足以下两个方面的独特要求。

（1）气密性　具体来说，就是要达到高气密和低漏气、低气体渗透等要求。因为导致真空系统中橡胶制品失效的主要原因是漏气，所以确保尽可能低的漏气率是十分关键的。但是漏气率随胶种不同而各异，各种橡胶的漏气率如表 7-33 所示。除漏气率外，气体渗透率（指气体在橡胶中的扩散能力（或速率））也是必须控制的指标。不同胶种的气体渗透率不同（见表7-34）。

表 7-33　各种橡胶在真空中的漏气率

胶　　种	漏气率($\times 10^{-8}$MPa)/[cm^3/(s·cm)]				
	23.9℃下	23.9℃,润滑油中	53.9℃下	149℃下	老化后
硅橡胶(Q)	39.3	0.24			
聚氨酯橡胶(PUR)	0.91	0.09	0.11	6.9	0.039
氟橡胶(填充矿物填料)	1.9	0.51		>39.3	0.67
氟橡胶(填充炭黑)	0.63	0.12	0.047	6.2	0.035
丁腈橡胶(低 ACN)	0.16	0.012	0.02		
丁腈橡胶(高 ACN)		0.012		1	0.012
氯丁橡胶(WRT)	0.15	0.024	0.024	3.9	0.012
丁基橡胶(IIR)	0.091	0.0012	0.024	7.9	0.0079

表 7-34　各种橡胶的气体渗透率

胶　　种	渗透率/[$\times 10^{-7} cm^3$/(s·cm²·cm)]	胶　　种	渗透率/[$\times 10^{-7} cm^3$/(s·cm²·cm)]
丁基橡胶(IIR)	0.32	氟橡胶(Viton A)	0.88
聚硫橡胶(T)	0.37	聚氨酯橡胶(PUR)	0.97
丁腈橡胶(低 ACN)	0.80	氯丁橡胶(CR)	0.98
丁腈橡胶(高 ACN)	0.41	丁苯橡胶(SBR)	2.90
氯磺化聚乙烯橡胶(CSM)	0.70	天然橡胶(NR)	4.40
氟橡胶	0.80	硅橡胶(Q)	4.50

　　橡胶在真空中的漏气率，取决于橡胶密封件的密封性能。密封性能与硫化胶的压缩永久变形及耐老化性能有关。只要结构设计合理、橡胶材料选择适宜，即可满足这一要求。

　　(2) 失重　在真空系统中工作的橡胶制品，由于高温、高能辐射以及某些介质的作用，在使用中可能发生化学反应，产生低分子挥发物，以及聚合物中低分子物的挥发物，软化增塑剂、防老剂等配合剂中的挥发物。这些挥发物在高度真空的减压条件下就会升华，导致硫化胶失重。通常在真空中的聚合物，大多数挥发性组分都会被抽出，从而引起硫化胶质量损失（失重）。升华与橡胶的结构及配方有关，表7-35列出了各胶种在真空中的失重率与时间的关系，在高真空条件下，失重率最高的为丁基橡胶（39%），而最低的是氟橡胶。这也就是为什么尽管丁基橡胶的气密性良好，但仍不适宜于在高真空、超高真空条件下使用的原因。因为从使用角度出发，在真空中橡胶的失重率不得大于10%。合成橡胶中残留的低分子组分，更容易在减压下升华，所以在进行真空橡胶配方设计时应加以注意。

表 7-35　各种橡胶在真空中的失重率与时间的关系

(50℃，$10^{-2} \sim 10^{-3}$Pa)　　　　　　　　单位：%

时间/h	0.1	1	3	5	10	15	20	25
天然橡胶(NR)	0.42	1.95	3.92	4.70				
氯丁橡胶(CR)	0.26	1.20	2.10	3.60				
丁腈橡胶(NBR)	0.38	1.09	3.30	4.18				
共聚氟乙醇胶	0.34	0.99	1.12	1.17	1.26	1.33	1.33	1.34
甲基乙烯基硅橡胶(MVQ)	0.17	0.36	0.43	0.45	0.46	0.48	0.50	0.50
氟橡胶 FPM-26	0.10	0.22	0.28	0.30	0.32	0.37	0.38	0.39
氟橡胶 FPM-246	0.06	0.14	0.16	0.18	0.20	0.20	0.20	0.20

由于升华，失重还会引起硫化胶性能的变化。例如软化增塑剂的挥发，会使硫化胶逐渐变硬、发脆，低温屈挠性劣化。由于升华作用而产生的低分子物的挥发，还可使硫化胶的透气性增大。硫化胶在真空中的失重率，随温度升高而增大，拉断伸长率则随温度升高而降低。

制造真空橡胶应以透气性小、升华量小为基本前提，一般选用氟橡胶（FPM）和丁基橡胶（IIR）较好。在高度为 $200 \sim 320$km 的高空中，真空度为 0.133×10^{-3}Pa 时，氯丁橡胶（CR）、丁腈橡胶（NBR）、丁基橡胶（IIR）、氟橡胶（FPM）皆可满足使用要求。当高度超过 643km 时，就只有氟橡胶才能满足要求。

选择橡胶品种时气密性和失重率必须兼顾。具体胶种的确定还要根据真空度要求而定。一般低真空要求的产品（例如灯泡厂的抽真空胶管）使用天然橡胶也可以，而对于耐高真空的制品，因为要兼顾失重，非选用高丙烯腈含量的丁腈橡胶（NBR）或氟橡胶（FPM）不可，耐超高真空的制品，最好选用维通（Viton）型氟橡胶。

另外，还需考虑到耐高、超高真空橡胶在投入使用前还要经过高温烧烤处理，所以主体材料的耐高温能力也必须兼顾，即选用的胶种除耐真空性能外，还必须经受住烧烤的高温，才能适于在 $10^{-6} \sim 10^{-7} Pa$ 或更高要求下使用，因此，几乎非氟橡胶和高丙烯腈含量的丁腈橡胶莫属。

7.7.2 其它配合体系

在进行真空橡胶配方设计时，应严格控制各种配合剂的挥发性。凡是容易挥发、喷出的配合剂，如增塑剂、操作油、石蜡、硫黄等，应注意用量不宜过多。此外，填料的品种和用量要适宜。采用辐射硫化工艺对真空橡胶有利。

增塑剂因挥发点低，剂量大，最好少用或不用。防老剂用量虽不大，但易挥发，也要少用。填料不宜使用白炭黑，配用适量的炭黑可降低气体渗透性，有助于耐真空。

第8章　特殊性能（专用性能）胶料的配方设计

8.1　海绵橡胶的配方设计

海绵橡胶是一种在固体或液体生胶中加入发泡剂，在硫化过程中，边硫化、边使发泡剂发生热分解，生成气体而制得的多孔硫化橡胶。

海绵橡胶密度小，弹性和屈挠性优异，具有较好的减震、隔音、隔热性能。海绵橡胶被广泛地应用于密封、减震、消音、绝热、服装、制鞋、家电、印染、健身器材和离子交换等方面。如汽车的挡风条、缓冲胶垫、建筑工程用密封垫片、弱电部件的绝热材料、减震材料、简易潜水服及鞋等制品。

海绵橡胶按孔眼的结构可分为：开孔（孔眼和孔眼之间相互连通）、闭孔（孔眼和孔眼之间被孔壁隔离，互不相通）和混合孔（开孔、闭孔两者同时兼有）三种。

海绵橡胶可用干胶制造，也可用胶乳制造。用干胶制造是通过发泡剂分解出的气体使橡胶发泡膨胀，形成海绵状的硫化胶；用胶乳制造主要是通过机械打泡，使胶乳成为泡沫，然后经凝固、硫化，形成海绵，所以这种橡胶也称为泡沫橡胶。此外，还有聚氨酯泡沫弹性体，它是用聚氨酯混炼胶、浇注胶和热塑胶，添加一定量的发泡剂，经特定的加工工艺而制成的一种合成泡沫弹性体。

用干胶制造海绵橡胶时，对胶料有如下要求。

a.胶料应具有足够的可塑度（低门尼黏度），胶料的可塑度与海绵橡胶的密度、孔眼结构及大小、起发倍率等有密切关系。海绵橡胶胶料的威氏可塑度一般控制在 0.5 以上。因此要特别注意其生胶的塑炼，尤其是天然橡胶（NR）、丁腈橡胶（NBR）等门尼黏度较大的生胶，应采用三段或四段塑炼，薄通次数多达 40～100 次。胶料中的配合剂应分散均匀，不得有结团现象，也不得混入杂质，否则会造成孔眼大小不均、鼓大泡现象。最好是先制成母胶，停放一天后过滤，然后再加入发泡剂和硫化剂。全部混炼后的胶料，至少要停放 2～7d 后再使用，这样有利于配合剂的分散。

b. 胶料的发泡速率要和硫化速率相匹配，这是海绵橡胶生产中最为重要的技术关键（详见硫化体系部分）。

c. 胶料的传热性要好，使内外泡孔均匀，硫化程度一致。

d. 发泡时胶料内部产生的压力应大于外部压力。

海绵橡胶的配方设计要考虑孔眼类型、大小与均匀性，以及其密度、硬度、手感、柔软度、表面状况、使用条件要求的物化性能。

8.1.1 生胶体系

所有的橡胶、乙烯-醋酸乙烯酯共聚物（EVA）、高苯乙烯（HS）以及橡塑共混的热塑性弹性体，均可用来制造海绵橡胶。具体胶种的选择，应根据制品的使用条件、制品物化性能的指标、制造方法及加工性能等进行综合考虑来确定。普通的海绵橡胶主要选用天然橡胶（NR）、丁苯橡胶（SBR）、丁二烯橡胶（BR），档次较低（如胶鞋普通中底）的可掺用一定量的再生胶。高级无臭鞋垫使用 EVA/橡胶并用，制造微孔鞋底可采用乙烯-醋酸乙烯酯共聚物（EVA）或高苯乙烯（HS）与通用橡胶并用，或采用丁腈橡胶（NBR）与聚氯乙烯共混。耐油的可选用丁腈橡胶（NBR）、氯丁橡胶（CR）、丁腈橡胶（NBR）/聚氯乙烯（PVC）、环氧化天然橡胶（ENR）等。要求耐热、耐臭氧老化时，可选用三元乙丙橡胶（EPDM）和硅橡胶（Q）。轻质（相对密度小于 1）且高硬度［不小于 80（邵尔 A）］、弯折回弹性优异的发泡片材常要用塑料/橡胶并用［单靠热塑性丁苯橡胶（SBS）或橡胶难以达到此综合要求］，从使用寿命、工艺、成本等综合考虑，较为理想的胶种是三元乙丙橡胶（EPDM）、氯丁橡胶（CR）。天然橡胶（NR）、丁苯橡胶（SBR）、丁二烯橡胶（BR）及其与塑料的共混料，多用于制造民用海绵橡胶制品，三元乙丙橡胶（EPDM）、氯丁橡胶（CR）多用于制造工业海绵橡胶制品。

　　要求耐天候老化性能的汽车门窗密封条多半选用三元乙丙橡胶，而建筑用垫片类的多选用硅橡胶，救生衣从耐天候性、手感性等方面考虑，宜选用氯丁橡胶。

　　海绵橡胶的孔眼类型同发泡剂分解的气体与橡胶的透过性相关。表 8-1 列出了几种橡胶的透过系数。数值大者容易穿透胶膜散逸，也就容易形成开孔，而释出 N_2 者容易形成闭孔。

　　含胶率相对大些有利于发泡，低于 30％ 就相对困难了。橡胶适度的可塑性关系到流动充模与发泡倍率。天然橡胶（NR）、氯丁橡胶（CR）借助薄通可获取适宜的可塑性，合成橡胶则收效不大，宜认真选取牌号（主要是门尼黏度低的生胶）。此外，不同的发泡-硫化方法对橡胶胶料可塑性的要求不尽相同，宜加以注意。

表 8-1　气体在橡胶中的透过系数（25℃）

橡　　胶	H_2	O_2	N_2	CO_2
天然橡胶（NR）	374	177	61	996
丁苯橡胶（SBR）	303	129	48	936
丁二烯橡胶（BR）	122	145	50	1050
氯丁橡胶（CR）	101	30	9	200
丁基橡胶（IIR）	56	10	2	40
丁腈橡胶（NBR）	89	18	5	141

注：丁腈橡胶的丙烯腈质量分数为 32％。

　　橡胶/橡胶、橡胶/塑料并用中的并用比及橡胶品种同孔眼性状、制品表面状况、密度密切相关。例如，高密度聚乙烯（HDPE）并用三元乙丙橡胶（EPDM）、异戊橡胶（IR），孔细而均匀，表观好，橡胶占 15％～25％ 时也是如此；并用丁二烯橡胶、丁苯橡胶，内孔不匀，表面常有不同程度的开裂。另外，对于乙烯-醋酸乙烯酯共聚物（EVA）/天然橡胶（NR），天然橡胶质量分数大于 30％，发泡倍率下降，小于 20％ 时效果较好。乙烯-醋酸乙烯酯共聚物（EVA）/三元乙丙橡胶（EPDM）/异戊橡胶（IR）三元并用不及乙烯-醋酸乙烯酯共聚物（EVA）/三元乙丙橡胶（EPDM）/异戊橡胶（IR）/溴化丁基橡胶（BIIR）四元并用具有的孔细均匀、柔软、密度小、收缩小，这也是乙烯-醋酸乙烯酯共聚物（EVA）仅并用天然橡胶（NR）、丁二烯橡胶

（BR）等所难以媲美的。但就乙烯-醋酸乙烯酯共聚物（EVA）/三元乙丙橡胶（EPDM）而论，国产三元乙丙橡胶不及 EPR-4045（日本），更不及 Royalon535（美国）的孔眼细密均匀、密度小、柔软。

发泡硫化后的边角料，薄通破碎，排除气体，可以重新掺用，节约成本。薄通时适当加入硬脂酸、树脂、填料等配合剂，常常获得更佳的效果。

海绵胶料在加热的硫化过程中，发泡剂分解生成的气体产生一定的压力，使胶料呈海绵状，在气体压力的支撑作用下，海绵处于稳定状态。但随着气体的溶解、渗透、扩散作用，海绵胶内气体压力减少。橡胶是具有弹性的物体，在发泡过程中，橡胶产生弹性伸长，随着压力的减少，即会产生一定的收缩。含胶量越大，产生收缩的可能性越大，致使产品在贮存过程中，尺寸的稳定性变差。

天然橡胶（NR）、丁二烯橡胶（BR）、丁苯橡胶（SBR）的气体渗透性大小为：丁二烯橡胶（BR）＞天然橡胶（NR）＞丁苯橡胶（SBR）。因此，采用天然橡胶（NR）与丁二烯橡胶（BR）并用时，随着丁二烯橡胶掺用量加大，海绵的收缩性增大。当丁二烯橡胶并用比高或单用丁二烯橡胶时，另外再加入一定量的丁苯橡胶，可以弥补海绵收缩过大的弊病。在这种情况下也可采取天然橡胶（NR）、丁二烯橡胶（BR）、丁苯橡胶（SBR）三胶并用。此外，随着丁二烯橡胶并用比例的增大，混炼时易产生脱辊，加入一定量的丁苯橡胶，能够改善工艺性能。

采用橡胶与适量的塑料并用的方法，可以减少海绵制品的收缩，制造颜色美观、性能良好、价格低、密度轻、弹性亦佳的海绵。适用的塑料品种主要有乙烯-醋酸乙烯酯共聚物（EVA）、高苯乙烯（HS）、聚乙烯（PE）、聚苯乙烯（PS）等。这些聚合物对气体具有较小的渗透性，在硫化过程中由于受热塑化，冷却后在胶料中能形成刚性的骨架，有阻止收缩作用，对解决海绵收缩有显著的效果。在橡胶中配入 20 份塑料即可克服海绵的收缩现象，但永久变形大。此外，热塑性树脂能改善胶料的流变性能，有利于发泡过程，并具有一定的补强性能，可以提高海绵制品的刚性。酚醛树脂、聚合松香脂对于克服海绵的收缩均有效果。酚醛树脂的熔点较高，直接加入不好分散，必须经过热炼后才能使用。

对丁腈橡胶（NBR）/聚氯乙烯（PVC）并用料，当丁腈橡胶（NBR）/聚氯乙烯（PVC）共混比为84/16，发泡剂DDL105用量为8～16份，硫化体系的硫黄、氧化锌、促进剂（TZ和TMTD）的用量分别为0.8份，2.1份，0.25份和0.06份，碳酸钙用量为40份，硫化发泡条件为150℃/（7～9）MPa×9min时，胶料的硫化与发泡速率匹配，海绵的密度和硬度小，泡孔均匀。

丁腈橡胶（NBR）/聚氯乙烯（PVC）二元共混体系，虽然所得泡沫质经、耐油性好，仍需要添加第三和第四组分加以改性。考虑到共混体系相容性，首先用与丁腈橡胶（NBR）/聚氯乙烯（PVC）相容性较好的乙烯-醋酸乙烯酯共聚物（EVA）、氯化聚乙烯橡胶（CM）共混改性。对于纯丁腈橡胶泡沫，耐油性、回弹性好，但其硬度较低。而对于丁腈橡胶（NBR）/聚氯乙烯（PVC）、丁腈橡胶（NBR）/乙烯-醋酸乙烯酯共聚物（EVA）、丁腈橡胶（NBR）/氯化聚乙烯橡胶（CM）二元体系而言，三者密度较之纯丁腈橡胶都有不同程度的降低，而且对性能影响的程度也各有侧重。聚氯乙烯（PVC）的加入虽然提高了耐油性，但导致硬度下降较多；EVA的加入，其显著优点就是体系硬度上升较大，断裂强度也较高；氯化聚乙烯橡胶的加入也使硬度下降而且弹性上升。三者对性能的影响无疑与其本身的性质有关。另外还与它们之间与丁腈橡胶相容性的好坏有关，聚氯乙烯（PVC）、乙烯-醋酸乙烯酯共聚物（EVA）以及氯化聚乙烯橡胶均使熔体黏弹性减少，泡孔易于长大，使密度均较纯丁腈橡胶泡沫低。虽然丁腈橡胶（NBR）/乙烯-醋酸乙烯酯共聚物（EVA）较丁腈橡胶（NBR）/乙烯-醋酸乙烯酯共聚物（EVA）/聚氯乙烯（PVC）硬度高，其它性能亦相差不多，但考虑到成本以及各种综合性能（密度、硬度、回弹性等）的可调性，宜选用丁腈橡胶（NBR），乙烯-醋酸乙烯酯共聚物（EVA），聚氯乙烯（PVC）三元共混体系。

8.1.2 发泡体系

主要是发泡剂、发泡助剂的选择。发泡剂是在硫化受热过程中能分解产生大量气体（如氮、二氧化碳、氨等）的物质，从而使胶料在硫化过程中形成多孔结构的硫化胶。欲制得很好海绵胶，对发泡剂品种的选择和用量的确定是重要的。

（1）对发泡剂的要求　用于海绵橡胶的发泡剂，应满足如下要求。

a.贮存稳定性好，对酸、碱、光、热稳定。

b.无毒、无臭、对人体无害，发泡后不产生污染，无臭味和异味。

c.分解时产生的热量小。

d.在短时间内能完成分解作用，发气量大，且可调节。

e.粒度均匀、易分散，粒子形态以球形为好。

f.在密闭的模腔中能充分分解。

选择发泡剂时应该注意以下几点：分解温度；分解气体的量；分解时产生的热量（放热反应、吸热反应）；分解气体和分解生成物的异味、毒性等卫生性能；混炼时的分散性能；与生胶的相容性；与硫化体系的匹配性；对制品的污染性；操作安全性；贮存稳定性等。

（2）发泡剂的种类　发泡剂分为有机和无机两种。

无机发泡剂有碳酸氢钠（$NaHCO_3$）、碳酸氢铵（NH_4HCO_3）、碳酸铵〔$(NH_4)_2CO_3$〕。碳酸氢钠在 $140℃$ 下迅速分解产生二氧化碳和水，水在高温条件下转变成水蒸气，其发气量可高达 $270mL/g$，而实际上往往只有理论量的一半，为提高发气量，需并用脂肪酸作发泡助剂。碳酸氢铵在受热条件下生成氨、二氧化碳和水，理论上它的发气量可达 $850mL/g$，但实际上它远不能达到此发气量。碳酸铵能分解出二氧化碳和氨。无机发泡剂售价低廉、易于购得。无机发泡剂分解温度低，即在胶料尚未呈现硫化活性时即已开始发泡，热分解出来的气体是氨、二氧化碳以及水蒸气，这些气体在橡胶中的渗透性大，因此在发泡过程中孔腔尚未牢固的情况下即会遭到破坏，只能制造孔眼较为粗大的开孔结构的海绵，难以制造出孔眼小、气孔结构大小均匀的闭孔海绵胶。所得的海绵胶孔眼大、气孔壁强度低、收缩率大、变形大。通常海绵橡胶主要使用加工稳定性和发气量稳定性较好的有机类发泡剂。

有机发泡剂的分解温度一般比无机发泡剂高，在接近橡胶硫化温度（$130\sim200℃$）的条件下能很好分解，分解放出的气体主要是氮气、氨气等，它在胶料中的溶解度小，渗透性低，适用于制造闭孔结构的海绵制品。在有机发泡剂中，主要使用的是发泡剂 AC、发泡剂 H、发泡剂 OBSH。

① ACDA（偶氮二甲酰胺）（发泡剂 AC）　它在热分解反应过程中产生氮气、一氧化碳和氨，发气量大约为 $250mL/g$，因其热分解温度较高，为 $200℃$ 左右，在橡胶海绵中配合 ACDA 时，还采用被称作发泡助剂的硬脂酸（SA）、尿素、氧化锌（ZnO）、吸湿剂（CaO）、硫化促进剂等助剂促进其分解。用 ACDA 制得的橡胶海绵的独立气泡多，且泡孔呈细微状，从而使橡胶表面保持良好。偶氮二甲酰胺的粒子细，易在胶料中分散均匀。另外，分解气体的量也多（主要为氮气），能获得高倍率的橡胶海绵。但是也存在着缺点，胶料中的水分和停放时的潮气会延迟硫化速率，其结果是影响发泡倍率。因此必须防止配合剂和填充材料受潮，以降低发泡时的不良现象。与发泡剂 H 相似的一点是热分解反应中有氨逸出，致使海绵的收缩率较大。

② OBSH（P,P'-氧联二苯磺酰肼）　配合 OBSH 的胶料焦烧速率快，交联密度低（扭矩值不上升）。其原因归结于分解的残留物中含有酸性物质。OBSH 与 ADCA 和 DPT 相比，分解气体（主要是氮气）量少，交联度也上不去，因此，要制造高倍率的橡胶海绵是困难的。但是 OBSH 的优点是对色泽无污染性，可制得白色海绵橡胶。不受胶料中水分的影响，能制得具有一定倍率的橡胶海绵。因此，OBSH 适用于对尺寸稳定有要求的三元乙丙橡胶制品的连续挤出硫化发泡。用量多时会显著延缓硫化，并引起跑气，因此用量再大也不能制得高发泡倍率的海绵胶。此外，该发泡剂有一定吸湿性，分散性较差。

③ DPT（N,N'-二亚硝基五亚甲基四胺）（发泡剂 H）　DPT 是橡胶海绵最早使用的发泡剂，价格适宜，成为比较常用的一种有机发泡剂。热分解反应中产生氮、氨以及甲醛，分解温度约为 $200℃$。在含有发泡剂 H 的胶料中，发泡助剂加入能降低发泡温度（将分解温度降到硫化温度左右），并能使发泡剂气体充分逸出，降低发泡剂的使用量，达到降低成本、提高质量的目的。常用发泡助剂有尿素、硬脂酸、明矾等。与尿素并用，可生成有硫化促进作用的副

产物六亚甲基四胺，加快了硫化速率，能够制得价廉高倍率海绵。但是，它分解时会产生毒性大的甲醛气体和具有强烈异味的六亚甲基四胺（易燃品）。还要注意的是，DPT 本身和酸性物质接触时容易起火。

发泡剂 H 应研磨成细小粉末，用 200 目筛网过筛后方可在混炼时加入胶料中，否则会因分散不均匀，导致胶料局部发泡不均匀，气孔结构不良，其用量为 5～10 份。使用发泡剂 H 的缺点是它在热分解时产生一定量的氨，氨在橡胶中的渗透性大，会影响到海绵的收缩特性。

（3）发泡剂用量　发泡剂用量与发泡剂倍率的关系如图 8-1 和表 8-2 所示，发泡剂 OBSH 的发泡倍率基本不受用量影响，但发泡剂 AC 则随用量增加发泡倍率增加。

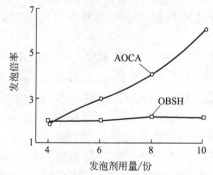

图 8-1　发泡剂倍率与发泡剂用量的关系

试验配方（质量份）：EPDM（中饱和度，丙烯含量 47%，门尼黏度 38）100；
SA1；ZnO5；FEF70；重钙 40；石蜡油 45；CaO5；PZ1；BZ1.5；
M1.5；DPTT0.7；S1.5；发泡剂变量

表 8-2　不同发泡剂及用量对海绵橡胶性能的影响

发泡剂		密度/(g/cm³)	发泡倍率	吸水率/%	压缩永久变形/%	表面状态
品种	用量/份			40℃×22h	70℃×22h,30%	
AC	4	0.63	1.8	4.1	39	良好
AC	6	0.39	3	4.2	43	良好
AC	8	0.28	4.1	8.1	61	良好
AC	10	0.19	6.1	17.1	80	良好

发泡剂		密度	发泡倍率	吸水率/%	压缩永久变形/%	表面状态
品种	用量/份	/(g/cm³)		40℃×22h	70℃×22h,30%	
OBSH	4	0.59	2	10.5	42	稍差
OBSH	6	0.58	2	9.8	45	稍差
OBSH	8	0.56	2.1	8.8	41	稍差
OBSH	10	0.56	2.1	9.3	46	稍差
无发泡剂	0	1.16	—	—	—	

注：发泡率＝无发泡剂硫化胶密度/海绵橡胶密度。

（4）发泡助剂　发泡剂 H、AC 等的分解温度都较高，在通常的硫化温度下，不能分解发泡，因此必须加入发泡助剂调节其分解温度。此外，加入发泡助剂还可减少气味和改善海绵制品表皮厚度。

常用的发泡助剂有有机酸和尿素及其衍生物。前者有硬脂酸、草酸、硼酸、苯二甲酸、水杨酸等，多用作发泡剂 H 的助剂；后者有氧化锌、硼砂等有机酸盐，多用作发泡剂 AC 的助剂，但分解温度只能降低至 170℃左右。发泡助剂的用量一般为发泡剂用量的 50%～100%，使用发泡助剂时，要注意对硫化速率的影响。

发泡剂与助发泡剂的品种同用量的组合影响到孔眼类型、大小及均匀性、发泡倍率、表面状况、（硫化后以及后续加热时的）收缩率、对硫化温度的选定和硫化历程，从而对硫化体系的组配也有不容忽视的影响。AC 比 H（DPT）延缓硫黄硫化体系的硫化，配用苯甲酸也使硫化变慢。

常配用助发泡剂调节分解温度，以便与硫化温度相适应，这也就自然影响到分解速率、释气量、孔眼状况及表面性状。

图 8-2 示出了助发泡剂调节 H 的分解温度、释气量的效力。另外，微波硫化的氯丁橡胶海绵，含 H 5 份，分别配用 2.5 份的硬脂酸、苯甲酸、尿素（助发泡剂），起发倍率分别为 150%、175%、107%，含硬脂酸的，表面光滑、孔细密且壁厚，含苯甲酸的，表面光滑、孔大又多、壁薄，含尿素的表面粗糙、孔少又不匀、壁厚，而且尿素难均匀分散。ZnO、明矾也可以降低 H 的分解温度，

但释气量差异不大。天然橡胶中，H（发泡剂）/N（助发泡剂）用量配比为 6/7.5，4/5，2/3 时，孔眼尺寸从小到大，手感从软到硬，包含了 H/N 比例及总量的效应。

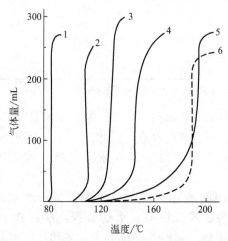

图 8-2　助发泡剂对 H 分解速率的效应（H＋助发泡剂）
1—水杨酸；2—苯甲酸；3—尿素；4—二乙基脲；5—SA；6—纯 H

从图 8-2 可见，AC 的分解同助发泡剂类型相关。

Ⅰ型，如尿素、缩二脲、乙醇胺等，促使 AC 迅速分解而自耗，随后 AC 分解减缓。

Ⅱ型，如 ZnO、ZnSA、CaSA、AlSA、CdSA、硼砂等，起初 AC 分解慢，一段时间后 AC 被激发而迅速分解。

Ⅰ型、Ⅱ型助发泡剂可同时使用，催化作用互不干扰，效果又好。图 8-3、表 8-3 同样表明几种助发泡剂对 AC 的效应，可供参考。就乙烯-醋酸乙烯酯共聚物（EVA）/三元乙丙橡胶（EPDM）或天然橡胶（NR）二元并用体系而言，氧化锌单用不及 ZnO/ZnSA 的孔细、发泡倍率高、柔软；而三碱式硫酸铅难分散。

实际上，采用助发泡剂 BaSt 的效果也相当好；明矾也可增大 AC 的发气量；而 AC/过氧化锌（ZnO_2）/偏苯三酸（1 份/0.5 份/0.1 份）可使释气量提高 2 倍。

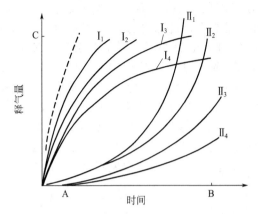

图 8-3　助发泡剂对 AC 分解的影响

Ⅰ—尿素；Ⅱ—氧化锌；1～4—用量，用量为 1 大，4 小；

A—45s；B—5.5min；C—发泡制品要求的气体量

表 8-3　AC 的助发泡剂的效能

助发泡剂	空白	三碱式硫酸铅	ZnSA	氧化锌	YA-202
分解温度/℃	201	159	160	157	162.5
释气量/(mL/g)	235	147	221.6	210	232

发泡剂不仅可单用（尤其是有机发泡剂少），也常常并用。例如，H 10 份/Na_2CO_3 5 份/NH_4HCO_3 5 份/明矾 5 份、H 8 份/Na_2CO_3 16 份/二甘醇 10 份、AC 4 份/无机发泡剂 13 份、H 7 份/$NaHCO_3$ 15 份/明矾 10 份。AC 同 H 按 1∶1 并用，可减少 AC 用量，制品表面也相对平整。

了解发泡剂的分解热效应、释出气体量、助发泡剂的效能等资料固然十分必要，但发泡剂在橡胶母体中的分解特性更加直接，实用性更强。图 8-4 是（含 H 5 份）各种橡胶的绝对增高值（Δh）同发泡温度的关系。由图可知，H 在各种橡胶中的分解温度分别为：丁腈橡胶（JSR-220S）105℃，丁苯橡胶（SBR）110℃，G 型氯丁橡胶 110℃，天然橡胶（NR）136℃，三元乙丙橡胶（EPT-4045）185℃，丁二烯橡胶（BR）200℃，丁腈橡胶（JSR-230S）135℃，三元乙丙橡胶（JSR-EP35）185℃（文献报道 H 的分解温度为 195

～200℃）。对于丁腈橡胶（NBR）、氯丁橡胶（CR）、丁苯橡胶（SBR），采用乳液聚合用的乳化剂、分散剂、凝聚剂以及天然橡胶中的非橡胶成分均活化 H 的热分解，以致可以不用"助发泡剂"来调节分解温度，而对于溶聚法的三元乙丙橡胶（EPDM）、丁二烯橡胶（BR）则影响较少，不同型号的丁腈橡胶（NBR）、三元乙丙橡胶（EPDM）差异亦十分显著。丁二烯橡胶（BR）/天然橡胶（NR）并用胶中的天然橡胶并用比只要不少于 40%，H 的分解温度就接近于纯天然橡胶的水平。另外，助发泡剂 ZnO、SA 对发泡剂 H 的辅助作用在丁二烯橡胶中也就不明显了。

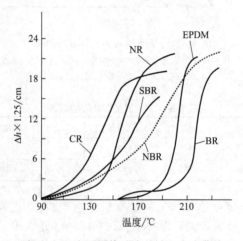

图 8-4　H 在不同橡胶中的升温发泡曲线

（5）发泡剂对硫化行为的影响　连续挤出硫化发泡的三元乙丙橡胶海绵胶，一般采用硫黄硫化体系进行硫化。发泡剂 H、发泡剂 AC、发泡剂 OBSH，以及最近已商品化的内含低沸点烃（异丁烷、正戊烷等）的微胶囊型发泡剂等，硫化促进剂会和发泡剂相互作用，从而影响发泡剂的分解温度。另外，发泡剂的种类对硫化速率和交联度也有影响。因此，在选择时应给予充分的考虑。各种发泡剂对三元乙丙橡胶硫黄硫化行为的影响如图 8-5 所示。内含低沸点烃微胶囊发泡剂的硫化行为曲线与不添加发泡剂的硫化曲线相同，对硫化行为无影响。此外，由图可知，发泡剂 H、发泡剂 AC 和发泡剂 OBSH 与发泡剂 BK（尿素）并用（如发泡剂 H/发泡剂 BK 并用和发泡剂 AC/发泡剂 BK 并用等），其硫化曲线与不添加发泡剂的都不相同，即对硫化行为有影响。发泡剂 H 分解副产物是有促进剂功能的六亚甲基四胺，因此发泡剂 H 和发泡剂 H/发泡剂 BK 并用胶料的硫化起步速度快。此外，发泡剂 AC 对硫化起步速度有延缓倾向，而发泡剂 AC/发泡剂 BK 并用时硫化起步速度更慢，这是因为并用的助发泡剂 BK 加速了发泡剂 AC 的分解。再者，发泡剂 OBSH 会显著降低硫化速率和硫化密度（转矩值）。这是因为发泡剂 OBSH 的分解副产物为酸性物质，并且与硫化体系（硫黄、促进剂等）相互反应从而降低了硫化体系中配合剂的作用。由于发泡剂对硫化行为的影响很大，所以在调整海绵橡胶配方的硫化速率时选择的促进剂等必须以发泡剂配合的最终胶料进行研讨。

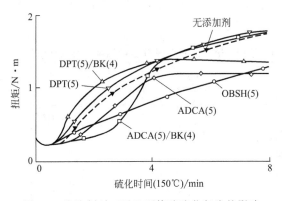

图 8-5 发泡剂对三元乙丙橡胶硫化行为的影响

试验配方（质量份）：EPDM100；SA1；ZnO5；FEF70；重质碳酸钙 40；石蜡油 40；CaO5；PZ1；BZ1.5；M1.5；TRA0.7；S1.5；各种发泡剂（见图 8-5）；发泡助剂 BK。

三元乙丙橡胶海绵胶和非海绵橡胶一样，对于硫黄硫化可采用几种促进剂并用的方式。对于连续挤出硫化海绵胶，为了在发泡前使橡胶表面硫化形成表皮层，以便提高强度，多数采取促进剂 PZ（二甲基二硫代氨基甲酸锌）和促进剂 ZDC（二乙基二硫代氨基甲酸锌）并用。此外，海绵橡胶内部导热差，要想在短时间内达到内部充分硫化就需要快速硫化。为加速硫化而增加促进剂PZ的用量，结果引起胶料在加工过程中焦烧和海绵橡胶制品喷霜，所以当促进剂PZ用量在1份以上时要注意。对此情况，多数是将促进剂PZ与喷霜性小的促进剂BZ（二丁基二硫代氨基甲酸锌）并用。

促进剂也有降低发泡剂分解温度的作用。发泡剂H、发泡剂AC和发泡剂OBSH与不同促进剂混合的分解温度分别如表8-4～表8-6所示。发泡剂H和发泡剂AC单用时分解温度约200℃，但与促进剂混合后分解温度大大降低。如发泡剂H与促进剂M混合时的分解温度为123℃，酸性强的促进剂M对发泡剂H分解温度降低幅度最大（见表8-4）。另外，含锌的促进剂BZ和促进剂PZ可降低发泡剂AC的分解温度（见表8-5）。其次，发泡剂OBSH单用时分解温度约160℃，而与促进剂D和促进剂H等碱性促进剂混合后分解温度大大降低（见表8-6）。

表8-4　不同促进剂对发泡剂H分解温度的影响（用量比1∶1）

促进剂	发泡剂H分解温度/℃	促进剂	发泡剂H分解温度/℃
PZ	146	N,N,N-三甲基硫脲	142
EZ	172	TeEDC	158
BZ	172	CZ	151
TT	150		
TMTM	156	DM	159
DPTT	160	M	123

表8-5　不同促进剂对发泡剂AC分解温度的影响
（AC与促进剂用量比1∶0.5）

促进剂	发泡剂AC分解温度/℃	促进剂	发泡剂AC分解温度/℃
BZ	148	DPTT	198
PZ	148	M	193

表 8-6 不同配合剂对发泡剂 OBSH 分解温度的影响

（OBSH 与促进剂用量比 1：0.5）

促进剂	发泡剂 OBSH 分解温度/℃	促进剂	发泡剂 OBSH 分解温度/℃
S	149	EZ	131
M	146	CZ	117
D	118	PX	151
DM	122	TeEDC	121
TT	116	N,N-二正丁基硫脲（BUR）	139
DPTT	124	N,N,N-三甲基硫脲（TMU）	126
TMTM	136	NA-22	112
TETD	120	苯甲酸铵	135
PZ	133	H	112
BZ	136		

在三元乙丙橡胶配方中，分别添加 4～10 份发泡剂 AC 和发泡剂 OBSH，其硫化特性如表 8-7、图 8-6、图 8-7 所示。

根据于 150℃、170℃ 和 190℃ 下测定的硫化曲线图，配合发泡剂 AC 的胶料在 170℃、190℃ 下，于模型中硫化的同时急剧发泡，胶料溢出模型外，并且产生跑气现象，所以硫化曲线异常。因此，发泡剂 AC 配合量大的胶料其转矩测定值低。

表 8-7 发泡剂变量与门尼焦烧（125℃）

发泡剂		V_m	t_5/min	t_{35}/min
品种	用量/质量份			
无发泡剂		25	4.5	8.1
AC	4	25	4.7	8.3
AC	6	25	4.8	8.5
AC	8	25	4.9	8.7
AC	10	24	5.1	9.3
OBSH	4	28	4.1	7
OBSH	6	28	3.9	6.6
OBSH	8	28	3.8	6.3
OBSH	10	28	3.7	6.1

试验配方（质量份）：三元乙丙橡胶（EPDM）（中饱和度，丙烯含量 47%，门尼黏度 38）100；SA1；ZnO5；FEF70；重钙 40；石蜡油 45；CaO5；PZ1；BZ1.5；M1.5；DPTT0.7；S1.5；发泡剂变量。

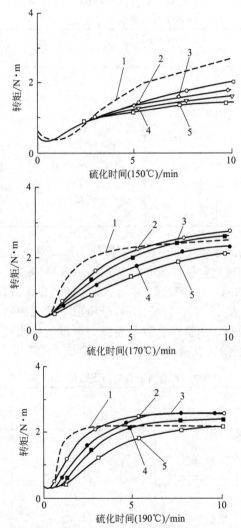

图 8-6　发泡剂 OBSH 变量的硫化曲线（ODR-100 型硫化仪，
150℃、170℃、190℃）

1—无发泡剂；2—发泡剂 OBSH4 份；3—发泡剂 OBSH6 份；4—发泡剂 OBSH8 份；
5—发泡剂 OBSH10 份

试验配方（质量份）：EPDM（中饱和度，丙烯含量 47％，门尼黏度 38）100；SA1；
ZnO5；FEF70；重钙 40；石蜡油 45；CaO5；PZ1；BZ1.5；M1.5；
DPTT0.7；S1.5；发泡剂变量

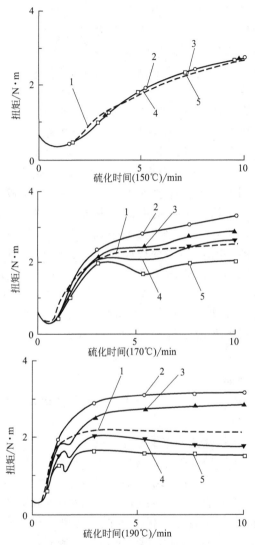

图 8-7　发泡剂 AC 变量的硫化曲线（ODR-100 型硫化仪，
150℃，170℃，190℃）

1—不加发泡剂；2—发泡剂 AC4 份；3—发泡剂 AC6 份；4—发泡剂 AC8 份；
5—发泡剂 AC10 份

试验配方（质量份）：EPDM（中饱和度，丙烯含量 47％，门尼黏度 38）100；SA1；
ZnO5；FEF70；重钙 40；石蜡油 45；CaO5；PZ1；BZ1.5；M1.5；
DPTT0.7；S1.5；发泡剂变量

对于发泡剂 OBSH 配合胶料，因发气量小而硫化曲线无异常表现，如图 8-6 所示。此外，发泡剂用量大存在延缓硫化的问题。这可认为是硫化体系的配合剂与发泡剂 OBSH 相互反应而阻碍了硫化的进行。发泡剂 AC 和发泡剂 OBSH 变量的三元乙丙橡胶海绵胶的发泡倍率如图 8-6、图 8-7 所示，试验用的三元乙丙橡胶海绵胶试样的制备是将混炼胶置于室温下停放 1 天，然后用挤出机挤压成 5mm 的圆筒状，继之置于 200℃ 的恒温箱中加热 15min，进行硫化发泡。由图 8-6、图 8-7 可见，对于发泡剂 AC，海绵橡胶发泡倍率随其用量增加而增大（密度减小），但对于发泡剂 OBSH，即使增加其用量，海绵橡胶发泡倍率也不见提高，这是因为发泡剂 OBSH 用量增加时，硫化延迟也进一步增强，结果发泡先于硫化而引起跑气，致使发泡倍率不能提高，发泡剂 OBSH 的海绵橡胶的表皮也比发泡剂 AC 的稍差。在比较同密度海绵橡胶的吸水率时，配合发泡剂 OBSH 的大于配合发泡剂 AC 的，这说明发泡剂 OBSH 比发泡剂 AC 容易制成开孔多的海绵橡胶。如将发泡剂 AC 与发泡剂 OBSH 并用可改善性能，制得发泡倍率稳定的，压缩永久变形和表皮优异的海绵橡胶。

8.1.3　硫化体系

设计海绵橡胶硫化体系的原则是使胶料的硫化速率与发泡剂的分解速率相匹配。

硫化过程中硫化速率与发泡速率的关系，可用图 8-8 说明。图中 A 为焦烧时间，AB 为热硫化的前期，BC 为热硫化的中期，CD 为热硫化后期，D 为正硫化点。如果在 A 点前发泡，此时胶料尚未开始交联，黏度很低，气体容易跑掉，得不到较好的气孔。当在 AB 阶段发泡时，这时黏度仍然较低，孔壁较弱，容易造成连孔（开孔）海绵。如果在 BC 阶段发泡，这时胶料已有足够程度的交联，黏度较高，孔壁较强，就会产生闭孔海绵。若在 D 点开始发泡，这时胶料已全部交联，黏度太高，亦不能发泡。因此必须根据发泡剂的分解速率来调整硫化速率。

海绵橡胶硫化速率和发泡速率的平衡非常重要（见表 8-8）。

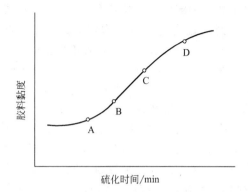

图 8-8 硫化过程与发泡的关系

表 8-8 硫化速率与海绵结构

硫化条件与状态	海绵结构
发泡先于硫化	易变成开孔,气泡不均匀,表皮粗糙
硫化先于发泡	易变成闭孔,表面良好
发泡和硫化同时进行	较理想,但实施困难
硫化不足	发泡不均匀,物理机械性能差,易变形
最佳硫化	发泡均匀,物理机械性能良好
硫化过度	发泡倍率降低,表面硬化或软化
低温长时间低速硫化	表皮薄,一般开孔多
高温短时间高速硫化	表皮厚,一般闭孔多

以往生产实践中，发泡速度与硫化速度的匹配主要依靠工艺人员的经验来控制，盲目性大，实验结果重现性差。现可采用硫化发泡仪分析探讨橡胶海绵发泡硫化过程中的匹配问题，硫化发泡仪可同时测定硫化速度（转矩值）和发泡引起的气压变化，有利于控制海绵胶配方技术和工艺管理。可用来研究硫化体系、发泡剂种类对匹配过程的影响，以期掌握各因素的影响规律，用以指导实际生产。

硫化速率与发泡剂分解速率的匹配情况可以从以下三个方面综

合考虑，加以判断：①硫化曲线与发泡曲线的走势。如果两曲线的走势基本同步，说明硫化速率与发泡剂分解速率匹配较好；②Δt值的大小。定义 t_1 为正硫化时间，t_2 为正发泡时间（定义气体压力达到最大压力90%时的时间），$\Delta t = t_1 - t_2$，$\Delta t \to 0$ 说明硫化速率与发泡速率匹配良好，$\Delta t > 0$ 说明硫化速率小于发泡速率，发泡剂分解产生的气体易于冲破孔壁而形成开孔结构，$\Delta t < 0$ 说明硫化速率大于发泡速率，有利于闭孔结构的形成；③发泡效果和制品性能，评价胶料能否成功地模压发泡及发泡制品性能的优劣。

硫化剂和硫化促进剂的选择是根据生胶的种类、硫化发泡方法（平板硫化机硫化，连续挤出的热空气硫化等）及橡胶海绵的性能而定。汽车门窗密封条等所用的三元乙丙橡胶橡胶海绵属于连续挤出的热空气硫化型，不适宜用过氧化物交联，通常使用硫黄硫化。

采用连续挤出工艺的热空气硫化发泡，最好在发泡前让橡胶表面先硫化，形成硫化表皮层后再发泡。因此需要选择硫化起始速度快的硫化促进剂。在三元乙丙橡胶配合技术中，多使用以 ZnMDC（二甲基二硫代氨基甲酸锌），ZnBDC（二丁基二硫代氨基甲酸锌），TMTD（二硫化四甲基秋兰姆）等硫化速率快的硫化促进剂为主体的并用体系。

对于硅橡胶海绵，硫化剂有机过氧化物按其活化能的高低可分为两类：一类是含羧基过氧化物，其活性较高，硫化分解温度较低，另一类是不含羧基的过氧化物，其活性较低，硫化分解温度高。分别以发泡剂 H 和尿素、发泡剂 AC 和尿素、发泡剂 OB 为相应的发泡体，以相对应的过氧化物作为硫化体系，组成硅橡胶海绵发泡、硫化体系，胶料配方示于表8-9，发泡曲线和硫化曲线见图8-9。

表 8-9　实验胶料配方　　　　　　　　单位：质量份

组成	胶料 A					胶料 B					胶料 C				
	A_1	A_2	A_3	A_4	A_5	B_1	B_2	B_3	B_4	B_5	C_1	C_2	C_3	C_4	C_5
发泡剂 OBSH	6	6	6	6	0										
发泡剂 H						6	6	6	6	0					
发泡剂 AC											6	6	6	6	0
尿素						3	3	3	3	0	3	3	3	3	0

续表

组成	胶料 A					胶料 B					胶料 C				
	A_1	A_2	A_3	A_4	A_5	B_1	B_2	B_3	B_4	B_5	C_1	C_2	C_3	C_4	C_5
DCP	0.2	0.4	0.8	1.2	1.2										
BP 膏						0.5	1.0	1.5	2.0	2.0					
DBPMH											0.2	0.4	0.8	1.2	1.2

其它组分（质量份）：甲基乙烯基硅橡胶（MVQ）100；羟基硅油 10；2 号气相白炭黑 35；三氧化二铁 2；MgO 0.5。

由图 8-9 各配方两条曲线的发展走势看，胶料 B 的两条曲线的走势基本同步，说明有较好的匹配，而胶料 A、胶料 C 的两条曲线的走势相差较远，匹配情况差。

观察胶料 A、胶料 C 的硫化曲线，发现只要加入发泡体系，扭矩几乎没有变化，说明胶料 A、胶料 C 的敏感性大。由于胶料 A 和胶料 C 是以不含羧基的过氧化物作为硫化剂，而其所用发泡剂 OBSH 的分解产物/发泡剂 AC 的分解产物三聚氰酸和三聚异氰酸以及发泡助剂尿素的分解产物都是酸性物质，会影响过氧化物自由基的生成，所以胶料 A 和胶料 C 因其硫化速率无法与发泡速率匹配而暂不予考虑。胶料 B 由于使用尿素助发泡剂使发泡剂 H 的热分解温度降到 120～130℃，而 BP 的热分解温度为 110～120℃，且由于 BP 为含有羧基的过氧化物，对酸的敏感性小，因此，发泡剂 H 及尿素分解的酸性物质对硫化剂 BP 的化学交联影响不大。

胶料 A、胶料 C 随着过氧化物用量的增加，硫化曲线的扭矩变化速度并没有增加，这说明发泡剂 AC、OBSH 产生的酸性物质并不只是消耗了过氧化物的一部分自由基，而是在整个机理上阻碍了过氧化物自由基的产生。综观 3 种发泡剂和发泡助剂尿素及它们之间的协同效应，结合有机过氧化物的特点，采用发泡剂 H 和发泡助剂尿素，硫化体系采用含羧基的过氧化物是较适宜的。

随着硫化温度的上升，有机过氧化物 BP 的硫化速率与有机发泡剂 H 和尿素的发泡速率差越来越大，而且，随着有机过氧化物用量的增加，这种差更加明显，因此，温度对硅橡胶海绵的硫化速

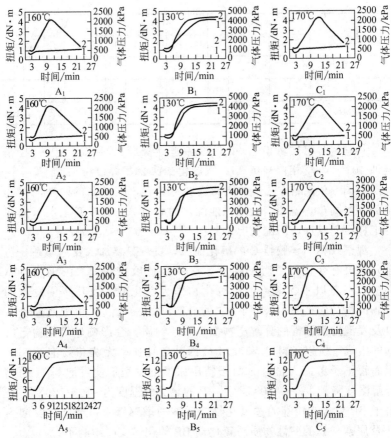

图 8-9　不同发泡体系的硅橡胶硫化发泡曲线
1—硫化曲线；2—发泡曲线

率与发泡速率的匹配的非常重要，从图 8-10 可看出，130℃下硫化速率和发泡速率的匹配较为合适。

　　虽然胶料 B_2 的硫化速率与发泡速率最为匹配，但海绵胶的硫化程度不够，拉伸强度偏小，综合物理机械性能差。增加硅橡胶海绵的硫化程度，必然增大硅橡胶海绵的硫化速率，而发泡剂 H 和尿素无法通过增加用量增大发泡速率，而只能通过提高温度增大发泡速率。可以看出，温度提高，硫化速率和发泡速率之间的差更加

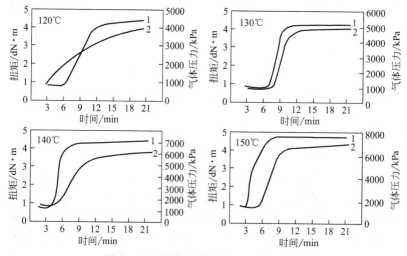

图 8-10　不同发泡体系的硫化发泡曲线
1—硫化曲线；2—发泡曲线

增大。因此，既要使硫化速率与发泡速率匹配，又要保证硅橡胶海绵足够的硫化程度，似乎无法实现，这就是采用以发泡剂 H 和尿素为发泡体系和以 BP 为硫化体系组成的硅橡胶海绵难以取得成功的原因。

普通橡胶较硅橡胶之所以容易制成海绵橡胶，是因为普通橡胶的硫化速率可以与硫化程度相脱离，通过调整促进剂可以使普通橡胶的硫化速率减慢，同时，不会降低普通橡胶的硫化程度。

以胶料 B_2 为基础，加入活化能较高的有机过氧化物 DBPMH，采用两次不同温度下的硫化工艺，先在 130℃ 下进行硫化，由图8-10 可看出硫化速率与发泡速率匹配，同时，由于 DBPMH 的分解温度较高，约170℃。因此在 130℃ 不参与硫化，不影响发泡与硫化速率的匹配，最后在 170℃ 下进行二次硫化，以提高硅橡胶硫化程度，改善硅橡胶的综合物理机械性能。

随着 DBPMH 用量的增加，硅橡胶海绵的拉伸强度明显增大，硬度明显增大，当 DBPMH 用量超过 1.5 份时，拉伸强度基本保持不变，说明硅橡胶海绵的硫化程度确实得到提高。同时密度基本不变，说明 DBPMH 的加入仅仅提高了硅橡胶海绵的硫化程度，达到了预想的结果，如表 8-10 所示。

表 8-10　不同 DBPMH 用量对硅橡胶海绵性能的影响

用量/份	0	0.5	1	1.5	2	2.5
密度/（g/cm³）	0.50	0.59	0.56	0.57	0.56	0.59
拉伸强度/MPa	0.32	0.40	0.65	0.85	0.89	0.87
邵尔 A 硬度	9	10	14	19	20	21

注：第一次硫化 130℃×10min；第二次硫化 170℃×15min。

按照硅橡胶海绵制品的加工工艺要求，采用发泡剂 H 和发泡剂尿素是最适宜的。在硅橡胶海绵发泡过程中，硅橡胶的硫化速率极快，采用一种过氧化物一次成型难度极大，所以应采用两种过氧化物并用，两次发泡硫化，即预发泡和二次硫化工艺，这样能使硫化和发泡速率相匹配，同时硫化程度满足物理机械性能的要求，成功地进行生产。在第一阶段预发泡过程中，必须严格控制其工艺条件，预发泡温度在（130℃±3）℃、预发泡时间在 7min 范围内可制得密度与孔径适宜的海绵材料。

发泡剂 H 对硫化过程的影响不大，加入发泡剂后能使最大转矩减小，主要是由于气体溶解在胶料中所起的增塑作用。气体量越大，增塑作用越大。这与塑料发泡过程中气体的增塑作用相似。当发泡剂 H 的用量在 0～12 份之间时能有效地调节发泡体的密度和硬度，若再增大发泡剂 H 的用量，试样在弹出模腔时会出现鼓泡、翘曲现象。

对三元乙丙橡胶海绵胶料，强弱不同的硫化体系对发泡剂 H 的分解速率和发气量几乎无影响，见图 8-11，这为研究采用不同的硫化体系进行发泡提供了方便。在实际的加工温度下，发泡剂的分解无诱导期，发泡明显快于硫化，即在发泡剂分解接近完成后硫化才刚刚开始，硫化曲线如图 8-12 所示。结合实际的发泡效果，如表 8-11 所示，过弱或过强的硫化体系都利于得到高发泡率和外观优良的发泡材料。最佳的配合是选择硫化诱导期与发泡剂完全分解时间相当的硫化体系，这一方面便于控制开始时的硫化程度，另一方面有利于厚制品的均匀发泡。硫化体系 B，其发泡过程与硫化过程能良好匹配，发泡效果最好。

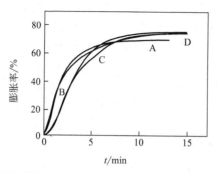

图 8-11 不同硫化体系下三元乙丙橡胶（EPDM）胶料的发泡曲线
（150℃）（发泡剂为 H）

A—含超促进剂的硫黄硫化体系；B—常规硫黄硫化体系；

C—延迟性硫黄硫化体系；D—过氧化物硫化体系

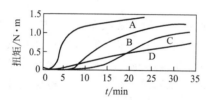

图 8-12 不同硫化体系下三元乙丙橡胶（EPDM）胶料的硫化曲线
（150℃）（发泡剂为 H）

A—含超促进剂的硫黄硫化体系；B—常规硫黄硫化体系；

C—延迟性硫黄硫化体系；D—过氧化物硫化体系

表 8-11 不同硫化体系下三元乙丙橡胶（EPDM）的发泡体性能

硫化体系	密度/(g/cm³)	邵尔 C 硬度	备　　注
A	0.350	30	孔径较小，表面光滑
B	0.280	25	孔径适中，表面较平整
C	0.276	22	孔径适中，表面不光滑
D	0.274	21	孔径较大，表面不平整

注：硫化温度为150℃，一次硫化时间取硫化50%时的时间。

天然橡胶拖鞋海绵底配方中硫黄的用量可确定为 3～3.5 份，

这比一般天然橡胶制品配方中的硫黄用量有适当的提高。增加硫黄用量可增加橡胶分子链间的交联键数量，减弱长链分子的活动性，有利于降低海绵胶的收缩率。当天然橡胶与丁二烯橡胶并用时，随着丁二烯橡胶掺用比例的增加，硫黄的用量应相应地减少。如掺用 25％丁二烯橡胶时，硫黄的用量可以确定为 2～2.5 份，此并用胶料中，硫黄用量多时会影响硫化胶的强伸性能及屈挠性能。促进剂的品种和用量对海绵制品孔眼影响很大。促进剂应选择能溶在橡胶中的品种。较好的硫化状态是在胶料受热开始发孔阶段促进剂不显活性，一经发孔促进剂迅速起作用，以防止孔壁陷落。一般情况下，可以使用促进剂 DM 与 CZ 并用或 DM 与 M 并用。适宜的硫化条件，可以控制发泡剂在胶料中受热分解引起发孔作用时促进剂 DM 不显活性，经发孔后促进剂 DM 很快起活性作用，使胶料定型下来。通过调节促进剂 DM 与 M 并用量，即能使胶料的硫化速率与发泡剂的发泡速率很好地匹配，制得孔眼较好的多孔制品。

硬脂酸的使用对海绵胶是重要的：SA 与 ZnO 相配合，在橡胶中起硫化活性剂的作用，影响着硫化速率；硬脂酸本身又是发泡剂 H、发泡剂 AC 等的助发泡剂，影响着发泡剂的发泡过程；硬脂酸在海绵胶中有发散气体的作用，使海绵胶得到闭孔性的孔眼；硬脂酸还是良好的可塑剂，能使硫化胶显得柔软。

硬脂酸在一般橡胶制品配方中的用量为 0.5～1.5 份，而在海绵胶料中通常使用量都较高，以使硫化后的海绵制品柔软性好，发孔均匀，但是硬脂酸的用量过大会起副作用，这主要是硬脂酸能与胶料中的碳酸盐类填料起反应，分解出二氧化碳和水：

$$2RCOOH + MgCO_3 \longrightarrow (RCOO)_2Mg + H_2O + CO_2$$

由于二氧化碳的渗透性比氮气大 18 倍，在橡胶中的溶解度要比氮气大 28 倍，随着二氧化碳在海绵胶料中的溶解、扩散和解吸作用，使海绵胶的孔眼结构失去稳定性，因此硬脂酸用量选 10 份即会增大拖鞋海绵的收缩，为了获得较理想的综合性能，在海绵配方中硬脂酸用量以 3 份较为合适。

硫化体系、发泡剂/助发泡剂的品种与用量的组配同发泡与硫化的速度匹配密切相关，发泡-硫化过程选用的温度、时间影响到交联速率、密度及发泡剂分解诱导期、释气量及速度，也就影响到发泡与硫化的速度匹配，从而关系到制取海绵制品的成败及其质量。例如，天然橡胶（NR）70份/丁二烯橡胶（BR）30份、S2.5份/DM1.5份/TMTD0.3份/ZnO5份/SA2份配用H3份为最佳选择。对乙烯-醋酸乙烯酯共聚物（EVA）100份/三元乙丙橡胶（EPDM）15～25份/聚氯乙烯（PVC）10份，采用DCP/TAIC/HVA-2作交联体系，140℃以上开始热分解，而AC配用ZnO/Zn-SA/SA助发泡剂，于160～180℃硫化与发泡，交联与发泡适配，得到了泡沫结构良好的海绵制品。对低密度聚乙烯（LDPE）两步法模压发泡，以DCP1份及AC20份/ZnO0.5份/ZnSA1份，于170℃模压硫化，无法模压出成型泡材。分析AC在170℃的恒温分解曲线及DCP的凝胶含量与模压时间曲线表明，低密度聚乙烯（LDPE）的交联反应速率慢于AC分解速率，两者不匹配，得不到合乎要求的产品。改用DCP1份/TAIC1份硫化体系，使交联与发泡的速度匹配，170℃仅模压硫化4min者得到表面平整、形状规则的泡沫，而3min与5min者底面或泡材破裂，工艺上难以控制。调低模压硫化温度为150℃，发泡与硫化速率仍然匹配，硫化9～12min皆可，但以10min为最佳成型时间。另外，硫化温度与时间的确定，也受制品厚度或模腔高度制约，对于厚者，温度宜低，硫化速率适当放慢。

8.1.4 填料体系

海绵橡胶对填料的要求是密度小、分散好，不会使胶料硬化，能调整胶料的可塑性和流动性以及有助于海绵的发泡过程。一般说来，各种填料对发泡剂的分解温度和分解速率基本上没有影响，但对于橡胶海绵的强度、耐久性等性能的改善、加工性能的改善、微孔结构和分布是否均匀及成本等方面都是非常重要的。填料的分散性很重要，其粒子的均匀分散能促进孔坯的形成，关系到发泡的均匀性及制品表面外观。分散好的填料有SRF、易混槽黑、轻质碳酸钙等。油膏可作为增容剂使用，兼有软化增塑剂的作用，但用量不宜过大。白炭黑、陶土、碳酸镁也可使用，但要注意分散性。最好采用几种填料并用，但用量不宜过大，否则会增大海绵橡胶的密度。对于挤出制品，最好选用不会使混炼胶黏度上升的 FEF 和 SRF 类炭黑，而填充材料则最好选用轻质碳酸钙、陶土等材料。

就海绵橡胶用填料，虽然大多数皆可用，但是具体品种宜按橡胶种类细心选择。SRF、HAF 对氯丁橡胶的发泡倍率、表面状况、孔眼细度与均匀性皆比 $CaCO_3$ 好。硅灰石可在 EVA/NR 海绵中代替 TiO_2 使用，发泡倍率更高些，比 $CaCO_3$ 好。在海绵橡胶配方中适量配入石墨、滑石粉等片状、扁平状填料，隔阻气体渗透，有利于外观质量。对于白炭黑、陶土等填料，其密度大，不利于获取低密度制品，对 AC、H 等发泡剂的吸附，必须从配方与混炼工艺上加以解决。此外，增大填料用量，可以使产品表面平整，减少后续加热时的收缩，但也有会使孔眼出现变粗的弊病。

微粉透闪石（简称 MFT，一种微观呈链状结构的硅酸盐，颗粒呈针状晶体，粒度为 1250 目）可用作丁腈橡胶耐油海绵橡胶的填料。胶料的门尼黏度较低，工艺性能较好，且发泡均匀细密，视密度小，回弹性好，是一种较好的浅色填料。

拖鞋海绵底的配方含胶量一般为 $20\%\sim30\%$，含胶量较低，这就需要填充大量的填料。拖鞋海绵底配方中使用填充材料除要考虑补强性能外，还要考虑成品的收缩性。在浅色海绵底胶料中，常用的碳酸镁、陶土、轻质碳酸钙相互对比的特点：碳酸镁具有一定的补强作用，适合作浅色和色泽比较鲜艳的产品，由于碳酸镁的分子结构为菱形，加入海绵胶料中能减少海绵制品的收缩；陶土具有一定的补强性能，价格较便宜，因此应用较多，胶料收缩性较使用碳酸镁大；轻质碳酸钙只能作一般填料用，不具备补强性能，使用轻钙作填料的海绵胶收缩性大。此外，白炭黑可用作海绵胶的浅色补强性填料（补强剂），其补强性能好，缺点是价格高限制了它的应用。

三元乙丙橡胶（EPDM）的生胶强度差，故选用炭黑作补强性填料（补强剂），补强性小的中粒子热裂法炭黑、半补强炉黑及快压出炉黑（挤出海绵胶用）的发泡效果较好。其它填料对三元乙丙橡胶海绵物理机械性能的影响如表 8-12 所示，硬质陶土和滑石粉类填料的效果较好。

表 8-12　填料对三元乙丙橡胶（EPDM）海绵物理机械性能的影响

项目	门尼黏度[ML(1+4)100℃]	160℃×15min			160℃×20min			综合评价
		发泡倍率	硬度	龟裂程度	发泡倍率	硬度	龟裂程度	
软质陶土	9	中	10	多	小	8	多	差
软质碳酸钙	11	中	5	多	小	7	多	差
活性碳酸钙	10	大	7	无	中	5	多	良
硬质陶土	12	大	7	无	中	6	无	优
煅烧陶土	13	大	7	无	中	7	少	良
超微片状滑石粉	12	大	8	无	中	7	无	优

试验配方（份）：EPDM100；SA1；ZnO5；促进剂 PZ/EZ/M 为 0.75/1.5/0.5；1,3-双（二甲基氨基丙基)-2-硫脲 1；操作油 60；白色填料 100；发泡剂 H/A 为 5/5；发泡剂 K-100（二亚硝基五亚甲基胺）11。发泡条件：160℃×15min，20min。

8.1.5　软化增塑体系

软化增塑剂可赋予生胶可塑性，由此来改善配合剂的分散性、混炼胶的加工性和成型性，此外，也有调节橡胶海绵制品硬度的作用。

海绵橡胶的发泡倍率和泡孔结构与胶料的门尼黏度有密切关系。一般胶料的门尼黏度控制在 30~50 之间，过大或过小都不能制出理想的海绵制品。

海绵橡胶可使用软化增塑剂调整胶料可塑性。所以对软化增塑剂的品种选择和用量设计要适宜，并应注意与橡胶的相容性好和对发泡过程无不利的影响。常用的软化增塑剂有：机油、变压器油、凡士林、环烷油、石蜡油、氧化石蜡、油膏和有机酯类等。要求发泡倍率大的橡胶海绵，一般最好选择软质胶料，软化增塑剂配合量大。硬脂酸虽可作软化增塑剂使用，但因它同时又是活性剂、发泡助剂，所以其用量应比实心制品多一些。软化增塑剂的用量一般为 10~30 质量份。

三元乙丙橡胶海绵一般采用与其相容性好的石蜡油作为软化增

塑剂。对丁腈橡胶海绵，仅用DBP、DOP，量多便喷霜，而采用松焦油/DOP并用就不喷霜。白油膏常用于海绵配方，但对弹性、柔软度、强度不利。三乙醇胺对氯丁橡胶的起发倍率比机油、氯化石蜡都好，几种并用效果就更好。应该注意，用软化增塑剂调胶料可塑性，降低胶料强度，从而降低孔壁强度，既有利于发泡的一面，也有穿透孔壁不利于发泡的一面，宜细心选择品种与用量。对膨胀发泡来说，软化增塑剂用量对发泡倍率、硬度、柔软程度往往并不重要。

8.1.6 防护体系

海绵橡胶是多孔结构，表面积较大，与空气的接触面积很大，比一般橡胶制品更易遭受到氧的破坏作用，容易老化，所以对海绵配方中防老剂用量和品种都应加以慎重选择。其选用原则是既有良好的防老化效果，又对发泡无不良的影响，用量则比一般实心橡胶制品多。黑色海绵橡胶多用防老剂RD、4010；浅色海绵橡胶多用非污染型防老剂，如2246、MB、DOD等。对于氯丁橡胶海绵，在要求耐热老化时，使用防老剂RD比较好；在要求耐臭氧老化时，可使用防老剂RD、4010NA和石蜡并用。防老剂AW虽然也有防止臭氧老化效果，但有污染性和延迟硫化的缺点。

石蜡作为物理防老剂，在海绵制品中应用十分重要，它能由制品的内部迁移到表面，形成石蜡薄膜，对橡胶起着保护作用。橡胶海绵配方中加入石蜡除起物理防老剂作用外，还可以降低胶料的气体渗透性。通常海绵配方中石蜡用量要比一般制品配方大，随着石蜡用量的增加，海绵发孔比较均匀，弹性也较好。一般的橡胶制品配方中的石蜡用量为0.5~1份，海绵配方中石蜡用量可达5份。但是在海绵胶料中过多的添加石蜡，会导致制品收缩性增大。

8.1.7 其它配合体系

为了便于加工工艺操作（防粘辊、易脱模），以及防止海绵橡胶制品受压缩时，海绵孔壁发生黏着现象，通常要加入加工助剂，常用的加工助剂有硬脂酸和石蜡。

某些海绵橡胶制品要求色泽鲜艳，如旅游鞋、海绵大底、乒乓球拍等，因此要特别注意着色剂的选择和搭配，此时应注意不能使用含有污染型防老剂的生胶。有时为了获得理想的色泽效果，需要几种着色剂并用，此时应特别注意并用比的恒定，以保证批量生产时色调一致。碳酸钙可能引起某些着色剂的迁移，制作彩色海绵橡胶制品时，应加以注意。

一般海绵橡胶胶料的可塑度较大，不易焦烧。但有时也加入适量的防焦剂，目的不是防止焦烧，而是调节发泡剂的分解速率和硫化速率。其用量一般为 $0.1 \sim 0.5$ 质量份，最高可达 1 质量份。

在海绵橡胶制品要求阻燃时，必须添加阻燃剂。常用的阻燃剂有氯化石蜡、Sb_2O_3、$Al(OH)_3$ 等。

最后还要强调指出：制造海绵橡胶除了配方设计外，还要控制好加工工艺，如塑炼、混炼、返炼、停放、硫化工艺等，由于海绵橡胶工艺条件范围很窄，所以其工艺条件的控制往往比选用原材料更困难。例如，混炼胶适度停放有利，超出停放期则变差，回炼能提高发泡倍率等。严格工艺历程的控制常常是获得优质海绵橡胶制品的关键。

8.2 电绝缘橡胶的配方设计

橡胶是一种电的不良导体，天然橡胶和大多数合成橡胶都具有很高的电阻率，一般把橡胶视为电绝缘材料。当对橡胶试样施加电压时，自由运动的离子或电子等带电载体进行移动，或者电子和离子等产生位移，或者偶极子产生定向等。电绝缘性高，就表示这种离子或电子等带电载体难以运动。电绝缘性很高时，电荷不能顺利通过。

电绝缘橡胶广泛用于各种橡胶电绝缘制品，例如各种电线、电缆、绝缘护套、高压输电线路用的绝缘子、绝缘胶带、绝缘手套、电视机的高压帽、绝缘阻燃楔子以及工业上和日常生活用品中的各种电绝缘橡胶制品。

电绝缘性一般通过绝缘电阻（体积电阻率和表面电阻率）、介电常数、介电损耗、击穿电压等基本电性能指标来表征和判断。

8.2.1 生胶体系

橡胶的电绝缘性与橡胶的分子结构有关，它主要取决于分子极性和饱和度。通常非极性橡胶例如天然橡胶（NR）、丁二烯橡胶（BR）、丁苯橡胶（SBR）、丁基橡胶（IIR）、乙丙橡胶（EPR）、硅橡胶（Q）的电绝缘性较好。其中硅橡胶（Q）、乙丙橡胶（EPR）、丁基橡胶（IIR）高压电绝缘性能较好，而且耐热性、耐臭氧、耐天候老化性能也比较好，是常用的电绝缘胶种。天然橡胶（NR）、丁苯橡胶（SBR）、丁二烯橡胶（BR）以及它们的并用胶，只能用于中低压产品。它们不仅耐热性和耐臭氧老化性能较差，而且丁苯橡胶（SBR）、丁二烯橡胶（BR）在合成过程中加入的乳化剂等残余物都是电解质，特别是水溶性离子对电绝缘性影响很大，因此这些橡胶用作电绝缘橡胶时，应严格控制其纯度。

极性橡胶不宜用作电绝缘橡胶，尤其是高压电绝缘制品。但氯丁橡胶（CR）、氯磺化聚乙烯橡胶（CSM）、氯化聚乙烯橡胶（CM）、氯化丁基橡胶（CIIR）由于具有良好的耐天候老化性能，可用于低绝缘程度的户外电绝缘制品。氟橡胶（FPM）、氯醚橡胶（CO、ECO）、丁腈橡胶（NBR）以及丁腈橡胶（NBR）/聚氯乙烯（PVC）的共混胶，可分别用作耐热、耐油、阻燃的电绝缘橡胶。

常用橡胶的电性能如表 8-13 所示。

表 8-13　各种橡胶（生胶）的电性能

胶　种	介电常数 (ε)	介电损耗 ($\tan\delta$)	体积电阻率 /$\Omega \cdot cm$	介电强度 /(MV/m)
天然橡胶（NR）	2.1～3.7	0.16～0.19	10^{15}～10^{17}	2.36～31.5
丁苯橡胶（SBR）	2.5～2.7	0.1～0.3	10^{14}～10^{15}	19.7～27.6
丁二烯橡胶（BR）			10^{14}～10^{15}	
丁腈橡胶（NBR）	7～12	5～6	10^{10}～10^{11}	20
氯丁橡胶（CR）	7～8	3	10^{8}～10^{13}	1.2～29.6
丁基橡胶（IIR）	2～2.5	0.04	1.2～4×10^{15}	24
三元乙丙橡胶（EPDM）	2～3.5	0.02～0.03	10^{15}～10^{17}	20～41.3
二元乙丙橡胶（EPM）	3.17～3.34		10^{15}～10^{17}	35.4
甲基乙烯基硅橡胶（MVQ）	3～4	0.04～0.06	10^{11}～10^{17}	15～23.6
氯磺化聚乙烯橡胶（CSM）			10^{14}	
氯化聚乙烯橡胶（CM）			10^{14}～10^{15}	0.22
共聚氯醚橡胶（ECO）			10^{8}	
氟橡胶（FPM）			10^{13}～10^{14}	
聚氨酯橡胶（PUR）			10^{9}～10^{12}	

续表

胶　　种	介电常数 （ε）	介电损耗 （tanδ）	体积电阻率 /Ω·cm	介电强度 /（MV/m）
丁腈橡胶（NBR）	7～12		10^{10}～10^{11}	20
丙烯酸酯橡胶（ACM）			10^{8}～10^{10}	1.6
热塑性聚氨酯　（TPU）			10^{12}	16～25
热塑性聚烯烃弹性体（TPO）			10^{16}	18～20
聚乙烯（PE）	2.28～2.35		＞10^{22}	17.7～27.3
交联聚乙烯（XLPE）	2.3		＞10^{15}	21.7～98.4
聚氯乙烯（PVC）	3.5～11.7		$1.4×10^{12}$	19.7～27.6
聚偏氟乙烯（PVDF）	7.46～13.2		$2×10^{14}$	10.2～37.4
聚四氟乙烯（PTFE）			10^{19}	15.7～19.7
氟化乙烯丙烯共聚物（全氟乙烯 　丙烯共聚物）（FEP）	2.06		$2×10^{14}$	78.7
丁基橡胶（IIR）	2.38～2.42		10^{17}	15.7～23.6

8.2.2　硫化体系

硫化体系对橡胶的电绝缘性有重要影响，不同类型的交联键，可使硫化胶产生不同的偶极矩。单硫键、双硫键、多硫键、碳—碳键，其分子的偶极矩各不相同，因此电绝缘性也不同。天然橡胶（NR）、丁苯橡胶（SBR）等通用橡胶，一般多以硫黄硫化体系为主。以天然橡胶为基础的硫化胶的电性能与硫黄用量的关系见图8-13。随硫黄用量的增加，初期电导率下降；当硫黄用量达到18份时，电导率呈最大值；再增加硫黄用量时，电导率又急剧下降。其介电常数（ε）和介电损耗（tanδ）随硫黄用量增加而增大；当硫黄用量达到10～14份时，出现最大值；超过该用量时，ε和tanδ又下降，电绝缘性又变好。尽管硫黄用量较大时能改善硫化胶的电绝缘性，但其耐热性大为降低。所以综合考虑，在软质绝缘橡胶中，以采用低硫或无硫硫化体系较为适宜。

以丁基橡胶为基础的电绝缘橡胶，最好使用醌肟硫化体系。常用的醌肟硫化体系有：对苯醌二肟/促进剂DM和二苯二甲酰苯醌二肟/硫黄（0.1质量份以下）。使用对苯醌二肟时，胶料的电性能优良，但容易焦烧。二苯二甲酰苯醌二肟具有与对苯醌二肟相近的性能，但能显著改善焦烧性能。由于醌肟硫化剂硫化时必须首先氧

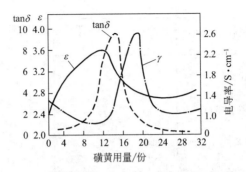

图 8-13　天然橡胶（NR）中硫黄用量与电性能的关系

化成二亚硝基苯，因此，该硫化体系中还必须加入氧化剂如一氧化铅（PbO）、铅丹（Pb_3O_4）等。加入促进剂 DM、M 可提高交联效率，改善胶料的焦烧性能。

　　使用醌肟硫化剂和过氧化物硫化的乙丙橡胶，电绝缘性和耐热性都比较优越。用过氧化物硫化时，与三烯丙基三异氰脲酸酯、二苯二甲酰苯醌二肟、少量硫黄等并用，可进一步改善其电绝缘性。促进剂以采用二硫代氨基甲酸盐类和噻唑类较好，秋兰姆类次之。碱性促进剂会增加胶料的吸水性，从而使电绝缘性下降，一般不宜使用。极性大和吸水性大的促进剂，会导致介电性能恶化，也不宜使用。

　　电绝缘材料都应具有良好的耐热性，因此三元乙丙橡胶橡胶可考虑采用过氧化物硫化。但过氧化物的品种及纯度含量不同，橡胶的、介电及力学性能差异较大。选用含量在98%以上的、适用于中高温分解的过氧化物 Varox[2,5-二甲基-2,5-二（叔丁基过氧化）]乙烷或 Lupersol130[2,5-二甲基-2,5-二（叔丁基过氧化）]乙炔，胶料力学性能、耐热空气老化性及绝缘性能，都比用普通的过氧化二异丙苯（DCP）硫化有所提高。为进一步提高橡胶的硫化特性和电气及力学性能，可添加一定量多官能团的酯类共硫化剂 TMPT（三甲基丙烯酸三羟甲基丙烷酯）以及低分子量的 1，2 聚丁二烯（HYS-TL）作硫化促进剂。

8.2.3　填料体系

　　填料的类别、用量是橡胶制品绝缘性、导电性最重要的配合因素。片状、扁平状粒子填料形成防电击穿的屏障，对电绝缘性有利。云母、绢英粉、滑石粉、白炭黑、Al_2O_3、$MgCO_3$、$CaCO_3$、陶土等非黑色无机填料，以及粒子大、结构度又低的炭黑如 MT，常用于电绝缘橡胶制品。

一般炭黑都能使电绝缘性降低，特别是高结构、比表面积大的炭黑，用量较大时很容易形成导电的通道，使电绝缘性明显降低，因此在电绝缘橡胶中一般不用炭黑。如果考虑到橡胶的强度等因素而不得不使用炭黑时，可选用粒径大、结构度低的中粒子热裂法炭黑（MT）和细粒子热裂法炭黑（FT）。其它炭黑除少量用作着色剂外，一般不宜使用。

电绝缘橡胶中常用的填料，有陶土、滑石粉、碳酸钙、云母粉、白炭黑等无机填料。高压电绝缘橡胶可使用滑石粉、煅烧陶土和表面处理过的陶土。低压电绝缘橡胶可选用碳酸钙、滑石粉和普通陶土。选用填料时，应格外注意填料的吸水性和含水率，因为吸水性强和含有水分的填料会使硫化胶的电绝缘性降低。为了减小填料表面的亲水性，提高填料与橡胶的亲和性，可以采用脂肪酸或硅烷偶联剂对陶土和白炭黑等无机填料进行表面改性处理。用硅烷偶联剂和低分子高聚物处理的无机填料，具有排斥橡胶与填料间水分的作用，这样就可以防止蒸汽硫化或长期浸水后电绝缘性的降低。

填料的粒子形状对电绝缘性能，特别是介电强度影响较大。例如片状滑石粉填充胶料的介电强度为 46.7MV/m，而针形纤维状的滑石粉为 20.4MV/m。因为片状填料在电绝缘橡胶中能形成防止击穿的障碍物，使击穿路线不能直线进行，所以片状的滑石粉、云母粉介电强度较高。

一般电绝缘橡胶配方中，填料的用量都比较多，因此对硫化胶的电绝缘性有很大的影响。增加填料用量，也可提高制品的介电强度。电绝缘橡胶中合理的填料用量，应根据各种电性能指标和物理机械性能指标综合考虑。

鉴于填料的绝缘体积电阻比橡胶的低，绝缘橡胶制品含胶率宜高。水溶物含量高或吸水性强的填料，会对电绝缘性产生不良影响。

一定量的填料能赋予橡胶必要的物理机械性能和可加工性能。

但随着填料的用量增加，橡胶的介电常数和介质损耗角正切都会急剧上升，因此填料不宜多加。

填充经硅烷偶联剂处理的煅烧陶土（STCO）的橡胶的介电性能，除绝缘电阻略逊外，其它性能则均比填充超细滑石粉（MTV）要好。原因是：陶土经 900℃ 左右的高温煅烧后，可降低其表面的亲水基团—OH 基含量；用硅烷偶联剂处理过后，则不但会更进一步封闭粒子表面的—OH 基团，使亲水性变为疏水性，由此材料的电绝缘性能可以得到更进一步的提高和稳定，而且硅烷偶联剂的另一端与橡胶结合成化学键，增加填料与橡胶的结合力，这进一步提高了橡胶的力学性能。其次，煅烧陶土的形状呈圆球状，可延长电击穿路径并对电击穿起屏障作用，从而提高了橡胶的介电性能。而超细滑石粉的形状呈片尖针状，容易引起绝缘层尖端放电而导致绝缘层雪崩和击穿，从而降低了橡胶的介电性能。再者，煅烧陶土的导热性比超细滑石粉要好，可降低绝缘层的热阻，并可降低绝缘层的介电损耗，从而可提高电缆的电流负载能力。

添加煅烧陶土后，橡胶的抗漏电起痕性能有所下降，但添加一定量的氢氧化铝则会有所改善。其原因是在热作用下氢氧化铝分解放出水蒸气，可吸收周围热量以降低橡胶表面放电处的温度，同时水蒸气气流可冲散橡胶表面沉积的碳微粒，阻止导电通路的形成，从而能有效地提高三元乙丙橡胶的抗漏电起痕性能。另外，随氢氧化铝用量的增加，降低了有机物质的比例，使暴露在热作用下的有机物减少，对阻止热分解有利。氢氧化铝还能增加橡胶的热导率，使抗漏电起痕性能进一步提高。但添加氢氧化铝后会使橡胶的绝缘性能和物理机械性能下降。

$Al(OH)_3$ 微粒表面含有大量的亲水—OH，其填充高聚物复合材料时，相当于 $Al(OH)_3$ 微粒在高聚物中的悬浮液，当其微粒浓度很高时，多个 $Al(OH)_3$ 微粒很容易通过表面吸附力凝聚成一团，形成附聚体。附聚体内微粒不仅会导致橡胶的物理机械性能下降，而且对橡胶的介电性能、防潮性和渗透性也有不利影响。因此，除要求在橡胶混炼过程中强烈地混合、捏合或辊压，以破坏附聚体、改善填料的分散性能、减少橡胶中的空气含量外，还可通过填料精细化和用填料表面处理剂加以改善。

Al(OH)$_3$经表面处理后，其对橡胶的介电性能及物理机械性能的影响会略有改善。硅烷类和钛酸酯类填料表面处理剂，由于该分子结构中含有不饱和基团，在橡胶的硫化过程中，可发生硫化反应，形成结合力较强的化学键。另外，实验发现前者易燃，会降低填料的灰烬效应，致使橡胶的阻燃性能下降；而后者由于含有磷元素，阻燃性能虽好，却使橡胶燃烧时产生大量的浓烟。因此在制备户外用阻燃三元乙丙橡胶绝缘材料时，应避免选用这两类填料表面处理剂。以硬脂酸锌作 Al(OH)$_3$ 表面处理剂，橡胶的综合性能较好，且对橡胶的物理机械性能与橡胶的柔软性、阻燃性之间的反作用影响较小。实验发现，经硬脂酸锌处理过的 Al(OH)$_3$ 用量超过120 份时，绝缘材料的加工性能、介电性能以及在户外的介电稳定性和物理机械性能都会急剧下降，同时也会使橡胶变得难以挤出，橡胶的柔软性也下降。

在硅橡胶阻燃绝缘制品中，硫化胶的体积电阻率、表面电阻率、介电强度等电性能随着氢氧化铝用量的增加而提高，故适当增加氢氧化铝的用量有助于提高硅橡胶硫化胶的电性能。值得一提的是，硅橡胶经过二段硫化后，其电性能得到显著改善。这是因二段硫化能除去大部分的硫化胶中所含有的易于引起离子离解的杂质（如硫化剂的分解产物、水分等），从而使其绝缘电阻率和介电强度得到改善并趋于稳定。

氢氧化铝可以有效提高硅橡胶的耐漏电起痕性能。原因有物理和化学两方面的作用。物理作用主要有水的清洗作用和体积效应，氢氧化铝在热作用下分解放出水蒸气，吸收大量热量，降低硫化胶表面放电处的温度，同时，水蒸气气流能冲掉橡胶表面沉积的碳化物，阻止或减缓硅橡胶表面导电通道的形成，从而有效地提高硅橡胶的耐漏电起痕和蚀损性能。另外，随着氢氧化铝用量增加，有机物的比例将降低，使暴露在热作用下的有机物减少，对阻止热分解有利。氢氧化铝还能提高硅橡胶的热导率，使耐漏电起痕和蚀损性能提高。化学作用主要是指在高温下氧与碳粒表面反应，生成一氧化碳和二氧化碳气体，清除了硅橡胶表面的碳粒，因而有利于阻止或减缓导电通道的形成。这两种作用中以物理作用为主。由此可见，当硅橡胶用作户外绝缘材料时，其配方中必须加入足够量的氢氧化铝，以满足电力设备对绝缘材料的使用要求。

在绝缘胶板中填料一般采用滑石粉、煅烧陶土和碳酸钙。陶土在空气的湿度为 100％时，能吸收本身质量 3％～5％的水分，同样湿度下，碳酸钙吸水 0.5％～0.6％，滑石粉则只吸收 0.04％。故选用粒子扁平的片状滑石粉为最优。

8.2.4　软化增塑体系

用天然橡胶（NR）、丁苯橡胶（SBR）、丁二烯橡胶（BR）制造耐低压的电绝缘橡胶制品时，通常选用石蜡烃油即可满足使用要求，其用量为 5～10 份。但在需要贴合成型时，石蜡烃油用量大将会喷出表面而影响黏着效果，此时可用石蜡烃油和古马隆树脂并用，以增加胶料的自黏性。用乙丙橡胶和丁基橡胶制造耐高压的电绝缘制品时，软化增塑剂的选择十分重要，它要求软化增塑剂既要耐热，又要保证高压下的电绝缘性能，对耐热性要求不高的电绝缘橡胶，可选用高芳烃油和环烷油作为操作油，因为含有大量苯环的高芳烃油，对提高介电强度有明显的效果。对既要求耐热又要求一定绝缘性能的增塑剂，可选用低黏度的聚丁烯类低聚物和相对分子质量较大的聚酯类增塑剂。但聚酯类化合物在用直接蒸汽硫化时，会引起水解，生成低分子极性化合物，从而使电绝缘性降低。

8.2.5　防护体系

电绝缘橡胶制品，特别是耐高压的电绝缘橡胶制品，在使用过程中，要承受高温和臭氧的作用，因此在设计电绝缘橡胶配方时，应注意选择好防护体系，以延长制品的使用寿命。一般采用胺类、对苯二胺类防老剂，并适当地使用抗臭氧剂，可获得较好的防护效果。例如配方中加入 3 份防老剂 H，能减少龟裂生成，加入 3 份防老剂 AW，可使龟裂增长慢。微晶蜡能对臭氧起隔离防护作用，用它与其它防老剂并用，防护效果较好。选用防老剂时，应注意胺类防老剂对过氧化物硫化有干扰。另外，要注意防老剂的吸水性和纯度。

8.2.6　其它配合体系

在满足加工工艺的情况下，加工助剂的加入量越少，橡胶的介电性能越好。由于 Noixiel 2722E 的门尼黏度较低，添加 5～7 份电绝缘性能较好的微晶石蜡（PW）即可。它不仅可以改善橡胶的加工性能，关键一点是还可以提高橡胶的耐电晕性、耐热和耐臭氧性能。添加的微晶石蜡可填充在橡胶与填料之间的空隙中，减少了空隙中空气在高压下的游离放电的可能性，同时延长了电击穿的路径，从而提高了橡胶的绝缘性能。原因是：在橡胶受热时，PW易喷出，且携带橡胶内部的防老剂覆盖在绝缘层表面形成有效的保护膜，从而进一步提高橡胶的耐臭氧和耐热空气老化性能。为进一步提高橡胶的耐热性能和在水中的电气稳定性，可加入 5～7 份的红丹和一定量的熔体流动速率为 2.0g/10min 左右的低密度聚乙烯。配合剂在橡胶中均匀分散对橡胶的绝缘与抗漏电起痕性能有利，为此可添加 4 份左右的均化剂 WB 222。

8.3 导电橡胶的配方设计

电阻率在 $10^4\Omega\cdot cm$ 以下的橡胶，称为导电橡胶。橡胶大多数都有不少于 $10^8\Omega\cdot cm$ 的体积电阻率（ρ_v），常常用作良好的绝缘材料。通过合理选用生胶和配合剂可以制出低电阻率的橡胶制品，也可以制造出具有一定导电性的橡胶制品。

导电高分子材料的分类见表 8-14。

表 8-14 导电高分子材料的分类

材 料	体积电阻率/$\Omega\cdot cm$	应 用	基 质	填 料
半导体材料	$10^7\sim10^{10}$	低电阻板（传真电极板）、静电配线纸、感光纸	合成涂料	金属氧化物
防带电材料（导静电材料）	$10^4\sim10^7$	抗静电模制品（盒、片材） 医疗用麻醉装置 抗静电胶带和胶管类 导电轮胎 抗静电胶辊 防爆电缆、X 射线电缆	PE、PS、ABS、PP 橡胶 橡胶 橡胶 橡胶 橡胶	炭黑
导电材料	$10^0\sim10^4$	表面发热体（暖房地板等） 电波屏蔽材料 连续硫化电缆、导电薄膜	塑料类PE、EVA、EPT、CR、Q	金属箔、金属粉 炭黑 碳纤维

材　料	体积电阻率 /$\Omega \cdot cm$	应　用	基　质	填　料
高导电材料 （超导电材料）	$10^{-3} \sim 10^{0}$	印刷线路、电极取出、传感器、计算机接点、连接器密封、电波屏蔽材料、导电涂料、导电黏合剂	硅橡胶、工程塑料类	金属粉、金属屑、金属纤维

　　按应用类型，导电橡胶可分两大类。第一类用来完全代替金属导体，即有均匀的电导率。此橡胶可用于屏蔽电磁干扰。对容易产生电磁波泄漏的接缝、孔隙可用导电橡胶封闭，常用硅橡胶作屏蔽材料。在设有电子电器设备的室内，也需要粘贴导电板材或片材屏蔽电磁波。这类橡胶用作导电橡胶制品时，加工性能好，可制成各种造型复杂、结构细小的导电制品。用于电气连接件时能与接触面紧密贴合，准确可靠、富有弹性，起减震和密封作用。用导电硅橡胶制作的各种规格密封圈、密封垫，如用于波导管法兰的密封和屏蔽，不仅可满足气压密封，而且可以防止微波传输泄漏（体积电阻率＜$4\Omega \cdot cm$、耐温$-60 \sim +200$℃）。这类橡胶还可用于电路连接，作导电胶黏剂，用于印刷电路、无线电集成电路、显示器等之间的连接，可省去大量焊接劳动，简化装备、缩小体积、降低成本、提高连接的准确和可靠性。

　　第二类，电阻率随加压程度而按比例地变化，用于探温器和呼吸敏感器（测定器）。该导电橡胶用硅橡胶加炭黑制成，不拉伸时电阻率高，拉伸时电阻率低，根据电阻读数可知伸长率与应力。有的导电橡胶在加压瞬间，其加压方向的电阻率会降低，降压后又迅速恢复成绝缘体，具有所谓开关功能。用这种橡胶作接点开关，可制成任意形状，成本低廉，广泛应用于音响设备、电视机、录相机、电话、玩具、复印机、打字机和电子计算机等。

8.3.1　生胶体系

　　导电橡胶的基体橡胶最好选择介电常数大的生胶，导电橡胶的常用胶为：天然橡胶（NR）、丁苯橡胶（SBR）、氯丁橡胶（CR）、丁腈橡胶（NBR）和硅橡胶（Q）。根据导电橡胶的不同用处可选用不同的橡胶，在与油相接触的环境中使用的导电橡胶，最好选用耐油橡胶，如丁腈橡胶（NBR）、氯醚橡胶（CO、ECO）、氯丁橡胶（CR）等。硅橡胶硬度小，可大量加入炭黑，可用在导电性要求高的场合。天然橡胶（NR）和丁苯橡胶（SBR）可用于导电地板和电磁屏蔽板。

含极性取代基（—Cl、—CN 等）的橡胶在电场中偶极极化，具有比非极性橡胶小的电阻率与介电强度、大的介电损耗和相对差的绝缘性，不宜用于绝缘性要求高的使用场合，适宜制取抗静电与导电制品。就同一配方来说，丁腈橡胶中丙烯腈质量分数从 15%～17% 上升至 36%～40%，电阻从 $5.1 \times 10^3 \Omega$ 降至 $1.1 \times 10^3 \Omega$。

橡胶并用或橡胶/塑料并用对电性能参数的效应值得重视。塑料/橡胶并用，如聚苯乙烯（PS）/三元乙丙橡胶（EPDM）、聚苯乙烯（PS）/PBD，不相容的橡胶并用如丁腈橡胶（NBR）/三元乙丙橡胶（EPDM）、丁腈橡胶（NBR）/异戊橡胶（IR）、天然橡胶（NR）/氯丁橡胶（CR），其 ρ_v 与并用比曲线在某个并用比或并用比范围内出现谷值。这类并用有可能是借助适量的硬质胶相使导电网络结构更加致密，或是通过炭黑等导电性配合剂在不相容橡胶对的相界面区富集，从而改进导电性。这样就可以采用较少的填料达到要求的导电效果，有利于加工时的流动，也降低硫化胶的硬度。

8.3.2 导电填料

导电橡胶的导电性能在很大程度上取决于导电填料的品种和用量。

现在使用的导电填料大致分为炭黑类和金属类，其主要种类和特点如表 8-15 所示。碳系导电填料是导电橡胶的最普通的填料。碳系填料又分为粒子状的炭黑和碳纤维类。其中粒子状的炭黑不仅可给予导电性，而且还具有提高硫化胶的机械强度、抗疲劳性和耐久老化性能等作用，此外稳定性非常好且价格便宜，用作导电橡胶的填料最适宜。炭黑用作导电填料以往使用乙炔炭黑和以油为原料的炉法炭黑类，而近年导电性极大的油炉法导电炭黑相继市售。导电炭黑主要品种有乙炔炭黑、特导电炉黑、超导电炉黑、导电炉黑和超耐磨炉黑，其价格便宜且易使用。此外，聚丙烯腈类和沥青类碳纤维也可用于特种导电橡胶。碳纤维类填料虽然在提高硫化胶的疲劳性能和物理机械性能方面较差，但若使用方法得当有时可获得极高的导电性能，可用于要求特种功能的导电橡胶制品。

表 8-15　导电填料的种类和特点

体　系	类　别	种　类	特　　点
炭系	炭黑	乙炔炭黑	纯度高,分散性好
		炉法炭黑	导电性高
		热裂法炭黑	导电性低,成本低
		槽法炭黑	导电性低,粒径小,用于着色
		其它炭黑	限定于黑色制品
	碳纤维	聚丙烯腈(PAN)类、沥青类	导电性好,成本高,加工存在问题。导电性比 PAN 低,成本低
	石墨	天然石墨 人造石墨	依产地而异,难粉细化
金属系	金属细粉末 金属氧化物 金属碎片 金属纤维	金、银、铜、镍合金等 ZnO、SnO_2、In_2O_2 铝 铝、镍、不锈钢	有氧化变质问题,金和银的价格高。可用于透明彩色制品,导电性差
其它	玻璃珠、纤维镀金属	金属表面涂层 镀金属	加工时存在变质问题

　　另外，金属类导电填料可使用金、白金、银、铜、镍、钢等细粉末和片状、箔状或加工成金属纤维状物。金、白金和银贵金属虽然稳定性优异，但价格高，限定用于特种用途。铜和镍类填料虽然价格较低，但存在因氧化而降低导电性能的缺点。作为改善这一缺点的方法，在廉价的金属粒子、玻璃珠、纤维等的表面上涂覆贵金属导电剂。

　　炭黑类填料的问题在于限定于黑色导电橡胶制品，而最近市场要求彩色鲜明且具有导电功能的制品，为此不得不使用上述金属类和无机金属盐类填料。不过，无机盐类填料虽然价格较低，但在给予导电性方面却比炭黑类差，因此其使用范围也受到限制。

　　导电炭黑不仅能赋予橡胶优良的导电性，而且还能赋予橡胶良好的力学性能，如强伸性能、弹性、耐磨性；另外，炭黑的价格相对便宜，与橡胶的混容性好，便于加工成型，因此炭黑是导电橡胶最主要的导电填料。具有中空结构的壳质炭黑，其导电功能优异。

在橡胶中添加导电填料时，随着导电填料用量增加和粒径减小，开始时电导率提高不明显，当导电填料粒子达到某一数值后，电导率就会发生一个跳跃，剧增几个或十几个数量级。导电填料用量达到或超过某一临界值 Φ_c 之后，导电填料填充的橡胶就成为导电橡胶了。该临界值相当于复合材料中导电填料粒子开始形成导电通路的临界值。不同导电填料在同一种橡胶中，或同一种导电填料在不同的橡胶中，该临界值是不同的。图 8-14 示出了乙炔炭黑和超导炭黑填充的天然橡胶（NR）、丁腈橡胶（NBR）和三元乙丙橡胶（EPDM）硫化胶的电阻率随炭黑用量而变化的情况。图 8-15 表示快压出炭黑 FEF 用量对天然橡胶（NR）、丁苯橡胶（SBR）、丁基橡胶（IIR）胶料导电性的影响。

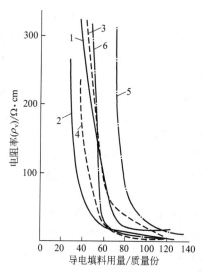

图 8-14　乙炔炭黑和超导炭黑填充的天然橡胶（NR）、丁腈橡胶（NBR）和三元乙丙橡胶（EPDM）硫化胶的电阻率随炭黑用量的变化

1—天然橡胶（NR）/乙炔炭黑；2—天然橡胶（NR）/超导炭黑；3—丁腈橡胶（NBR）/乙炔炭黑；4—丁腈橡胶（NBR）/超导炭黑；5—三元乙丙橡胶（EPDM）/乙炔炭黑；6—三元乙丙橡胶（EPDM）/超导炭黑

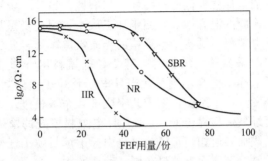

图 8-15　炭黑用量与电阻率的关系

　　如导电填料在胶料基体内形成高次结构，对体现导电功能极为有益。因此导电填料的长径比适当的大一些，对导电性有利。例如，对于 ABS 为基质的导电材料，使用银粉作为导电填料时，其配合量低于 20 份时，复合体的电阻率就达不到 $10^{-1} \sim 10^{-2} \Omega \cdot cm$，而使用银箔其配合量仅为 5 份即可达到这一电阻率。当基体材料为橡胶时，混炼中剪切力大，往往会因剪切作用而使填料的长径比降低，此时可以考虑采用抗剪切力强的不锈钢细纤维作导电填料。

　　丁腈橡胶中乙炔炭黑用量为 60～100 份，石墨用量为 20～40 份，锌粉用量为 0～15 份，硫化体系采用常硫量硫黄硫化体系（硫黄/氧化锌/促进剂 DM/促进剂 M），软化增塑剂用极性较低的变压器油时，导电性明显提高（体积电阻率 $10^0 \sim 10^3 \Omega \cdot cm$）。

　　石墨为结晶的层状结构，化学性质稳定，纯度高，导电性强，体积电阻率可达 $10\Omega \cdot cm$ 以下，但石墨与橡胶的结合能力差，多次弯曲会使橡胶导电性能下降，其加工性能亦不好，故宜与导电炭黑并用。石墨用量对导电丁腈橡胶性能的影响：体积电阻率在石墨用量不超过 40 份时，随石墨用量的增加而下降；石墨用量超过 40 份时，随着石墨用量增加，体积电阻率升高。这可能是由于石墨用量较大时，石墨破坏了原来由炭黑形成的导电网络，因此石墨的适宜用量为 20～40 份。

　　锌粉在橡胶中作导电填料时效果不如乙炔炭黑，同时大量锌粉加入橡胶，橡胶的物理机械性能受到影响，加入少量锌粉对其导电性能影响不大。

以甲基乙烯基硅橡胶（MVQ）为基胶，DCP 作交联剂，分别加入工艺上最大允许用量的乙炔炭黑、碳纤维、石墨、铜粉、铝粉、锌粉作导电填料，测定其二段硫化胶在室温下的体积电阻率作为判断导电性的指标，试验结果见表 8-16。

表 8-16 不同填料对导电硅橡胶导电性的影响

填料名称	乙炔炭黑	碳纤维（黏胶）	石墨（橡胶级）	铜粉（200 目）	铝粉（120 目）	锌粉（200 目）	白炭黑（4#）
允许加入量/份	80	60	100	170	100	170	40
体积电阻率/$\Omega \cdot cm$	1.3	1.3	2.8	$>10^5$	$>10^5$	$>10^5$	2.5×10^{15}
拉伸强度/MPa	4.2	1.6	1.3	1.0	0.8	0.6	10.0

以乙炔炭黑、碳纤维、石墨为填料的硅橡胶导电性能较好，体积电阻率只有 $1 \sim 3\Omega \cdot cm$；而以铜粉、铝粉、锌粉为填料的硅橡胶，体积电阻均大于 $10^5 \Omega \cdot cm$。但是碳纤维和石墨在硅橡胶中的补强效果差，工艺性能也不如乙炔炭黑。

随乙炔炭黑用量增加，甲基乙烯基硅橡胶（MVQ）硫化胶的体积电阻率降低，当乙炔炭黑在 30 份以下时，体积电阻率随炭黑用量增加而迅速降低。当乙炔炭黑达到 30 份以上时，体积电阻率缓慢降低。当乙炔炭黑超过 60 份时，电阻率变化很小。

在天然橡胶中随乙炔炭黑含量增加，胶料的电阻率下降。当炭黑加入量大于 80 份时，电阻率下降趋于平缓，这是由于随着乙炔炭黑加入量的增加，一方面体系中炭黑粒子间的距离缩小；另一方面由炭黑粒子排列形成的碳链数目也必将增加。考虑到胶料的物理机械性能，乙炔炭黑在天然橡胶中的加入量以不超过 80 份为宜。

在三元乙丙橡胶中，当用量不变时，SCF 炭黑具有最高的导电性，而乙炔炭黑却是最小的。$100\Omega \cdot cm$ 以下，SCF 炭黑的用量为 20 份，而乙炔炭黑的用量为 60 份，其余炭黑则 40 份左右。

填料表面的恰当处理，改进了填料的分散，减少了填料粒子聚集，减少了填料粒子之间的空气泡、微裂纹，也减少橡胶/填料界面处的缺陷，有利于形成导电网络通道及改进电性能。例如甲基乙烯基硅橡胶（MVQ）/HG-4/ACET 胶料，无 KH-550 的 ρ_v 为 3.6×$10^3\Omega\cdot cm$，加入 1 份为 2.5×$10^3\Omega\cdot cm$。因此导电橡胶对表面处理剂的品种、用量要认真选择。

导电填料的并用常见有协同效应，ρ_v 随并用比变化的曲线不遵从"加和律"，实测值常比加和值低。另外，在丁腈橡胶（NBR）、丁苯橡胶（SBR）、天然橡胶（NR）中，配入工业炭黑 40份/石墨 20 份，将石墨粒子置于立体的橡胶/炭黑网络结构之中形成了枝化导电结构，减少了绝缘层的数量，改进了其导电性。

8.3.3 硫化体系

硫化体系的组成及硫化工艺方法与条件关系到交联结构（交联密度、交联键类别与分布、主链改性、网外物），从而产生不同的偶极矩，另外，还关系到橡胶/填料间的相互作用以及形成的结构，对橡胶的导电性有着重大影响。烯烃类橡胶常常采用低硫以至无硫硫化体系，丁基橡胶采用醌肟硫化体系，三元乙丙橡胶采用醌肟或过氧化物硫化体系，这些方法都能获取好的电绝缘性。加成硫化的炭黑填充硅胶具有比高温过氧化物硫化更低的 ρ_v 值。对氯化聚乙烯橡胶/过氧化物来说，共交联剂 TAIC、PBD/MA（马来酰衍生物、1,2-乙烯基聚丁二烯）、SNTMA（三甲基丙烯酸三羟甲基丙烷酯）均能提高介电强度，而绝缘性以 PBD/MA 最佳。就 ρ_v 对使用温度的感应而言，加成硫化的填充硅橡胶冷却至 77K 使 ρ_v 下降，过氧化物硫化的使 ρ_v 上升，硫化体系导致的差异相当明显。

在导电丁腈橡胶中常硫量硫黄硫化体系（硫黄/氧化锌/促进剂 DM/促进剂 M）的体积电阻率最小，过氧化物硫化体系（过氧化物 DCP）的次之，半有效硫化体系（硫黄/氧化锌/促进剂 TMTD/促进剂 M）的最大。而对物理机械性能，除常硫量硫黄硫化体系、过氧化物硫化体系的拉伸强度较高外，其它性能均相差不大。

乙炔炭黑粒子表面的 π 电子，能消耗酰基过氧化物分解产生的自由基，故酰基过氧化物如过氧化二苯甲酰（BPO），2,4-二氯过氧化二苯甲酰（DCBP）均不能使乙炔炭黑填充的导电硅橡胶交联。芳基和烷基过氧化物，如过氧化二异丙苯（DCP）、2,5-二甲基-2,5-二叔丁基过氧己烷（DBPMH）等均能使乙炔炭黑填充的导电硅橡胶交联，二者的体积电阻率和物理机械性能相近，由于 DCP 比 DBPMH 便宜，故选用 DCP 作导电硅橡胶交联剂较为适宜。当 DCP 用量在 1～3 份时，二段硫化胶的体积电阻率基本上变化不大，都在 3～4Ω·cm 之间，说明交联剂达到一定量后，交联剂对乙炔炭黑填充的导电硅橡胶的导电性能影响不显著。

对天然橡胶而言，用过氧化物作硫化体系，可提高导电橡胶的导电性。

8.3.4 软化增塑体系

不同的软化增塑剂对橡胶电性能影响不同，对于 BR70 份/NR30 份/ISAF100 份体系中，加入软化增塑剂 45 份后的 ρ_v 分别为：芳烃油 150Ω·cm，磷酸三苯酯 210Ω·cm，松焦油 330Ω·cm，古马隆 400Ω·cm。石蜡易喷出表面有损导电性，所以天然橡胶（NR）、丁苯橡胶（SBR）、丁二烯橡胶（BR）尽量不选用蜡或少用蜡。

石油系软化增塑剂绝缘性高，不适于制造导电橡胶，而酯类特别磷酸酯类增塑剂适用于导电橡胶。此外，选择增塑剂时还应考虑增塑剂对导电橡胶制品耐寒性、耐热性的影响。

对极性的丁腈橡胶，不同软化增塑剂的导电丁腈橡胶体积电阻率相差较大。使用极性较低的变压器油的导电丁腈橡胶的体积电阻率远低于使用极性较高的 TCP、DOP 的。这是因为极性较低的软化增塑剂允许极性高的丁腈橡胶主链上的偶极有更大的自由度，从而使导电丁腈橡胶的导电性增大。但采用变油器油作软化增塑剂，导电丁腈橡胶的拉伸强度偏低。

软化增塑剂对导电性贡献的顺序如下：磷酸二苯酯、凡士林、古马隆树脂、松焦油、癸二丁酯、30 号机油，邻苯二甲酸丁二酯、变压器油。

8.3.5 防护体系

双酚类防老剂（2 份）可能由于溶解性所限，易迁移至硫化胶表面形成不导电性薄膜，使 ρ_v 增大。胺类防老剂增大 ρ_v 的效力比双酚类防老剂要小许多。

8.4 磁性橡胶的配方设计

磁性橡胶是带磁性的弹性体材料的总称，由生胶、磁粉（磁性填料）及其它助剂配制而成。磁性是磁性橡胶的基本属性。磁性橡胶在外磁场的作用下，呈现出不同的磁性等级，其中以强磁性等级具有较高的实用价值。

磁性橡胶有如下性能：①磁性；②柔性、弹性；③电绝缘性；④密度小；⑤减震。与一般磁性材料相比，其优点是能制成形状复杂的制品，并能覆盖不同的物体表面。将磁性橡胶切割成任意小块时，每小块的性能不发生变化。

磁性橡胶是在橡胶中加入粉状磁性材料制得的一种挠性磁体。这种粉状磁性材料经加工后，由不显示各向异性的多晶变成各向异性的单晶，使橡胶中非定向状态晶体粒子在强磁场作用下，于橡胶基质内产生定向排列，能在一定的方向显示磁性。

磁性橡胶是由磁粉、橡胶和少量配合剂经过精细制造而成的弹性磁性材料。其性能主要取决于所用磁粉的类型和用量以及制造工艺等。

根据使用要求，应掌握 2 个指标：磁性强；保持一定的弹性。因此，选择原料的类型和用量是配合研究的内容。在配方设计上，首先要确定磁粉的品种、粒径和用量，接下来应根据使用要求确定胶种。

8.4.1 生胶体系

磁性橡胶的磁性基本上与橡胶的类型无关，但胶种对物理机械性能影响很大，各种橡胶均可制造磁性橡胶。通常从加工艺性能的角度选择橡胶，天然橡胶（NR）、氯丁橡胶（CR）、丁腈橡胶（NBR）、丁基橡胶（IIR）、乙丙橡胶（EPR）、氯磺化聚乙烯橡胶（CSM）等都可用于制作磁性橡胶。天然橡胶用的较多，因为它易于加工，填充磁粉量较大。每 100 份橡胶中，磁粉的极限填充量，对于不同类型的橡胶也是具有差别的（见表 8-17）。

表 8-17　橡胶中磁粉的极限填充量

橡胶类型	天然橡胶（NR）	丁基橡胶（IIR）	氯丁橡胶（CR）	丁腈橡胶（NBR）	氯磺化聚乙烯橡胶（CSM）	聚硫橡胶（T）
极限填充量/份	2200	2600	1400	1800	1600	850

8.4.2　磁粉

由于橡胶本身不带磁性，其磁性来自大量填充的磁粉（为生胶质量的 2～8 倍）。所以，磁粉是制造磁性橡胶不可缺少的。能够在磁场下显示磁性，退除磁场后还能保留磁性而对橡胶性能不起破坏作用的固体粉末都可以作为磁性填料（磁粉）。

磁性橡胶的磁性来自其中所含的磁性填料。磁性橡胶的要求是能大量填充磁性材料，在磁化后能保持磁性，且能牢固地吸着在有永磁材料的铁板上面，不是所有可磁化粉末均能达到这一要求。例如将纯铁、锰锌铁氧体及锰镍铁氧体等混入橡胶中所制得的材料就不是磁性很大的永磁材料。实际上有价值的磁性材料极为有限，主要有铁氧体型粉末磁性材料和某些金属型粉末磁性材料。

磁性橡胶的磁性主要取决于磁粉的性能与用量，与橡胶聚合物的类型关系不大。按照化学成分，磁粉可分为金属磁粉和铁氧体粉体等两大类。

（1）金属磁粉　金属磁粉包括铁钴、铁镍、铁锶、铁钡、铁钕硼、铁铝镍和铝镍钴的金属混合物粉末，均为强磁性物质，具有其它磁性材料所没有的强磁性，其中以铁钴粉使用最广。铁钴金属混合物粉末的剩余磁化强度是铁氧体磁粉的 4 倍。金属磁粉因价格昂贵及添加困难而较少使用，只用在小空间内产生大磁场的精密仪器。

（2）铁氧体磁粉　铁氧体的原料是炼铁时的副产品，其价格低廉，是最常用的磁粉材料。铁氧体是经过加工制成的氧化铁磁半导体即高铁酸盐，是由氧化铁与某些 2 价金属化合物生成的二元或三元氧化物，通式为：$MO \cdot (Fe_2O_3)_n$（M 为 Ba、Sr、Pb、Co 等二价金属）。即使同为一种铁氧体类磁粉，因结晶形态、粒径大小和均匀度不同而导致最终的磁化强度不同。

铁氧体的种类较多，按晶体结构可分为：尖晶型、磁铝石型和石榴石型，按性质和用途可分为硬磁、软磁、矩磁和旋磁等。硬磁铁氧体性能较好的有钴铁氧体、锶铁氧体、钡铁氧体和铁铁氧体。综合看来钴铁氧体作磁性填料的磁性能和物理机械性能较好，钡铁氧体的磁性虽差些但其它综合性能较好，且来源丰富，价格低廉；铁铁氧体性能较差。

用单位质量的饱和磁化强度 δ_s 和剩余磁化强度 M_s 比较铁氧体磁粉：

钴铁氧体：$\delta_s=80GS \cdot cm^3/g$；$M_s=425GS$。

钡铁氧体：$\delta_s=72GS \cdot cm^3/g$；$M_s=380GS$。

数据表明：钴铁氧体的磁性能优于钡铁氧体，但钴铁氧体价格昂贵，热稳定性及保磁性差，实际应用的较少。常用的是钡铁氧体。

磁粉的磁性取决于磁粉的种类；同一类磁粉，其磁性取决于结晶构造，主要是结晶形状、粒子大小和均匀性。制造软磁性橡胶，可参照表 8-18 选择磁粉作为填料。主要有镍锌铁氧体、锰锌铁氧体等。要求磁粉细、均匀，粒径约 $100\mu m$，比表面积为 $0.14\sim0.50m^2/g$。

表 8-18　磁粉的种类与化学组成

磁粉名称	磁性种类	组成	品牌	粒径/μm	比表面积/(m^2/g)
镍锌铁氧体	软	Fe_2O_3、ZnO、NiO	600HH	100	$0.14\sim0.5$
锰锌铁氧体	软	Fe_2O_3、ZnO、MnO	600HH	100	0.14
锰铁氧体	软	Fe_2O_3、MnO			
镍铁氧体	软	Fe_2O_3、NiO			
锰镍铁氧体	软	Fe_2O_3、NiO、MnO			
铝镍钴体	硬	Al、Ni、Co			
铝镍铁体	硬	Al、Ni、Fe			
钕铁硼体	硬	Nd、Fe、B			
钴铁体	硬	Co、Fe			
钡铁氧体	硬	$BaO \cdot 6Fe_2O_3$			
铁铁氧体	硬	$FeO \cdot 6Fe_2O_3$			
钴铁氧体	硬	$CoO \cdot 6Fe_2O_3$			
锶铁氧体	硬	$SrO \cdot 6Fe_2O_3$			

制造硬磁磁性橡胶，选用的磁粉有钡铁氧体、锶铁氧体、钴铁

氧体和铁铁氧体。最为常用的是前两种。要求磁粉均匀，粒径约 $100\mu m$，比表面积 $0.14\sim0.50m^2/g$。

磁粉对磁性橡胶的性能影响如下。

硬度：Fe＞Co＞Ba；拉伸强度：Co＞Ba＞Fe；拉断伸长率：Ba＞Co＞Fe；拉断永久变形：Fe＞Co＞Ba；磁性：Co＞Fe＞Ba。

以上表明，用铁铁氧体磁粉制造的磁性橡胶，磁性一般，物理机械性能差，拉断伸长率、强度较低，拉断永久变形大；用钴铁氧体磁粉制造的磁性橡胶，磁性与物理机械性能均好；用钡铁氧体磁粉制造的磁性橡胶，虽然磁性较差，但综合性能好，并且来源丰富，价格低廉，适用于制造普通的磁性橡胶。

选择磁性材料时，有两种不同的侧重点：一种是侧重于它的磁性吸力，另一种则侧重于它的磁性特征。一般钡铁氧体的磁性吸力比较小，铝镍钴体的磁性吸力最强。为了提高钡铁氧体的磁性吸力，可选用各向异性的钡铁氧体，它与各向同性的钡铁氧体不同，具有明显的方向性，在特定的方向上具有较高的磁性。在磁性橡胶加工中要设法使各向异性的钡铁氧体沿磁化轴固定在与磁化方向一致的方向上。可以采取两种方法实现：一是通过压延、压出工艺；二是采用磁场作用的方法，即在加热条件下利用外来磁场使磁性体取向，而后骤冷固定。但使用各向异性的钡铁氧体时，如果不能使磁粉在橡胶中取向，则其磁性要比配用各向同性钡氧体的磁性还差。

磁性橡胶所必备的磁性特征是在受到反复冲击和磁短路的情况下，磁性不会降低。为达到这一目的，必须选择矫顽力很大的磁性材料，它必须在 15000 奥斯特的外加磁场作用下才能充分磁化，钡铁氧体就是能满足这种要求的磁性材料。具有高矫顽力的钡铁氧体，对外来干扰较为稳定的原因是，在外加磁场的作用下钡铁氧体的磁矩增大。钡铁氧体和铝镍钴体各有其特点，在实际应用时可酌情选用。

磁粉的粒径对磁性橡胶的磁性能影响较大，一般是磁粉粒径大，粒度分布不均，则在橡胶中分散不匀，加工性能较差，并且导致内退磁现象加强，还会造成应力集中，降低物理机械性能，所制得产品充磁后表面磁强分布不均匀度增大。磁粉粒径小，分布均匀的微细磁粉比表面积大，在橡胶中能均匀分散，减少对制品性能的破坏，产品充磁后磁强分布均匀度提高。从原理上说，要求磁粉粒径尽可能小，但实际不易做到，一般磁粉粒径最好为 $0.5\sim3\mu m$。磁粉粒径越小，退磁能力越小。

　　磁粉填充系数小，则材料的磁导率小，随磁粉用量增大，磁性橡胶的磁性也随之增加，但其物理机械性能下降。磁粉填充系数小于 50% 时，实际测不出橡胶的磁性能，磁粉填充系数超过 50%，橡胶的磁性常数则增加。使用液态橡胶和干胶比较，在同样填充量时，使用液态橡胶制作的磁胶其磁性能提高很多，这可能是因为磁粉分散好，内退磁现象减弱，因而提高磁性能。随磁粉用量增大，磁性橡胶的磁性呈直线增加（图 8-16），但混炼工艺变差，硫化胶的强度、伸长率、永久变形都急剧变坏，但在这一过程中，当磁粉加到一定量时，硫化胶物理机械性能达一极值，在不加其它补强性填料（补强剂）的情况下，在天然橡胶中磁粉含量 70%～90% 时，拉断强力最大，这一极值随生胶种类及填料性质配合剂影响而变，由于磁粉粒子与聚合物分子间没有生成化学键，增加磁粉用量导致弹性下降，硬度上升，因此应保证磁性橡胶制品在满足一定的物理机械性能条件下尽可能提高磁粉的用量以增加磁性。

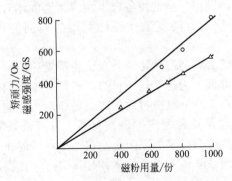

图 8-16　磁粉用量对橡胶磁性能的影响
○—磁化强度，△—矫顽力

　　偶联剂是一种通过化学作用，包覆和牢固结合在无机物表面的有机分子，用它处理过的填料具有亲和有机物的特征，使复合材料模量提高，而同时伸长率不会降低，可提高制品耐冲击性和流动性，使高分子复合体表现出一系列优异性能，加有偶联剂的磁性橡胶，拉伸强度大大提高，伸长率变大，硬度降低，另外混炼工艺性能变佳。

磁粉用量越大，磁性越强，而物理机械性能越差。因此，必须根据综合性能，参照图 8-16 准确控制磁粉用量，也可以根据磁性能指标，用经验公式计算磁粉用量。

$$B_r = 2.28 \times 10^{-3} \times C + 0.003$$

式中，B_r 为剩磁感，T；C 为磁粉用量体积分数，%。

由已知剩磁感，可计算出磁粉用量。

$$HC = 14 \times C + 70$$

式中，HC 为矫顽力，Oe；C 为磁粉用量体积分数，%。

由已知矫顽力，就可计算出磁粉用量。

8.4.3 其它配合体系

根据橡胶选用其它配合剂。用天然橡胶（NR）、丁腈橡胶（NBR）制造磁性橡胶，选用硫黄、促进剂为硫化体系，SA 和 ZnO 为活性剂，再加少量的防老剂。以氯丁橡胶（CR）、氯磺化聚乙烯橡胶（CSM）制造磁性橡胶，选择 MgO、ZnO 作硫化剂。以硅橡胶制造磁性橡胶，选用有机过氧化物作交联剂。以氯化聚乙烯橡胶（CM）、聚氯乙烯（PVC）和聚乙烯（PE）制造磁性复合材料，无需加入交联剂。

8.5 阻燃橡胶的配方设计

橡胶属可燃性材料，受内部或外部足以使之热裂解的热源作用下热分解产生可燃产物，在适当温度下可发生自燃，或者由引火点燃，氧气充足便会燃烧。燃烧产生的热量一部分又反馈给材料，使未燃的橡胶部分进一步裂解、燃烧。燃烧按自由基连锁反应历程进行，热量大、温度高，加之材料的含碳量高，容易不完全燃烧而产生大量黑烟。有的橡胶在燃烧过程中产生 HCl、HF、HCN、H_2S、SO_2、CO 和苯乙烯等有毒害性腐蚀性气体。

矿井、交通、电器、家居诸多场合使用的橡胶制品均要求具有阻燃性（包括低烟与低毒害性），有利于防止火灾的发生或蔓延扩大，减少由火灾造成的生命、财产损失。

所谓阻燃橡胶，是指能延缓着火、降低火焰传播速度，且在离开外部火焰后，其自身燃烧火焰能迅速自行熄灭的橡胶。

评价聚合物可燃性，最常用的方法是氧指数法。氧指数表示材料在氧气和氮气的混合物中燃烧时所需的最低含氧量。氧指数越大，表示聚合物可燃性越小，阻燃性能越好。一般是氧指数（OI）大于27%的为高难燃材料（自熄材料），这是高分子材料阻燃性的起码标准，如聚四氟乙烯、聚氯乙烯等；OI<22%的为易燃材料，如天然橡胶（NR）、聚乙烯（PE）、三元乙丙橡胶（EPDM）等；OI在22%～27%范围内的为难燃材料，如氯化聚乙烯橡胶（CM）、聚碳酸酯、聚酰胺等，见表8-19所示。氧指数（OI）还与测试的温度有关，在100℃、200℃和300℃时的氧指数值为25℃时氧指数值的92%、78%和55%。

UL标准中高分子材料试验方法有5项，其中用得最广泛的方法是UL94。它用于测定试样在直接接触引燃源时的燃烧性能，包括熄火时间、火焰蔓延的范围及时间，以及由于该燃烧行为是否会引起其它物质的燃烧等，以此进行耐燃性分级，见表8-20。

表8-19　橡胶的氧指数的阻燃等级

阻燃等级	氧指数/%	举　例
不阻燃	≤20	可燃橡胶(天然橡胶、丁苯橡胶等),不加阻燃剂
一般阻燃	20～27	可燃橡胶,添加阻燃剂
高阻燃（难燃）	≥27	含卤橡胶或添加阻燃剂的含卤橡胶

表8-20　美国保险公司实验室UL安全技术标准

项　目	V-0	V-1	V-2
平均熄灭时间/s	<5	≤25	≤25
最长熄灭时间/s	<10	<30	<30
总时间/s	50	250	250
药棉着火	不能	不能	能
试样放置位置	垂直	垂直	垂直

注：药棉在试样下方30cm处，以滴落物是否引起药棉着火来判断。

表 8-21 列出了橡胶（树脂）纯胶的 OI 值，可供参考。

表 8-21　常用橡胶（树脂）纯胶的氧指数　单位：%

材料名称	氧指数	材料名称	氧指数
三元乙丙橡胶（EPDM）	17	氯化聚乙烯橡胶	42.8
丁二烯橡胶（BR）	18～19	（Cl47.8%）	
异戊橡胶（IR）	18～19	氯化聚乙烯橡胶	64.0
天然橡胶（NR）	20	（Cl63%）	
丁苯橡胶（SBR）	21～22	氯化聚乙烯橡胶	58.8
丁腈橡胶 18	17.5	（Cl74.5%）	
丁腈橡胶 26	18.0	氟橡胶 FPM-26	41.7
丁腈橡胶 40	19.0	氟橡胶 FPM-23	62.0
氯磺化聚乙烯橡胶（CSM）	27～30	聚丙烯（PP）	17
均聚氯醚橡胶（CO）	27～30	聚四氟乙烯	95
氯丁橡胶（CR）	38～41	聚氯乙烯（PVC）	40
丁基橡胶（IIR）	19～21	聚乙烯（PE）	18
硅橡胶（Q）	22～24	聚丙烯（PP）	18
氟橡胶（FPM）	大于 65	聚酰胺纤维	20～22
氯化聚乙烯橡胶（CM）	27～30	聚酯纤维	20～22
溴化丁基橡胶（BIIR）	18.9	ABS	18
氯化丁基橡胶（CIIR）	19.3	聚苯乙烯（PS）	18
氯磺化聚乙烯橡胶 20（Cl28.7%）	22.5	聚碳酸酯	25
氯磺化聚乙烯橡胶 30（Cl43.2%）	30.6	尼龙（PA）6	26.5
氯磺化聚乙烯橡胶 40（Cl33.8%）	22.8	尼龙（PA）66	30
氯化聚乙烯橡胶（Cl36%）	27～35	酚醛树脂（PF）	35
		聚甲基丙烯酸甲酯	17
		聚酯	20

注：表中 Cl 含量指质量分数。

以氧指数评价阻燃性并不绝对，阻燃特性还同材料的比热容、热导率、熔点、分解温度、燃烧热等诸多因素相关。聚苯乙烯（PS）的比热容、热导率比 PE 的小，分解温度更低，氧指数稍高（18.1% 对 17.4%），相对难燃，但火焰传播（或表面燃烧）速度比 PE 快一倍。通过电线单根燃烧与成束燃烧试验得知，燃烧热不同，结果差异很大。

8.5.1　生胶体系

阻燃橡胶配方设计主要是橡胶和阻燃剂的选用。

从阻燃来看橡胶可分为三类：①烃类橡胶：天然橡胶（NR）、丁二烯橡胶（BR）、丁苯橡胶（SBR）、乙丙橡胶（EPR）、丁腈橡胶（NBR）、丁基橡胶（IIR）等，它们的氧指数均<20%，易燃；②含卤橡胶：它们有良好的阻燃性，氟橡胶（FPM）>氯丁橡胶（CR）>氯磺化聚乙烯橡胶（CSM）≈氯化聚乙烯橡胶，氟橡胶的氧指数高达65%以上，其它为25%～32%；③主链含非碳元素的橡胶，如硅橡胶（Q）、氯醚橡胶（CO、ECO）、聚氨酯橡胶（PUR）等，有的易燃，有的难燃。根据阻燃橡胶制品性能需要，可选用难燃橡胶或把易燃橡胶与难燃橡胶并用。主链饱和的橡胶耐热性好，比不饱和橡胶更适宜作为阻燃橡胶制品。

橡胶组分中如含有卤素 F、Cl、Br 就有自熄性，可以提高阻燃效能，含有 P、N 元素也可改进阻燃性。如果像均聚氯醚橡胶（CO）、共聚氯醚橡胶（ECO）含有氧元素就有损阻燃性了。例如，氯化聚乙烯橡胶对 PE，含氯量（质量分数）从48%降至0，自燃温度从466℃降至398℃，含氯量达66%的氯化聚乙烯橡胶，燃烧热仅为 7.6kJ/g，而 PE 的为 44.1kJ/g。氯化聚乙烯橡胶（CM）、氯磺化聚乙烯橡胶（CSM）不仅自熄，延燃速度亦慢。均聚氯醚橡胶（CO）对共聚氯醚橡胶，其含氯量（质量分数）为38%对26%，含氧量为17%对23%，氧指数为21.5%对19.5%，可见不同 Cl、O 元素的作用不同。亚硝基氟橡胶在氧气中也不燃烧，硅橡胶（Q）类橡胶可自熄，若用苯基取代甲基，阻燃性将提高。某些树脂因其结构中含卤，当它与橡胶共混后也能提高橡胶的阻燃性。

含卤橡胶及硅橡胶一般是首选的阻燃橡胶对象，其阻燃性无可非议，但燃烧时所产生的卤化氢气体，具有腐蚀性和毒性，其制品只适于在开放性空间应用；而对空间有限的场所（如交通工具或地下设施）就欠安全。生胶的含卤量越高，则氧指数也越高，但不安全性上升。

不含卤橡胶虽自身不阻燃，但添加一定量的阻燃剂后，仍能达到阻燃要求。

在阻燃橡胶中主体材料的单用和并用十分常见。

（1）单用　含卤橡胶都有单用的实例，尤以氯丁橡胶为常见。不含卤橡胶单用，其本身不阻燃，但添加阻燃剂后可以弥补。近年来，在某些场合禁止使用含卤橡胶，如美国禁止在公用设施、飞机、舰艇上使用以含卤橡胶为主体材料的阻燃制品，替代措施是在无卤橡胶中添加大量无卤阻燃剂。

（2）并用　橡胶单用往往难以实现阻燃和物理机械性能之间兼顾的目的，而且阻燃制品的性能要求往往是多方面的，需要通过橡胶并用来实现。

阻燃橡胶的主体材料多选用难燃橡胶、难燃树脂或两者并用，其阻燃性能与橡胶或树脂的结构有密切关系。在有机化合物中引入不同的官能团，对化合物的阻燃性将产生不同的影响，$-NH_2$、$-OH$、$-CH_3$、$-COOH$ 等基团对其氧指数没有多大影响，但引入卤素却能显著提高其氧指数，如氯苯、溴苯都比苯的氧指数高得多。卤素引入的数目越多，氧指数越高，阻燃性越好。如二氯苯、三氯苯、四氯苯与苯相比，随氯含量增加，其氧指数增大，阻燃性变好。橡胶与树脂阻燃性能与其结构同样有密切的关系。含卤素、苯环或共轭双键的橡胶，氧指数高，如氯丁橡胶的氧指数为 33%，属难燃橡胶；非极性烃类橡胶的氧指数最低，三元乙丙橡胶的氧指数只有 20%，属于易燃橡胶。树脂分子链中含有苯环和卤素的，其氧指数较高，阻燃性较好。例如聚氯乙烯的氧指数比聚乙烯高 50%，聚四氟乙烯的氧指数比聚乙烯高 75%。因此，阻燃橡胶的主体材料应选择氯丁橡胶（CR）、氯磺化聚乙烯橡胶（CSM）、氯醚橡胶（CO、ECO）、氯化聚乙烯橡胶（CM）、聚氯乙烯、聚四氟乙烯等含卤聚合物。硅橡胶也是较好的耐燃聚合物。

矿井下用的难燃输送带覆盖胶按其材质可分为：橡胶型、塑料型（或全塑型）和橡塑型。橡塑型覆盖胶中橡胶主要是氯丁橡胶（CR）和丁腈橡胶（NBR），塑料主要是聚氯乙烯和氯化聚乙烯。主要并用形式有聚氯乙烯（PVC）/丁腈橡胶（NBR）、氯丁橡胶（CR）/丁腈橡胶（NBR）/氯化聚乙烯橡胶（CM）。

橡胶燃烧时，可燃性气体聚合生成芳族或多环高分子化合物，进而缩聚石墨化生成炭粒子，产生黑烟。橡胶热分解生成的低分子化合物呈微粒状态时同水蒸气相聚便冒"白烟"。含芳族环的橡胶，其生烟量大。燃烧反应产物中，碳的系数 α，水蒸气与 CO_2 的系数 β，α/β 大者，容易产生黑烟。无疑，丁基橡胶（IIR）、三元乙丙橡胶（EPDM）比天然橡胶（NR）、丁腈橡胶（NBR）、丁苯橡胶（SBR）生烟少。PE、PP充分燃烧时几乎无烟。天然橡胶（NR）中并用氯化聚乙烯橡胶（CM），不仅改进自熄性，还有抑烟的效果。三元乙丙橡胶（EPDM）/氯化聚乙烯橡胶（CM）并用，氯化聚乙烯橡胶并用量从30%升至70%，暗燃时间从17s降至7s。透光率降至95%时的温度称作发烟起始温度，这个温度低的发烟量就大，如SRR为400~410℃，丁二烯橡胶（BR）为432℃，氯化聚乙烯橡胶为439℃，硅树脂为465℃。含卤素橡胶燃烧时散发毒性烟雾及腐蚀性气体，如氯丁橡胶在330~380℃时产生大量HCl气体，丁腈橡胶燃烧时产生HCN，硫黄硫化胶会产生SO_2、H_2S等。人于各种有害气体中暴露30min的致死浓度分别为：HF100mg/kg，HBr150mg/kg，HCl500mg/kg，HCN135~150mg/kg，$NO_2$250mg/kg，$NH_3$750mg/kg，丙烯腈400mg/kg，H_2S750mg/kg，CO4000mg/kg，CO_2 $1×10^5$mg/kg。O_2质量分数低于10%，3min不救出便会痉挛而死。

橡胶燃烧产生烟气的pH值：氯丁橡胶为2，氯磺化聚乙烯橡胶为1.9，乙烯-醋酸乙烯酯共聚物（EVA）为4，三元乙丙橡胶为5，四丙氟橡胶TP-2为4.8。而乙烯-丙烯酸酯橡胶（VAMAC）比含同样阻燃剂组合的三元乙丙橡胶（EPDM）、EVM（含醋酸乙烯40%~80%EVA）、三元乙丙橡胶（EPDM）/EVM的阻燃性更好，生烟更少。VAMAC、EPDM、EVM、EPDM/EVM氧指数分别为30%、24%、28%、28%。烟密度分别为0.86、1.19、1.06、1.10。综上所述，为得到阻燃性好，又具低烟性、低毒害、低腐蚀性烟气的橡胶制品，不宜选取含卤素的橡胶，而宜选用三元乙丙橡胶（EPDM）、EVM、VMMAC，也可以选用氢化丁腈橡胶。

8.5.2 阻燃剂

橡胶（制品）要达到阻燃性的综合要求，经济、实用、简便的方法是恰当配合添加型阻燃剂。无阻燃剂的氯丁橡胶，延燃30s，配合$Sb_2O_3$30份/硼酸锌（ZB）30份，离火立熄。聚氨酯橡胶（PUR）配入富马酸、马来酸，生烟量分别下降39%、42%。

（1）有机阻燃剂 有机阻燃剂主要为卤系和磷系两大类。

卤系阻燃剂中，主要是氯和溴的化合物。卤系阻燃剂在分解区、预燃区和火焰区，均有良好的阻燃效果：第一，含卤气体可抑制燃烧，能和火焰中的自由基发生化学作用；第二，含卤气体能生成防护层，阻止氧气和热向聚合物扩散；第三，卤素可使大量双键进行化学反应，造成聚合物的残留物增多，有利于碳化。卤系阻燃剂的阻燃性与其结构有关，其阻燃效果由大到小的顺序是：脂肪族卤化物＞脂环族卤化物＞芳香族卤化物。按卤素为I＞Br＞Cl＞F。脂肪族卤化物的碳—卤键强度较低，能够在较低的温度下熔化和分解，是最有效的阻燃剂。脂环族卤化物的碳—卤键强度比脂肪族卤化物大，相应的阻燃性也低一些。芳香族卤化物的碳—卤键强度最大，因而其阻燃性最弱，但其稳定性最好，可达315℃。

有机卤系阻燃剂主要有氯化石蜡-52，70（含氯量（质量分数）分别为52％、70％）、全氯环戊癸烷、四溴双酚A、十溴联苯醚（FR-10）、三（2,3-二溴丙基）异氰酸酯（TBC）。一般而言，含Br的比含Cl的阻燃效率高2～4倍，溴系阻燃剂使用范围较广。

① 氯系阻燃剂 最常用的是氯化石蜡、全氯环戊癸烷和氯化聚乙烯。在我国，氯化石蜡价廉易得，应用最为广泛。氯化石蜡的含氯量一般为40％～70％，其中含氯低的为液态，含氯高的为固态。全氯环戊癸烷含氯量高达78.3％，阻燃效果更好些，但价格高、产量小，应用不广。氯化聚乙烯含氯量为30％～40％，既是阻燃剂，又是含氯的高分子材料，可以单独用于制造阻燃制品。含氯阻燃剂的阻燃效果虽然很好，但毒性较大，不符合无烟、低毒的要求，因此其用量有减少的趋势。

② 溴系阻燃剂（BFR） 其阻燃机理与氯系相同，但由于H—Br键比H—Cl键键能小，反应速率大，活性强，因此溴系阻燃剂在燃烧时，捕捉自由基H·和OH·的能力较氯系阻燃剂强，阻燃效果比氯系高2～4倍；而且受热分解产生的腐蚀性气体毒性小，在环境中残留少，达到同样阻燃效果时的用量少，对制品的加工和使用性能影响较小。因此，溴系阻燃剂是卤系阻燃剂中最为重要、发展最快的一种。常用的溴系阻燃剂有四溴乙烷、四溴丁

烷、六溴环十二烷、六溴苯、十溴联苯、十溴二苯醚、四溴双酚 A 等。其中四溴双酚 A 和十溴二苯醚（既是添加型又是反应型）以其在加工中热稳定性好、毒性低，而受到人们的重视。溴系阻燃剂与氯系阻燃剂相比价格较贵。

溴系阻燃剂（BFR）目前仍然是产量最大的有机阻燃剂之一，其全球总用量估计可达 $250\sim300kt/$年，在阻燃剂中所占比例达 15％～20％。目前全球电子电气产品所用的阻燃剂（FR）估计仍有 80％是 BFR，其中最主要的是十溴二苯醚（DBDPO）、四溴双酚 A（TBBPA）和六溴环十二烷（HBCD）。前两者的总产量约占 BFR 总产量的 50％。

BFR 阻燃效率高，适用面宽，耐热性好，水解稳定性优。能满足各种高聚物加工工艺及阻燃产品的使用要求。且原料来源充足，制造工艺成熟，价格可为用户承受。它的严重缺点是以它阻燃的高聚物在燃烧时生成较多的烟，有毒气体及腐蚀性气体，降低被阻燃基材的耐光性，还有些 BFR 容易渗出。此外，BFR 一般与氧化锑并用，这样使材料的生烟量更高。自 1986 年起，发现多溴苯醚（PBDPO）及其阻燃的高聚物的热裂解和燃烧产物中含有多溴二苯并二噁英（PBDD）及多溴二苯并呋喃（PBDF），以及近年证实个别 BFR（如某些 DBDPO 类）本身对环境和人类健康存在潜在的危害性。多年来，欧盟即对多种 BFR 进行危害性评估，根据 RoHs 指令，已规定自 2006 年 7 月起，在欧盟新上市的电子电气产品中禁用五溴二苯醚（PeBDPO）及八溴二苯醚（OBDPO），尽管目前尚未发现 DBDPO 的明显毒性。其它一些 BFR 的评估也尚未得出肯定的结论，但当前人们对 BFR 的态度十分审慎，这自然给 BFR 的前景蒙上一层阴影，不过由于 BFR 广泛用于材料的阻燃领域，特别在很多应用领域，目前还难于找到 BFR 适合的代用品，所以在这些地方 BFR 仍然是无可替代的选择。寻找 BFR，特别是 PBDPO 的代用品，以逐步实现阻燃剂的无卤化和环保化，乃是明显的趋势。

③ 磷系阻燃剂　磷类（有机化合物）有聚磷酸铵、磷酸酯类，包括磷酸三苯酯（TPP）、磷酸二苯异辛酯（DPOP）、磷酸三甲苯酯（TCP）等，以及含卤素的三（氯乙基）磷酸酯（TCEP）之类。

其生烟量大，烟雾有毒性。有机磷系阻燃剂作为一种无卤的阻燃剂，有效地克服了含卤阻燃剂的缺点，具有阻燃、隔热、隔氧功能，且生烟量少，也不易形成有毒气体和腐蚀性气体等优点，适应环保要求。

使用含磷阻燃剂时，可能进行氧化反应，随后脱水，生成水和不燃性气体及炭；在聚合物表面形成由炭和不挥发的含磷产物组成的保护层，降低了聚合物材料的加热速度。磷酸酯，尤其是含卤素的磷酸酯是磷系阻燃剂中重要的一类，在常温下多数为液体，有增塑作用，但有毒、发烟大、易水解、稳定性较差，在固相和液相中均有阻燃作用。磷酸酯在燃烧时分解生成的磷酸，在燃烧温度下脱水生成偏磷酸；偏磷酸又聚合生成聚偏磷酸，呈黏稠状液态膜覆盖于固体可燃物表面。磷酸和聚偏磷酸都有很强的脱水性，能使高聚物脱水炭化，使其表面形成炭膜。这种液态和固态膜可以阻止 HO·、H·逸出，起到隔绝空气而阻止燃烧的效果。同时，磷和卤素起作用生成卤化磷，这是不可燃性气体，不仅可以冲淡可燃性气体，而且由于浓度较大，可笼罩在可燃物周围，起隔离空气的作用。此外，卤化磷还可捕捉自由基 HO·和 H·，从而起到阻燃的作用。常用的磷酸酯类阻燃剂有：磷酸三甲苯酯（TCP）、磷酸甲苯二苯酯（CDPP）、磷酸三苯酯（TPP）、磷酸三辛酯（TOP）、磷酸三芳基酯、磷酸二苯异辛酯（DPOP）等。其中，磷酸二苯异辛酯被美国 FDA（食品医药局）确认为磷酸酯中唯一的无毒阻燃增塑剂，允许用于食品医药包装材料。磷酸酯类阻燃剂对含有羟基的聚氨酯、聚酯、纤维素等高分子材料的阻燃效果非常好，而对不含羟基的聚烯烃阻燃效果较小。含磷阻燃剂的最宜用量和聚合物的类型有关，燃烧时不生成炭的聚合物用量较高。与卤系阻燃剂相比，磷系阻燃剂可提高硫化胶的耐寒性，对硫化胶的耐热性降低较少。

（2）无机阻燃剂　无机阻燃剂热稳定性好，燃烧时无有害气体产生，符合低烟、无毒要求，安全性较高，既能阻燃又可作填料降低材料成本。鉴于无机阻燃剂具有上述优越性，所以近年来备受用户青睐，其用量急剧增加。

无机阻燃剂大都属添加型。大量应用的无机阻燃剂主要有：锑

系的 Sb_2O_3、五氧化锑以及超细和胶体氧化锑等；硼系的有机化合物和无机的含结晶水的硼酸盐，如 $3.5H_2O$、$5H_2O$ 及 $7H_2O$ 硼酸锌等；水合氢氧化铝、氢氧化镁、钼酸锌、钼酸钙，一、三、八氧化钼，聚磷酸铵等。常用的无机阻燃剂主要有氢氧化铝、氢氧化镁、氧化锑和硼酸锌等。

① 氢氧化物　其阻燃机理是脱水、吸热。脱水所产生的水蒸气能稀释可燃性气体，吸热就降低了燃烧系统的温度。主要品种有氢氧化铝与氢氧化镁，氢氧化铝在 200℃ 时分解出结晶水，是吸热反应，吸热量为 1.97kJ/g。

氢氧化铝要根据制品的使用要求综合考虑，一般说来粒径越小，阻燃性能越好。主要缺点是用量大才有阻燃性，用量对胶料性能影响较大，可通过细化和表面活化（粒径小于 $2\mu m$）性进行改善（硅烷偶联剂和硬脂酸）。

将 $Al(OH)_3$ 和 $Mg(OH)_2$ 两者效果进行比较，其结果如下。

a. 材料温度上升的抑制效果　　　　$Mg(OH)_2 < Al(OH)_3$

b. 表面挥发热量的降低效果　　　　$Mg(OH)_2 < Al(OH)_3$

c. 燃点提高效果（少量配合）　　　$Mg(OH)_2 > Al(OH)_3$

　　燃点提高效果（多量配合）　　　$Mg(OH)_2 < Al(OH)_3$

d. 着火时间延迟效果　　　　　　　$Mg(OH)_2 < Al(OH)_3$

e. 氧指数提高效果　　　　　　　　$Mg(OH)_2 > Al(OH)_3$

f. 炭化促进效果　　　　　　　　　$Mg(OH)_2 > Al(OH)_3$

在三元乙丙橡胶中氢氧化铝好于氢氧化镁，并用较好。

② 金属氧化物阻燃剂　Sb_2O_3 是应用最为广泛的金属氧化物阻燃剂。Sb_2O_3 对火焰的抑制作用，必须与当作活性剂的卤化物并用，发挥协同作用，才具有阻燃效力。如体系中不含卤素，则不能起到阻燃作用。卤化物受热分解，释放出氢卤酸和卤元素，它们与氧化锑反应，生成三卤化锑、氧化卤锑和水。

氧化锑-卤化物最有效的组合是能在高聚物的分解温度或者在此温度以上产生三卤化锑的混合物［三氯化锑（$SbCl_3$）和三溴化锑（$SbBr_3$）］。氯化石蜡与氧化锑相组合的阻燃效果较佳。氯化石蜡的用量在 20～25 份时，阻燃效果较好；在 20 份以下阻燃效果较差。氧化锑相对密度较大，价格较贵，用量不宜过多。理论上最有效的卤素与锑的比例是 3∶1。

锑化合物能大大增加烟尘的生成量，大量的烟尘是很有害的，因为烟尘量已越来越引起人们的关注，锑化合物亦能增加余辉，对磷化合物阻燃剂有轻微的反作用。但是，锑化合物作为阻燃剂仍被广泛使用，主要产品为 Sb_2O_3。

③ 硼酸锌　硼酸锌也是常用的无机阻燃剂，硼酸锌在阻燃体系中的主要功能是：进行阻燃；减少烟雾的发生；有效的阻燃抑制剂。硼酸锌作为阻燃剂单独使用时效果很不理想。

硼酸锌在 300℃ 以上时能释放出大量的结晶水，起到吸热降温的作用。它与卤系阻燃剂和氧化锑并用时，有较为理想的阻燃协同效应；当它与卤系阻燃剂 RX 并用接触火焰时，除放出结晶水外，还能生成气态的卤化硼和卤化锌，燃烧时产生的 HX 继续与硼酸锌反应，生成卤化硼和卤化锌。卤化硼和卤化锌可以捕捉气相中的易燃自由基 OH· 和 H·，干扰并中断燃烧的连锁反应。硼酸锌是较强的成炭促进剂，能在固相中促进生成致密而坚固的炭化层。在高温下，卤化锌和硼酸锌在可燃物表面形成玻璃状覆盖层，气态的卤化锌和卤化硼笼罩于可燃物的周围。这三层覆盖层，既可隔热又能隔绝空气。硼酸锌是阻燃（无焰燃烧）抑制剂，它与氢氧化铝并用有极强的协同阻燃效应。

橡胶同阻燃剂热分解行为的"相配"相当重要，初始分解温度比橡胶起始失重温度低 60～75℃ 的阻燃剂同橡胶最大热分解速率相应温度时开始挥发的阻燃剂并用，应该最有希望。而橡胶同阻燃剂的相容性不容忽视，例如，均聚氯醚橡胶（CO）、共聚氯醚橡胶（ECO）、氯磺化聚乙烯橡胶（CSM）同氯化石蜡不相容，不宜使用。

（3）阻燃剂用量　阻燃效果随着阻燃剂的增加而增大，每一种阻燃剂单独使用时，都有一个最低用量。单独使用氯化石蜡-70，用量超过 30 份才具阻燃效果，而单独用 $Al(OH)_3$，用量高达 100 份才具有阻燃效果（见图 8-17），Sb_2O_3 本身不具有阻燃性能，只有和氯化石蜡-70 并用才具阻燃性能。三种阻燃剂并用的总用量对阻燃性能的影响如图 8-18 所示，阻燃剂总用量超过 11%（质量分数，下同），氧指数大于 27%，这时才具有阻燃效果。低于 11%，

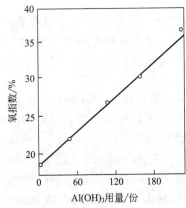

图 8-17　氢氧化铝用量对氧
指数的影响

母料配方（质量份）：EPDM/EVA 100；
硫化剂 3；软化增塑剂 10；
ZnO 5；SA 1

则无阻燃效果，随着阻燃剂用量增大，氧指数迅速增大，总用量超过 30％后，氧指数大于 35％，表明有相当好的阻燃性能。阻燃剂总用量超过 35％，氧指数增加缓慢。这表明，用这三种阻燃剂所能达到的最佳效果，氧指数约为 40％左右，若要进一步提高氧指数，必须采用其它阻燃性能更好的阻燃剂。

对于阻燃硅橡胶，氢氧化铝对提高硅橡胶的阻燃性的效果十分明显。随着氢氧化铝用量的增加，硫化胶的离火熄灭时间缩短；当氢氧化铝用量大于 50％时，硫化胶的阻燃性能达到了美国 UL94V-0 阻燃标准（平均持续燃烧时间小于 5s，最高为 10s）；但随着氢氧化铝用量的增加，硅橡胶的拉断伸长率、拉伸强度和撕裂强度均有所下降。

用六甲基二硅氮烷、γ-氯丙基三甲氧基硅烷及乙烯基三乙氧基

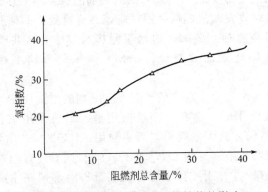

图 8-18　阻燃剂总用量对阻燃性能的影响
[（Al(OH)$_3$，Sb$_2$O$_3$，氯化石蜡-70 并用）]

硅烷等对 Al（OH）₃ 进行表面处理，可不同程度地提高硅橡胶的力学性能。不同阻燃剂组合后用量对阻燃效果影响有一定差别，如图 8-19 所示。

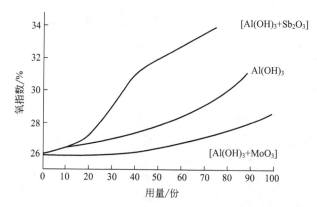

图 8-19　阻燃剂用量对硅橡胶阻燃性的影响

试验配方（质量份）：甲基乙烯基硅橡胶（MVQ）100；气相白炭黑 50；
结构控制剂 4；双 2，50.8

（4）阻燃剂并用

① 协同作用　许多阻燃剂都显示出非线性的特性，当两种或多种阻燃剂掺和在一起时，其阻燃效果比提高单一阻燃剂含量更有效，这就是所谓的"协同效应"或"增效作用"。一般两种或两种以上不同阻燃机理的阻燃剂并用时可产生阻燃剂的协同效应。

常见的协同效应的形式如下。

a.锑与卤素的协同效应　锑化物本身是无阻燃作用的，它只有与卤化物并用时才能显示出阻燃效果，如对于三元乙丙橡胶（EP-DM），Sb_2O_3/FR-1 以 3 份/1 份的效果好，对氯丁橡胶（CR）70 份/丁二烯橡胶（BR）30 份，氯化石蜡-70/Sb_2O_3 以 3 份/5 份的效果好，对硅橡胶（Q），Sb_2O_3/FR-1 要以 2 份/4 份才达到 UL-94、V-0 级要求。

理论上当锑与卤素的摩尔比为 1：3 时表现出最高的阻燃效果。但在橡胶中，由于橡胶本身是一种卤体，在热的作用下它会消耗一部分氯，因而氯、锑摩尔比应大于 3：1，一般达（4～5）：1，在天然橡胶（NR）和丁苯橡胶（SBR）并用体系中，如果氯化石蜡和 Sb_2O_3 总用量相同，则氯、锑摩尔比以（5～7）：1 协同阻燃效果最佳，这时的 OI 值最大，见表 8-22。

表 8-22　阻燃剂配比对阻燃性的影响

氯、锑摩尔比	氧指数/%	氯、锑摩尔比	氧指数/%
2：1	27	5：1	32
3：1	28	6：1	33
4：1	29	7：1	33.2

b.磷与卤素的协同效应　磷-卤相互作用生成 POX、PXn、HX 产物而覆盖，阻断空气，最终使橡胶炭化而阻燃。对氯丁橡胶（CR）70 份/丁二烯橡胶（BR）30 份或氯丁橡胶（CR）40 份/天然橡胶（NR）40 份/氯化聚乙烯橡胶（CM）20 份，卤素类/磷类/ZB 显示极好的协同效果，氯化石蜡-70/Sb_2O_3/FR-1/ATH/ZB 组合也显示好的综合效果。

c.磷与氮素的协同效应　P-N 协同效应在纤维中的阻燃是明显的，但在橡胶中若按下述配比也同样可产生协同效应。

P/%　3.5　2.0　1.4　0.9

N/%　0　2.5　4.0　5.0

d.二茂铁与卤素的协同效应　有卤素存在时，二茂铁用量低对炭的形成起促进作用；无卤素时，二茂铁能降低烟尘，而且对燃烧略有影响。

e.有机氧化物与卤素的协同效应　单一的有机氧化物是无阻燃作用的，本身不是阻燃剂，但与卤素一起使用时能起到阻燃作用。

② 阻燃剂的对抗效应　人们运用协同效应来配制阻燃剂的同时要特别注意有些阻燃剂之间的对抗作用。某些阻燃剂并用，也会相互抑制，从而减弱效果。比如，P-X 体系的阻燃剂与 $CaCO_3$ 的对抗，因为碳酸钙能消除卤素和其它酸性气体，对火无延缓作用，但可改善二次污染；二茂铁与磷系的对抗，热的多磷酸能破坏二茂铁，因为多磷酸是一种高活性阻燃剂，在亚磷酸存在下二茂铁无延缓火的效果；锑系与磷系的对抗，由于锑和亚磷酸具有对抗作用，这些化合物的并用效果通常低于其单独使用的

效果。

③ 并用形式　阻燃剂并用时应考虑阻燃、物理机械性能、工艺性、成本之间的协调平衡。阻燃剂并用可归纳为三种情况。

a.有机含卤阻燃剂与无机阻燃剂并用　利用前者的高效和后者的无烟、无毒起优势互补的作用。含卤化合物使用最多的是氯化石蜡，而无机品种一般可从 Sb_2O_3、硼酸锌、$Al(OH)_3$ 或陶土中选用。十溴二苯醚与硼酸锌并用也能获得较好的效果，其氧指数可高达 42%。

b.无机阻燃剂与磷酸酯并用　无机阻燃体系主要有氢氧化铝和氢氧化镁。氢氧化铝是一种价格低、高效率、低烟尘阻燃剂，也是一种有效的余辉抑制剂，但是要达到有效的阻燃，无机阻燃剂的使用量往往非常大（胶料体积的 35% 以上）。这样会严重降低硫化胶的力学性能和电性能，因此可以考虑氢氧化物与磷系、硼系阻燃剂并用以减少用量，另外对氢氧化物进行适当的改性，而且其粒度越细性能越好，一般以小于 $2\mu m$ 为宜。例如由 55 份磷酸酯、30 份 $Al(OH)_3$ 和 15 份 Sb_2O_3 组成的体系，燃烧自熄时间＜15s。

c.无机阻燃剂相互并用　这种做法虽不多见，但也有成功的经验。例如，硼酸锌与氢氧化铝并用，燃烧中生成多孔硬质烧结块，可进一步阻止橡胶热分解，并阻隔空气与火焰的接触。

如对三元乙丙橡胶进行阻燃化处理，通常可采取添加有机卤阻燃剂或无机阻燃剂的方法。三元乙丙橡胶常用有机卤阻燃剂为十氯双环戊二烯和十溴联苯醚，Sb_2O_3 与有机卤系阻燃剂复合具有显著的协同作用，当有机卤阻燃剂与 Sb_2O_3 的质量比在 2～5 之间时，卤系阻燃剂只需 15～40 份就能达到阻燃效果。有机卤阻燃剂的缺点是一旦失火会产生强腐蚀性卤化氢气体，引起二次灾害，无机阻燃剂则可克服上述缺点。

三元乙丙橡胶 100 份；十溴二苯醚 75 份；$Al(OH)_3$ 30 份；Sb_2O_3 15 份；DCP 4 份；其它配合剂 15 份。这样配合加工出来的胶料，阻燃效果良好，自熄时间为 1s。这是因为十溴二苯醚和 Sb_2O_3 反应生成 $SbBr_3$，在燃烧温度下，其吸热降温效果抑制了燃烧的蔓延，同时起到了隔绝空气、促进炭化作用，降低了燃烧能力；还有氢氧化铝在燃烧温度下发生分解生成的水分吸收了大量的热，使燃烧系统降温。这种良好的阻燃效果是 3 种阻燃剂协同效应的表现。

在天然橡胶（NR）/丁苯橡胶（SBR）并用胶中配以三氧化锑、氯化石蜡后，如再配第三阻燃剂可较明显改善阻燃效果。

在配方 NR 50 份；CR 50 份；S 2 份；DM 1.7 份；ZnO 5 份；SA 2 份；MgO 2 份；防老剂 2 份；炭黑 40 份中，硼酸锌、赤磷、氢氧化铝对橡塑阻燃制品的无焰燃烧有明显的抑制作用，氯化石蜡则不明显；氧化锑有利于阻燃制品火星的生成；无焰燃烧产生的根本原因是炭（炭黑和结炭）。

对于无卤、低烟、低毒害阻燃橡胶制品，选用 ATH/ZB/磷系/MO_3 可达到要求，ATH/$Mg(OH)_2$/ZB 或以 $MgCO_3$ 部分取代 ATH，或以 $Mg(OH)_2$ 为主体，皆已获得好效果。而对 APP，务必配合能供给 HCl、H_2O、NH_3 的材料才充分发挥效能。

在硅橡胶中氯铂酸、铁锡复合氧化物和乙炔炭黑与氢氧化铝并用时，则具有较好的协同阻燃效果；若需达到相同等级的阻燃标准，可以减少氢氧化铝的用量，从而提高硅橡胶的力学性能。

在实际配方工作中有些经验是可取的。

a. 天然橡胶阻燃胶　两种阻燃剂可并用，如 Sb_2O_3 25 份和氧化石蜡 50 份，可获阻燃性。另应用红磷、含氯化合物和溴化铵 3 种阻燃剂组合加入到天然橡胶中，可以获得阻燃性能较好的胶料。

b. 丁苯橡胶阻燃胶：Sb_2O_3 15 份和氯化石蜡 30 份或 Sb_2O_3 5 份，氯化石蜡 20 份，$Al(OH)_3$ 25 份，可获阻燃性。如用含溴的磷酸酯、芳香族溴化物、Sb_2O_3 和氯化铵四种阻燃剂并用，加入到丁苯橡胶中，可以得到阻燃效果很好的胶料。

c. 氯丁橡胶阻燃胶：含氯（40%）就具有自熄性，但加入无机填料，如 $Al(OH)_3$、陶土和 $CaCO_3$ 可进一步提高阻燃性。

d. 乙丙橡胶阻燃胶：将 Sb_2O_3 15 份与氯化石蜡 30 份并用，硫化胶拉伸强度下降，在聚乙烯和聚丙烯中加入含磷化合物，可获得自熄性。33 份氯化环脂族化合物或 105 份氢氧化铝或 105 份氢氧化镁填充到 100 份三元乙丙橡胶中，均能获得良好阻燃胶料，氧指数在 27%左右。

e.阻燃电梯密封条胶料：在 EPPM 中加入 Sb_2O_3、十溴二苯醚、氢氧化铝三种阻燃剂，阻燃效果良好，阻燃氧指数 38%～46%，用于制造高阻燃电梯密封条。

f.阻燃电缆护套胶料：10 份硼酸锌，190～320 份氢氧化铝两种阻燃剂并用，填充氢化丁腈橡胶或 EVM 聚合物，可以获得阻燃性能很高的胶料，适用于制造电缆护套。氢化丁腈橡胶中加入 320 份氢氧化铝，胶料阻燃氧指数可以达到 77%，胶料还能保持良好的力学性能。

g.阻燃输送带：应用磷酸酰胺或聚磷酸酰胺加入天然橡胶中，可以制造阻燃输送带和 V 带。

h.阻燃高压电器胶件：用氢氧化铝阻燃剂填充硅橡胶-乙丙橡胶并用胶，可以制造彩色显像管上的高压帽和楔子。

i.阻燃核电站电缆：用硅烷或不饱和酸改性的氢氧化铝 200 份，填充三元乙丙橡胶，可以获得阻燃性能优良的胶料，氧指数 33%，并且低烟无毒，可以制造核电站电缆。

j.阻燃硅橡胶：用 0.2 份 5-苯基四唑，1 份碳酸氢镁或 1 份碳酸氢钠添加到硅橡胶中，可制得阻燃硅橡胶。

另外用 5～10 份二烷基苯基磷酸酯，10～15 份 Sb_2O_3 和 3～10 的碘组合阻燃剂，添加到天然橡胶（NR）、丁苯橡胶（SBR）、丁二烯橡胶（BR）、丁腈橡胶（NBR）等不饱和橡胶中可获得阻燃效果良好的胶料。一般橡胶配合的阻燃剂如表 8-23 所示。

表 8-23   橡胶及其适用的阻燃剂体系

橡　　胶	适用的阻燃剂体系
天然橡胶（NR）	氯化石蜡-70、Sb_2O_3、$Al(OH)_3$
丁苯橡胶（SBR）	氯化石蜡-70、四溴双酚 A（四溴苯酚）、磷酸三（2,3-二氯丙基）酯、Sb_2O_3、$Al(OH)_3$
三元乙丙橡胶（EPDM）	Sb_2O_3、$Al(OH)_3$、碳酸钙、十溴联苯醚、三（2,3-二溴丙基）三异氰酸酯、硼酸锌
氯丁橡胶（CR）	Sb_2O_3、硼酸锌、$Al(OH)_3$、氯化石蜡-70、三（2,3-二溴丙基）三异氰酸酯

橡　胶	适用的阻燃剂体系
氯磺化聚乙烯橡胶（CSM）	Sb_2O_3、全氯戊环癸烷、$Al(OH)_3$
氯化聚乙烯橡胶（CM）	Sb_2O_3、磷酸三（2,3-二氯丙基）酯、$Al(OH)_3$、十溴联苯醚、三（2,3-二溴丙基）三异氰酸酯
丁腈橡胶（NBR）	Sb_2O_3、硼酸锌、磷酸三甲苯酯（TCP）、氯化石蜡-70
硅橡胶（Q）	铜及铜化物、铂及铂化物、硅酸铝、四溴双酚A（四溴苯酚）、十溴联苯醚

8.5.3　其它配合体系

（1）**硫化剂**　随 DCP 用量增加，三元乙丙橡胶胶料的交联密度和氧指数增大，但 DCP 用量过大时，可能导致可燃性物质增加。因此，DCP 用量不宜太大，一般以 3 份为宜。

（2）**共硫化剂**　当共硫化剂 TAIC 的用量为 0.5～2.0 份时，三元乙丙橡胶硫化胶的氧指数显著增大，为 32%～40%；当 TAIC 用量为 3.0 份以上时，其氧指数趋于平稳。在加有 TAIC 的三元乙丙橡胶胶料中，再并用共硫化剂 HVA-2 时，胶料的氧指数进一步增大。

（3）**炭黑**　填充 FEF50 份，增大了均聚氯醚橡胶（CO）、共聚氯醚橡胶（ECO）、丁腈橡胶（NBR）的氧指数，而降低了氯丁橡胶的氧指数，N990 也增大氟橡胶的氧指数，见表 8-24 所示，而在氯丁橡胶中加入炭黑则引起"阴燃"，其自熄温度从 440℃ 降至 290℃。对于天然橡胶（NR）50 份/丁苯橡胶（SBR）50 份/阻燃剂 30 份/炭黑 30 份，各种炭黑的续燃时间分别为：HAF 25s，混气槽黑 14s，瓦斯槽黑 8s，ISAF 5s，SRF 燃尽。在氯丁橡胶中，氧化锌使氧指数降低，而陶土使氧指数升高。对 VAMAC/$Mg(OH)_2$ 中加入 40 份其它填料发现：轻质 $CaCO_3$、陶土有损阻燃性，生烟量亦增大；白炭黑、LEE 白滑粉、PY-Ⅱ水白云母不仅使氧指数升高，而且大大减少生烟（dm 减少）。为了便于加工，$Mg(OH)_2$ 采用硅烷类偶联剂（A-172、A-151）、钛酸酯偶联剂和硬脂酸锌分别处理，表明 ZnSA 很有使用价值，不损害阻燃性，生烟量增大又小，钛酸酯中由于含磷，使氧指数增大，也使生烟量增大。以 ZnSA 处理陶土作填充料也有好效果，而煅烧陶土的"灰烬效应"有利于阻燃性。

（4）软化增塑剂　对于天然橡胶（NR）50 份/丁苯橡胶（SBR）50 份，配入 Sb_2O_3 9 份/氯化石蜡-52 15 份/ISAF 45 份，比较软化增塑剂（10 份）的续燃时间，石油树脂为 7.5s，古马隆为 4.5s，高速机油为 6s，松焦油为 4s，DBP 为 4s。

表 8-24　炭黑对橡胶的氧指数影响

橡　　胶	氧指数/%
丁腈橡胶	17.5
丁腈橡胶 26	18.0
丁腈橡胶 40	19.0
丁腈橡胶/CB	20.9
均聚氯醚橡胶	21.5
均聚氯醚橡胶/CB	26.0
共聚氯醚橡胶	19.5
共聚氯醚橡胶/CB	23.3
氯丁橡胶（CR）	35.3
氯丁橡胶/CB	33.7

8.6　吸水膨胀橡胶的配方设计

橡胶制品在与水的接触过程中，都会显示出某种程度的吸水性能。造成橡胶吸水的原因是：橡胶具有半透膜性质，水具备向橡胶内部扩散的能力；而橡胶本身含有的以及橡胶配合及加工过程中混入或生成的各种水溶性物质或吸水性物质，能溶解或吸收扩散到橡胶内的水，造成橡胶内外渗透压差，促使水向橡胶内的浸入。譬如，天然橡胶中存在着作为杂质的亲水性蛋白质、树脂类、糖类、无机盐类等，在合成橡胶的制备工艺过程中，使用的乳化剂、聚合引发剂、pH 值调节剂、凝固剂等，它们最终都会对橡胶制品的吸水性起着促进的作用。如果橡胶含亲水性物质越多，橡胶吸入的水也就越多。一定条件下，渗透压差和橡胶吸水膨胀后的收缩力之间达平衡状态时，橡胶的吸水量即处于稳定状态。

　　橡胶吸水后膨胀的程度，与橡胶内部水溶性或亲水性物质含量，及橡胶在硫化过程中的硫化状态有关。橡胶中水溶性或亲水性成分含量增加，以及低的硫化状态，都有利于水的扩散，使橡胶制品的吸水量增加。因此，如果有意识地往橡胶中配合亲水性大的物质（超吸水性树脂）或接枝亲水基团（环氧乙烯），就能够得到吸水性大的吸水膨胀橡胶，其遇水后体积膨胀高达 4～6 倍乃至数百倍。

　　吸水膨胀橡胶可从多角度来分类，按橡胶是否硫化可分为硫化型（制品型）和非硫化型（腻子型）；按其制备方法可分为机械共混型和化学接枝型；按制造吸水膨胀橡胶所用吸水膨胀剂来分，则有改性高钠基膨润土、白炭黑与聚乙烯醇、马来酸酐接枝物、亲水性聚氨酯预聚体、聚丙烯酸类（含聚丙烯酸、聚丙烯酸盐、聚丙烯酰胺及丙烯酸改性物）；另外，按其性能还可分为高膨胀率（350%）、中膨胀率（200%～350%）、低膨胀率（50%～200%）等类型。

8.6.1　生胶体系

　　橡胶基体选择一般以弹性好为原则，同时还要具有一定的强度，工艺性能好，常用的橡胶有天然橡胶（NR）、氯丁橡胶（CR）、丁基橡胶（IIR）、三元乙丙橡胶（EPDM）以及热塑性的SBS等。如选择非结晶型橡胶与吸水树脂共混制成吸水膨胀橡胶，易发生冷流现象，用作止水材料时会丧失止水效果，因此最好采用常温下结晶区域或玻璃化区域达到 5%～50% 的 1,3-二烯类橡胶，如氯丁橡胶。有研究表明，氯丁橡胶（CR）比丁基橡胶（IIR）作基体制得的吸水膨胀橡胶膨胀性能好，但丁基橡胶为基体时强度高，耐压性好。另外，用塑料或热塑性弹性体代替或与橡胶并用可改善橡胶的强度与加工性能。

8.6.2　亲水性组分

　　吸水树脂是指结构中含有亲水性基团的聚合物，是吸水膨胀橡胶组成的关键组分。

超吸水性树脂是一种能吸收数百倍乃至数千倍自身质量的水的新型吸水材料，它不是海绵，但吸水性远胜于海绵。海绵一类物质，不过能吸收自身质量几十倍的水，而且受外界挤压时很容易脱掉已吸入的水。超吸水性树脂却能吸收数百倍乃至数千倍自身质量的水，且吸入的水分不易失去，即使加压仍具有良好的保水性，因此，有人形象地比喻它是"分子水库"。

超吸水树脂是以亲水基团为基本组分。吸水原理是树脂对水的物理吸附和化学吸附的叠加。亲水基和水分子相互作用，或部分结构引起的分子扩张面形成水合状态，使其具有超高的吸水性能，在分子表面形成厚度 $5\sim6\mathring{A}$、约 $2\sim3$ 个水分子层，所吸收的水呈高分子内或高分子间的分子网空间的自由水。随着吸水量的增加，树脂的体积将发生显著的膨胀。

亲水性组分为结构中含有亲水性基团的聚合物和矿物质。亲水组分按电离性大致可分为 3 种类型。

a. 强电解质吸水树脂　如交联聚丙烯酸钠，所含吸水功能团是羧酸钠（—COONa）或磺酸钠（—SO$_3$Na）等。

b. 非离子性亲水组分　如聚丙烯酰胺、亲水性聚氨酯等，其亲水基团是羟基、酰氨基。

c. 离子型和非离子型单体的共聚物　如不同中和度的聚丙烯酸钠和部分水解的聚丙烯酰胺等。

按化学结构，目前常用的吸水树脂主要有以下几种。

a. 淀粉类　如淀粉-丙烯腈接枝聚合物的皂化物、淀粉-丙烯酸的接枝聚合物等。

b. 纤维素类　如纤维素-丙烯腈接枝聚合物、羧甲基纤维素的交联产物等。

c. 聚乙烯醇类　如聚乙烯醇的交联产物、丙烯腈-乙酸乙烯酯共聚物的皂化产物等。

d. 丙烯酸类　如聚丙烯酸盐（主要是钠盐）、甲基丙烯酸甲酯-乙酸乙烯酯共聚物的皂化产物等。

e. 聚亚烷基醚类　如聚乙烯醇与二丙烯酯交联的产物等。

f. 马来酸酐类　如异丁烯-马来酸酐的交替共聚物，阴离子型聚丙烯胺（PHPAM-1）等。

吸水树脂应选择粒度小、吸水率大、保持水的能力强、在橡胶中易分散、不会析出的品种。一般吸水树脂的用量越大，膨胀率就越大，但用量过大会影响橡胶的物理机械性能。在橡胶中添加超吸水树脂，用量为橡胶量的 30％～40％（质量分数）。

吸水性树脂大多是由水溶性树脂经部分交联或皂化而制成的，一般为颗粒状粉末，它们绝大多数不易在橡胶中分散。吸水树脂在橡胶中分散不均匀，遇水时表面的树脂就会被水抽出，从而影响产品的吸水率。将吸水树脂与水溶胀性聚氨酯并用，一起与橡胶混炼，则可制出具有不同吸水膨胀率和力学性能的吸水膨胀橡胶。在橡胶中掺用其它吸水性树脂也能制成吸水膨胀橡胶。可选用吸水倍率高，吸水后强度较好的吸水树脂，如部分交联的聚丙烯酸钠、异丁烯-马来酸酐的共聚物等。其中以含羧酸盐的高分子电解质作为吸水性树脂最为适宜，特别是以乙烯基醚和烯烃不饱和羧酸或其衍生物为主要成分的共聚物的皂化物以及聚乙烯醇/丙烯酸盐的接枝共聚物，不但吸水后的强度高，而且还能提高吸水后材料的刚性。

为了克服吸水性树脂与橡胶基材脱离的现象，吸水树脂的粒径应控制在 $100\mu m$ 以下，于 $50\mu m$ 则更好。除了粒度之外，吸水树脂的共混工艺对制品的外观、物理机械性能等也有重要影响。

超吸水树脂中发展最快的是丙烯酸类超吸水树脂。丙烯酸类超吸水树脂是以丙烯酸为主体原料合成的，树脂的吸水能力在 600 倍以上。

8.6.3　增容剂

除了基本原料的选择对吸水膨胀橡胶性能有重要影响外，另一个关键问题就是两者的相容性，亲水性的高吸水树脂和疏水性的橡胶基体在性能上可以互补，但因热力学相容性差，混合后不能形成较好的混容体系，作为分散相的吸水性树脂极易彼此凝聚在一起，从橡胶交联网络中脱落，影响吸水膨胀橡胶的吸水性能和力学性能，选用一定量的相容剂能较好解决此问题，见表 8-25 所示。常见为以含聚氧化乙烯（PEO300）嵌段的亲水亲油型多嵌段共聚物为增容剂。

表 8-25 增容和未增容吸水膨胀橡胶的力学性能

PAANa 用量 /份	增容剂用量 /份	100%定伸 应力/MPa	拉伸强度 /MPa	伸长率 /%
70	0	2.9	10.6	558
70	4	2.5	11.8	600
60	0	3.0	13.8	632
60	4	2.5	14.3	670

试验配方（质量份）：NR 100；SA 1；ZnO 3；防老剂 1；陶土 30；S 1.5；DM 1。硫化条件 135℃×20min。

8.6.4 硫化体系

一般吸水膨胀橡胶的吸水率随交联密度增加而减小。因为交联密度大，交联网络紧密，橡胶分子链的移动或扩张便不容易，树脂吸水后的膨胀力不能克服致密交联网络的束缚，从而使树脂在橡胶中的吸水膨胀受到较大的压抑，导致膨胀率减小。反之，交联网络稀松，吸水树脂的膨胀力大于网络束缚力则能均匀膨胀。所以在保证硫化胶物理机械性能的同时，应尽量减小交联密度。具体措施是减少硫化剂、促进剂的用量和品种选择。

8.6.5 其它配合体系

吸水膨胀橡胶大多是在潮湿恶劣的环境下使用，所以在配方中必须增加防老剂的用量，而且所用的防老剂不应被水抽出。此外还要加入适量的防霉剂。特别是当水中含有多价金属离子时，例如用于与海水接触的海洋工程，当雨水或淤泥水中含有金属离子时，它的吸水膨胀性能就会受到影响。为了避免这种影响，可在配方中加入金属离子封闭剂，如缩合磷酸盐和乙二胺四乙酸及其金属盐那样的氨基羧酸衍生物，其用量在 1～50 份之间，视水质情况而定。在某些对金属有腐蚀性的应用场合中还要加入 0.5～1.0 份的抗金属腐蚀剂。

8.7 透明橡胶的配方设计

所谓透明性，就是可见光对橡胶的透过性。透明橡胶广泛用于透明和半透明鞋底、潜水镜、导尿管、光纤包覆材料、各种面罩的柔韧透镜、汽车玻璃窗夹层或涂层、透明隔墙板、路灯罩、机器装备中的观察窗、罩盖，以及包装、电线电缆护套、温室、遮阳光镜等。透明的塑料材料，总是有这样或那样的缺点，要么太硬不能满足材料柔韧性的需要，要么有着热塑性材料的弊病。而使用透明橡胶，可以具有高透明度、低光学畸变、在一定温度范围内的柔韧性、足够的强度以及良好的耐老化性能，避免了透明塑料本身固有的缺陷。因此，透明橡胶的应用前景也十分广阔。

制造透明橡胶必须满足如下三个条件：①生胶本身是透明的，特别是硫化后能表现出良好的透明性；如是橡塑并用透明胶料所选用塑料应是结晶度较低或无定形结构的聚合物，因而具有较好的透明性；所选用的橡胶、塑料等高分子材料的溶解度参数相近，即所采用的橡胶、塑料应具有较好的相容性；②各种配合剂与橡胶的折射率相近，同时各种配合剂本身均要求色淡、透明性好、纯度高、不污染变色；加工过程中（硫化时）不应与橡胶、塑料或其它配合剂发生反应生成带颜色的污染物质；表8-26列出了部分橡胶和助剂的折射率；如是粉状配合剂，粒径小于可见光波长的1/4；③工艺条件如温度、压力和共混条件等，不改变橡胶和配合剂原有的光学性质，杂质含量少，工艺卫生清洁。

表 8-26　部分橡胶和助剂的折射率

橡胶和配合剂	折射率	橡胶和配合剂	折射率
天然橡胶（NR）	1.519	碳酸镁（$MgCO_3$）	1.50~1.525
丁二烯橡胶（BR）	1.5159~1.48	钛白粉（锐钛型）	2.55~2.71
丁苯橡胶（SBR）	1.5342	群青	1.50~1.54
丁基橡胶（IIR）	1.46~1.51	云母粉	1.56~1.59
氯丁橡胶（CR）	1.558	硫酸钡（$BaSO_4$）	1.64
异丁烯橡胶（PIB）	1.5126	白炭黑（沉淀法）	1.45
丁腈橡胶（NBR）	1.522	透明白炭黑	1.46~1.52
乙丙橡胶（EPR）	1.46	碳酸钙（$CaCO_3$）	1.51~1.63
硅橡胶（Q）	1.403	陶土	1.53
氧化锌（ZnO）	1.9	松香	1.54
聚氯乙烯（PVC）	1.52	硫黄（S）	1.59~2.24
聚乙烯（PE）	1.51~1.54	氢氧化铝[$Al(OH)_3$]	1.57
乙烯-醋酸乙烯酯共聚物（EVA）	1.49	聚丙烯（PP）	1.49
		立德粉	1.90~2.39

续表

橡胶和配合剂	折射率	橡胶和配合剂	折射率
聚苯乙烯(PS)	1.59	防老剂 264	1.69
活性氧化锌	1.70~1.90	DCP	1.36
防老剂 SP	1.60	碳酸锌(ZnCO$_3$)	1.583(1.70)
三盐	2.70	邻苯二甲酸二辛酯(DOP)	1.492
二盐	2.25	硬脂酸(SA,St)	1.43
二甘醇(DEG)	1.49~1.45	三乙醇胺(TEA)	1.49
LEE 白滑粉	1.52~1.55	邻苯二甲酸二丁酯(DBP)	1.435

8.7.1 生胶体系

一般来说，凡是生胶本身呈透明状态的橡胶，它的硫化胶也有一定的透明性。通常用作透明橡胶制品的生胶品种有丁二烯橡胶（BR）、丁苯橡胶（SBR）和天然橡胶（NR）。丁二烯橡胶 9000 透明性最好，丁苯橡胶一般选用溶液聚合胶或低温乳聚胶，因这种丁苯橡胶是用松香酸皂和脂肪酸皂作乳化剂，故黏着性和色泽较好，无污染性，而且胶料硫化后不变色。丁苯橡胶 1502 不仅透明性好，耐磨，而且耐光、氧、热等老化性优异。溶聚丁苯橡胶因杂质含量少，透明性也比丁苯橡胶 1502 好。天然橡胶宜用白绉片胶、标准胶 SCR5、浅色标准胶 SCR5L 等浅色品种。具体透明橡胶的生胶可根据其用途加以选择，例如透明鞋底、某些医用透明橡胶制品等，可选用溶聚丁苯橡胶（SBR），丁二烯橡胶（BR），非污染型乳聚丁苯橡胶（丁苯橡胶 1502），异戊橡胶（IR），天然橡胶中的白绉片、风干胶、浅色标准胶、高级烟片胶、硅橡胶（Q）等。要求光学上具有高透明度的可选用乙丙橡胶（EPR）、乙烯-醋酸乙烯酯橡胶、氯醚橡胶、丁基橡胶（IIR）。

一般的三元乙丙橡胶很难满足光学镜片方面的用途要求。采用相对分子质量、凝胶含量低的三元乙丙橡胶（第三单体为 1,4-己二烯），共聚物的组成为乙烯约 65%，1,4-己二烯 10% 以下，其余为丙烯，可制得透光率在 90% 以上、浊度在 7% 以下的透明柔性材料。其中最有实用价值的是具有最低凝胶含量的低相对分子质量乙丙橡胶。门尼黏度为 18 的乙烯-丙烯-己二烯乙丙橡胶最符合高透明度橡胶的要求。

用于玻璃黏合剂、潜水镜、导尿管、光纤包覆材料和浇注封闭材料的透明橡胶，主要使用硅橡胶。未填充的液体硅橡胶的强度较低，作为眼镜片材料使用时，需用特殊的硅烷聚合物改善其拉伸强度，这就是用铂化合物作催化剂，通过加成反应而制得的硅橡胶。如果使用气相法白炭黑补强，由于二甲基硅橡胶的折射率为 1.40，而气相法白炭黑的折射率为 1.43，两者折射率的差异会造成固体表面的不规则反射，使硫化胶成为半透明，而失去原有的透明性。在聚合物中引进苯基合成的二甲基硅氧烷与甲基苯基硅氧烷的共聚物以及二甲基硅氧烷与二苯基硅氧烷的共聚物，其折射率与白炭黑相一致，可达到光学透明性。这种高透明硅橡胶的代表性牌号有：SC107 光学胶料、SE777 超级透明密封胶、DY32-379U（主要用于潜水镜）。

此外，聚氨酯、热塑性弹性体（如 SBS）等也都可用作透明橡胶制品。由于缺乏好的适用于透明橡胶的补强性填料（补强剂），所以为了使硫化橡胶有好的物理机械性能，透明橡胶含胶率要在50％以上。选择适宜的塑料材料与橡胶并用，能兼顾透明、色相、物理机械性能和实用性，因此不少透明橡胶制品，实际上是采用了橡胶塑料并用。要求塑料与橡胶之间具有相近的折光率，同时应具有良好的相容性。适用作橡塑并用的塑料有聚乙烯（PE）、高苯乙烯树脂（HS）、乙烯-醋酸乙烯共聚物（EVA）。选择 HPVC/丁腈橡胶（NBR）并用时，当 HPVC 用量高于 70 份时，制得的HPVC/丁腈橡胶（NBR）并用鞋底的透明性较好，而 HPVC 用量低于 40 份时，透明性较差，这主要是由于国产丁腈橡胶中含有杂质，用量较大时，透明性下降。

丁二烯橡胶 9000，溶聚丁苯橡胶-Tufdene2003 和丁苯橡胶1502 色泽都较好，白绉片无论单用还是并用都发暗，色泽差。透明度除丁苯橡胶 1502 稍差外，其余均较好；工艺性能方面 Tufdene2003 对辊温特别敏感，粘辊严重，操作困难；丁二烯橡胶稍有脱辊倾向，其它都较好。丁二烯橡胶在色泽和透明度等方面都可与Tufdene2003 和美国丁苯橡胶 1502 媲美，物理机械性能也接近其他合成橡胶，耐磨性和屈挠性能特别优异，其硫化速率与天然橡胶相近而比其它合成橡胶快。

8.7.2 填料体系

在橡胶配合剂中，填料和氧化锌对硫化胶的透明性影响最大，氧化锌对光线有极大的遮盖力。因为填料用量较大，故必须选用不影响透明性的填料和氧化锌。对透明橡胶制品使用的配合材料的要求：①粒径应小至可见光波长的 1/4 以下，具体值为 15～20nm，以便光线可以产生绕射，而不会干扰光线的进程；②配合剂的折射率应与生胶基材相近似，这样才不会干扰光线在橡胶中的透射方向。透明橡胶中最常用的填料为透明白炭黑和碱式碳酸镁。一般选用碱性碳酸锌或活性氧化锌作为活性剂。

透明白炭黑具备了透明性和补强性，是当前透明橡胶制品重要的补强性填料（补强剂）。对透明白炭黑的要求是：粒径为 15～20nm，不超过 50nm，粒径过大，不仅影响补强效果，还会影响光线的透过、遮盖力大。粒径太细，容易形成次级聚集体（结团），也会使补强性能降低；折射率在 1.54～1.55 范围内，另外粒径分布要小。

在白炭黑的透明性方面，以 VN3 为最好，其中以日本的 VN3 白炭黑最好，其次是西德的 VN3 白炭黑，其它牌号的国外透明白炭黑也较好；国内再其次是通化的 TB-TM3 白炭黑和广州白炭黑，上海的 S-600、苏州 TS3 白炭黑也可选用。

粒径小于 $15\mu m$ 的白炭黑最为适宜。例如用高纯度的粒径为 $14\mu m$ 的白炭黑制造的三元乙丙橡胶透明片材的透光率可达 93％（片厚 4mm）；浊度仅为 2％～7％。美国道康宁公司研制开发的新型沉淀法白炭黑（商品名 WPH），与从前的白炭黑相比，其粒子小，粒径的差别也小。它与硅橡胶混合后，可制得透明性特优，且物理机械性能良好的透明硅橡胶。这样的透明硅橡胶，在宽广的温度范围内具有光学透明度，可以制作飞机座舱窗的中间膜、血液循环泵装置、导尿管等。白炭黑的用量非常重要，如果增加白炭黑的用量，就会使拉伸强度、撕裂强度、硬度和透明度增加，但柔韧性降低。其用量一般在 30～60 份；当需要比较高的柔韧性时，白炭黑用量的最佳范围为 30～40 份。

国产白炭黑 TS3、TM3 等用量越大特别是超过一定用量后胶料的透明性下降，而使用进口高级透明白炭黑如 VN3，其胶料的透明性则随白炭黑用量的增加而增大，这是粒径分布及纯度问题。

白炭黑的表面化学呈酸性，有延迟硫化的倾向，因此在使用白炭黑时还应加入多元醇和醇胺类等多官能团极性物质作为有机活性剂，既可提高硫化速率从而不过多的使用促进剂，又可降低胶料的门尼黏度，增大胶料的可塑性，从而有助于白炭黑的分散。常用于白炭黑的活性剂有多元醇（二甘醇（DEG）、丙三醇）或醇胺〔如三乙醇胺（TEA）、环己胺〕类活性剂，起到硫化促进作用，多元醇类活性剂还能改善白炭黑胶料的焦烧特性。

在天然橡胶（NR）/丁苯橡胶（SBR）并用体系中，采用噻唑类与胍类促进剂时，二甘醇的用量宜为白炭黑的 7%～10%。从综合性能考虑，以 7% 较好，从提高耐磨性看 10% 较好。胺类活性剂的用量为白炭黑用量的 2%～3%，从透明性考虑丙三醇和二甘醇较好，尽可能不要用三乙醇胺（TEA），加入硫代乙酰胺能提高制品的透明度。使用硅烷偶联剂的效果比用上述活性剂好得多，在高透明度三元乙丙橡胶中可使用 2 份甲基丙烯酰丙基三甲氧基硅烷。

用白炭黑补强的透明橡胶制品有较好的强度、弹性及抗撕裂性能。如再加入 3 份 Si-69〔双（三乙氧基丙硅烷）四硫化物〕，因 Si-69 在白炭黑和橡胶之间起着一种键桥作用，提高橡胶与白炭黑颗粒界面的相互作用力，从而大大地增强白炭黑在橡胶中的补强作用，使硫化胶性能，特别是屈挠和耐磨耗性能明显改善。Si-69 还有助于白炭黑的分散、缩短混炼时间，降低混炼胶门尼黏度，改善加工性能。

与通用的天然橡胶（NR）、丁二烯橡胶（BR）、丁苯橡胶（SBR）、氯丁橡胶（CR）、丁腈橡胶（NBR）和聚异丁烯折射率相近的填料是碱式碳酸镁。用于橡胶制品中，能获得较高的透明度。它对天然橡胶有较好的补强效果，在透明橡胶制品中应用历史比白炭黑悠久。因它对丁苯橡胶（SBR）、丁二烯橡胶（BR）等合成橡胶的补强效果差，应用受到极大限制。含碱式碳酸镁的胶料较硬，挺性好，出型时表面光滑，并能有效地防止硫化花纹变形。缺点：伸长率小，永久变形大，耐老化性能稍差。碱式碳酸镁是一种比容较大的白色粉末，其化学成分为 $5MgCO_3 \cdot 2Mg(OH)_2 \cdot 5H_2O$ 或

$4MgCO_3 \cdot Mg(OH)_2 \cdot 4H_2O$。电子显微镜观察为薄片形。碱式碳酸镁可以改善胶料的物理和加工性能，但 pH 值较高，在胶料中促进硫化，易发生焦烧，而且硫化后经一定时间后硬度增大，耐老化性也不太好。碱式碳酸镁虽然在折射率方面能满足透明性要求，但与它的性状、组成与制造方法及条件有很大关系。碳酸镁是一种无定形粉末，它的折射率最低可达 $1.45 \sim 1.46$，最高可达 1.70 以上。已知 MgO 的折射率大于 1.70，在橡胶中的透明性很差，所以在碱式碳酸镁中含有 MgO 时对透明性是不利的。另外，在碱式碳酸镁中往往混有中性碳酸镁，而中性碳酸镁的粒子呈针状结晶，对光线的透射方向有很大的干扰作用，会严重损害硫化胶的透明性。总之，当碱式碳酸镁的折射率偏离 1.525 时，主要是成分不纯引起的，因此实际使用中要特别注意选用较纯的碱式碳酸镁，否则很难得到透明性好的透明橡胶制品。

半透明胶料有时可选用硅酸铝、白滑粉等。

8.7.3 硫化体系

在透明橡胶中用硫黄作交联剂时，硫黄用量不宜过大，一般以 $1.8 \sim 2.0$ 份为宜。硫黄用量过高时，会因硫化胶交联密度过大而导致透明度的降低。当橡胶与不饱和度低的塑料如聚乙烯并用时，需采用过氧化物如过氧化二异丙苯（DCP）才能产生有效的交联。在以橡塑并用体系为基体的透明胶料中，更多是采用 DCP 与 S 并用作硫化体系。

表色上透明的配合剂有：促进剂 H、DCP、防老剂 2246、防老剂 264、PW、白油、锭子油、变压器油、石蜡油；淡色的配合剂有：促进剂 M、促进剂 DM、SA、S、环烷烃油、促进剂 NOBS、促进剂 CZ、防老剂 MB；白色的配合剂有：氧化锌、促进剂 TMTD、促进剂 D、促进剂 ZDC、促进剂 PX、防老剂 SPC、白炭黑、碳酸镁、碳酸钙；深色的配合剂有：炭黑、陶土、防老剂 A、芳烃油、松焦油、煤焦油、防老剂 4010、防老剂 BLE、防老剂 H、防老剂 4010NA、防老剂 4020、防老剂 RD、古马隆等。

对促进剂要求：一是不污染；二是硫化后放置过程中不会发生重结晶；三是合适硫速。从硫化后胶料色泽的变化上促进剂可分为三类：硫化后胶料不变色有 H；浅变色 M、DM；变深色 TT、CZ、NOBS、ZDC、PX、D。

主促进剂采用准速和超速促进剂并用体系，准速促进剂多选用噻唑类如 DM、M；超速促进剂秋兰姆类，二硫代氨基甲酸盐类，如 TMTD、TMTM，PX、PZ、ZDC 等。辅促进剂 H 在硫化时分解产生甲醛，可与天然橡胶中蛋白质结合从而使透明橡胶的色泽变浅，因此在透明胶料配方中是不可缺少的。促进剂 M 硫化速率快、透明性好，但易焦烧。可用促进剂 DM 代替 M。胍类和秋兰姆类促进剂都可能影响透明度，或使色相变差。用作天然橡胶的促进剂，最好采用促进剂 M、H、TMTS 并用，但此时胶料容易产生焦烧，为安全起见胶料贮存时间不宜过长。在以丁二烯橡胶（BR）或丁二烯橡胶（BR）/丁苯橡胶（SBR）为基体的透明橡胶中，可使用 DM/H/PX/S 硫化体系或 DM/H/TMTD/PX/S 硫化体系，制出的透明胶料的透明性和物理机械性能都比较好。

常常采用的促进剂并用体系：DM/H/PX、M/H、M/DM/H、M/H/TMTM、M/H/TMTD、DM/H/TMTM、DM/TMTD（或 PX）、DM/H/ZDC。促进剂用量为 2.6～3 份。一般情况下，快速促进剂的透明性较好，而慢速促进剂往往使透明胶颜色变深。此外，还可采用混合型促进剂，其特点是透明胶不会发生再结晶，不污染，硫化速率快且操作安全。常用的混合促进剂有促进剂 DHC（促进剂 M 与二乙基二硫代氨基甲酸锌的混合物）、促进剂 F（促进剂 DM 与 D 混合物）、促进剂 FN（促进剂 DM 与 D，H 的混合物）。

对于丁二烯橡胶，不同促进剂并用体系的硫化效果和防焦烧性能有明显的区别，这种差别在不同白炭黑中都可重现。促进剂 DM＋H＋PX＋甘油并用体系比促进剂 M＋TMTD＋DM＋二甘醇（或丙三醇）以及促进剂 DM＋TMTD＋H＋丙三醇（或二甘醇）的并用体系效果要好得多，前者不仅防焦烧性能好，而且硫化胶的色泽和物理机械性能都较后者好，促进剂 H 用量增加效果会明显转好。

硫黄硫化体系中用 ZnO、SA 作活性剂。普通氧化锌对可见光的遮盖力强，所以在透明橡胶中氧化锌的用量应尽可能的低，一般为 1.5～2 份。氧化锌的用量少时，就要求它在胶料中有更好的分散性，建议在透明胶不采用普通氧化锌。透明橡胶中通常都使用透明氧化锌或活化氧化锌。透明氧化锌其化学组成为碱式碳酸锌，受热时分解出水和二氧化碳而转变成氧化锌，因而可直接用碳酸锌代替氧化锌，其用量为 1.5～3.0 份。也可采用活性氧化锌，它的粒子很细，活性很高，因此对胶料的透明性无明显影响，在透明橡胶中的用量为 0.5～1.0 份。

透明橡胶的硫化体系，应尽可能减少由于化学反应而产生的有色副产物。通常硫黄硫化体系至少包括三种配合剂（硫化剂、活性剂、一种或多种促进剂），容易产生有色的副产物，对透明性不利。而用过氧化物硫化时，体系最为简单。目前广泛使用的过氧化二异丙苯（DCP），由于硫化后残留在胶料中的臭味，而不宜用作透明橡胶的硫化剂。最初用于乙丙橡胶的过氧化物是双 2,5，但它受防老剂影响会产生颜色，影响硫化胶的透明度。在三元乙丙橡胶（EPDM）、硅橡胶（Q）的透明橡胶中使用的过氧化物，最好是无色透明的液体，DTBP（二叔丁基过氧化物）较好。在过氧化物硫化的三元乙丙橡胶中，还要添加共交联剂。通常共交联剂是液态的，它会提高硫化胶的交联密度，减少表面黏性，不产生喷霜。常用的共交联剂是三羟甲基丙烷三异丁烯酸酯和低相对分子质量的 1,2-聚丁二烯或二者的混合物。

8.7.4　防护体系

为了使透明橡胶制品获得最佳的色彩透明度和抗氧化性，选择适当的防老剂是非常重要的。防老剂必须是非污染的、透明的或浅色的，如防老剂 264、2246、DOD、SP、MB、EX、WSL。防老剂 MB 能防止喷霜，常与 SP 并用。

根据防老剂在三元乙丙橡胶中对颜色和黏着性的影响，最好的防老剂是 1,3,5-三甲基-2,4,6-三（3,5 二叔丁基-4-羟基苯）及 3,5-二叔丁基-4-羟基肉桂酸酯和 1,3,5-三（2-羟乙基）三嗪-2,4,6-三酮。防老剂的用量为 0.2～1.0 份。在天然橡胶（NR）、丁二烯橡胶（BR）、丁苯橡胶（SBR）透明橡胶中，常用的防老剂有 264、2246、SP、MB、BHT 等，用量为 0.5～1.5 份。

8.7.5　其它配合体系

为了提高制品的透明度，操作助剂应选用非污染、无色、色浅而且黏度小的软化增塑剂，如石蜡油、变压器油、白矿油、航空机油、凡士林、锭子油等。最好采用凡士林、锭子油及变压器油单用或并用。软化增塑剂用量要适当，一般用量为 8～16 份，过多软化增塑剂会降低硬度和延迟硫化，过少时加工性能不好。添加萜烯树脂、松香可提高胶料的黏着性能。

其它配合剂的选择以无污染性为原则，硬脂酸在胶料中不仅起软化增塑剂、分散剂的作用，而且用作硫黄硫化的活性剂，用量为 1～2 份。

如果要制造带色透明橡胶需加少量有机着色剂，着色剂本身的色泽要鲜艳、遮盖力小，以免影响制品的透明度，同时要耐热、耐日光、易分散。为使着色剂在胶料中分散均匀，最好制成颜料母胶。若用过氧化物进行硫化时，须慎重试验，因过氧化物会破坏某些颜料。

8.8　医用橡胶的配方设计

合成橡胶发展迅速，在医学领域的应用逐步扩大，现在已深入到医学的各个部门，而且逐步朝着替代人体内脏器官方向发展。目前每年都有千百万人需要用人工材料修补或替代被损坏的组织或器官。在疾病诊断和治疗中使用的医疗器械，很多部件也是用橡胶制作的。由于人体的大部分是由软体组织构成的，所以弹性体作为医用材料，其适用的范围非常大，功能性的特点也尤为突出。能够用于人体的医用橡胶，除应具有相应的生物稳定性、力学性能和加工成型性之外，还应具有生物安全性、生物功能性、可灭菌性及生物适用性。根据临床情况，医用橡胶大体上可分为如下 4 种类型。

a.不直接接触生物组织的医用橡胶；

b.接触皮肤与黏膜的医用橡胶；

c.暂时接触生物组织的医用橡胶；

d.长时间埋入人体内的医用橡胶。

对于那些直接接触生物组织或埋入人体内的医用橡胶，要求具有以下特性：①对血液与体液等组织液不会引起变性；②不会引起周围组织炎症，无异物反应；③无致癌性；④不会引起变态反应及过敏性；⑤尽管在人体内时间很长，其主要物理机械性能，如弹性、拉伸强度等不下降；⑥不会因灭菌操作而产生变性；⑦容易加工造型；⑧用作软组织的医用橡胶，应具有足够的柔软性。特别是与血液直接接触的医用橡胶，应具有良好的血液相容性，不应是诱发血栓形成及溶血性的物质。

对于不直接接触生物组织的体外医用橡胶制品的要求，虽然比直接接触生物组织的体内医用橡胶制品低，但比一般橡胶制品的技术要求还是严格得多，特别是卫生指标的要求比较严格。如药物瓶塞类的医用橡胶，要求具有一定的弹性，按规定的针刺数次后不掉胶屑，并仍能保持原有的封闭性和气密性；不含铅、汞、砷、钡等有毒性的化合物；不与所封装的药剂起作用，破坏药剂的效果和影响药剂的澄明度；表面不能有喷出物，如游离硫、蜡和其它有机、无机物质；表面光滑而有一定的润滑性，不得有杂质和异物存在，能适应酸洗、碱洗、水洗等洗涤和消毒灭菌处理；有的药剂需长期在低温下贮存，则需要考虑耐寒性；用于贮存血浆容器的胶塞，不能有与血液起化学作用的物质；此外对 pH 值、易氧化物、重金属离子等均有严格的要求。

8.8.1 生胶体系

不直接接触生物组织的体外医用橡胶，主要使用天然橡胶（NR）、丁基橡胶（IIR）、卤化丁基橡胶、异戊橡胶（IR）。当药品和油性介质组合或药品本身是油性时，可选用氯丁橡胶（CR）和丁腈橡胶（NBR）。要求耐热性时，可选用三元乙丙橡胶。

天然橡胶是最早使用的医用橡胶，主要用于外科手套、导管、胶塞等。由于天然橡胶中含有较多的非橡胶烃杂物，对人体常产生不良的影响。但是由于天然橡胶具有良好的弹性、加工性，加之采用脱胶乳蛋白质等净化方法，掺入肝素、蛋白质、非离子表面活性剂等物质进行改性，以及采用适宜的介质萃取和产品后处理等措施，使天然橡胶在医用橡胶中仍占有一定的地位。

合成橡胶主要用于体外医用橡胶制品。最好选用为医疗目的专门制造的合成橡胶，因为一般的合成橡胶制造厂家很少能提供出残留单体、残留催化剂及其分解物、阻聚剂、改性剂以及抗氧化剂等具体数据。而这些低相对分子质量化学物质对人体影响较大，特别是硫化后可能抽提的副产物变得更为复杂、更加困难。因此，大部分工业上通用的合成橡胶，几乎都不能使用，而符合生物体用质量标准的合成橡胶为数很少，目前主要有硅橡胶（Q）、聚氨酯橡胶（PUR）、卤化丁基橡胶。

8.8.2 硫化体系

以天然橡胶为基体的医用橡胶。硫化剂仍以硫黄为主，但对硫黄的纯度要特别加以精选。如果纯度不高，即便含有微量的砷也是不允许的。硫黄的用量应以满足橡胶的交联而又没有多余的剩余量为原则，否则会产生多方面的危害，如毒性、热源等生物方面副作用。硫黄是一种低毒物质，对皮肤和眼睛有轻度的刺激作用，因此其用量应严格控制，不宜过量。

以卤化丁基橡胶为基体的医用橡胶，多选用金属氧化物如氧化锌作硫化剂。对于这种硫化剂，仍以纯度要求放在首位，否则镉、铅等重金属离子含量就会提高，还不到标准要求。氧化锌的用量按理论计算在 0.55～0.85 份即可满足交联需要，但考虑到分散均匀性以及与其它配合剂相互作用的影响，通常选用 2～3 份。由于用氧化锌作交联剂时交联度不高，因此填料、操作助剂等配合剂易迁移，抽提物组分较多。所以，氧化锌的采用无助于提高"洁净度"，特别是对 pH 值变化较大的药液的封装更为不利。另外还要考虑氧化锌对某些药物的敏感性和配合禁忌问题。可供无硫无锌硫化体系选择的硫化剂是多元胺类。采用多元胺类硫化体系可避免硫黄和氧化锌的不利影响。目前无硫无锌硫化已广泛用于溴化丁基橡胶高品质胶塞的生产。

医用橡胶中，促进剂的选用应慎之又慎，因为促进剂的品种和用量对药品性能会产生直接的影响。应选用无毒的促进剂。促进剂的用量应尽可能的小，品种应尽量的少，这样才不至于产生副作用，对用药者无危害。

8.8.3　填料体系

填料的选择应考虑以下几个因素：①无毒性；②化学纯度高；③pH值；④挥发性物质含量少；⑤憎水性；⑥粒径、结构度、粒子形状以及在橡胶中的分散性。体外医用橡胶多选用无机填料，例如重质碳酸钙、轻质碳酸钙、活性碳酸钙、白炭黑、陶土、煅烧陶土、硫酸钡、滑石粉等。煅烧陶土以其极低的吸水性、良好的分散性和较高的莫氏硬度而成为丁基橡胶胶塞的首选填料。

8.8.4　防护体系

在耐热、耐氧、耐臭氧老化性能较好的丁基橡胶或卤化丁基橡胶中，防老剂对它们的防护作用甚微，故一般可以少加或不加。而以天然橡胶为基体的体外医用橡胶，在制造、贮存、使用过程中受光、热、应力、射线、氧、臭氧、金属重离子、化学介质等物理、化学因素及生物因素的作用，会造成橡胶老化、使用性能降低甚至失去使用价值，因此防老剂的选用也是十分必要的。体外医用橡胶防老剂，应选择与橡胶相容性好，不易喷出、挥发、析出，在加工温度下稳定，不和其它助剂发生化学反应的品种，而更为重要的则是污染性小，无毒性或低毒性，不变色。

非污染型防老剂264、2246，毒性小、不污染，是体外医用橡胶常用的防老剂。一般情况下，如果能够满足121℃×2h的消毒条件，能不使用防老剂就不使用；在必须要使用防老剂时，一定要把防老剂的用量限制在最低量。

8.8.5　软化增塑体系

操作助剂和软化增塑剂、分散剂、均匀剂等的选用，应符合以下要求：与主体材料及填料有良好的相容性，对人体无毒害影响，可抽提性低，迁移小。常用的操作助剂有：医用凡士林、硬脂酸、石蜡、低分子量聚乙烯、低分子量聚异丁烯等。

8.9　环保橡胶的配方设计

橡胶工业的公害来源有三个方面。

原料：合成橡胶、助剂的制造，加工中使用的某些有毒性材料。

废料：以废旧轮胎为主的大量废旧橡胶制品而形成的黑色污染。

加工过程：加工过程中产生的毒害因素。橡胶加工过程的烟雾、粉尘、溶剂、污染、爆炸火灾和噪声等。

橡胶工业的环保包括两个课题：一是使用环保的原材料，二是尽量降低生产过程对环境的污染。

欧盟重要环保法规中涉及橡胶的主要指令（下文 EU-D 表示欧盟指令）如下。

EU-D 67/548/EC《有关危险物质的分类、包装和标记的指令》。

EU-D 94/62/EC《有关包装及包装废弃物的指令》，规定了四种重金属的极限值。

EU-D 2000/53/EC（简称 ELV 指令）《有关报废车辆的指令》，涉及铅、镉、汞和六价铬。

EU-D 2006/1907/EC 指令（简称 REACH 指令）《关于化学品注册、评估、授权和限制的法规》。REACH 的管控范围：覆盖面大，涉及所有行业中化学物质的生产使用；涉及日常生活中使用的化学物质生产的产品（包括电子、电器、服装、家具、油漆等）30000 多种。

EU-D 76/769/EC 指令（简称 ROHS 指令）《电气、电子设备中限制使用某些有害物质指令》。按 ROHS 要求，橡胶配合中可能含有害物质的原料：①金属氧化物（如 ZnO，MgO，Sb_2O_3 等）；②有机阻燃剂（如多溴二苯醚等）；③橡胶填料（如 $CaCO_3$，高岭土，白炭黑等）；④橡胶硫化剂（如硫黄等）；⑤橡胶软化剂（如油膏类）；⑥橡胶颜料（如钛白粉类）。

EU-D 2002/95/EC 指令（简称 EEE ROHS 指令）。系有关电气电子设备的指令，涉及铅、镉、汞、六价铬、多溴联苯、多溴联苯醚，2006 年 7 月 1 日实施。

EU-D 2005/69/EC 指令（简称 PAHS 指令）。主要是指分子中含有两个或两个以上苯环结构的化合物，包括萘，蒽，菲等 150 余种化合物。橡胶配合中可能含有 PAHS 的原料：①生胶：烟片胶、SBR1712；②炭黑：炭黑多数为石油或天然气产品，在炭黑烧制过程中，表面吸附了多环芳烃；③软化（增塑）剂：沥青，古马隆，煤焦油，芳烃油（未去除多环芳烃），DOP，DBP；④促进剂，防老剂：促进剂 NA-22；防老剂 A、D；⑤颜料：碱性染料往往含有多环芳烃。

EU-D 2005/84/EC 指令《邻苯二甲酸酯类限量的指令》，主要涉及 DEHP（即 DOP）、DBP、BBP。

EU-D 2003/113/EC 指令，《禁用邻苯二甲酸酯类增塑剂的指令》。

EU-D 2006/122/EC 指令（简称 PFOS/PFOA 指令）《关于限制全氟辛烷磺酰基化合物的指令》。

从这些环保指令中，橡胶工业管控的主要物质如下。

重金属：铅、镉、汞、铬、锑、砷、钡、硒等及其化合物的物质。

卤素：氟、氯、溴、碘及其化合物（包括多溴联苯、多溴二苯醚、全氟辛烷磺酸基化合物 PFOS）。

单个苯环的化合物：邻苯二甲酸酯、多溴联苯、多溴二苯醚、甲苯、二甲苯、硝基苯等；多个苯环的化合物：多环芳香烃、芳香胺偶氮化合物、β-萘胺（防 D）（防老剂 A 和 AP 中也有痕量的 β-萘胺）、萘、蒽、芘等。

含亚硝胺（仲胺）的物质：防老剂 NBC、硫化剂 DTDM、促进剂 NOBS、促进剂 TMTD 和 TMTM、促进剂 BZ 和 DZ、促进剂 PZ、促进剂 TRA 等。

这些管控物质的主要危害有致癌、致基因突变、致畸、致生殖毒性等。

环保配方设计主要原则是：不用有危害的材料；采用安全的环保型材料。

8.9.1 生胶体系

不使用再生胶。

普通的充油橡胶特别是 SBR、BR 基本是充芳烃油，这也是多芳环烃的来源。可选用不含致癌多环芳烃的充油丁苯，如 SBR 1712 的 SBR 1723。

丙烯腈是可能对人类致癌的物质，IARC 将它划为 2B 组，丙烯腈可使肺癌和结肠癌的发生率增加 3～4 倍。我国兰化产的热法 NBR 因含有已被国外禁用的防老剂 D 及可能有超标量的丙烯腈及亚硝胺，建议不用热法 NBR。可采用环保型 NBR，如意大利埃尼化工公司推出了环保型 NBR-Europrene，NGRN，其生胶中亚硝胺的质量分数小于 1×10^{-9}，而可能产生亚硝胺的物质质量分数小于 2×10^{-9}。

8.9.2 软化增塑体系

从环保方面看，必须使用不含或少含致烃癌性的多环芳烃（如苯并［a］芘等，可能导致皮肤癌）的油类软化剂。对于常用的石油系操作油，其中芳烃油多环芳烃含量大于环烷油，石蜡油基本没有。因而不可使用普通芳烃油，此外沥青、煤焦油也不能采用。

芳烃油的替代品有 3 类，即环保芳烃油、浅抽油和环烷油。环保芳烃油通过对芳烃油再精制（双重萃取）除去多环芳族化合物（PCA）和多环芳烃（PAHs）制备，性能最接近高芳烃油（DAE）。浅抽油以石蜡基馏分油溶剂浅度精制或加氢浅度精制而成，其应用于胎面胶的效果不令人满意。从合成橡胶厂和轮胎生产厂的实际使用情况看，浅抽油和环烷油一般只用作操作油，因环保芳烃油与橡胶本体相容性最好，同时不影响轮胎的安全性，是芳烃油最佳替代品，被绝大多数合成橡胶生产厂家选择为橡胶填充油。

在 NR 和 NR/BR 胶料，填充环保油 KT 20 与芳烃油的混炼胶性能、硫化胶的物理性能和抗湿滑性能相当。填充环保油 KT 20、3527M ES（浅抽油）和 TDAE（环保芳烃油）硫化胶的滚动阻力相差不大。在 NR 胶料中填充环保油 KT 20，硫化胶的耐磨性能较优。

不使用 DOP 油（含邻苯二甲酸酯类物质），对另一典型品种邻位磷酸三甲苯酯的邻苯二甲酸酯类物质含量大于 0.1% 时，也严禁使用。朗盛公司生产了增塑剂 Mesa-moll（非邻苯-甲酸酯类的烷基磺酸酯）。增塑剂 Mesa-moll 不是高度关注物质表所列物质，并且有非常低的挥发性，是 DEHP 的理想替代品。增塑剂 Mesa-moll

与 NBR 高度相容，可以快速混合。增塑剂 Mesa-moll 大部分性能优于 DEHP。使用增塑剂 Mesa-moll 的 NBR 硫化胶邵尔 A 型硬度比使用增塑剂 DEHP 的稍低，拉伸强度和拉断伸长率相当，压缩永久变形小。

古马隆树脂，含多环芳烃，内含 $1\sim2\mu g/g$ 的苯并芘，毒性大，属 B 级，应停止使用。

8.9.3 硫化体系

硫化体系中能分解仲胺的助剂，例如，某些促进剂、给硫体、防焦剂等，它们的共同特点是含有仲氨基，加工使用过程中分解出仲胺，仲胺和氮氧化物反应生成亚硝胺，亚硝胺进入人体，能改变人类 DNA 结构而致癌。典型的含有仲氨基的助剂如下。

给硫体：二硫代二吗啉（DTDM）。

促进剂：二硫化四甲基秋兰姆（TMTD）；N-吗啡啉基-2-苯并噻唑次磺酰胺（NOBS）；二甲基二硫代氨基甲酸锌（ZDC、BZ、EZ）。另一类致癌促进剂是非硫调节型氯丁橡胶常用的 NA-22。

含仲氨基的次磺酰类 NOBS、DZ、DIBS、DEBS 等可采用同类属的伯氨基，即氮原子上连一个有机基团，一个氢原子的，如 CZ、NS 等不会分解仲胺的促进剂代替，促进剂 CZ 和 NS 是促进剂 NOBS 最现实而有效的代用品，再加适量的 CTP 等配合调整。N-叔丁基苯并噻唑次磺酰胺（NS 或 TBBS）是比较好的品种，在发达国家它的用量占总促进剂量的 $35\%\sim45\%$，N-叔丁基双苯并噻唑次磺酰胺（TBSI）比 TBBS 多 1 个摩尔的巯基苯并噻唑基团，它不产生亚硝胺，焦烧时间和仲胺类的一样长，硫化速率快，性能和 NOBS 相当，抗返原性更好。此外尚有 N-环己基-双（2-苯并噻唑）次磺酰胺（CBBS）、N-乙氧二亚乙基硫代氨基甲酚-N′-叔丁基次磺酰胺（OTTBS）、N-叔戊-2-苯并噻唑次磺酰胺（AMZ）等。

采用促进剂 AMZ（2-叔戊基苯并噻唑次磺酰胺）可以代替促进剂 NOBS，而且两者性能相近。促进剂 TBSI 据说是替代 NOBS 和 DIBS 最好的非仲胺型促进剂，其硫化特性以及硫化胶物性与后两者水平相当，且有更优的抗硫化返原性。另外，促进剂 CBBS 〔N-环己基-双-（2-苯并噻唑）次磺酰胺〕也是替代促进剂 NOBS

的一个新品种。

烟台新特耐化工有限公司生产的促进剂 XT-580 是由伯胺类次磺酰胺与非胺类化合物复合而成，不含吗啉基结构，不会生成 N-亚硝胺，是一种环保型促进剂。可等量替代促进剂 NOBS 在载重轮胎胎面胶和胎侧胶中的应用。

对含仲氨基的秋兰姆类 TMTD，TMTM 和 TETD 等的代替问题：一种办法是制造虽然仍含仲氨基，但所连接的有机基团较大或空间位阻较大的，如苄基、叔丁基等。如四苄基二硫化秋兰姆（TBzTD）、四（2-乙基己基）二硫化秋兰姆（TOTN）、四叔丁基二硫化秋兰姆（IT）、四叔丁基一硫化秋兰姆（IU）、二苄基二硫代氨基甲酸锌（DBZ 即 DBEC）、二叔丁基二硫代氨基甲酸锌（IZ）等。这样的仲氨基，分解所生成的仲胺挥发性小，所生成的亚硝胺的机会就很少，如 IZ 形成的亚硝胺为传统秋兰姆的 1/50。另一种方法是使用磷酸盐类的促进剂，如二乙基二硫代磷酸锌（ZDEP），二丁基二硫代磷酸锌（ZDBP）等，分子结构中没有氮，也就不能形成胺。

对广泛使用的含仲氨基的给硫体 DTDM、OTOS 产生致癌的亚硝基吗啉，因此不采用。可用二硫化-N，N'-二己内酰胺代替。或用具有能改善返原和抗疲劳的助剂：1，3-双-（柠康酰亚氨基甲基）苯，英文名为：1,3-bis-(citraconimidomethyl)benzene，代号 PK 900 或 BCI 来代替，以及用六亚甲基-1,6-双硫代硫酸钠二水合物（HTS）代替。采用无吗啉基的给硫体，如莱茵公司的 Rhonocure S，即二硫化-N，N'-二己内酰胺替代产生亚硝基码啉的促进剂 DTDM 和 MDB。

还有铅氧化物如 PbO、Pb_3O_4 等是某些含卤（氯、氟）的橡胶如 CR、CM、CSM、CO、ECO、FPM 等常用硫化助剂，又如 PVC 作为稳定剂的二碱式亚磷酸铅、三碱式硫酸铅，硬脂酸铅，这些含铅助剂应该替换，如用硬脂酸钡或硬脂酸钙等代替二碱式亚磷酸铅、三碱式硫酸铅等。

作为丁腈橡胶耐热硫化体系使用的镉镁硫化体系。在该硫化体系中，氧化镉是一种属于 2A 组的致癌物质，可使人患前列腺癌和肾癌，应停止使用镉镁硫化体系。可用耐热更好的氢化丁腈橡胶代替普通耐热丁腈橡胶。

防焦剂 NA 本身便是亚硝胺化合物（N,N-亚硝基二苯胺），因此应该禁产和禁用，用防焦剂 CTP 代替。

促进剂 NA-22 的成分是乙烯基硫脲，是一种含潜在致癌物的助剂，有致肝癌之嫌。由于促进剂 NA-22 是 W 型 CR 必需的促进剂和氯化聚乙烯橡胶 CM、CO、ECO 的主要硫化剂，作为 CR 用促进剂 NA-22 的替代品有二甲基硫代氨基甲酰-2-咪唑乙基硫酮（Robac 70）、3-甲基噻唑烷硫酮（Vullcacit CRV）和二苯基硫脲促进剂（CA），这些都属于毒性比促进剂 NA-22 低的促进剂。

由硫化剂 TCY（2，4，6-三巯基均三嗪）和 Ca/Mg 吸酸稳定剂（碳酸钙或硬脂酸钙/氧化镁）组成的体系，噻二唑硫化剂/Ba-CO_3 吸酸剂组成的体系，硫化剂 XL-21（2,3-二巯基氨基甲酸盐甲基喹啉）/Ca(OH)$_2$ 吸酸剂组成的体系都是氯醚橡胶的无铅硫化体系，该体系已取代 NA-22/PbO 或"二碱"的有铅硫化体系，已在汽车燃油胶管的内、外胶中得到应用。

汽车用氯磺化聚乙烯橡胶（CSM）最常用的一氧化铅硫化体系，可用无铅硫化体系（如季戊四醇）代替之，或用氯化聚乙烯橡胶（CM）取代 CSM。

8.9.4 防护体系

含或产生 β-萘胺的防老剂如防老剂 D（苯基 β-萘胺），国外早在 20 世纪 50 年代即就将其确定为致癌物质。它在炼胶阶段生成的 β-萘胺为致癌（膀胱）物质，浓度最高达 $50mg/m^3$。

CTU 属于环保型防老剂，能在大部分橡胶制品中使用，特别适用于浅色橡胶制品；它的综合防护效果与 4010、4010NA、D、MB 相当，明显优于其它常用防老剂 RD、WH-02、DNP、2246 等，对胶料有一定的促进作用，其最佳用量为 2 份。

8.9.5 填料体系

少使用矿物填料（易含重金属）或用经处理环保填料。

石棉是致癌物，国际癌症研究中心（IARC）将其正式列为致癌物质，人体吸入后可能患胸部和胃肠部癌，应坚决抵制使用。柔性石墨密封件以及国外生产的纤维化聚四氟乙烯密封垫片已完全取代并优于传统的石棉橡胶密封件。以合成树脂、橡胶、石墨、金属或非金属纤维为主要原材料生产半金属基或非金属基非石棉摩擦材料是必然趋势。

此外，对云母、滑石粉、陶土、白炭黑等的 TLV 值统一规定为 $50mg/m^3$。炭黑的主要原料是石油系油，它们含有少量多核烃，其中某些物质致癌。幸运的是炭黑表面能固定这些有害物质。尽管如此，国际上还是规定炭黑的 TLV 值为 $3.5mg/m^3$。

8.9.6　其它配合体系

8.9.6.1　阻燃剂

按照欧盟有关指令，多溴联苯（PBB）和多溴二苯醚（PBDE）属于禁/限用之列。所谓"多溴"是指"一溴"至"十溴"。其中，十溴二苯醚是目前世界上使用广而且效果好的阻燃剂。自从 EU-D 2002/95/EC 指令（EEE ROHS 指令）规定"自 2006 年 7 月 1 日起，投放市场的新的电气电子设备不含有铅、汞、铜、六价铬、多溴联苯（PBB）或多溴二苯醚（PBDE）"。另一种常用的阻燃剂-四溴双酚 A，欧盟也正在进行"危险评估"中。

8.9.6.2　着色剂

胶料中的某些有机颜料（着色剂），特别是偶氮类着色剂，可能含有这些特定胺。以下着色剂有可能属于禁用材料，这些着色剂基本上是红色和黄色着色剂。它们是：大红粉和金光红、油溶烛红、永固红、颜料亮红、甲苯胺红、甲苯胺紫红、颜料红、颜料永固红 F4R 和橘红、永固黄 HR（联苯胺黄 HR）、永固橘黄 G、颜料黄、颜料橙、坚固金黄 GR、橡胶大红、油溶橙、碱性品红、醇溶耐晒大红 CG、永固红 FR（永固桃红 FR）、橡胶枣红 BF 和油溶红 G。

作为无机着色剂的镉黄（CdS）、镉钡黄（$CdS \cdot BaSO_4$）、镉红（$CdS \cdot CdSe$）应不得使用。

第9章 不同工艺性能胶料的配方设计

　　工艺性能通常指生胶或混炼胶（胶料）在工艺设备上可加工性的综合性能。工艺性能的好坏不仅影响产品质量，而且影响生产效率、产品合格率、能耗等一系列与产品成本有关的要素。研究生胶或胶料的工艺性能即解决加工工艺可行性问题，是橡胶加工厂至关重要的关键环节之一，也是配方设计的主要依据之一。

　　工艺性能主要包括如下几方面：生胶和胶料的黏弹性，如黏度（可塑度）、压出性、压延性、收缩率、冷流性（挺性）；混炼性：分散性、包辊性；自黏性；硫化特性：焦烧性、硫化速率、硫化程度、抗硫化返原性。

9.1　易流动胶料的配方设计

　　胶料的流动特性一般用胶料的黏度表示，黏度是评估橡胶质量、控制橡胶加工历程常要测量的一个加工参数。它是保证混炼、压出、压延、注压等工艺的基本条件，通常以门尼黏度或可塑度表示。各种制品、各个具体单元过程对生胶、胶料的黏度有具体的范围要求。黏度过大或过小都不利于上述加工工艺。黏度过高的胶料，流动性不好，硫化时充满模型的时间长，容易引起制品外观缺陷；而黏度过小的胶料，混炼加工时所产生的剪切力不够，难于使配合剂分散均匀，压延、压出时容易粘到设备的工作部件上。例如，橡胶/黄铜直接黏合，既要求流动性好、粘接力大、附胶量多，也要求胶料黏度低些好。就天然橡胶-黄铜直接黏合用的胶料而言，必须使用薄通充分的天然橡胶，薄通不足的天然橡胶制成炭黑母胶后，黏度过大，即使以加倍的动力消耗来降低黏度以达到薄通充分的天然橡胶-炭黑母胶的水平，黏合效果也还是大大下降，甚至会失效。一般认为黏度较小（但不能过小）的胶料工艺性能较好，因为黏度较小的胶料加工时能量消耗少，在开炼机或压延机上加工时的横压力小，在较小的注射压力下便可迅速地充满模腔。胶料的黏度可以通过选择生胶的品种、塑炼、添加软化增塑剂和填料等方法加以调节和控制。

9.1.1 生胶体系

生胶的黏度主要取决于橡胶的分子量和分子量分布。分子量越大、分子量分布越窄，则橡胶的黏度越大。

目前大多数橡胶的门尼黏度范围都比较宽，为了保证胶料具备所需要的性能，可在较宽的范围内，选择具有一定门尼黏度的生胶。大多数合成橡胶和 SMR 系列的天然橡胶的门尼黏度在 50～60。这些门尼黏度适当的生胶，不需经过塑炼加工即可直接混炼。而那些门尼黏度较高的生胶，如烟片、绉片和标准天然橡胶（NR）、环氧化天然橡胶（ENR）、氯丁橡胶（CR）以及其它高门尼黏度的合成橡胶，则必须先经塑炼加工，使其门尼黏度值降低至 60 以下，才能进行混炼。一般需要填充大量填料或要求胶料的可塑度很大时（如制造胶浆和海绵橡胶的胶料），应选择门尼黏度低的生胶；如要求半成品挺性大的胶料，则应选择门尼黏度较高的生胶。常见生胶门尼黏度范围见表 9-1。

表 9-1 常用生胶门尼黏度

胶 种	门尼黏度 [ML(1+4)100℃]	胶 种	门尼黏度 [ML(1+4)100℃]
烟片胶(RSS)	89～144	氯磺化聚乙烯橡胶(CSM)	30～90
异戊橡胶(IR)	54～90	聚硫橡胶(T)	22～50
丁二烯橡胶(BR)	34～54	氟橡胶 FPM-26	61.5～160
丁苯橡胶(SBR)	30～129	丙烯酸酯橡胶(ACM)	28～65
丁基橡胶(IIR)	40～90	乙烯-醋酸乙烯酯(AEM)	16～53
三元乙丙橡胶(EPDM)	49～149	氯化聚乙烯橡胶(CM)	55～80
氯丁橡胶(CR)	22～120	均聚氯醚橡胶(CO)	36～70
丁腈橡胶(NBR)	22～130	共聚氯醚橡胶(ECO)	45～97

9.1.2 填料体系

填料的性质和用量对胶料黏度的影响很大。随炭黑粒径减小，结构度和用量增加，胶料的黏度增大；粒径越小，对胶料黏度的影响越大。炭黑品种和用量对乙丙橡胶胶料黏度的影响较小。

胶料中炭黑用量增加时，特别是超过 50 份时，炭黑结构性的影响就显著起来。在高剪切速率下，炭黑的类型对胶料黏度的影响大为减小。增加炭黑分散程度（延长混炼时间），也可使胶料黏度降低。

9.1.3　软化增塑体系

软化增塑剂是影响胶料黏度的主要因素之一，它能显著地降低胶料黏度，改善胶料的工艺性能。

不同类型的软化增塑剂，对各种橡胶胶料黏度的影响也不同。为了降低胶料黏度，在天然橡胶（NR）、异戊橡胶（IR）、丁二烯橡胶（BR）、丁苯橡胶（SBR）、三元乙丙橡胶（EPDM）和丁基橡胶（IIR）等非极性橡胶中，添加石油基类软化增塑剂较好，而对丁腈橡胶（NBR）、氯丁橡胶（CR）等极性橡胶，则常采用酯类增塑剂，特别是以邻苯二甲酸酯和癸二酸酯的酯类增塑剂较好。在要求阻燃的氯丁橡胶胶料中，还经常使用液体氯化石蜡、磷酸酯类增塑剂。

使用石油类软化增塑剂和酯类增塑剂对氟橡胶效果不大，而且这些增塑剂在高温下容易挥发，因此不宜使用。使用低分子量氟橡胶、氟氯化碳液体，可使氟橡胶胶料黏度降为原来的（1/3）～（1/2）。

在异戊橡胶（IR）、丁苯橡胶（SBR）、丁腈橡胶（NBR）、三元乙丙橡胶（EPDM）和二元乙丙橡胶（EPM）中，使用不饱和丙烯酸酯低聚物作临时增塑剂，可降低胶料的黏度，而且硫化后能形成空间网络结构，提高硫化胶的硬度。采用液体橡胶例如低分子量聚丁二烯、液体丁腈橡胶等，也可达到降低胶料黏度的目的。

9.2　易压延胶料的配方设计

压延在橡胶加工中是技术要求较高的工艺，压延的胶料应同时满足如下 4 个要求。

① 具有适宜的包辊性　胶料在压延机辊筒上，既不能脱辊，也不能粘辊，而要便于压延操作，容易出片。

② 具有良好的流动性　能使胶料顺利而均匀地渗透到织物中。

③ 具有足够的抗焦烧性　因为压延前胶料要经过热炼（粗炼、细炼），经受 60～80℃ 的辊温和多次薄通，而且压延时通常在 80～110℃ 的高温下进行，因此压延胶料在压延过程中不能出现焦烧现象。

④ 具有较低的收缩率　应减小胶料的弹性形变，使压延胶片或胶布表面光滑，尺寸规格精确。

但上述要求很难同时满足，如包辊性和流动性两者是不一致的。包辊性好，需要生胶强度高，胶料中应含有一定量的高分子量组分；而流动性好，则要求分子链柔顺、黏度低，分子间易于滑动。因此设计压延胶料配方时，应在包辊性、流动性、收缩性三者之间取得相应的平衡。

9.2.1　生胶体系

（1）天然橡胶（NR）　天然橡胶分子量分布较大，高分子量部分较多，加上它本身具有自补强性，生胶强度大，为其提供了良好的包辊性。低分子量部分又起到增塑作用，保证了压延所需的流动性。另外它的分子链柔顺性好，松弛时间短，收缩率较低。因此天然橡胶的综合性能最好，是较好的压延胶种。

（2）丁苯橡胶（SBR）　侧基较大，分子链比较僵硬，柔顺性差，松弛时间长，流动性不是很好，收缩率也明显比天然橡胶大。用作压延胶料时，应充分塑炼，在胶料中增加填料和软化增塑剂的用量，或与天然橡胶并用。

（3）丁二烯橡胶（BR）　仅次于天然橡胶，压延时半成品表面比丁苯橡胶光滑，流动性比丁苯橡胶好，收缩率也低于丁苯橡胶，但生胶强度低，包辊性不好。用作压延胶料时最好是与天然橡胶并用。

（4）氯丁橡胶（CR）　虽然包辊性好，但对温度敏感性大。通用型氯丁橡胶在 75～95℃ 时易粘辊，难于压延，需要高于或低于这个温度范围才能获得较好的压延效果。在压延胶料中加入少量石蜡、硬脂酸或并用少量丁二烯橡胶，能减少粘辊现象。

（5）丁腈橡胶（NBR）　黏度高，热塑性较小，流动性欠佳。

收缩率达 10% 左右，压延性能不够好。用作压延胶料时，要特别注意生胶塑炼，压延时的辊温以及热炼工艺条件。

（6）丁基橡胶（IIR） 生胶强度低，无填料时不能压延，只有填料含量多时才能进行压延，而且胶片表面易产生裂纹，易包冷辊。

无论选择哪种生胶，都必须使其具有较低的门尼黏度值，以保证胶料良好的流动性。通常压延胶料的门尼黏度应控制在 60 以下。其中压片胶料为 50～60；贴胶胶料为 40～50；擦胶胶料为 30～40。

9.2.2　填料体系

加入补强性填料能提高胶料强度，改善其包辊性。压延胶料添加填料后可使其含胶率降低，减少胶料的弹性形变，使收缩率减小。不同填料影响程度也不同，一般结构性高、粒径小的填料，其胶料的压延收缩率小。

不同类型的压延对填料的品种及用量有不同的要求。例如压型时，要求填料用量大，以保证花纹清晰，而擦胶时含胶率高达 40% 以上。厚擦胶时使用软质炭黑、软质陶土之类的填料较好，而薄擦胶时以用硬质炭黑（活性炭黑如 N330）、硬质陶土、碳酸钙等较好。为了消除压延效应，压延胶料中尽可能不用各向异性的填料（如碳酸镁、滑石粉）。

9.2.3　软化增塑体系

胶料加入软化增塑剂可以减小分子间作用力，缩短松弛时间，使胶料流动性增加、收缩率减小。软化增塑剂的选用应根据压延胶料的具体要求而定。例如，当要求压延胶料有一定的挺性时，应选用油膏、古马隆树脂等黏度较大的软化增塑剂；对于贴胶或擦胶，因要求胶料流动性好，能渗透到帘线之间，则应选用增塑作用大、黏度较小的软化增塑剂，如石油基油、松焦油等。

9.2.4　硫化体系

压延胶料的硫化体系应首先考虑胶料有足够的焦烧时间，能经受热炼、多次薄通和高温压延作业，不产生焦烧现象。通常压延胶料 120℃ 的焦烧时间，应在 20～35min。

9.3 抗焦烧胶料的配方设计

橡胶胶料硫化前在贮放、加工操作期间产生早期硫化的现象称作焦烧。胶料的焦烧性能常用门尼黏度计测定的门尼焦烧时间 t_5 来表示，测定温度常为 120℃，t_5 是转矩比最低转矩大 5 个门尼值所耗的试验时间。硫化仪硫化曲线的 t_s、t_{10} 常称硫化诱导期，是硫化温度下的焦烧时间。

通常，胶料发生焦烧时，胶片或半成品表面起弹性疙瘩、麻面或可塑性明显降低、加工设备的负荷陡然增大等。通常在设计胶料配方时，保证在规定的硫化温度下硫化时间尽可能短，以提高制品的硫化生产效率，在加工温度下焦烧时间尽可能长，以防止胶料出现焦烧和硫化时有足够的流动时间。各种胶料的门尼焦烧时间，视其工艺过程、工艺条件、胶料硬度和胶料返回使用情况等而异。就 120℃下的 t_5 而论，一般软的胶料为 10～20min；大多数胶料（不包括高填充的硬胶料或加工温度很高的胶料）为 20～35min；高填充的硬胶料为 35～80min。对低温硫化型橡胶衬里，通常控制（80℃硫化仪）的 t_{10} 仅为 5～9min（t_{90} 为 24～28min）。

胶料焦烧性主要影响因素是生胶种类、硫化体系（硫化剂、促进剂、防焦剂）、填料体系。

9.3.1 生胶体系

胶料的焦烧倾向性，与其主体材料的不饱和度（化学活性）有关。例如不饱和度小的丁基橡胶、乙丙橡胶，焦烧倾向性很小，而不饱和度大的天然橡胶（NR）、异戊橡胶（IR）则容易产生焦烧现象。丁苯橡胶并用不饱和度大的天然橡胶后，焦烧时间缩短。

9.3.2 硫化体系

胶料焦烧行为的调节与控制，关键在硫化体系。对硫化体系，关键在促进剂品种及用量的组合，表 9-2 列出了几种促进剂（1 份）单用时几个温度下测定的 t_s。图 9-1 表明几种促进剂用量同 t_s 的关系。这类数据信息均可作为配方调节 t_s 的借鉴。此外应注意，NOBS 以及其它次磺酰胺类促进剂，受贮存环境湿气或胶料中水分作用而分解，t_s 会减少。

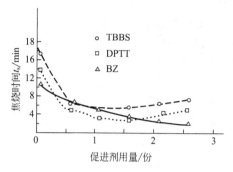

图 9-1 促进剂用量与 t_s 关系

表 9-2 几种促进剂的 t_s［丁苯橡胶（SBR）1502，S 1.5 份］

促进剂		D	CZ	NOBS	NS	DM	M	TMTD	TMTM	PZ
t_s/min	125℃	16.5	29.4	49.5	34.4	20.8	29.8	8.8	27.7	12.3
	140℃	6.2	12.3	18.8	14.4	8.8	11.3	4.3	12	5.7
	155℃	4.2	6.7	8.7	7.8	4.5	5.5	2.7	6.6	3.7
	170℃	1.6	2.8	3.7	2.5	1.9	2.6	1	1.3	1.6

从配方设计来考虑，引起焦烧的主要原因是硫化体系选择不当。为使胶料具有足够的加工安全性，应尽量选用迟效性或临界温度较高的促进剂，也可添加防焦剂来进一步改善。选择硫化体系时，应首先考虑促进剂本身的焦烧性能，选择那些结构中含有防焦官能团（—S—S—等）、辅助防焦基团（如羰基、羧基、磺酰基、磷酰基、硫代磷酰基和苯并噻唑基）的促进剂。次磺酰胺类促进剂是一种焦烧时间长、硫化速率快、硫化曲线平坦，综合性能较好的促进剂，其加工安全性好，适用于厚制品硫化。各种促进剂的焦烧时间依下列顺序递增：ZDC＜TMTD＜M＜DM＜CZ＜NS＜NOBS＜DZ。单独使用次磺酰胺类促进剂时，其用量约为 0.7 份左右。为了保证最适宜的硫化性质，常常采用几种类型促进剂并用的体系，其中一些用于促进硫化，另一些则用于保证胶料加工安全性。

不同类型促进剂的作用取决于它们的临界温度。例如，在天然橡胶中各种促进剂的有效作用起始温度：ZDC 为 80℃；TMTD 为

110℃；M 为 112℃；DM 为 126℃。常用的促进剂 TMTD，其硫化诱导期极短，可使胶料快速硫化。为了防止焦烧，可与次磺酰胺类（如 CZ）、噻唑类（如 DM）并用；但不能与促进剂 D 或二硫代氨基甲酸盐并用，否则将会使胶料的耐焦烧性更加劣化。单独使用秋兰姆类的胶料，即使不加硫黄或少加硫黄，其焦烧时间都比较短。在这种情况下，并用次磺酰胺类或噻唑类促进剂同时减少秋兰姆促进剂用量，则可延长其焦烧时间。

胍类促进剂（如促进剂 D）的热稳定性高，以其为主促进剂，胶料的焦烧时间长，硫化速率慢。

二硫代氨基甲酸盐类促进剂，会急剧缩短不饱和橡胶胶料的焦烧时间；并用胍类促进剂时，焦烧时间会进一步缩短。因此二硫代氨基甲酸盐类促进剂适于在低不饱和度橡胶〔如丁基橡胶（IIR）、三元乙丙橡胶（EPDM）〕中使用，也适于在低温硫化或室温硫化的不饱和橡胶中应用。

在含有噻唑类和次磺酰胺类的天然橡胶胶料中，加入 DTDM 可以提高胶料的抗焦烧性。在丁苯橡胶胶料中加入 DTDM，抗焦烧效果较小。

用有机过氧化物硫化的胶料，一般诱导期较长，抗焦烧性能较好。

在氯丁橡胶胶料中，增加 MgO 用量，而减少氧化锌用量，可降低硫化速率，延长焦烧时间。当然，NA-22 的用量也是影响焦烧性的重要因素。

在含有 TMTD 和氧化锌的氯化丁基橡胶胶料中，加入 MgO 和促进剂 DM 均可延长胶料的焦烧时间。

9.3.3 防焦剂

使用防焦剂是提高胶料抗焦烧性最直接有效的方法，防焦剂是提高胶料抗焦烧性的专用助剂，它可提高胶料在贮存和加工过程中的安全性。以往常用的防焦剂有苯甲酸、水杨酸、邻苯二甲酸酐、N-亚硝基二苯胺等。但上述防焦剂在使用中都存在一些问题。例如邻苯二甲酸酐在胶料中很难分散，还能使硫化胶物性降低，并且延迟硫化，当胶料中含有次磺酰胺类或噻唑类促进剂时，防焦效果很小；N-亚硝基二苯胺，在以次磺酰胺为促进剂的胶料中，防焦效果较好，但加工温度超过100℃时，其活性下降，120℃时防焦作用不大，135℃会分解而失去活性，分解后放出的气体产物使制品形成气孔。此外这种防焦剂还会延迟硫化、降低硫化胶的物理机械性能。

防焦剂PVI（N-环己基硫代邻苯二甲酰亚胺）（CTP）是一种效果极佳的防焦剂，获得了广泛的应用。采用PVI不仅可以提高混炼温度，改善胶料加工和贮存的稳定性，还可使已焦烧的胶料恢复部分塑性。与以往常用的其它防焦剂不同，PVI不仅能延长焦烧时间，而且不降低正硫化阶段的硫化速率，通常用量为0.1～0.5份。

在氯丁橡胶中常用的促进剂DM、TMTD具有一定的防焦作用。将水杨酸用于次磺酰胺类促进剂NOBS的硫化体系反而缩短焦烧时间。

对用次磺酰胺类促进剂NOBS的硫化体系，只要配合很少量的硫氮类防焦剂CTP就可产生较好的防焦效果，且对硫化速率的影响极小，对硫化胶的物理机械性能几乎无影响。由于防焦剂CTP的活性高，用量少，所以须特别强调准确称量及在胶料中的均匀分散。另外，防焦剂CTP配合量较多时对胶料有防老化作用。

9.3.4 填料体系

不同品种、粒径、比表面积、结构性的炭黑焦烧性能不一样。其影响程度主要取决于炭黑的pH值、粒径和结构性。一般来说，N字头炭黑能使胶料的焦烧时间缩短，降低胶料的耐焦烧性。炭黑的pH值越大，碱性越大，胶料越容易焦烧，例如炉法炭黑的焦烧倾向性比槽法炭黑大，槽黑粒径小，生热大，但pH值低，显酸性，一般情况下不易焦烧，炉黑pH值大，显碱性，有促进硫化作用，因而易焦烧。所以炉黑用量多时，软化增塑剂用量要相应增加，以减少生热，提高粉状配合剂的分散效率。炭黑的粒径减小或结构性增大时，会使胶料在加工时生热量增加，因此炭黑的粒径越小，结构性越高，则胶料的焦烧时间越短。

炭黑对不同胶种，表现出不同的焦烧特性。随着槽黑用量的增加，天然橡胶焦烧时间延长，丁腈橡胶随炭黑用量增加，焦烧时间延长的幅度减弱。炉黑对天然橡胶、丁腈橡胶焦烧性能的影响是用量越大，焦烧时间越短。炉黑和槽黑对氯丁橡胶焦烧性能的影响几乎相同，随炭黑用量增加，焦烧时间递减。

炭黑加入橡胶中，焦烧时间 t_s 缩短，缩短的幅度视促进剂品种而异，如果采用有效硫化体系时，炭黑的影响减少。

t_s 也同炭黑品种相关。一般来说，MT 类热裂法炭黑小，槽黑居中，炉黑缩短 t_s 的幅度大，而且用量多，粒子小的效果尤甚。Si-69 的加入也使 t_s 增大。

有些无机填料（如陶土）对促进剂有吸附作用，会延迟硫化。表面带有—OH 基团的填料，如白炭黑表面含有相当数量的—OH，会使胶料的焦烧时间延长，使用时应予以注意。

9.3.5 软化增塑体系和防护体系

胶料中加入软化增塑剂一般都有延迟焦烧的作用，其影响程度视胶种和软化增塑剂的品种而定。例如在三元乙丙橡胶胶料中，使用芳烃油的耐焦烧性不如石蜡油和环烷油。在金属氧化物硫化的氯丁橡胶胶料中，加入 20 份氯化石蜡或癸二酸二丁酯时，其焦烧时间可增加 1～2 倍，而在丁腈橡胶胶料中，只增加 20%～30%。

防老剂对胶料的硫化性质有一定影响。就焦烧性而言，不同防老剂的影响程度也不同，例如防老剂 RD 对胶料焦烧时间的延长，比防老剂 4010NA 显著。

除上述配方因素的影响之外，焦烧时间还与胶料中水分含量、加工温度和加工时的剪切速率有密切关系。在考虑胶料的耐焦烧性时，必须予以全面考虑。

9.3.6 水分

水分对焦烧性的影响对不同橡胶及硫化体系是不一样的，例如：同样是天然橡胶（NR）或丁基橡胶（IIR）胶料的硫黄硫化体系，水分使胶料的焦烧时间加快；而在树脂硫化体系中则变慢。

9.3.7 塑炼胶可塑度

塑炼胶可塑度低使门尼焦烧与初硫点时间均短的原因，可能是由于塑炼胶塑炼时间短，分子链断裂少，从而使门尼黏度的下降轻微，在混炼过程中，分子剪切力增大，生热也随之增大，使之出现了胶料易焦烧的倾向。从排胶温度也可以看出，用可塑性低的塑炼胶混炼，排胶温度相应增高。混炼时间短，各种配合剂没有充分分散，使硫化促进剂部分集中，易造成焦烧。

9.3.8 焦烧预防和处理

胶料出现早期硫化现象，通过采用适当方法，就能够有效地加以控制。

a. 采用后效性促进剂或在不影响产品使用性能的前提下，减弱硫化体系。

b. 胶料配方中有选择地添加适量防焦剂，延长焦烧时间。

c. 改善加工条件，制订合理的工艺方法，避免出现硫化剂局部集中、加工温度过高等现象。

d. 尽量采用低温存放，缩短胶料存放周期。

一旦胶料出现了焦烧，对于焦烧胶可以采用下列方法进行处理。

a. 轻微焦烧的胶料，应迅速降低开炼机辊温，调节辊距至0.5~1mm，将胶料薄通数次下片，充分冷却凉透，使其恢复可塑性。

b. 焦烧程度比较严重，在薄通时，需加0.5~1份硬脂酸，0.1~0.3份防焦剂，用小型过滤机通过60目过滤，充分冷却后，可按30%~50%的比例掺入正常胶料中使用。

c. 焦烧程度很严重时，应剔除无法处理部分，将剩余胶料薄通加防焦剂、软化增塑剂充分冷却后降级使用。

d. 完全焦烧的胶料，可用开炼机碾成胶粉，掺入对胶料性能要求低的产品中。

9.4 抗返原胶料的配方设计

所谓返原性，是橡胶在硫化过程中出现的特定现象，是指胶料在140~160℃长时间硫化或在高温（超过160℃）硫化条件下，硫化胶性能下降的现象。具体表现为硫化胶的拉伸强度、定伸应力及动态疲劳性能降低，交联密度下降，表面发黏。从硫化曲线上看，达到最大转矩后，随硫化时间延长，转矩逐渐下降，这是一种过硫现象。

常见的发生硫化返原橡胶主要有天然橡胶（NR）、丁基橡胶（IIR）和异戊橡胶（IR）等。

硫化返原都发生在橡胶采用硫黄硫化的场合，引起硫化返原的原因可以归结为：①交联键断裂及重排，特别是多硫交联键的重排以及由此而引起的网络结构的变化；②橡胶大分子在高温和长时间硫化温度下，发生裂解（包括氧化裂解和热裂解）。返原的形成一般与以下因素有关。

a.胶种　某些胶种如天然橡胶（NR）、异戊橡胶（IR）及丁基橡胶（IIR）等最易出现返原，表现为拉伸强度、定伸应力和硬度等下降，而拉断伸长率增大、表面发黏。

b.交联结构　返原也跟交联结构密切相关。首先，它只发生在硫黄交联的场合。其次，它跟硫黄用量有关。随着硫黄添加量的增加，交联网中的多硫键的数目增多；而与此同时单硫键和双硫键则相应减少。从键能衡量是单硫键＞双硫键＞多硫键。所以，硫黄用量越多，则多硫键的占有率越高，越容易产生返原。在低硫配合的场合，由于单硫键和双硫键的总数占上风，返原倾向也就大大降低。

抗返原性的胶料配方设计应从下面几方面进行调整。

9.4.1　生胶体系

返原性与橡胶的不饱和度（双键含量）有关。为了减少和消除返原现象，应选择不饱和度低的橡胶。在 180℃ 硫化温度下，天然橡胶（NR）、丁二烯橡胶（BR）、丁苯橡胶（SBR）和三元乙丙橡胶（EPDM）的硫化返原率见图 9-2。

从图 9-2 可以看出，上述几种橡胶在 180℃×30min 的返原率，依下列顺序递减：天然橡胶（NR）＞丁二烯橡胶（BR）＞丁苯橡胶（SBR）＞三元乙丙橡胶（EPDM）。由于各种橡胶的耐热性、抗返原性不同，因此各种橡胶在高温短时间内的极限硫化温度也不同，见表 9-3。

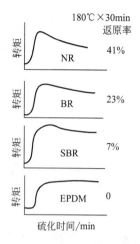

图 9-2　不同橡胶在 180℃ 硫化 30min 后的返原率

表 9-3　在连续硫化中各种橡胶的极限硫化温度

胶　　　种	极限硫化温度/℃	胶　　　种	极限硫化温度/℃
天然橡胶（NR）	240	氯丁橡胶（CR）	260
丁苯橡胶（SBR）	300	三元乙丙橡胶（EPDM）	300
充油丁苯橡胶	250	丁基橡胶（IIR）	300
丁腈橡胶（NBR）	300		

综上可见，天然橡胶最容易发生硫化返原，所以在天然橡胶为基础的胶料配方设计时，特别是在高温硫化条件下，更要慎重考虑它的返原性问题。

9.4.2　硫化体系

硫化体系是影响天然橡胶硫化返原性的主要因素，尽可能使用有效硫黄硫化体系、半有效硫黄硫化体系和传统硫化体系。不同的硫化体系产生不同的交联键型，不同硫化体系对天然橡胶 180℃ 的硫化曲线如图 9-3 所示。

由图 9-3 可见，传统硫化体系（CV）的天然橡胶胶料的返原性最为严重，半有效硫化体系的返原性也比较明显，而有效硫化体系

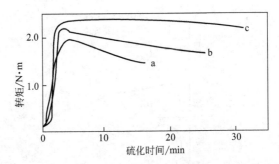

图 9-3 不同硫化体系对天然橡胶（NR）的 180℃硫化曲线的影响

a—传统硫化体系（CV）：S 2.5；CZ 0.6；b—半有效硫化体系（SEV）：
S 1.2；CZ 1.8；c—有效硫化体系：S 0.3；TT 2；CZ 1

则基本上无返原现象（在 180℃×30min 条件下）。

为了提高天然橡胶（NR）和异戊橡胶（IR）的抗返原性，最好减少硫黄用量，用 DTDM（N,N'-二硫代二吗啉）代替部分硫黄。

对于异戊橡胶来说，采用如下硫化体系：S（0～0.5 份），DTDM（0.5～1.5 份），CZ 或 NOBS（1～2 份），TMTD（0.5～1.5 份），可保证其在 170～180℃下的返原性比较小。

丁基橡胶使用 S/M/TMTD 或 S/DM/ZDC 作为硫化体系时，在 180℃下产生强烈返原。如采用树脂或 TMTD/DTDM 作硫化体系，则基本无返原现象。

丁苯橡胶（SBR）、丁腈橡胶（NBR）、三元乙丙橡胶（EP-DM）等合成橡胶的硫化体系，对硫化温度不像天然橡胶那样敏感。但硫化温度超过 180℃时，会导致其硫化胶性能恶化，因此高温（180℃以上）下硫化这些橡胶时，其配方必须加以调整。

当天然橡胶（NR）和丁二烯橡胶（BR）、丁苯橡胶（SBR）并用时，可减少其返原程度。为了保持并用胶料在高温硫化时交联密度不变，减少其不稳定交联键的数目，提高其抗返原性，可采用保持硫化剂恒定不变的条件下，增加促进剂的用量的方法，目前这种方法已在轮胎工业中得到了广泛的应用。

平衡硫化体系（EC）是用 Si-69［双（三乙氧基甲硅烷基丙基）

四硫化物〕在与硫黄、促进剂等摩尔比条件下使硫化胶的交联密度处于动态常量状态，把硫化返原降低到最低程度或消除了返原现象。平衡硫化体系（EC）的硫化胶与 CV 不同之处是在较长硫化周期内，交联密度是恒定的，因而具有优良的抗返原性、耐热老化性能和耐疲劳性能。

在含 Si-69 的硫化体系中，硫化胶的网络结构受到促进剂化学结构的影响。各种含 Si-69 硫化体系的物理机械性能如表 9-4 所示。

表 9-4 各种含 Si-69 硫化体系的物理机械性能

硫化体系	填 料	网络结构	硫化胶性能
S/Si-69/TMTD	炭黑	$-S_x-$、$-S_2-$	无返原、耐老化、低压缩永久变形
S/Si-69/DM	炭黑	$-S_x-$、$-S_2-$	无返原，高强力，高抗撕，高的压缩永久变形
S/Si-69/NOBS	炭黑	$-S_x-$、$-S_2-$	无返原，高强力，高抗撕，高的压缩永久变形
S/Si-69/TMTD	炭黑/白炭黑	$-S_1-$、$-S_2-$	无返原，耐老化，低压缩永久变形
S/Si-69/DM（NOBS）	炭黑/白炭黑	$-S_x-$、$-S_2-$	无返原，耐老化，高强力，高抗撕，高压缩永久变形，低生热
S/Si-69/TMTD	白炭黑	$-S_1-$、$-S_2-$	无返原，耐老化，低压缩永久变形，低生热
S/Si-69/DM（NOBS）	白炭黑	$-S_x-$、$-S_2-$	无返原，高强力，高抗撕，低生热，压缩永久变形大

应该指出的是，EC 硫化体系的组成是有条件的，即在长时间范围内硫化返原所产生的交联密度降低，即裂解速率与 Si-69 生成新的交联键的速率相等，取得动力学平衡。所以 S/Si-69/促进剂的配比必须取得协调。在 S、Si-69 和促进剂的用量等摩尔比条件下，几种促进剂对天然橡胶纯硫化胶的硫化返原影响如表 9-5 所示。

表 9-5　纯天然橡胶的 CV 硫化体系和等摩尔比的
S/Si-69/促进剂的硫化返原率比较　　　单位：％

促进剂	CV	EC(硫黄/Si-69/促进剂)		
		S1	S1.5	S2.5
DM	13	0	0	2.6
D	43	44.7	44.2	38.1
TMTD	19.9	2.3	2.5	3.2
CZ	20.6	4.8	5.1	8.7
DZ		4.1	3.7	6.7
NOBS		0	1	1

由表可见，在等摩尔比条件下，硫黄用量在 1.0～1.5 份范围内，促进剂 DM、NOBS 在 170℃范围内组成了平衡硫化体系，在硫化温度 140～150℃之间表现出优良的平衡性能。各种促进剂在天然橡胶中抗硫化返原能力顺序如下：DM＞NOBS＞TMTD＞DZ＞CZ＞D。含 DM 的 EC 平衡硫化特性如图 9-4 所示。

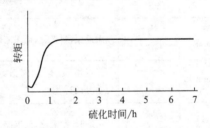

图 9-4　含 DM 的 EC 平衡硫化特性

平衡硫化体系的胶料具有高强度、高抗撕性、耐热氧、抗硫化返原、耐动态疲劳性和生热低等优点，因此它在长寿命动态疲劳制品和巨型工程轮胎、大型厚制品制造等方面有重要应用。

EC 体系硫化天然橡胶的返原作用略高于 SEV 体系，但显著低于 CV 体系，硫化 6h 时的返原率分别为 7.7％，0.4％和 34％，见图 9-5；在不同硫化时间下，EC 体系天然橡胶硫化胶的拉伸强度、300％定伸应力和撕裂强度均高于 SEV 和 CV 体系，耐磨性和耐屈挠性优于 SEV 和 CV 体系，生热低于 SEV 和 CV 体系。

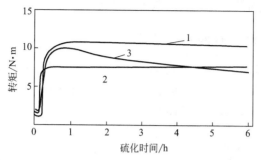

图 9-5　不同硫化体系硫化天然橡胶（NR）的硫化曲线
1—EC；2—SEV；3—CV

与次磺酰胺类促进剂相比，以噻唑类为促进剂的 EC 硫化天然橡胶具有较低的硫化返原率，尤其是促进剂 DM，在 130～170℃ 的硫化温度范围内，硫化 2h 的硫化返原率皆为 0。在促进剂 NOBS/DM 及 CZ/DM 的并用体系中，当促进剂 DM 的摩尔分数分别为 40％ 和 50％ 左右时，不仅使硫化 2h 的硫化返原率为 0，而且可使 300％ 定伸应力保持恒定。

9.4.3　抗返原剂

使用抗返原剂是一种比较方便的方法，根据作用机理的不同，抗返原剂可分为 3 类。

（1）多功能型　除抗返原外，还具有改善动态性能，提高定伸应力、耐热性及橡胶/帘线结合力等多种功能，用于轮胎缓冲层或胎肩胶可防止肩空。国产的 DL-268 和美国的 HVA-2 均属之。

（2）交联补偿型　其特点是当硫化返原发生时，能产生热稳定的 C—C 交联键，以补偿因断链而失去的多硫键。从而使交联密度和物性保持不变，并能改善生热性和抗爆破性。代表产品有德国 Bayer 的 KA-988 和荷兰的 Perkalink900。

（3）后硫化稳定剂型　这类抗返原剂的特点是能插入多硫键的中间，形成既有 S 又有 C 的混杂交联键。当橡胶处于后硫化或使用中受热时，这种混杂键会分步脱去硫原子，形成单硫键，抑制返原，而且这种单硫键比普通单硫键具有更大的柔软性和动态性能。美国孟山都公司的 Duralink HTS 和国产 HS-258 都属于此类，以上各类抗返原剂用量一般为 1.5～2.0 份。

9.5 易包辊胶料的配方设计

在开炼机混炼、压片和压延机上进行压延作业时，胶料需要有良好的包辊性，否则很难顺利操作。随辊温升高，胶料在开炼机辊筒上可出现四种状态，如图 9-6 所示。

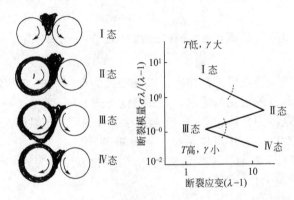

图 9-6 胶料在辊筒上的四种状态与橡胶的断裂包络线

由图 9-6 可以看出，在辊温较低的Ⅰ态，橡胶偏于玻璃态向橡胶态过渡的行为，生胶的弹性大，黏度高，硬度高，易滑动，难以通过辊距，不形成包辊胶，而以"弹性楔"的形式留在辊距中，如强制压入，则变成硬碎块，所以不宜炼胶；随温度升高而进入Ⅱ态，此时橡胶既有塑性流动又有适当的高弹形变，弹性适中，又比较容易变形，在外加应力下流动，可在辊筒上形成致密的弹性橡胶带，形成包辊胶，不易破裂，便于炼胶操作；温度进一步升高，进入Ⅲ态，此时橡胶处于橡胶态向黏流态过渡的区域，橡胶尚有少许弹性，黏度降低，流动性增加，分子间作用力减小，黏弹性胶带的强度下降，不能紧紧包在辊筒上，出现掉包、撕裂，即脱辊或破裂现象，这也与伸长率小相关，很难进行炼胶操作；温度再升高，进入Ⅳ态，此时橡胶处于黏流态，成为"熔体"，橡胶呈黏稠状而包在辊筒上，形成塑性包辊胶，并产生较大的塑性流动，有利于压延操作。

影响包辊性的因素除了辊温、切变速率（辊距）之外，还有与生胶或胶料强度有关的各种配方因素，如橡胶分子结构、填料（补强填充剂）、软化增塑剂和其它助剂等。

开炼机混炼包前辊，混炼效果好又安全。压延操作要考虑包辊性，要求包辊又不粘辊。氯丁橡胶（CR）、均聚氯醚橡胶（CO）与共聚氯醚橡胶（ECO）、丙烯酸酯橡胶（ACM）炼胶时要解决粘辊。

只有 II 态下才有稳定的开炼机混炼，IV 态对压延过程有利。橡胶的断裂包络线可同这四个状态相对应，无疑，调温度、调辊距可使四个状态转换。例如，降低温度、调窄辊距使伸长率及断裂模量增大，利于 III 态向 II 态转换。由于各种橡胶的玻璃化温度 T_g 不同，II 态的温度范围也不同。乳聚丁苯橡胶、天然橡胶常见 I 、II 态，常规炼胶温度下无 III 态。丁二烯橡胶在 $40\sim50℃$ 处于 II 态，丁二烯橡胶在 $100℃$ 时的流动曲线约在 $\gamma=100s^{-1}$ 处出现不连续，开炼时产生掉包、成碎片等现象，$40℃$ 时未见不连续现象，开炼时包辊性好。

开炼机有个既不包前辊，又不包后辊的辊距 $2H_0$，从而有个开炼机包辊准数 $N_0[N_0=(f+1)(2H_0/R)^{0.5}$，$f$ 为速比，R 为辊筒半径]，橡胶开炼温度一定时，N_0 是常量，同开炼机类别无关。只要工厂开炼机的操作准数 $N[N_0=(f+1)(2H/R)^{0.5}]$ 大于 N_0，就可以确定工厂开炼机合理的包前辊辊距。另外，温度升高，N_0 减少，例如胎面胶在 $57℃$ 时，$N_0=0.24$；$76.7℃$ 时，$N_0=0.18$。用实验室开炼机求出 $N_0=f(T)$ 的函数关系，当 N_0 小于 N 时的温度就可以作为开炼炼胶应采用的温度。

适度增大橡胶胶料的拉伸强度与伸长率，例如添加炭黑等，可望改进包辊性。氯丁橡胶（CR）中首先加 MgO 以及丁腈橡胶，缓慢加入炭黑有助于形成韧性包辊胶。丁基橡胶采用种子胶混炼，可减少并消除混炼初期的开洞和掉包现象。另外，芳烃油、萜烯、古马隆树脂等对于防止炼胶时脱辊及改善包辊性有效。

氯丁橡胶（CR）、均聚氯醚橡胶（CO）、丙烯酸酯橡胶（ACM）常因温度高而粘辊，常添加 SA、SAZn 来改进，液体石蜡、天然橡胶（NR）、丁二烯橡胶（BR）、1,2-PBD 以及多功能助剂 PA-7 常用于改进氯丁橡胶粘辊，Si-69 可以改进丁基橡胶的粘辊行为。无疑，可用这些材料隔开橡胶对辊筒表面的黏附。丁苯橡胶粘冷辊，丁苯橡胶（SBR）/天然橡胶（NR）并用胶以热辊压延出片效果好，海泡石（180 份）填充的丁苯橡胶，高于 70℃炼胶不粘辊，而改性陶土则易粘辊。碳酸钙，尤其是活性碳酸钙，使胶料柔韧，改进许多橡胶的包辊性而又不粘辊。

　　总之，橡胶品种、含胶率、配合剂品种与用量、加工操作条件（速度、温度），以及开炼机辊筒的表面状态皆影响到包辊性与粘辊性。

9.6　易混炼胶料的配方设计

　　混炼特性包含配合剂是否容易与橡胶混合以及分散均匀，并按一定的比例分布于并用胶各胶相中。

　　图 9-7 是炭黑混入橡胶中时混炼扭矩与混炼时间关系图，BIT 称作炭黑混入时间。在不同的橡胶加入炭黑分别混炼到各自的 BIT 时，大体上有几乎一样的炭黑分散度（不同胶种达到的分散度 BIT 不尽相同），可见 BIT 可作评定混炼特性的标准，也可以衡量混炼作业的难易程度。BIT 小的，混炼特性优。b 点之后的扭矩下降来自橡胶大分子断裂及炭黑的均匀分散，下降曲线的转折点 c 相应于

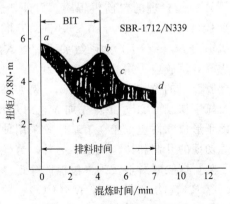

图 9-7　扭矩与混炼时间关系

混炼时间 t'，表征炭黑分散已使橡胶/炭黑相互作用几乎达到稳定。

混炼特性无疑同橡胶/配合剂的浸润性、相容性以及相互间的物理化学作用相关。中乙烯基聚丁二烯（MVBR）、锡偶联星形的 S-MVBR、大分子链末端的原子易同炭黑表面作用，末端被炭黑粒子固定，形成炭黑凝胶，改进炭黑的分散，从而比线型（L-MVBR）的分散高一等级。

密炼机内破碎过的橡胶块，表面电位不同。由于炭黑带负电，各种橡胶对炭黑的吸附不同，使 BIT 有明显的差别，请参见表9-6。另外，橡胶的破裂强度、松弛速度适中，才有利于炭黑的混入。各种橡胶的松弛时间不同，炭黑分散度也就不同，具有高表面电位而松弛时间中等的橡胶，炭黑容易分散且分散又好。

表 9-6　橡胶的表面电位、应力松弛、BIT 及分散度

项　　目		丁苯橡胶（SBR）	丁二烯橡胶（BR）	三元乙丙橡胶（EPDM）	丁基橡胶（IIR）	天然橡胶（NR）	异戊橡胶（IR）	丁腈橡胶（NBR）
表面电位/kV		−1	−1	+2	+3	+6	0	0
应力松弛系数		2.04	0.66	2.19	7.5	0.38 8.62	5.4	0.33
氧化锌（ZnO）5 份	BIT/s	60	151	81	17	44	38	22
	分散度	92.7	90.2	98.1			78.3	
无氧化锌（ZnO）	BIT/s	154	390	189	36	69	35	23
	分散度	93.1	90.9	98.6		92.2	76.9	

表9-6 表明，氧化锌与炭黑同时加入丁苯橡胶（SBR）、三元乙丙橡胶（EPDM）、丁二烯橡胶（BR）、丁基橡胶（IIR）中，氧化锌有缩短 BIT 的效果，而在异戊橡胶（IR）、丁腈橡胶（NBR）以及天然橡胶（NR）中，就看不到氧化锌的这种效果。

炭黑的表面分子特性同橡胶相近，易被橡胶浸润、混合及分散均匀。炭黑粒子小的，表面积大，相对难混入与分散；结构性高，聚集体间空隙大，橡胶易混入其中；其次剪切力大，聚集体易于解聚与分散。另外，炭黑表面活性增大有利于分散均匀。

亲水性的白色填料，难为橡胶浸润，即使易混入橡胶中也难分散均匀，而采用脂肪酸、树脂酸、二甘醇（DEG）、甘油、三乙醇胺（TEA）、季铵盐、偶联剂、天然橡胶胶乳等进行表面处理，改进它们与橡胶的相容性，就可以大大改进其分散性。对于白炭黑，减少粒子聚集（结构化），分散性也就提高了。如果用这种表面处理剂增大填料/橡胶的结合，改进分散的效果就更大。此外，使用这些表面处理剂时的加入顺序及炼胶温度宜通过试验确定。

橡胶对软化增塑剂的吸收速率也是混炼过程的重要问题。石油系软化增塑剂的黏度-密度常数（VGC）大而分子量小的，其吸油速率快。石蜡烃油的 VGC 为 0.79～0.85，环烷烃油为 0.85～0.90，芳烃油为 0.9 以上。

软化增塑剂有助于浸润，从而使填料容易混入，但降低剪切力，便不利均匀分散了。粒子大且结构性高的炭黑，油与炭黑同加还是在炭黑之后加，分散度相差不大，但低结构者（如 N326），后加比同加分散好，尤其在油量多时。

一般来说，促进剂、防老剂、软化增塑剂等有机配合剂，大都能部分地与橡胶互溶，较易分散在橡胶中。硫黄在丁腈橡胶中溶解度小，也多在混炼初期加入。

以填料为例，由于橡胶/填料的亲和性因橡胶、填料品种而异，橡胶并用对中橡胶的黏度不同以及混炼程序上的差异，并用胶中填料会以不同的分配比例分布于各胶相中，从而导致并用硫化胶性能以及胶料黏度不同。例如，炭黑对橡胶的亲和力顺序为：丁二烯橡胶（BR）＞丁苯橡胶（SBR）＞氯丁橡胶（CR）＞丁腈橡胶（NBR）＞天然橡胶（NR）＞三元乙丙橡胶（EPDM）＞丁基橡胶（IIR），而白炭黑则为天然橡胶（NR）＞丁二烯橡胶（BR），天然橡胶（NR）50/丁二烯橡胶（BR）50 并用中若有 60％炭黑分配在丁二烯橡胶相中，拉伸强度、撕裂强度、回弹性有最大值，压缩生热、损耗角达最小值。先掺后混、母胶掺和的混炼方法可使炭黑 60％～70％处于丁二烯橡胶相中，而稀释法混炼，使少含炭黑（约40％）的丁二烯橡胶相包裹富含炭黑的天然橡胶相，可获得比其它混炼法优异得多的耐屈挠疲劳寿命。

图 9-8 是以溴化丁基橡胶（BIIR）50/三元乙丙橡胶（EPDM）50/N330 50 为例，表明橡胶并用对的掺和方式、炭黑加入顺序的

不同，导致炭黑在各胶相的结合量、组分间的迁移程度不同，从而使炭黑在各组分内及胶相界面处分布及总体分散状态等不同，必然导致并用对的黏度、口模膨大比（B）不同。

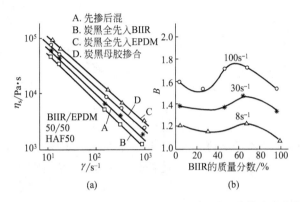

图 9-8　混炼方法对并用胶 η_s-γ 及 B 和 BIIR 质量分数关系的影响

9.7　黏性胶料的配方设计

黏合性（附着性）指彼此相对压在一起的胶块的最小附着力。当这两个胶块被强制分离时，它们沿原始表面方向分开，这就是常说的"低黏着性"或"附着性"；当分离时产生破坏的方向与原始表面完全不一致，导致这种破坏的原因是高的分离力。这就是常说的"良好的黏着性"或"黏合性"。

同种胶料两表面之间的黏合性能称为自黏性，不同种橡胶的胶料两表面之间的黏合性能称为互黏性。所谓自黏性，是指同种胶料两表面之间黏合性能，两种类似或相同材料经短时间接触、轻微受压后抵抗分离的能力，或者说分离这种条件下的材料所做的功。在橡胶工业中，自黏性是指生胶或胶料相互之间的黏着性。通常橡胶制品成型操作中多半是将同一类型的胶片或部件黏合在一起，因此自黏性对半成品的成型有重要作用。自黏性对橡胶加工有利也有弊，利在于它为各制品的贴合成型提供黏合力，保证结合部位牢固。在橡胶制品成型过程中，未硫化胶表面必须具有良好的自黏性，才能使各个部件牢固地结合为一体，产品才能达到较高质量和优良性能。弊是在有的工序环节中并不需要自黏，如胶料存放，为了防止黏连，有时需要使用隔离剂或垫布。

胶黏（互黏）与自黏的主要区别是，自黏是由于相同分子的扩散，而胶黏是由于两种不同分子的扩散，因此，自黏可以看作是胶黏的特殊情况，即同种类的分子的扩散，即彼此相对压在一起的橡胶和胶料块具有相同的组分。换句话说，它们是同一材料。

在工艺上，自黏力的大小还与生胶料的表面状况和生胶料的强力有很大关系，就是说有"扩散"和"生胶料强力"的二重关系。在生胶料强力很弱的情况下，可将分子量大和分子量小的掺和，前者提高强力后者有利于扩散，高聚物的胶黏和自黏是由于长链分子或其个别链段的扩散，使被粘物之间形成强有力的结合。

相对自黏力原指自黏力与生胶料＜未硫化胶＞的强力的比值，即自黏力/生胶料强力。如果扩散作用完满的，这个比值应等于1，实验结果如表 9-7 所示。

表 9-7 表明丁基橡胶的自扩散很快，但丁基橡胶的自黏力小，接头容易脱出，是因胶料本身的强力低；如果提高丁基橡胶的自黏力，应从提高胶料的强力着手。天然橡胶的扩散较慢，但生胶本身的强力高（结晶型橡胶），自黏力还是很大，如果改进胶料的扩散作用，自黏力还会提高。丁腈橡胶（NBR）、丁苯橡胶（SBR）也是这样。

表 9-7　橡胶的相对自黏力与达到胶料强力的时间

橡　　胶	相对自黏力	达到胶料强力的时间(相对值＝1)
丁基橡胶(IIR)	0.91	3～5min
丁腈橡胶(13℃聚合)	0.85	10～15min
天然橡胶(NR)	0.53	4～5h
丁腈橡胶(30℃聚合)	0.52	8～12h
丁苯橡胶(醇烯催化)	0.42	14～17h

自黏性的理论解释有很多，其中主要的有三种，即吸附理论、

扩散理论和接触理论，其中扩散理论最为典型。扩散过程的热力学先决条件是接触物质的相容性；动力学的先决条件是接触物质具有足够的活动性。图9-9是胶料自黏过程的示意。

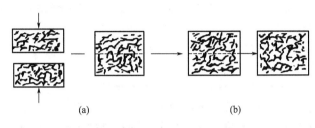

图 9-9　胶料自黏过程示意图

a. 接触　在外力作用下，使两个接触面压合在一起，通过一个流动过程，接触表面形成宏观结合。

b. 扩散　由于橡胶分子链的热运动，在胶料中产生微空隙空间，界面处分子链链端或链段的一小部分就能逐渐相互扩散进去。由于链端的扩散，导致在接触区和整体之间发生微观调节作用。活动性分子链端在界面间的扩散，导致黏合力随接触时间延长而增大。这种扩散最后造成接触区界面完全消失。

胶料要获得高的自黏性，必须具备三个条件：①两表面必须达到分子间直接接触；②分子链必须进行穿过界面的相互扩散；③所形成的键必须能承受较高的断裂破坏应力，也就是必须具有高的生胶强度。

9.7.1　生胶体系

天然橡胶具有良好的自黏性，而一些合成橡胶，因缺乏足够的自黏性，在一些橡胶制品特别是轮胎中尽量不要高比例配用。

（1）分子链柔性　一般来说，链段的活动能力越大，扩散越容易进行，自黏强度越大。例如丁二烯橡胶，随1,2结构含量增加，自黏强度明显增大。因为1,2结构中的乙烯基侧链上的双键比较容易围绕—C—C—单键旋转而取向，而这种取向可增强两接触面之间的相互作用，所以随1,2结构含量增加，接触面上的乙烯基数量也增加，于是提高了初始黏合强度。在最终自黏强度区域，胶料的断裂属于内聚破坏，不发生在原来的界面上。胶料的内聚破坏，是聚合物分子链滑动的结果，而不是化学键断裂的结果。乙烯基侧链可能给分子链的滑动造成困难，所以以增加 1,2 结构的含量，即增加乙烯基含量，会导致最终自黏强度提高，但所需的接触时间要长一些。

当分子链上有庞大侧基时，阻碍分子热运动，因此其分子扩散过程缓慢。

（2）分子极性　极性橡胶其分子间的吸引能量密度（内聚力）大，分子难于扩散，分子链段的运动和生成空隙都比较困难，若使其扩散需要更多的能量。在丁腈橡胶胶料自黏试验中发现，随氰基含量增加，其扩散活化能也增加。但丁腈橡胶的丙烯腈量增大，使接触面上的极性基数增多，界面处分子间总作用力增强，大大提高自黏性。

（3）不饱和度　含有双键的不饱和橡胶比饱和橡胶更容易扩散。这是因为双键的作用使分子链柔性好，链节易于运动，有利于扩散进行。如将不饱和聚合物氢化使之接近饱和，则其扩散系数只有不饱和高聚物的 47%～61%。

（4）结晶　乙丙橡胶的自黏性试验表明，结晶性好的乙丙橡胶缺乏自黏性，而无定形无规共聚的乙丙橡胶却显示出良好的自黏性。因为在结晶型的乙丙橡胶中，有大量的链端位于结晶区内，因而失去活动性，在接触表面存在结晶区，链端的扩散难以进行。同样，在氯丁橡胶中有部分结晶时，自黏性下降；高度结晶时，自黏性就完全丧失了。为使高度结晶的橡胶具有一定的自黏性，必须设法提高分子活动性。为此可提高接触表面温度，使之超过结晶的熔融温度，或以适当的溶剂使接触表面溶剂化。

总之天然橡胶（NR）、氯丁橡胶（CR）由于具有应变诱导结晶性能，故自黏好，其中天然橡胶（NR）好于氯丁橡胶（CR），非结晶型橡胶如丁苯橡胶（SBR）、丁二烯橡胶（BR）、丁腈橡胶（NBR）等次之，丁基橡胶（IIR）、三元乙丙橡胶（EPDM）最差。它们的自黏力（9.8N/cm）比较为下：天然橡胶（NR）（12.5）＞丁苯橡胶（SBR），丁二烯橡胶（BR）（5.6）＞丁基橡胶（IIR）（3.7）＞三元乙丙橡胶（EPDM）（1.7～2.5）。

9.7.2 填料体系

无机填料对胶料自黏性的影响，依其补强性质而变化，补强性好的，自黏性也好。各种无机填料填充的天然橡胶胶料的自黏性依下列顺序递减；白炭黑＞MgO＞ZnO＞陶土。炭黑可以提高胶料的自黏性。在天然橡胶（NR）和丁二烯橡胶（BR）胶料中，随炭黑用量增加，胶料的自黏强度提高，并出现最大值。填充高耐磨炭黑的天然橡胶胶料，随炭黑用量增加，自黏强度迅速提高，在80份时自黏强度最大；丁二烯橡胶胶料在高耐磨炭黑用量为60份时，自黏强度最高。当炭黑用量超过一定限度时，橡胶分子链的接触面积太少，造成自黏强度下降。天然橡胶比丁二烯橡胶的自黏强度高，是因为天然橡胶的生胶强度和结合橡胶数量都比丁二烯橡胶高。而有的品种填料（如滑石粉）对自黏性总是起负面作用。

9.7.3 软化增塑体系

软化增塑剂虽然能降低胶料黏度，有利于橡胶分子扩散，但它对胶料有稀释作用，使胶料强度降低，结果使胶料的自黏力下降。

有些常用软化增塑剂，如石蜡、硬脂酸由于易喷出表面，妨碍界面接触，故不利于自黏。其它容易喷出的配合剂，如促进剂TMTD、D、硫黄、防老剂等应尽量少用，以免污染胶料表面，降低胶料的自黏性。但有软化剂同时兼有增黏剂作用可以提高胶料的黏性。

在实际应用中，对于不同胶料，适当调节软化增塑剂和填料的配比，即可调节胶料黏度，使胶料自黏性略有改善。

9.7.4 增黏剂

使用增黏剂可以有效地提高胶料的自黏性。常用增黏剂有松香、芳烃油、松焦油、妥尔油、萜烯树脂、古马隆树脂、石油树脂和烷基酚醛树脂等，其中以烷基酚醛树脂的增黏效果最好。

虽然增黏剂改善胶料自黏性不如化学改性，但工艺上操作方便，副作用小，改善自黏性的效果也较明显，因此添加增黏剂是改善胶料自黏性的主要手段。增黏剂的品种繁多，分为天然和合成两大类，其中包括间甲白体系（黏合剂A、RH、RE等）、松香树脂、妥尔油、石油树脂、苯乙烯-茚树脂、古马隆树脂、非热反应型烷基苯酚-甲醛树脂和改性烷基酚醛树脂等。在各类增黏剂中，合成类的增黏性比天然类高，在合成增黏剂中，非热反应型烷基苯酚-甲醛树脂的初始黏性是石油树脂类增黏剂的 2～3 倍，而烷基苯酚-乙炔树脂和改性烷基酚醛树脂都属于长效、耐湿、高增黏的超级增黏剂。但是，酚醛树脂类的增黏剂需要与胶料具有一定的相容性，在胶料中的分散性好，才会具有好的增黏作用。

增黏剂提供胶料的扩散能力及接触面间相互作用，提高胶料的自黏性。应注意，胶种对树脂品种的相配，其次，树脂有最佳分子量及最佳用量。

用作增黏剂的烷基酚醛树脂在化学结构上有 3 个特点：一是烷基处于酚羟基的对位，而树脂分子用对位烷基封端，这就决定了这种烷基酚醛树脂具有非热反应性质，即在硫化温度下不会发生化学反应；二是烷基上存在叔碳原子，使烷基成支化结构，而且叔碳越多，支化度越高，树脂与橡胶的相容性也就越好；三是树脂中存在酚羟基强极性结构，具有形成氢键的能力。在混炼过程中，温度升高到树脂的软化点温度，树脂的内缩聚结构被破坏而熔化，塑化了的橡胶作为一个流动载体，将增黏剂树脂分子均一分布于胶料并带至表面，当两个这样的胶片产生接触，通过酚羟基的极性力在胶料界面部位形成一个氢键网络结构，使两个胶片粘贴成一体。

例如，增黏树脂 TKM 系列是非热反应型热塑性多元烷基苯酚-甲醛树脂。除作为增黏剂外，兼具软化增塑剂的作用。TKM 系列的 TKM-H，TKM-M 和 TKM-T 具体品种：对叔丁基苯酚-甲醛树脂、对叔辛基苯酚-甲醛树脂及对叔丁基苯酚-乙炔树脂。

橡胶增黏剂 GLR 是一种热塑性树脂（宜兴市国立助剂厂），属长效、耐湿、高增黏剂。不仅赋予胶料极佳的初始黏性，而且具有优异的存放黏性和湿热黏性。在胶料加工过程中还同时兼具软化增塑剂的作用。可以广泛用于天然橡胶（NR）、丁苯橡胶（SBR）、丁二烯橡胶（BR）、三元乙丙橡胶（EPDM）或这些橡胶的并用胶料，正常配合量为 2～5 份。不会影响硫化特性，并且可以确保良好的物理机械性能。应在混炼初期加入，温度应超过树脂软化点以上，以保证树脂能够均匀分散，获得最佳增黏效果。配方中可以适当减少操作油的配合量。橡胶增黏剂 GLR 增黏性能优于传统的对-

叔丁基苯酚-甲醛树脂和对-叔辛基苯酚-甲醛树脂，与对-叔丁基苯酚-乙炔增黏树脂水平相当。

美国十拿化工（上海）有限公司的增黏树脂品种见表9-8。

表9-8 美国十拿化工有限公司的增黏树脂品种

增黏树脂品种	酸值/(mgKOH/g)	软化点/℃	物理形态	用 途
不改性				
SP-1068	25～42	85～95	薄片状	通用用途辛基酚/甲醛树脂
HRJ-2765	25～42	90～100	薄片状	较高熔点的通用用途增黏树脂
HRJ-4047	26～42	92～101	薄片状	较高熔点的特殊用途增黏树脂
HRJ-10420	35～75	97～107	薄片状	防结块高熔点树脂
CRJ-418	25～42	106～114	薄片状	高纯度,高熔点树脂
HRJ-2355	25～42	110～120	薄片状	高性能对叔丁基苯酚增黏树脂
SP-25	无	100～110	薄片状	混合型烷基酚/甲醛树脂,用于丁腈橡胶
改性				
SP-1077	25～42	92～101	薄片状	环氧改性,高性能增黏树脂

橡胶中增黏树脂的用量一般为弹性体或弹性体混合物质量的3%～10%。

使用方法有两种：轧炼或者在班伯里（Banbury）密炼机中热混炼，以胶浆（splice cement）的形式存在。

未改性树脂之间的区别在于：熔点、熔融状态时的黏度、多分散性。改性树脂与未改性树脂相比，分子量大，极性更强，但不易溶于矿物制剂。SP-1077特别适用于炎热和潮湿的环境，使用量为弹性体质量的6%～10%，它的性能可靠，无需其它添加剂。此外还有增黏树脂203、204、207、BN-1等品牌。

胶料焦烧后，自黏性急剧下降，因此对含有二硫代氨基甲酸盐类、秋兰姆类等容易引起焦烧的硫化体系要严格控制，使其在自黏成型前不产生焦烧现象。

9.7.5 外部条件

（1）试验条件 接触时间、接触压力、分离速率以及温度条件的变化，都对自黏性的测定值有影响。随接触时间或接触压力增加，自黏性的测量值逐渐增大，当接触时间或接触压力达到一定值时，自黏性达最大值，并且不再变化。在一定范围内，自黏强度的增大同接触加压时间的平方根成正比。

（2）胶料表面 胶料表面光洁度的好坏影响到界面是否能达到分子间的直接接触。胶料在贮存过程中的表面污染、老化和喷霜对自黏性的影响非常明显。可用不溶性硫黄代替普通硫黄防止出现喷硫，焦烧后胶料黏性下降。

9.7.6 改善弹性体自黏性的方法

为改善弹性体的自黏性，采用的方法主要分以下几类。

（1）改善弹性体本身结构的化学方法 特别是对于丁苯橡胶，可采用多种方法改善其生胶强度，如增加分子量；部分交联；结构改性；提高玻璃化转变温度；添加少量其它聚合物如塑料和其它交联聚合物。但是，由于生胶强度增加的同时，降低了弹性体的流动性，因而自黏性未得到改善甚至降低，只有通过化学改性，使聚合物成为能够应变诱导结晶的弹性体，才能明显提高自黏性。丁基橡胶（IIR）与三元乙丙橡胶自黏性差，若丁基橡胶（IIR）和三元乙丙橡胶溴化、氯化会有所改进。

（2）与自黏性好的橡胶并用 如与天然橡胶并用，烟片胶好于标准胶，可明显提高胶料的黏性，但受到胶料配比和用量的限制。丁苯橡胶（SBR）与天然橡胶（NR）并用中只有当天然橡胶用量为80份时，胶料的自黏性才达到最大，显然丁苯橡胶的并用量比较少，不符合实际使用要求。

丁苯橡胶（SBR）、丁二烯橡胶（BR）及氯丁橡胶（CR），常并用天然橡胶以提高自黏性。丁腈橡胶（NBR）/天然橡胶（NR）并用胶（母胶掺和法）的并用对硫化胶的自黏（剥离）强度的影响表明：剥离强度均低于加和值（不遵从加和律），天然橡胶并用比为20％时出现谷值，天然橡胶并用60％以上才具有纯丁腈橡胶的自黏性。丁腈橡胶即使并用极性或溶解度参数更接近的环氧化天然橡胶 ENR-20 也会有此种情况出现，橡胶并用对组分间的相容性同硫化速率的匹配，对并用胶的自黏性起着重要的作用。

不同种橡胶（及胶料）之间的互黏，对未硫化胶料来说，溶解度参数（极性）、饱和度及扩散能力差异将起重要作用，几对未硫化胶料施压 1min 的互黏力可作例证：天然橡胶$_{10.5}$/丁腈橡胶$_{24}$，2.1N/cm；天然橡胶$_{10.5}$/三元乙丙橡胶$_{21}$，0.77N/cm；丁腈橡胶$_{8.5}$/丁苯橡胶$_{22}$，1.04N/cm；（脚标为 t_{90}，单位为 min）。上述不同橡胶胶料若黏合之后经历硫化，则两种胶的硫化速率匹配对互黏（剥离强度）至关重要。

（3）保持胶料表面为新鲜表面　在实际应用中，用塑料薄膜或其它覆盖物覆盖胶料表面，使橡胶分子保持活性，不被氧化，以保持其自黏性。

（4）擦溶剂　在胶料表面擦溶剂，自黏力增加是熟知的事实，因为这样可除去胶料表面的氧化膜和喷霜现象，生成新的表面。溶剂的一部分渗入橡胶中使表面黏度下降有利于扩散作用，溶剂挥发后，自黏力上升，比原来的高。

对贴合部位加热、加压，增强分子热运动，使界面部位的分子更加贴近。

9.8　抗喷霜胶料的配方设计

喷霜是液体或固体配合剂由橡胶内部迁移到橡胶表面的现象。橡胶内部配合剂析出，就形成了喷霜。对橡胶喷霜的形式归纳起来，大体分为三种，即喷粉、喷蜡、喷油（也称渗出）。橡胶有未硫化橡胶（以下称胶料）和硫化橡胶（以下称制品）之分，橡胶喷霜就包括胶料表面喷霜和制品表面喷霜。

喷粉是硫化剂、促进剂、活性剂、防老剂、填料等粉状配合剂析出在橡胶表面，形成一层粉状物。喷蜡是石蜡、地蜡等蜡状物析出在橡胶表面，形成一层蜡膜。喷油是软化增塑剂、增黏剂、润滑剂等液态配合剂析出在橡胶表面，形成一层油状物。在实践中，橡胶表面喷霜的形式有时是以一种形式出现，有时却是以两种或三种形式同时出现。

本无喷霜的橡胶制品表面受日光照射而引发氧化反应之后，表面有明显的着色变化如黄铜色，称为虹色喷霜。

9.8.1 喷霜原因

导致喷霜的内在原因是，某些配合剂在胶料中发生过饱和或不相容。对于溶解性的配合剂而言，橡胶喷霜是由于橡胶内部配合剂达到过饱和状态后（包括胶料局部），从亚稳态走向稳态，橡胶近表层的配合剂首先析出，再由内层向表层迁移析出，当配合剂在橡胶中降低到其饱和状态时，析出过程才告结束。而对于那些无溶解性的配合剂如某些填料的喷出，则属于不相容的问题。配合剂达到过饱和状态是导致橡胶喷霜的主要原因，具体的原因如下。

（1）配方设计不当　配方设计不当主要指配合剂在橡胶中的用量超过其最大使用量。在一定条件下（主要是温度，其次是压力），一般配合剂在橡胶中都有一定的溶解度，达到配合剂溶解度的配合量称为配合剂的最大使用量。配方设计时，配合剂用量超过其最大使用量，配合剂就不能完全溶解在橡胶中，使得配合剂在橡胶中达到过饱和状态，由于配合剂在橡胶中最终要达到饱和状态，在趋于饱和状态过程中，超量使用的、不能溶解的配合剂便要析出，而在橡胶表面形成喷霜。

通常情况下，容易造成喷霜的配合剂有硫化剂：硫黄；促进剂：DM、TMTD、M、TMTM、NA-22 等；防老剂：D、H、4010、DNP、MB、石蜡等；增塑剂：机油、酯类油等；活性剂：ZnO、SA 等；填料：轻钙、碳酸镁等；防焦剂：CTP 等。还有一些其它配合剂过量的配合易产生喷霜，往往会带动其它配合剂一起迁出（被动喷霜）。

（2）工艺操作不妥　胶料生产时，首先配合称量要准确，以免造成多配，使得配合剂的用量超过其在橡胶中的最大用量，并造成喷霜。其次，未按工艺操作充分压合，造成配合剂分散不匀，使得配合剂在胶料中局部浓度过大，达到过饱和状态，而造成喷霜。再者加入硫黄时，胶温、辊温不要过高，由于硫黄在橡胶中的溶解度随温度升高而增大，硫黄溶解度增大，其在橡胶中的溶解速度加快，就容易引起分布不均，使得硫黄在胶料中局部含量多，局部含量少。待胶料冷却后，硫黄在胶料中的溶解度下降，胶料中局部含量过多的硫黄，便达到过饱和状态，就造成喷霜，此种喷霜也称喷硫。

（3）原材料质量波动　橡胶工业原材料包括两大类，即生胶和配合剂。不同的配合剂在同一种生胶中有不同的溶解度，同一种配合剂在不同的生胶中也有不同的溶解度。在同一类生胶中，由于其共聚组分比不同、门尼黏度不同、污染非污染之分而形成的不同规格中，同一配合剂的溶解度也不同，即使产品样本上数据几乎相同的生胶，因生产厂家所采取的工艺不同、合成单体的差异、制造批量的不同，而使同一配合剂的溶解度也不同。

（4）贮存条件差　配合剂在橡胶中的溶解度是在一定条件下测定或计算的。配合剂在橡胶中的溶解度除与配合剂和生胶两者的化学结构、极性、结晶性、分子量大小及分布、溶解度或溶解度参数等有关外。还与贮存时的温度、压力、湿度、时间有关。

配合剂在橡胶中的溶解度一般都是随着温度的升降而升降，橡胶在贮存和使用时的温度高于标准温度，配合剂的用量就可能达到最大用量；而在低于标准温度时就不能达到最大用量，否则橡胶表面就会出现喷霜。

硫黄在不同的生胶中有不同的溶解度，但都随着温度的升降而升降。

温度对配合剂的溶解度影响很大，直接影响着橡胶表面喷霜。橡胶贮存时所受的压力、周围空气的湿度以及时间对配合剂的溶解度也有影响。一般情况下影响不大。但是，如果压力较大，受压部位橡胶中的配合剂就会形成晶核，析出于橡胶表面形成喷霜；如果空气的湿度过大，橡胶中极性大的配合剂对生胶（非极性）的作用减弱，配合剂溶解度下降，从而导致喷霜；贮存时间越长，橡胶表面喷霜越明显，由于贮存环境中空气的温度和湿度随着季节的变化而不同，并且差别较大，极易造成配合剂的溶解度发生变化，从而导致喷霜。常见于冬季库存的橡胶制品。

（5）制品的欠硫　配合剂在橡胶中的溶解度随着制品硫化程度的深浅而不同，一般在制品达到正硫化时配合剂则达到最大溶解度。这是因为在硫化交联过程中化学键（$C—S_x—C$、$C—S_2—C$、

C—C、C—O—C 等）的形成，加强了配合剂与生胶分子之间以及配合剂之间的化学结合或物理结合过程，这有利于配合剂在橡胶中的溶解；其次配合剂参与化学键形成的反应或其它副反应，减少了配合剂的含量，降低了配合剂的浓度。所以，制品欠硫就会导致配合剂的溶解度下降，使橡胶表面出现喷霜。

（6）橡胶老化　橡胶老化后大都导致硫化胶完整的、均衡的网状结构发生破坏，从而也破坏了橡胶体系内各种配合剂与生胶分子以及配合剂之间的化学的或物理的结合，降低了配合剂在橡胶体系内的溶解度。因此，那些局部处于过饱和状态的配合剂便会从橡胶中游离析出，形成喷霜。

橡胶老化引起的喷霜与其它类型的喷霜不同，它不是容易发生在温度低、湿度大的冬天和秋天，而是发生在温度高的夏天和阳光暴晒的环境中。

一些橡胶（如三元乙丙橡胶）制品一旦安装使用并且直接受到阳光照射后会改变颜色。它们的表面可能变成带有白色，但更经常带有黄色或蓝色的，这就是虹色喷霜。

未受照射橡胶表面存在大量的低分子量的极性分子组分，它们包含硫、氯和以羧基或羟基形式存在的氧。这些组分既存在于发生反应的硫化剂中也存在于炭黑粒子的表面。未受照射的表面是黑色的，没有发生任何形式的喷霜。相反地，受照射的表面不含有这样的低分子组分，但是其颜色明显地变成黄色。这可能是因为发生了类似于光氧化过程那样的化学反应。硫化之后，这些低分子量的极性物质就存在于橡胶表面上了。一些推测到的物质如下：胺和噻唑可能来自于促进剂。同样，羰基、吗啡啉和硫代氰酸盐则分别来自于促进剂巯基苯并噻唑（MBT），N-叔丁基-2-苯并噻唑次磺酰胺（TBBS）和二硫代二吗啉（DTDM）。这些简单分子能够容易地通过解吸作用被提取并作为低沸点物质被区分出来。在光和热的作用下，表面发生了氧化反应，分子重排和降解。

把硫化性能和对颜色的敏感性结合起来考虑，选择了如表 9-9 所示的硫化促进体系，所选择的促进剂的熔点都较低，通常混炼操作的最后阶段排出的胶料即能达到这一熔点所在的温度范围，这样做能使促进剂与橡胶的接触面达到最大，这有助于促进剂在橡胶母体中的（分散）溶解。高的硫化程度也会减少促进剂残留物的量并产生很高的交联密度。因此残留物表面的迁移也会减少。

表 9-9 促进剂用量与表面变色的关系

用量/份	0	0.5	1.0	1.5	2.0	2.5
ZDBC	O	O	O	O	O	O
DTDM	O	O	+	++/Y	++/Y	++/Y
DPTT	O	O	O	+	++	++/Y
TBBS	O	O	+	+	++/B	++/B

注：Y—黄色；B—蓝色；+、+++—白色喷霜的程度；O—不变色。

虹色喷霜还受下列因素影响：

a.炭黑粒子的尺寸越小，补强作用越强，更易发生虹色喷霜。这可能与表面上氧的存在有关，也和粒子周围的聚合物的浓度相对较低有关。

b.增塑剂 如含有一些环烷类物质的石蜡油比纯石蜡油更好。令人惊奇的是低黏度的石蜡油比高黏度的要好。在阳光照射后对橡胶进行了表面解吸分析，含有白凡士林油的橡胶变成带有黄色的，表面上没有任何低分子量的成分。含有轻石蜡油的橡胶仍然保持黑色，并且表面上没有发现极性物质，但是却有大量的高分子量的石蜡分子存在。这可能是因为在表面上的那些高分子量的石蜡对光线的辐射起到了保护作用。

c.不饱和度 二烯含量较高的三元乙丙橡胶不易发生虹色喷霜。这是由于交联密度高，促进剂消耗量大，使残留物向橡胶表面的迁移减少。

d.分子量的分布 不使用分子量分布窄的三元乙丙橡胶是因为它缺少低分子量的组分。这种三元乙丙橡胶会使所有配合剂在混炼过程中的分散作用受到限制。微结晶三元乙丙橡胶（乙烯含量超过75%）也是不可取的，因为它对增塑剂的吸收作用有限，而过量的增塑剂会与促进剂残留物一起在表面上渗出。

发黄表面比黑色表面的化学成分要少。过高的硫化温度对TBBS残留物在橡胶表面上的存在有利，由此可发生氧化而导致颜色变化。通过使用低黏度的增塑剂使表面上的促进剂含量增加，可以促进这种现象的发生。但是硫化温度也不能太低，必须要足以使所有的硫化剂充分发生反应。例如如果烘箱温度较低将导致 ZDBC 在表面上的含量较高，这表明制品没有充分硫化。

（7）受力不均　制品在使用过程中因受力不均而损伤，导致配合剂从受损裂口向外喷出。

9.8.2　橡胶喷霜的危害

橡胶表面喷霜不仅严重地影响了产品的外观质量，而且在一定程度上也影响着橡胶制品的使用性能及寿命，也影响着胶料的工艺性能及物理机械性能。

喷霜首先使橡胶的外观质量和装饰性能受到影响。喷粉后，橡胶表面会泛白、泛黄、泛灰，有时还会出现亮点。喷油后，橡胶表面会泛黄、泛蓝或有荧光或失光。喷蜡后，橡胶表面会失光、泛白。

其次，喷霜会使胶料表面黏性降低，给压延、贴合、成型等工艺带来困难，容易造成废次品；降低胶料与骨架层的黏着性能，使制品质量下降，寿命缩短。

喷霜还会造成胶料焦烧和制品老化。如果在胶料表面喷霜的成分中主要是硫化剂或促进剂，那么胶料表面的硫化剂或促进剂的含量就非常高，在胶料贮存或生产过程中，由于热积累的增大，很容易发生焦烧。若在硫化时就会形成硫化程度不均，表面硫化程度高，而内部低，使得胶料物理机械性能下降。如果在制品表面喷霜成分主要是硫化剂和硫黄，则会加速制品老化，因为硫黄在空气的氧化作用下能生成二氧化硫，二氧化硫和空气中的水分作用又会生成亚硫酸和硫酸，腐蚀制品表面胶层，并由表及里。这样就加快了制品老化，缩短了使用寿命。

喷霜对橡胶确有"百害"，但也有"一利"。有些制品表面往往需要喷出石蜡，形成一层蜡状膜，隔离空气的接触，避免制品表层发生氧化，起到防止老化的作用。有些胶料表面要求喷出一定的粉、油、蜡，防止胶片相互粘连，起到隔离剂的作用，减少隔离剂的使用，有利工人操作和身体健康，减少灰尘飞扬，有利环境保护。另外，表面要求消光的产品，就要控制某些配合剂适度喷霜，用喷霜物破坏表面氧化膜，取得消光效果。

橡胶表面喷霜，其成分往往是复杂的，很少是单一的。在喷霜的复杂成分中总有主次之分，因为配合剂在橡胶中相互影响，只要一种配合剂喷出，就会破坏整个配合剂在橡胶中的均匀程度，并产生浓度梯度，这样就容易使其它配合剂伴随着前一种配合剂的喷出而喷出。所以为了防止喷霜，必须首先分析喷霜中的主要成分，再根据造成喷霜的原因，最终采取措施，加以防止。

9.8.3 限制配合剂的用量

配方设计时，配合剂的用量必须限制在橡胶贮存和使用时（包括温度、压力、介质、湿度等）所允许的最大用量内，选用溶解度参数与配方生胶接近的配合剂（常见的橡胶和配合剂的溶解度参数见表9-10）；或者采用几种配合剂并用。这样既达到了同样的效果，又避免了配合剂的喷霜。

例如，在三元乙丙橡胶中，硫化体系对硫化胶表面喷霜状况的影响十分显著。

下列硫化体系（用量：质量份）中胶料久放并不喷霜，所制胶管室内使用7年也未见"喷霜"（EPDM4045，100；ZnO，5；SA，1；FEF，100；30机油，50；RD，1；MB，1。）

8号：S，1.5；M，1；Bz，1.4；TT 0.6；PX，0.3。

9号：S，1.5；M，0.5；OTOS，0.5；TT，0.3；PX，0.8。

10号：S，1.5；M，0.5；DTDM，0.5；TT，0.3；PX，0.8。

其它硫化体系（用量：质量份）：

1号：S，1.5；M，1；TMTD，0.6；BZ，2；PX，0.4。

2号：S，1.5；M，0.5；OTOS，1；BZ，1.5。

3号：S，1.5；M，0.5；TMTD，1；ZDC，1.5。

4号：S，1.5；M，1.5；TMTD，0.8；OTOS，0.8；PX，0.8。

5号：S，1.0；M，0.8；TMTD，0.8；DTDM，1；BZ，1.5。

実用橡胶配方技术

表9-10 常见橡胶和配合剂的溶解度参数（SP）

材料名称	溶解度参数(SP) /(cal/cm³)^{1/2}	材料名称	溶解度参数(SP) /(cal/cm³)^{1/2}
二甲基硅橡胶(MQ)	7.3	二硫化四甲基秋兰姆	12.86
苯甲基硅橡胶(PVMQ)	9.0	二硫化四乙基秋兰姆	11.75
聚异戊二烯橡胶(IR)	7.8~8.0	二硫化二乙基二苯基秋兰姆	12.49
丁基橡胶(IIR)	7.9	2-巯基苯并噻唑	13.11
天然橡胶(NR)	7.9~8.1	二硫化二苯并噻唑	14.01
乙丙橡胶(EPR)	8.0	二甲基二硫代氨基甲酸锌	13.82
聚异丁烯橡胶(PIB)	8.0~8.1	乙基苯二硫代氨基甲酸锌	13.07
丁二烯橡胶(BR)	8.1~8.6	N-环己基-2-苯并噻唑基次磺酰胺	11.96
氯磺化聚乙烯橡胶(CSM)	8.9~9.3	N-氧联二亚乙基 2-苯并噻唑基次磺酰胺	12.29
聚硫橡胶(T)	9.0~9.4	六亚甲基四胺	10.44
聚氨酯橡胶(PUR)	10	二苯胍	11.70
氯丁橡胶(CR)	9.2	1,2-亚乙基硫脲	14.34
硫黄(S)	14.63	硬脂酸(SA)	9.125
二硫代吗啉	10.53	邻苯二甲酸酐	13.46
过氧化苯甲酰	11.69	N-环己基硫代邻苯二甲酰亚胺	12.09
过氧化二异丙苯	9.47	N-吗啉硫代邻苯-1,2-二甲酰亚胺	15.96
二硫化四甲基秋兰姆	12.73	2,2,4-三甲基-1,2-二氢化喹啉聚合物	10.02

续表

材料名称	溶解度参数(SP)/(cal/cm³)^{1/2}	材料名称	溶解度参数(SP)/(cal/cm³)^{1/2}
6-乙氧基-2,2,4-三甲基-1,2-二氢化喹啉	9.932	苯乙烯化苯酚	9.6
N-苯基-α-萘胺	11.32	2-巯基苯并咪唑	13.37
丁苯橡胶(SBR)		二丁基二硫代氨基甲酸镍	11.21
4%苯乙烯	8.2	4,4-双(2-甲基苄基)二苯胺	10.71
12.5%苯乙烯	8.3	双(N,N-二正丁基二硫代氨基甲酸)镍	11.21
15%苯乙烯	8.5	十八烷酰胺乙基,二甲基,P-羟乙基胺的硝酸盐	9.966
25%苯乙烯	8.5	邻苯二甲酸二丁酯	10.07
40%苯乙烯	8.6	邻苯二甲酸二辛酯	9.467
丁腈橡胶		癸二酸二丁酯	9.130
18%丙烯腈	8.7	癸二酸二辛酯	8.866
26%丙烯腈	9.3	磷酸三苯酚	11.28
30%丙烯腈	9.6	五氯硫酚	14.14
40%丙烯腈	10.3	偶氮二甲酰胺	23.85
氯化橡胶	9.2	二亚硝基五亚甲基四胺	15.92
丙酮和二苯胺高温反应物	10.78	尿素	14.36
N-苯基-β-萘胺	11.32	20%三苯基甲烷三异氰酸酯的二氯甲烷溶液	13.00
N,N'-二苯基对苯二胺	11.48	乙烯基三乙酰氨基硅烷	10.34
N-环己基-N-苯基对苯二胺	10.72	α-蒎烯树脂	9.907
2,6-二叔丁基-4-甲基苯酚	10.28	二苯基硅二醇	12.31

1、2 号硫化体系长久停放或者手摸之后停放都不会出现喷霜，4 号硫化体系久放之后微微出现喷霜；5 号则经手摸或久放之后有些小点喷霜，情况比 4 号严重些；3 号不用放半天已全部"喷白"，用此配方制的胶管，放 12h 表面已重重地喷白了。

在 EPDM 的硫化体系中，ZDC/TT 配合对喷霜影响很大，调整 3 号硫化体系为 S，1.5；M，0.5；ZDC，1；TMTD，0.6（6 号硫化体系），平板硫化试片停放不超过 8h 便全面喷白了，调整 3 号硫化体系为 S，1.5；M，0.5；ZDC，1；TT，0.3（7 号硫化体系），平板硫化试片停放一天才见小圆点形喷白。无疑，"ZDC 1～1.5/TT 0.6～1"容易引发三元乙丙橡胶硫化胶喷霜，而在减少"ZDC/TT"用量的同时引入 OTOS 部分取代 TT，可望使三元乙丙橡胶硫化胶的喷霜有所缓解。

减少喷硫的方法有：低温加入硫黄使之分散均匀，避免局部过饱和，采用不溶性硫黄，加入古马隆、芳烃油、松焦油等带杂环的化合物溶解硫（及硬脂酸），避免硫化欠硫或过硫以控制游硫含量。

医用输液橡胶密封帽多使用异戊橡胶制造，发现 TE/DM/防老剂 264，TE/DM/防老剂 1076、TE/CZ/防老剂 264、TE/CZ/防老剂 1076 严重喷霜；TMTD/DM/防老剂 264 喷霜；TMTD/DM/防老剂 1076 与 TRA/264 轻微喷霜；仅 TRA/防老剂 1076 不喷霜。对三元乙丙橡胶，S 为 1～1.5 份时，ZDC 或 TMTD 的质量大于 0.8 份便出现喷霜，ZDC 尤甚。采用 PX 或 BZ/TMTD/DTDM 或 OTOS/M 不会喷霜。另外，S 1.5 份/M0.5 份/BZ 1.5/TRA 0.75 也不喷霜，BZ 2.5 份无虹色喷霜，DTDM、DPTT、NS 分别为 1 份便会引发虹色喷霜了。

许多文献指出选择促进剂品种及用量的组合以提高同橡胶的混溶性及硫化效率以防止喷霜，并见成效，对三元乙丙橡胶、丁基橡胶之类饱和橡胶尤其如此。但是丁基橡胶采用二硫代氨基甲酸盐/秋兰姆组合促进体系硫化，若用 ZnO 5 份/SA 1 份等常规活化体系，在 100℃×24h 烘箱老化后，表面已喷霜，改用特殊组合活化体系，在 100℃×504h 烘箱中不见喷霜，硫化 8 年也不见喷霜。后来又发现，将 FEF/SRF 改为 GPF 之后，喷霜也有时出现。另外，轻微喷霜的三元乙丙橡胶硫化体系，加入古马隆（5 份）便可减轻或者消除喷霜。可见，除控制配合剂用量在溶解度内之外，还要从整个配合体系"整体"考虑。采用特殊组合活化体系对人们认为会喷霜的丁基橡胶的硫/促进剂组合，硫甚至为 2～3 份，也可以不喷霜。实际上，同样的三元乙丙橡胶配方 160℃×30min 平板硫化，停放一周后已严重喷霜，热空气炉 300℃×3min 硫化，3 个月后也无喷霜。对硫化胶而言，残余在胶中（未参与硫化）的量或者硫化后生成的网外物才是喷霜的主体。配合剂的相互作用可能改变其溶解状态。轻钙、碳酸镁容易喷霜，轻钙、陶土（1/2 份）轻些，陶土、锌钡白/陶土不喷霜，轻钙受潮后，容易引发其它配合剂（CZ）喷出，炭黑/防老剂 RD 也容易喷霜，失光。可见活性高炭黑迫使石蜡喷出，轻钙粒子小的也更容易出现蜡虹色喷霜。防老剂 AW、RD、4010、4010NA，1 份以上便易于喷霜，但是，AW 或 RD2 份/H1 份、防老剂 RD1 份/H0.5 份不喷霜，MB0.8 份不喷霜，SP 0.8 份喷霜，MB/SP 组合为 0.8 份/0.8 份、0.8 份/1.6 份、0.8 份/2.4 份也未见喷霜。可见，防老剂的适当组合可以增大总用量而不喷霜，有时也使易喷霜的不引发喷霜。

就虹色喷霜而言，白色凡士林会变黄，石蜡油以低黏度者好，含环烷油的石蜡油又比纯石蜡油好。只用 DBP 或 DOP 的丁腈发泡胶极易喷霜，并用松焦油或使用松焦油/凡士林便可消除了。

9.8.4 改进橡胶品种

同一配合剂在不同的生胶中有不同的溶解度，不同的生胶其溶解度参数也不同。为此在橡胶性能满足使用要求的情况下，可以通过选用或并用溶解度大的生胶。一般配合剂在合成橡胶中溶解度大于天然橡胶，选用与配合剂溶解度参数相近的生胶；选用或并用所需性能较好的生胶，减少配合剂的用量等可来避免配合剂的喷霜。

9.8.5 调整配合剂的配合

如在立德粉中使用较多用中铬黄制得的绿色胶料，硫化胶放置一段时间后发白，喷霜的原因有两种可能：一是硫化过程中立德粉中的硫化锌遇酸类物质分解生成硫化氢，硫化氢与中铬黄中的铬酸铅作用，生成硫化铅，在贮存过程中表面硫化铅被氧化，生成白色的硫酸铅；另一个是铬酸铅中的铅离子与碳酸盐作用，生成了铅白。

在配方中加入古马隆 5 份，萜烯树脂 5 份，使用油膏、古马隆、再生胶（因其中含有大量分子量较大焦油）提高配合剂在胶料中溶解度，喷霜状况便可缓解。

9.8.6 改进加工工艺

（1）提高配合剂的分散性　通过降低炼胶温度，延长炼胶时间，增加薄通次数、翻炼次数，或在配方中添加分散剂（均匀剂）来提高配合剂在橡胶中的分散性、使其均匀分散。SA、ZnO 是不能混在一起加入，否则由于锌盐形成团块，不分散，易产生胶料的喷霜。

（2）提高制品的硫化程度　通过延长硫化时间，提高硫化温度等来提高硫化程度，避免制品欠硫而造成喷霜。

另外提高胶料的可塑度，也可提高配合剂在胶料中的溶解度，例如 $P=0.4$ 时胶料 $4\sim5h$ 可能出现喷霜，可塑度提高到 0.6 后需要 48h。

（3）改善贮存条件　改善贮存条件，避免橡胶喷霜，应该采取以下措施：降低贮存温度；严禁阳光照射；降低空气湿度；使贮存环境干燥、通风；缩短库存周期，避免长时间存放；避免橡胶相互挤压、碰擦，做到单放或架放。

9.8.7 喷霜的鉴别和处理方法

喷霜是由各种各样原因引起的。对于已经发生喷霜的橡胶，只有分析出引起喷霜的原因，才能有效地加以处理。

制品欠硫造成的喷霜容易鉴别，因为这种喷霜往往是局部的、偶然的。对此只要采取改进硫化工艺或强化配方硫化体系就可以解决。

贮存条件不当造成的喷霜也容易鉴别，只要对贮存温度、时间、湿度等进行不同的对比试验。就可以鉴别出来。对此，只要采取适当的贮存条件就可以避免。

原材料质量波动造成的喷霜也好鉴别，因为这种喷霜通常是偶然的、成批的，对此，只要对原材料的不同批次、不同产地进行对比试验，就可以鉴别出来。这样，只要更调原材料的批次、产地就可以解决。

工艺操作不当造成的喷霜也好鉴别，因为这种喷霜是偶然的、局部的。对此，只要对配合剂准确称量，避免错配、多配、少配、漏配等，操作时严格按工艺进行，避免胶料混炼不均、辊温过高，就可以解决。

橡胶老化造成的喷霜可以根据其容易发生在气温高的夏天和阳光暴晒的环境中这一特点来鉴别。

配合剂超量使用造成的喷霜比较难于鉴别，对此只能采用一一排除法。

当出现以上情况时，一般可以用表9-11所示的方法进行补救，但是要从根本上解决就必须改进胶料配方。

表9-11 喷霜的处理方法

方　法	工　　艺	特　　点
二次硫化法	喷霜制品放入恒温鼓风干燥箱,温度控制比硫化点略高(一般为145℃),一般烘蒸时间为15min,若不够可延长至20min,二次硫化可用热空气、模压硫化,使表面配合剂挥发溶解,并改变胶料表面状态(利用二次硫化解决欠硫引起的喷霜,让未反应的交联剂充分反应,提高交联密度,减少橡胶中的游离配合剂)	处理量大,无副作用,易控制
水洗法	用软毛巾布蘸80℃左右热清水反复洗擦,最后擦干(利用温度增高后溶解度增加原理)	简单;无腐蚀,但除霜不彻底
油洗法	先用细棉纱擦,再用软毛巾蘸70～120号汽油反复轻擦去霜后晾干,再用防喷霜剂或除霜剂(如硅油)进行除霜、防霜处理(利用汽油挥发携带特性)	简单、实用,略有气味,除霜效果一般
酸洗法	先用清洁布擦,再用软毛巾蘸36%盐酸液轻擦,最后用干净毛巾蘸清水擦去残剩酸液(利用盐酸腐蚀中和作用)	有腐蚀,应加强劳动保护,除霜效果好
蒸煮法	蒸煮一定时间,使表面的配合剂溶解于水中,可在水中加入表面活性剂(如皂液、洗衣粉)	

9.9　注射成型胶料的配方设计

橡胶注射成型工艺是在模压法和移模硫化的基础上发展起来的

一种新型成型硫化方法。注射工艺分为螺杆加热塑化、高压注射、热压模型硫化三个阶段，其特点是把半成品成型和硫化合为一体，减少了工序，提高了机械化、自动化程度，成型硫化周期短，生产效率高。胶料温度均一，质地致密，提高了产品质量，产品合格率高，实现了高温快速硫化。目前注射工艺已广泛地用于密封制品、减震制品、胶鞋等模型制品。

注射工艺的特点是高温快速硫化。胶料在高温高压下，通过喷嘴、流胶道并快速充满模腔。这就要求胶料必须具有良好的流动性；胶料在注射机的塑化室、注胶口、流胶道的切变速率较高，摩擦生热温度较高，加工硫化温度较高，因此胶料从进入加料口开始，经机筒、喷嘴、流胶道到充满模腔、开始交联之前的这段时间内，必须确保胶料不能焦烧，即要求胶料有足够的焦烧时间；胶料进入模腔后，应快速硫化，即一旦开始交联，很快就达到正硫化。

注射胶料的硫化曲线的热硫化阶段曲线斜率应尽可能的小，$t_{90} - t_{10} \rightarrow 0$；起始黏度（常用 ML 表示）保持一定较低值以保证注射能力；硫化诱导期（t_{10}）应足够长，如机筒的温度为 90～120℃，则胶料的门尼焦烧时间必须是胶料在机筒中停留时间的 2 倍以上，如图 9-10 所示。胶料一般在 120℃下门尼焦烧时间控制为 10～25min，单模工业制品为 10min 左右，多模制品如胶鞋为 25～30min。

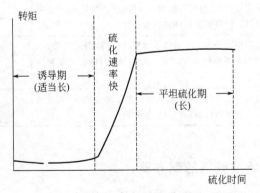

图 9-10　注射胶料硫化特性

综上可见，在进行注射胶料的配方设计时，必须使胶料的流动性、焦烧性和硫化速率、硫化平坦性（抗返原性）四者取得综合平衡。

9.9.1 生胶体系

一般常用的橡胶如天然橡胶（NR）、丁苯橡胶（SBR）、丁二烯橡胶（BR）、异戊橡胶（IR）、三元乙丙橡胶（EPDM）、丁基橡胶（IIR）、氯丁橡胶（CR）、丁腈橡胶（NBR）、氯磺化聚乙烯橡胶（CSM）、丙烯酸酯橡胶（ACM）、聚氨酯橡胶（PUR）、硅橡胶（Q），都可以用于注射硫化。

橡胶的门尼黏度对胶料的注射性能影响很大。橡胶的黏度低，胶料的流动性好，易充满模腔，可缩短注射时间，外观质量好。但门尼黏度低时，塑化和注射过程中的生热小，因而硫化时间较长。相反，门尼黏度高的胶料，注射时间长、生热大，对高温快速硫化有利，但黏度过高很容易引起焦烧。一般门尼黏度在65以下较好。有时可用两不黏度的胶料并用来调节黏度，如氟橡胶 FPM-2601 门尼黏度很高（90），很难注射，并用 20 份氟橡胶 FPM-2605（门尼黏度 40）可制得用于注射的胶料，对强伸性能影响不大，基本上不会影响其耐油和耐热性，氟橡胶 FPM-2605 在氟橡胶 FPM-2601 中作为一种低黏度的橡胶增塑剂起到了一定的增塑作用。

9.9.2 硫化体系

注射胶料的焦烧性、硫化速率和抗高温硫化返原性，主要取决于它的硫化体系。有效硫化体系（EV）对注射硫化较为适宜，因为有效硫化体系（EV）在高硫化温度下抗返原性优于传统硫化体系（CV）和半有效硫化体系（SEV）。

以硫黄给予体二硫代二吗啉（DTDM）1～2 份（但使用时应注意 DTDM 的毒性）和次磺酰胺类促进剂 1～2 份并用，以及少量 TMTD，可以组成"多能"无硫硫化体系，这种硫化体系能使加工和硫化特性完全适合于各种注射条件而不降低硫化胶的物理机械性能。例如在天然橡胶（NR）与丁二烯橡胶（BR）并用的胶料中，用传统硫化体系（S/NOBS = 2/0.75），在较高的硫化温度

（170℃）下，会降低硫黄的效率，说明在发生交联键缩短反应的同时，主链改性程度也随之增大，交联键的分布也随硫化温度提高而改变。但是在同样的硫化条件下，使用无硫硫化体系（DTDM1.0份；TMTD1.0份；MOR1.0份）时，交联键分布的变化比使用传统硫化体系时小得多。用有效硫化体系时，交联密度也会因较高的硫化温度而降低，所以采用无硫硫化体系比有效硫化体系更为有利。

在异戊橡胶（IR）/丁苯橡胶（SBR）并用有效硫化体系中采用促进剂 CZ/DM 的并用胶的硫化曲线平坦性优于促进剂 CZ/TMTD 的并用胶，且硫化速率较高。这是因为噻唑类促进剂 DM 具有硫化平坦期长、硫化返原性小的特点，而秋兰姆类促进剂 TMTD 具有硫化起步快，硫化曲线平坦区狭窄，易过硫或欠硫的特点，如图 9-11 所示。

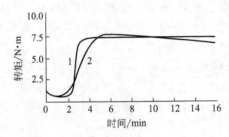

图 9-11　采用不同促进剂胶料的硫化曲线

1—促进剂 CZ/DM；2—促进剂 CZ/TMTD

（基本配方为（质量份）：IR/SBR，50/50；ZnO，5；SA，2；N330/N660，20/20；CaCO$_3$，40；凡士林，10；S，0.4；促进剂 CZ，1.5；促进剂 DM 或 TMTD，0.6；防老剂 RD 1.5）

注射胶料硫化体系要有足够量的 ZnO 和 SA。

9.9.3　填料体系

填料对胶料的生热性、黏度、流动性、焦烧和硫化速率影响较大，粒径越小，结构性越高；填充量越大，则胶料的流动性越差。例如 SAF、ISAF、HAF 粒径小，流动性差，FEF 的结构性较高，其流动性也较差。而 SRF 和中粒子热裂法炭黑（MT）粒径较大，胶料的流动性较好。对无机填料而言，陶土、碳酸钙等惰性填料对胶料的流动性影响不大，而补强性好，粒径小的白炭黑则会显著降低胶料的流动性。

胶料在塑化和通过喷嘴时，胶温都会升高。对于温升较小的胶种如硅橡胶（Q）、异戊橡胶（IR），可用增加填料用量的方法来提高胶料通过喷嘴时的温升，以保证较高的硫化温度。相反，有些胶种本身生热大（如丁苯橡胶、丁腈橡胶），通过喷嘴时温升较大，因此必须充分估计到填料加入后的生热因素，以免引起胶料焦烧。在各种填料中，陶土的生热量最小，SRF和碳酸钙的生热量也较小，SAF、ISAF、HAF的生热量比SRF高得多。

另外填料对硫化胶强度、硬度、耐磨性等有很大的影响，具体配方设计需综合平衡。

9.9.4　软化增塑体系

软化增塑剂可以显著提高胶料的流动性，缩短注射时间，但因生热量降低，相应降低了注射温度，从而延长了硫化时间。由于硫化温度较高，应避免软化增塑剂挥发，宜选用分解温度较高的软化增塑剂，如石蜡等。

含有10份硫化油膏的丁苯橡胶（SBR），丁腈橡胶（NBR）和氯丁橡胶（CR）胶料，用往复螺杆注射机注射，可以比不加油膏的注射周期缩短40%，这是因为油膏可使胶料软化，缩短充模时间，同时油膏对硫化有活化作用，因而加快了硫化速率。

9.9.5　防护体系

采用有效硫化体系，部分作用与防老剂相似，可改善耐老化性能。为了进一步提高耐热性、降低返原性，注射胶料中应选用适当的防老剂。在注射中，模型边的薄胶，特别是防护性差的胶料，由于接触空气，在高温下容易发黏，解决办法是加入耐热防老剂如RD或246等，并在胶料硫化体系中配入1份TMTD再加1份防老剂4010NA。

另外在配方中加入2份安息香酸、0.2份CTP可防止焦烧，减轻硫化返原现象。

9.10 高温快速硫化胶料的配方设计

橡胶工业一直在寻求既能提高生产效率，降低制造成本，又能保持产品质量的工艺途径。一般有三种主要方法来缩短硫化周期、提高生产效率：现有硫化周期的优化；采用适合于较快硫化速率的硫化体系；提高硫化温度，其中提高硫化温度是缩短硫化周期的最有效的方法。注射硫化、电缆连续硫化和超高频硫化都是建立在高温快速硫化的基础上。所谓高温硫化就是指在 180～240℃ 下进行的硫化，硫化温度比传统的硫化温度 140～150℃ 高得多。硫化温度系数范围在 1.8～2.5 之间，即每升高硫化温度 10℃，硫化时间约可缩短一半，大大提高了生产效率。然而硫化温度的提高对胶料的硫化也有负作用，主要表现为硫化返原现象更为明显，如图 9-12 所示。

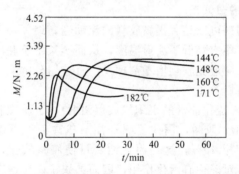

图 9-12　温度对天然橡胶（NR）硫化特性的影响

同时硫化温度升高，硫化胶的物理机械性能，如拉伸强度、弹性模量、拉断伸长率、硬度、回弹性都会有一定程度的降低。这和高温硫化时交联键类型改变和交联密度下降有关，如图 9-13 所示。

随着硫化温度升高，交联反应有效性下降，正硫化交联密度也下降。超过正硫化点后，交联密度下降加剧，温度高于 160℃ 时，交联密度下降最为明显。硫化温度对交联密度的影响比硫化时间更重要。因为在高温下，促进剂-硫醇锌盐的络合物的催化裂解作用增强，尽管结合硫保持常量，但硫黄的有效性下降。

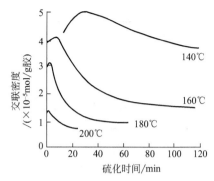

图 9-13　硫化温度对纯天然橡胶（NR）硫化胶交联密度的影响

（S2.5份；CZ0.6份）

高温硫化对天然橡胶或其并用体系的物性影响比较大，但对合成橡胶的影响程度较低，高温硫化配合采用合成橡胶较合适。

高温硫化会产生三种倾向：一是交联密度急剧下降；二是交联网络键型变化——多硫键数量减少，基本是单硫交联键；三是大量硫参与了主链改性。

在140℃下硫化2h的普通天然橡胶胶料中，大多数交联键为多硫键（见图9-14）。但是在180℃下硫化20min后，发现仅有双硫键和占优势的单硫键（见图9-15）。因此，当胶料在高温下过硫时，可以断定交联密度急剧降低；基本上获得单硫交联键；主键改性大大提高。

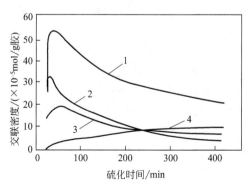

图 9-14　在140℃下硫化时间对交联键型分布的影响

1—总交联键；2—多硫键；3—双硫键；4—单硫键

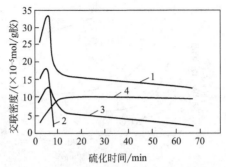

图 9-15　在 180℃下硫化时间对交联键型分布的影响

1—总交联键；2—多硫键；3—双硫键；4—单硫键

高温硫化必须注意防止焦烧，提高生产安全性和防止制品物理机械性能下降的倾向。

9.10.1　生胶体系

选择耐热的胶种，为了减少或消除硫化胶的返原现象应选择低双键含量的橡胶——低不饱和橡胶，如三元乙丙橡胶（EPDM）。由于各种橡胶的耐热程度不一样，三元乙丙橡胶（EPDM）、丁基橡胶（IIR）、丁腈橡胶（NBR）和丁苯橡胶（SBR）等比较适合于高温硫化的配合。

9.10.2　硫化体系

（1）采用有效和半有效硫化体系的配合　EV 和 SEV 两种硫化体系能部分地减少（但无法彻底解决）高温硫化所带来交联密度下降倾向所引起的物性下降现象。因为这些硫化体系的低度主链改性及网络中比较耐热的单硫和二硫交联键对热氧老化有较高稳定性。有效硫化体系对高温硫化基本是合适的，配合形式有三种即采用高浓度的 TMTD 作为硫化剂、采用 DTDM 作为硫化剂、采用高促低硫配合体系。

一般来说，高温硫化要求硫化速率最快，焦烧倾向最小，无喷霜现象。在硫化配合上采用 TMTD 为主的秋兰姆硫载体硫化，由于焦烧时间短，生产不安全，喷霜又严重而受到一定的限制。采用低硫高促的配合优于 TMTD 体系，这个体系中硫黄用量一般为

0.3～0.5份，促进剂用量为1.8～3.0份，促进剂多采用噻唑类或次磺酰胺类促进剂为主促进剂，胍类、醛胺和秋兰姆类促进剂为辅促进剂的并用体系。DTDM的硫化体系生产应用上一般采用DT-DM作硫化剂，次磺酰胺类或噻唑类为主促进剂，TMTD、ZDC为辅促进剂来调节焦烧时间、硫化速率和交联程度，它的焦烧时间和硫化特性范围较宽，容易满足加工要求，硫化胶性能比较优越。因此是一个比较理想的硫化体系。但上面三种方法均无法完全解决高温硫化所产生的硫化返原现象和抗屈挠性能差的固有缺点。

为了提高硫化速率、必须增加活化系统的功能，使用足量的脂肪酸，以增加锌盐的溶解能力，提高硫化系统的活性。

（2）硫化体系的特种配合 有效硫化体系可以控制不稳定交联网络的形成，但不可能维持交联密度处于恒定值。高温下保持交联密度基本方法有3种，即增大硫黄用量；增大促进剂和硫黄用量；增大促进剂用量。增大硫黄用量的效果不能令人满意，因为它降低了硫化效率。而线性地同时增大促进剂和硫黄用量，硫化效率仍保持不变，可以获得在低温和高温硫化之间相匹敌的定伸应力。然而，仅仅在拉伸强度方面获得了较小的改进，这大概是由于所使用的硫黄用量较高，导致主键变化加大，使键减弱。如果在硫黄用量不变时，增大促进剂用量，则硫化效率会提高，采用该方法可以获得相对良好的性能匹配。因此，在提高硫化温度时，采用第三方法将使交联密度具有最大的保持率。

采用特定模压硫化应用的时间/温度条件进行一系列试验，得到促进剂CZ用量与硫化温度的关系曲线，见图9-16。

如再采用硫载体DTDM代替部分硫黄，高温硫化条件下，可获得像普通硫化体系一样优异的物性，是效果相当理想的硫化体系。

合成橡胶的硫化体系对硫化温度不像天然橡胶那样敏感，天然橡胶及其并用胶的硫化体系的调节是必要的，既保持了高温下硫化的硫化胶的交联密度的稳定性，又保持了最佳的物性，为轮胎工业采用高温硫化、缩短硫化时间、提高生产效率开辟应用前景。

如果硫化系统的调节无法保证生产安全性，可用防焦剂，一般使用PVI（CTP），它是最好防焦剂。

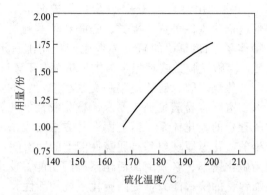

图 9-16　促进剂 CZ 用量与硫化温度的关系（硫黄用量为 2.0 份）

9.10.3　防护体系

高温硫化一般采用有效和半有效硫化体系，除了选择耐温胶种和硫化体系外，对防老系统的配合也是重要的。防老剂在高温硫化体系中是绝对必要的，因为防老剂能有效地阻碍硫化过程的热氧破坏作用，对保证平坦硫化是十分有效的。例如，在 TMTD/ZnO 中加入 1 份防老剂就能有效地保持交联密度和硫化平坦性。

参 考 文 献

[1] 张殿荣，辛振祥主编.现代橡胶配方设计.第2版.北京：化学工业出版社，2001.

[2] 缪桂韶主编.橡胶配方设计.广州：华南理工大学出版社，2000.

[3] 谢忠麟，杨敏芳主编.橡胶制品实用配方大全.第2版.北京：化学工业出版社，2000.

[4] 谢遂志，刘登祥，周鸣峦主编.橡胶工业手册.第一分册.生胶与骨架材料.修订版.北京：化学工业出版社，1998.

[5] 梁星宇，周木英主编.橡胶工业手册.第三分册.配方与基本工艺.修订版.北京：化学工业出版社，1998.

[6] 王梦蛟，龚怀耀，薛广智主编.橡胶工业手册.第二分册.配合剂.修订版.北京：化学工业出版社，1998.

[7] 李延林，吴宇方，翟祥国主编.橡胶工业手册.第五分册.胶带、胶管与胶布.修订版.北京：化学工业出版社，1990.

[8] 梁守智等主编.橡胶工业手册.第四分册.轮胎.修订版.北京：化学工业出版社，1989.

[9] 林孔勇，金晟娟，梁星宇主编.橡胶工业手册.第六分册.工业橡胶制品.修订版.北京：化学工业出版社，1993.

[10] 赵光贤，王迪钧，魏邦柱主编.橡胶工业手册.第七分册.生活橡胶制品和胶乳制品.修订版.北京：化学工业出版社，1990.

[11] 杨清芝主编.现代橡胶工艺学.北京：中国石化出版社，1997.

[12] 约翰 S.迪克主编.橡胶技术——配合与性能测定.游长江译.北京：化学工业出版社，2005.

[13] 于清溪主编.橡胶原材料手册.修订版.北京：化学工业出版社，2007.

[14] 王文英主编.橡胶加工工艺.北京：化学工业出版社，1993.

[15] 邓本诚等主编.橡胶工艺原理.北京：化学工业出版社，1984.

[16] 山西化工研究所.塑料橡胶加工助剂.北京：化学工业出版社，2000年.

[17] 陈耀庭主编.橡胶加工工艺.北京：化学工业出版社，1982.

[18] 朱敏主编.橡胶化学与物理.北京：化学工业出版社，1984.

[19] 吴培熙，张留城编著.聚合物共混改性.北京：中国轻工业出版社，1993.

[20] 邓本诚主编.橡胶并用与橡塑共混技术.北京：化学工业出版社，1998.

[21] 李晓林主编.橡塑并用.北京：化学工业出版社，1996.

[22] 张今人，骆锐能编.胶带制造工艺方法.北京：化学工业出版社，1997.

[23] 吴晓谦主编.橡胶制品工艺.北京：化学工业出版社，1993.

[24] 麦佩莲编.胶鞋制造工艺方法.北京：化学工业出版社，1997.

[25] 李士忠编.胶鞋制造.北京：化学工业出版社，1980.

[26] ［苏］φ.φ.柯舍列夫等著.橡胶工艺学.陈根度等译.西安：陕西科学技术出版

社，1986.

[27] 聂恒凯主编.橡胶材料与配方.北京：化学工业出版社，2004.

[28] 张岩梅，邹一明主编.橡胶制品工艺.北京：化学工业出版社，2005.

[29] 王艳秋主编.橡胶材料基础.北京：化学工业出版社，2006.